数字钢铁关键技术丛书 | 主编　王国栋

电弧炉炼钢与直接轧制短流程智能制造技术

姜周华　　战东平　　刘立忠

李鸿儒　　朱红春　　姚聪林　著

U0315956

彩图资源

北　京

冶 金 工 业 出 版 社

2021

内 容 提 要

本书以钢铁工业绿色化和智能化为背景,以电弧炉炼钢和直接轧制短流程智能生产线为对象,全面总结了国内外电弧炉炼钢高效化、绿色化和智能化技术发展现状,结合最新的科研成果,系统介绍了电弧炉炼钢过程的冶金反应与传输现象,电弧炉废钢预处理、预热及连续加料技术,电弧炉炼钢工艺与智能冶金模型,LF 精炼工艺与智能冶金模型,基于直接轧制的连铸技术与智能模型,直接轧制中的切坯运坯与保温补热技术,直接轧制对轧制设备与产品的影响与智能调控,全废钢电弧炉炼钢—精炼—连铸—直接轧制短流程智能技术。

本书可供冶金领域科研人员和企业工程技术人员阅读,也可供高校冶金、材料学科相关专业师生参考。

图书在版编目(CIP)数据

电弧炉炼钢与直接轧制短流程智能制造技术/姜周华等著. —北京:冶金工业出版社,2021.6

(数字钢铁关键技术丛书)

ISBN 978-7-5024-8943-4

Ⅰ.①电… Ⅱ.①姜… Ⅲ.①电弧炉—电炉炼钢—轧制—研究 Ⅳ.①TF741.5 ②TG335

中国版本图书馆 CIP 数据核字(2021)第 196867 号

电弧炉炼钢与直接轧制短流程智能制造技术

出版发行	冶金工业出版社	电　话	(010)64027926
地　址	北京市东城区嵩祝院北巷 39 号	邮　编	100009
网　址	www.mip1953.com	电子信箱	service@ mip1953.com

责任编辑　卢　敏　美术编辑　彭子赫　版式设计　郑小利
责任校对　石　静　责任印制　李玉山　窦　唯
北京捷迅佳彩印刷有限公司印刷
2021 年 6 月第 1 版,2021 年 6 月第 1 次印刷
710mm×1000mm 1/16;22.25 印张;433 千字;342 页
定价 126.00 元

投稿电话　(010)64027932　投稿信箱　tougao@cnmip.com.cn
营销中心电话　(010)64044283
冶金工业出版社天猫旗舰店　yjgycbs.tmall.com
(本书如有印装质量问题,本社营销中心负责退换)

前　言

钢铁工业是国民经济发展的基础，支撑着我国现代化强国建设。近年来，我国钢铁工业飞速发展，取得了举世瞩目的成就，但存在产能过剩、生态环境压力大、产业集中度偏低、高端产品的品种和质量尚不能完全满足下游制造业的需求等难题。工信部《关于推动钢铁工业高质量发展的指导意见》指出："力争到2025年，钢铁工业基本形成产业布局合理、技术装备先进、质量品牌突出、智能化水平高、全球竞争力强、绿色低碳可持续的发展格局"。立足新发展阶段，钢铁行业要积极响应应对全球气候变化，确保我国"2030年实现碳达峰和2060年实现碳中和"的庄严承诺如期兑现。因此引导电弧炉短流程炼钢、深入推进绿色低碳和大力发展智能制造必将有力助推钢铁工业高质量可持续发展。

2020年，我国粗钢产量已达10.65亿吨，占世界粗钢产量的56%以上。随着钢铁不断消耗，我国废钢资源将日趋丰富。如何充分利用废钢资源，对促进钢铁工业的转型升级，实现节能减排、绿色化高质量发展具有重要意义。电弧炉短流程炼钢以废钢为主要原料，可实现废钢资源的回收利用，在环保、投资以及生产效率上占据诸多优势。在世界范围内电弧炉钢产量占比达32%~35%，世界其他国家比例则达到45%左右，而中国仅约为10%，明显偏低。较低的电弧炉钢比是造成我国钢铁工业能耗高、污染大的重要原因之一。"注重以废钢为原料的电弧炉短流程炼钢技术发展"，是实现钢铁工业可持续高质量发展的重大战略决策之一。高效化冶炼、绿色化生产和智能化控制等相关技术的研发与应用，将助力电弧炉短流程炼钢向"绿色、高效、节能"方向快速发展。

　　20世纪90年代，东北大学特殊钢冶金研究所就已开展电弧炉高效冶炼的相关研究，开发出电弧炉炼钢相关的冶金模型及控制系统，并形成了多项电弧炉高效冶炼技术，为电弧炉全流程转型升级奠定了坚实的理论及实践基础。借助于东北大学在智能制造及轧制技术方面的优势，研究所与抚钢、徐州金虹等企业深度合作，在"十三五"国家重点研发计划项目——"全废钢连续加料式智能高效炼钢电弧炉关键技术与应用示范"（2017YFB0304205）的资助下，建成了一条低成本环境友好型电弧炉—精炼—连铸—直接轧制短流程智能制造示范线，取得了一系列理论、工艺、装备和应用成果，总体指标达到国际先进水平，促进了我国全废钢电弧炉炼钢—精炼—连铸—直接轧制短流程智能制造技术的快速发展。

　　本书概述了电弧炉短流程的发展现状及趋势，电弧炉炼钢过程的冶金反应及传输现象，介绍了全废钢连续加料电弧炉—连铸—直接轧制流程系统智能冶金工艺模型，以及电弧炉短流程直接轧制技术及智能制造关键技术。本书内容共分为9章。第1章回顾了电弧炉炼钢发展历程，分析了电弧炉炼钢技术及电弧炉短流程炼钢的发展趋势。第2章详细阐述了电弧炉内多场耦合下的多相反应和传输机理。第3章概括了电弧炉炼钢前处理过程中废钢分类及预处理、废钢预热和连续加料技术及其装备。第4章介绍了电弧炉炼钢工艺，以及典型电弧炉炼钢智能冶金模型。第5章介绍了LF精炼工艺，以及典型LF精炼智能冶金模型。第6章阐述了基于棒线材直接轧制工艺的连铸技术与智能模型。第7章概括了实施直接轧制工艺的关键技术。第8章阐述了实施直接轧制工艺对轧制设备与产品的影响与智能调控。第9章概述了电弧炉直接轧制全流程智能制造技术及其应用示范。本书旨在系统总结电弧炉炼钢短流程直接轧制智能制造技术的相关成果，试图将其融会贯通，为读者对电弧炉炼钢短流程的智能制造关键技术的研发、应用以及未来发展方向带来新的思考和启发。

本书第 1 章由朱红春和姜周华撰写，第 2 章由姚聪林、姜周华和朱红春撰写，第 3 章由朱红春、姚聪林和姜周华撰写，第 4 章和第 5 章由战东平和张慧书共同撰写，第 6 章、第 7 章和第 8 章由刘立忠撰写，第 9 章由李鸿儒撰写。全书由朱红春统稿，姜周华主审。

本书总结了东北大学相关领域师生在电弧炉炼钢短流程直接轧制研究领域的研究成果和国内外研究最新进展，既重视电弧炉炼钢的相关基础理论，又反映电弧炉短流程直接轧制技术的应用及全流程智能化的发展方向，具有较强的针对性和实用性。此外，在本书的撰写过程中，为了使其内容更加全面、丰富，引用了部分文献，在此对文献作者表示真诚的感谢，若有遗漏，敬请见谅。在本书成文过程中，得到了东北大学特殊钢冶金研究所团队老师的大力帮助，在文献的查阅、整理和总结过程中得到了潘涛、陆泓彬和刘炆佰等研究生的鼎力支持，在此表示诚挚的谢意！

因水平所限，书中不妥之处，恳请读者指正！

姜周华

2021 年 5 月于东北大学

目　　录

1 概　　述

现代炼钢流程主要包含以铁矿石为主要原料的高炉—转炉长流程和以废钢及生铁为主要原料的电弧炉短流程。高炉—转炉长流程炼钢需要耗费大量煤炭和焦炭，在未添加废钢的情况下其吨钢碳排放量为全废钢—电弧炉短流程的 2~4 倍。此外，电弧炉短流程固废排放量仅为长流程的 1/30，能耗约为长流程的 50%，其绿色化优势明显；短流程还具备即开即停、生产高效灵活、可作为城市废弃物消纳容器等优点。目前，在世界范围内电弧炉钢产量占比达 32%~35%，不少国家的比例已超过 60%，而中国仅约为 10%，与世界平均占比相差甚大。随着我国废钢资源日趋丰富，引导电弧炉炼钢短流程炼钢技术的发展，一方面符合钢铁行业推进供给侧结构性改革的政策需求，另一方面促进大量回收废钢，满足全社会对绿色低碳可持续发展的要求。

我国电弧炉炼钢技术不断创新，特别是电弧炉炼钢的高效化、绿色化和智能化等相关技术，其中包括炉容大型化、超高功率供电技术、供氧喷吹技术、余热回收技术、焦炭替代技术、二噁英防治技术、废钢预热-连续加料技术、电极智能调节控制技术、智能化取样测温技术、智能化监测与控制技术、电弧炉炼钢过程整体智能控制等。为充分发挥电弧炉短流程的节能减排等优点，加快电弧炉炼钢全流程朝着连续化、紧凑化、智能化等方向发展，电弧炉炼钢—直接轧制短流程工艺兴起并逐渐成熟。直接轧制，即铸坯不经加热炉，无须补热或适当在线补热，完全省去加热炉的燃料消耗，大幅度节省能源，降低二氧化碳等污染物的排放。电弧炉炼钢—直接轧制生产流程的应用推广有利于电弧炉短流程生产线更加精简，效率更高，更易实现智能化控制，推动国钢铁企业朝着"高效、低耗、绿色化和智能化"方向高质量可持续发展。

1.1　电弧炉炼钢发展概况

电弧炉炼钢技术发展至今已有超过百年的历史，虽一直面临着氧气转炉炼钢的冲击，但电弧炉钢产量在世界钢总产量中的比例稳步增长。随着电弧炉炼钢技术的不断发展和完善，以及相关配套技术的不断涌现和推广，电弧炉炼钢技术取得了长足进步，其原料适应性、冶炼高效性和环境友好性等不断提升，电弧炉炼钢的重要性正日益凸显[1,2]。

1800 年，英格兰人戴维（Humphrey Davy）发明了碳电极。1849 年，法国人德布莱兹（Deprez）用电极来熔化金属。1866 年，冯·西门子（Werner von Siemens）发明电能发生器。1879 年，威廉姆斯·西门子（C. Williams Siemens）制造了世界第一台电弧炉，并申请了几个不同类型的电弧炉专利。西门子的初期电弧炉结构简单，由一个坩埚、一支炉底电极和一根水冷悬挂式电极组成。水冷电极可下降到坩埚中，起弧熔化金属炉料。由于此电弧炉容量过小，实用价值不高，多在实验室中使用，未能应工业生产中推广应用。

随着发电机和变压器推广应用，1899 年法国人赫劳特（Paul Heroult）申请了一系列直接加热电弧炉的专利，成功研制出三相交流电弧炉；三根碳电极将三相交流电输入炉内，利用碳电极和金属炉料间产生的电弧热效应熔炼金属炉料。在 1900~1903 年，赫劳特在拉巴斯（La Paz Savoy）用此类电弧炉成功熔炼了铁合金，该炉型成为了现代炼钢电弧炉的雏形。

20 世纪初，随着高压输电线路技术发展，发电成本降低，为炼钢用三相交流电弧炉的推广应用奠定了基础。1905 年，德国人林登堡（R. Lindenberg）建成第一台二相交流电弧炉，并于次年，成功冶炼出第一炉钢水，开创了利用电弧炉炼钢生产的先河。该电弧炉炉盖为固定式，炉料从炉门加入。1926 年，德国德马克公司制造了两台容量为 6t 的炉盖开出式电弧炉，首次实现了利用料斗从炉顶加料。1927 年，美国铁姆肯（Timken Roller Bearing）公司一台 100t 电弧炉投入运行。1936 年，德国制造了 18t 炉盖旋转式电弧炉，进一步缩短了加料时间。至此，普通三相交流电弧炉已成型。之后，电弧炉的结构和生产工艺逐步完善，炉容量进一步扩大。但由于碳电极和用电的成本高，以及熔炼效率低，此时电弧炉通常只用来熔炼部分合金钢。

第二次世界大战结束后，各国对合金钢的需求大大减少，同时电渣重熔和真空熔炼炉的推广应用，为合金钢高效、高品质的熔炼炉种提供了条件，使得电弧炉由冶炼合金钢向普通钢转移。进入 20 世纪 50 年代，电力工业快速发展，用电低廉且电网容量大大增加，电弧炉逐渐装备了较高的变压器容量。20 世纪 60 年代初，返回吹氧法和吹氧助熔技术大力推广，以及电弧炉的机械和电气设备的不断改进，电弧炉熔炼时间和生产成本大幅下降，尤其是非合金钢的生产成本降低更大。至此，电弧炉炼钢成本可以与平炉钢成本相当。

为进一步提高电弧炉炼钢的生产效率和降低成本，1964 年提出了电弧炉超高功率概念（ultra high power, UHP）。由于该技术进一步缩短了冶炼时间，提高了生产效率，在世界各国得到了大量推广应用。从 20 世纪 60 年代起，随着高功率和超高功率大型电弧炉在全世界范围的普及，超高功率技术给电弧炉炼钢带来了一系列变化，例如采用水冷炉壁和水冷炉盖、泡沫渣、氧燃烧嘴、炉底出钢等技术，超高功率技术本身也由原来的大电流低电压的粗短弧操作改变成大电流高电压的长弧操作。同时，为克服交流电弧炉电弧不稳定、炉壁热点及电网剧烈冲击等问题，直流电弧炉于20世纪70年代开始被研究，于80年代中期投入工业应用，并在90年代初在全世界广泛推广，呈现出大型化、超高功率化的特征。这些技术的发展对缩短电弧炉冶炼周期起了重要的推动作用，同时也为电弧炉功率的进一步提高创造了有利条件。

20世纪80年代后期，除了致力于超高功率电弧炉相关技术的开发外，还综合考虑了传统电弧炉系统及其流程本身和环境保护等，开发出了多种新型的电弧炉，以提高电弧炉对炉料的适用性和对环境的友好性，如废钢预热、连续加料、余热利用和二噁英防治等。进入21世纪，一系列智能化监测技术和控制模型在电弧炉炼钢过程中得到广泛应用，电弧炉智能化控制并非局限于某一设备的自动化、某一环节监测与控制的智能化，而是从整体电弧炉炼钢出发，从初始配料到最终出钢整个冶炼过程的数据采集与过程机理和工艺操作相结合，进行数据分析、数据决策、数据评估以及最后流程控制，实现电弧炉炼钢过程整体优化，减少人为干预，以此达到电弧炉炼钢过程整体智能控制的目的。自此，电弧炉炼钢正朝着绿色、智能、高效和低成本炼钢的目标进发，进一步推动钢铁工业的转型升级。

1.2 电弧炉分类及特点

电弧炉的分类有按电源性质、加热方式、炉衬性质、装料方式、变压器输出功率、出钢方式等多种方式。

（1）按电源性质可分为：三相电弧炉、单相电弧炉、自耗电弧炉，以及电阻电弧炉等类型。

1）三相电弧炉采用三相交流电源，电炉配备三根石墨电极，功率较大，多用于钢铁冶炼。

2）单相电弧炉采用单相直流电源，电炉配备一根石墨电极和相应的炉底电极。相对于三相交流电弧炉，直流电弧炉的主要优点有：石墨电极的耗损较小；电压波动和闪变较小，对前级电网的冲击小；仅有一套电极设备，可使用与三相交流电弧炉同直径的石墨电极；大大缩短冶炼周期，可降低电耗 5%~10%；降低电极消耗 30%~50%；降低噪声水平 10~15dB；耐火材料耗损可降低 30%；金属熔池始终存在强烈的循环搅拌。

3）自耗电弧炉采用自耗难熔金属作为电极，在真空下熔炼，主要用于熔炼活泼金属和难熔金属，也可冶炼高温合金和特殊钢等，又称真空自耗炉。

4）电阻电弧炉是利用电弧热与炉料内部电阻热共同加热炉料，主要用于矿石冶炼，又称为矿热炉。

（2）按加热方式电弧炉可分为间接加热电弧炉、直接加热电弧炉和埋弧电弧炉三种类型。

1）间接加热电弧炉是电弧在两电极之间产生，不接触炉料，靠热辐射加热炉料。这种炉子噪声大、效率低，已逐渐被淘汰。

2）直接加热电弧炉是电弧在电极与炉料之间产生，直接加热炉料。炼钢用三相电弧炉是最常用的直接加热电弧炉。

3）埋弧电炉也称还原电弧炉或矿热电弧炉，电极一端埋入料层，在料层内形成电弧，并利用料层自身的电阻发热加热物料。常用于冶炼铁合金，熔炼冰镍、冰铜，以及生产电石等。

（3）依据炉衬耐火材料性质的不同，可以分成碱性电弧炉和酸性电弧炉两种。

1）碱性电弧炉的炉衬采用碱性耐火材料，使用镁砖、白云石砖修筑，或者用镁砂、白云石、焦油沥青的混合物打结而成。炉盖大多采用高铝砖砌筑。冶炼的时候造碱性渣，采用的造渣材料以石灰为主，从而可以大幅度地脱除钢中有害元素如磷、硫和其他杂质。碱性电弧炉原料范围广，炼出的钢质量好，冶炼品种多。既可以生产普通钢，又可以生产优质钢，还可以生产碳素钢和合金钢，尤其是高合金钢只能用碱性电弧炉进行冶炼。因此，碱性电弧炉应用较广泛。电弧炉钢厂生产连铸坯和钢锭普遍采用碱性电弧炉，铸钢厂也多采用碱性电弧炉生产铸件。

2）酸性电弧炉的炉衬采用酸性耐火材料，用硅砖砌筑，或者用石英砂和水玻璃打结而成。炉盖用硅砖砌筑。冶炼时产生酸性渣，造渣材料以石英砂为主。由于酸性电弧炉冶炼过程中不能脱磷和脱硫，所以酸性电弧炉炼钢原料中磷、硫含量应低于成品钢的要求，其限制了酸性电弧炉的应用推广，但酸性电弧炉亦有诸多优点：

一是生产率较高。酸性电弧炉的炉衬使用寿命明显高于碱性炉衬，因而炉子停修的时间大大减少，提高了酸性炉的生产效率。酸性电弧炉冶炼过程中不存在脱磷和脱硫的过程，大大缩短了氧化期和熔化期时间。

二是钢液的铸造性能好。酸性炉渣的电阻大，易于加热钢液。酸性钢液中夹杂物少，且大部分呈球状，钢液流动性好，因而铸造时用酸性电弧炉钢液容易获得优质的薄壁铸件，因此酸性电弧炉主要用于铸钢厂生产铸件。

三是冶炼成本低。酸性电弧炉冶炼电能、电极、耐火材料和脱氧剂的损耗低，另外酸性耐火材料价格较低，因此酸性电弧炉炼钢的成本低。

（4）按装料方式可分为非连续加料电弧炉和连续加料电弧炉。

1）非连续加料电弧炉又可分为炉门装料和顶部装料等多种方式。炉门装料主要采用手工从炉门装料，多用于3t以下小电弧炉；顶部装料采用吊车吊起料罐将炉料一次或多次加入炉膛内，广泛用于 3t 以上电弧炉。

普通顶装料式传统式电弧炉是早期的主流电弧炉，废钢从炉顶加入，即旋开炉盖用天车料篮加入废钢，每炉钢需加料 2～3 次甚至更多，电耗比较高，电极消耗也较高，熔化时噪声大，加料瞬间烟气量大，外溢非常明显，热量损失大；变压器配备容量大，对电网冲击也相对较大；一般采用炉盖具有 3 个电极孔和 1 个除尘孔，除尘效果相对较差，在粉尘和噪声要求严格的地区，大多采用厂房屋顶加大烟罩除尘或建隔离罩的方式，俗称"狗窝"，进行二次粉尘收集和噪声捕集。我国早期的电弧炉属于传统式电弧炉。此种电炉技术比较成熟，故障率低，应用广泛，原料适应性强，但主要技术经济指标表现一般。

2) 连续加料电弧炉是近几年新投产电炉中比较多的一种炉型，最大特点是废钢连续预热、连续加料、连续熔化和平熔池冶炼。且冶炼过程中不用打开炉盖，烟尘不外溢，避免了巨大能量损失。同时，炉内高温烟气通过连续加料通道，对废钢进行预热，可缩短冶炼时间，降低冶炼电耗；冶炼全程泡沫渣埋弧操作，熔池比较平稳，降低了传统电炉在电极穿井期发出的巨大噪声和减小了对电网的冲击，电极消耗下降。连续加料电弧炉主要技术经济指标明显优于传统电炉，但一次性投资较高。

（5）按变压器输出功率可分为普通功率电弧炉、高功率电弧炉和超高功率电弧炉。普通功率电弧炉功率水平在 400kV·A/t 以下，炉料熔化较慢，热停工时间长。高功率电弧炉功率水平在 400～700kV·A/t，炉料快速熔化，热停工时间短。超高功率电弧炉功率在 700kV·A/t 以上，炉料熔化更快，热停工时间更短。

（6）按出钢方式可分为侧出钢电弧炉、中心出钢电弧炉和偏心底（EBT）电弧炉。

1) 侧出钢电弧炉的出钢槽在电炉炉壳侧面，出钢时炉体需旋转一定角度，且不能无渣出钢。

2) 中心出钢电弧炉的出钢口在电炉底部中心位置，与传统电弧炉出钢相比具有很多优点，但存在出钢口维护困难等缺点，且无法实现留钢和留渣操作。

3) 偏心底电弧炉的出钢口在电炉底部偏心位置，其冶炼指标与传统电弧炉对比如表 1-1 所示，其主要优点如下：

无渣出钢，可进行留钢、留渣等操作，从而有效地利用能源预热废钢，缩短冶炼周期，降低电能消耗；

保留 15%～50% 的钢液在电弧炉内，可延长电弧炉炉底寿命 500～1000 炉次；

减小电弧炉出钢时的倾动角度（约 15°），可以缩短大电流电缆的长度，电路电抗值也因此减小，从而减小功率损耗。同时又可以扩大水冷炉壁的面积，减少热态补修的工作量和炉体热损失；

可以增大电弧炉输出功率；

出钢钢流粗而短，加速出钢进程，出钢时间减少近 4min，减小钢水温降。

表 1-1 传统电弧炉和 EBT 电弧炉冶炼指标 （%）

冶炼指标	传统电弧炉	EBT 电弧炉
耐火材料消耗	100	45
电极消耗	100	94
炉顶寿命	100	144
出钢温度损失	100	70
炉底寿命	100	500
电能消耗	100	降低 22

1.3 电弧炉炼钢技术的进展

20 世纪 60 年代至 70 年代，电弧炉炼钢技术的发展以提升生产率为主导，开发了超高功率电弧炉及相关技术。80 年代至 90 年代，强化用氧技术趋于成熟，为了进一步节能降耗、缩短冶炼周期，废气的余热利用逐步受到重视，并研发了一系列废钢预热技术，如料篮式、双炉壳式、竖炉式以及水平连续加料式废钢预热技术等。电弧炉炼钢在"节能降耗、提高生产率"思想指导下，开发了诸多高效化冶炼、绿色化生产和智能化控制方面的技术，并且绿色化和智能化技术在电弧炉炼钢未来发展中的重要性将日益突出[3]。目前电弧炉炼钢技术是融合了各种现代装备及其配套技术的综合技术，未来电弧炉炼钢将进一步优化基于配料、供电、供氧、辅助能源输入、造渣等全流程电弧炉智能化监测及控制模型和整体智能控制模型，开发低能源消耗、少污染物排放以及资源循环利用的绿色化生产技术，完善集操作、工艺、质量、成本、环保等于一体的电弧炉炼钢流程，最终实现电弧炉绿色、智能、高效和低成本炼钢的目标，进一步推动钢铁工业的转型升级。

1.3.1 电弧炉高效化冶炼技术

电弧炉高效化生产具备全局协同、连续化生产等特点。电弧炉冶炼工艺高效化的目标是减少通电时长、缩短冶炼周期及最大限度降低冶炼电耗[4]，具体措施主要包括提升功率、提高化学能输入强度和减少非通电操作时间等[5,6]。

1.3.1.1 电弧炉炉容大型化

生产实践证明，大型电弧炉的技术经济指标（如冶炼电耗、电极消耗以及成本、生产率及能量利用率等）均优于中小型电弧炉。目前，电弧炉正朝着炉容大型化方向发展。工业发达国家主流电弧炉容量为 80~150t，且已逐步增至 150~200t。如意大利达涅利公司成功制造全球最大炉容量 420t 的直流电弧炉[7]，如图 1-1 所示，该电弧炉设计生产率为 360t/h，具有高效率、低运行成本的特点，能提升钢厂生产效率和钢液品质；已用于生产低碳钢、超低碳钢和高级脱氧镇静钢，年产量为 260 万吨。

图 1-1　420t 直流电弧炉

根据中国工业和信息化部等相关部门统计，2015 年中国电弧炉分吨位生产能力比例如图 1-2 所示。国内 100t 及以上的大容量电弧炉产能占电弧炉炼钢总产能的 30.8%，占比最高；75t 及以上电弧炉产能占电弧炉炼钢总产能的 56.6%；此外，60t 以下的产能还有 21.9%。这表明在环保限产和淘汰落后产能政策引导下，国内钢厂在通过产能置换提升电弧炉效率方面仍存在较大空间。

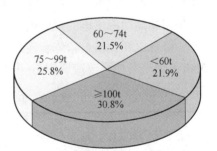

图 1-2　2015 年电弧炉分吨位
生产能力比例

2018 年国内新增电弧炉中公称容积 70~120t 电弧炉占比 80%。中国电弧炉正朝着炉容大型化和装备现代化快速发展，但与工业发达国家之间仍存在一定差距。

1.3.1.2　超高功率供电技术

根据供电功率大小，电弧炉变压器可分为普通功率（RP）、高功率（HP）和超高功率（UHP）三类[8]。从 20 世纪 60 年代至今，超高功率电弧炉炼钢理念主导了近 60 年电弧炉炼钢生产技术的发展，其核心思想是最大限度发挥主变压器能力。大功率电弧炉变压器是满足电弧炉炼钢高效化、实现超高功率供电的基础。表 1-2 为制造商制造 100t 电弧炉变压器的主要参数及技术经济指标[9]。

表 1-2　主要制造商的 100t 电弧炉的技术参数

公　司	出钢周期 /min	电极直径 /mm		变压器容量 /MV·A		电耗 /kW·h·t^{-1}		电极消耗 /kg·t^{-1}	
		AC	DC	AC	DC	AC	DC	AC	DC
DANIELI	59	600	700	70	70	245	245	1.3	1.0
VAI	59	610	—	72	—	217	—	1.0	—
PW	59	610	710	78	65	230	220	1.3	1.0
DEMAG	59	610		70		250		1.7	
KORFARC	53	610		70		250		1.5	
CLECIM	59		610		76		280		1.3
NSC	59		610		90		290		1.2

　　要实现超高功率供电，可以协调电力波动和稳定电弧作用的科学合理供电制度尤为重要。墨西哥泰纳（Tamsa）钢厂[10]为优化供电制度，在 2016 年和 2017 年期间开发并应用了具备修改和优化电弧炉供电制度功能的模型，该模型基于能量平衡（电能/化学能）、通电时间、电弧稳定性、辐射指数等参数变化规律自动优化供电曲线。Tamsa 钢厂利用此模型重新设计供电制度，在保持能耗水平基本不变的情况下，电弧炉产能提升了 9.8%，生产率提升效果明显。

　　采用超高功率供电的主要优点有：缩短冶炼时间，提高生产效率；提高电热效率，降低电耗；易与精炼、连铸的生产节奏相匹配，从而实现高效低耗生产。70t 电弧炉超高功率改造后[11]，生产率由 27t/h 提升至 62t/h，见表 1-3。

表 1-3　70t 电弧炉超高功率化的效果

指　标	额定功率 /MV·A	冶炼周期 /min	总电耗 /kW·h·t^{-1}	生产率 /t·h^{-1}
普通功率	20	156	595	27
超高功率	50	70	465	62

1.3.1.3　熔池搅拌集成技术

　　传统电弧炉炼钢熔池搅拌强度较弱，炉内物质和能量传递较慢。采用超高功率供电、高强度化学能输入等技术，也未从根本上解决熔池搅拌强度不足和物质能量传递速度慢等问题。为加快冶炼节奏，相继研发了强化供氧和底吹搅拌等复合吹炼技术[12~14]，以及电磁搅拌技术[15]等。新一代电弧炉熔池搅拌技术是集强化供氧、底吹搅拌及电磁搅拌等单元于一体，能满足多元炉料条件下电弧炉冶炼的技术要求[16]。

电弧炉炼钢复合吹炼技术日趋成熟，已实现了工业推广应用，如中国的西宁特钢、天津钢管、新余特钢、衡阳钢管等企业均成功应用了电弧炉炼钢复合吹炼工艺，工业效果良好，有效地降低了成本。表1-4为中国部分电弧炉复合吹炼技术改造前后的工业效果对比[17]。

表1-4 有无复合吹炼工艺前后的工业效果对比

统 计	50t		70t		100t	
	无复吹	有复吹	无复吹	有复吹	无复吹	有复吹
统计炉数	736	688	650	350	2450	340
冶炼周期/min	59	55	58	53	48	50
冶炼电耗/kW·h·t^{-1}	136.23	128	0	0	220.4	225.6
氧气消耗/m^3·t^{-1}	66.5	62.4	79	70	55.3	52.2
石灰消耗/kg·t^{-1}	41.5	39.1	52	48	36.4	34.6
氮气/m^3·t^{-1}	—	6	—	—	—	—
氩气/m^3·t^{-1}	—	1.66	—	5.2	—	4.5
钢铁料/kg·t^{-1}	1.116	1.097	1.155	1.132	1.158	1.136
铁水比/%	61.2	60.5	85.4	83.2	33.8	32.6

与复合吹炼技术相比，电弧炉电磁搅拌技术普及面较小，但其熔池搅拌效果更加优异，工业应用效果反响良好。以ABB研发的电磁搅拌设备（ArcSave）为例，电磁搅拌技术有效提升了熔池中物质和能量传递速率，更有利于废钢熔化，加速均匀钢水成分及温度，提高电弧炉产能。表1-5为Steel Dynamics Inc（SDI）Roanode电弧炉ArcSave改造后相关指标提升效果[15]。

表1-5 使用ArcSave带来的提升效果

项 目	效 果
总体能源消耗	降低3%~5%
电极消耗	降低4%~6%
通电时间	降低4%~6%
氧耗	降低5%~8%
脱氧剂消耗	降低10%~15%
收得率	提高0.5%~1.0%
产量	提高4%~7%

1.3.1.4 热装铁水技术

由于电力资源的紧张和优质废钢资源的短缺，近年来，部分电弧炉炼钢厂会在炼钢过程中添加一定量铁水，即铁水热装的电弧炉炼钢工艺，可有效缩短电弧炉冶炼周期，同时帮助企业灵活应对废钢市场价格波动，具备一定经济效益。

采用热装铁水技术在电弧炉炼钢过程应用较普遍，如中国的中天钢铁公司和天津钢铁公司等，其中达涅利-连续加料电弧炉（EAF ECS）[18]为满足添加铁水的需要，对电弧炉进行了特殊设计和改造。表1-6为国内某钢厂的电弧炉热装铁水后的电弧炉经济技术指标[19]。实践表明，现代电弧炉热装铁水对于缩短冶炼周期、降低电耗等效果非常显著[20]。

表1-6　某150t电弧炉热装铁水后经济技术指标

炉料结构	冶炼周期/min	冶炼电耗 /kW·h·t^{-1}	氧气消耗/m^3·t^{-1}
没有铁水	67	400	45
15%铁水	55	360	39
30%铁水	48	310	37
40%铁水	48	290	37

从长远计，当废钢冶炼成本与转炉冶炼成本相当或具备一定竞争力时，电弧炉冶炼生产普通碳素钢就无需通过添加铁水来提升电炉相关经济技术指标，但在电弧炉冶炼部分高品质特殊钢品种时仍需添加铁水的方式来稀释钢液中有害杂质元素。

1.3.2　电弧炉绿色化生产技术

电弧炉绿色化生产主要是为了降低能源消耗、减少污染物排放及提升资源循环利用效率。为实现电弧炉绿色化生产，相继研发了余热回收、焦炭替代、二噁英防治以及废钢预热-连续加料等关键技术。

1.3.2.1　余热回收技术

电弧炉冶炼过程中会产生大量的高温含尘烟气，其带走热量约为电弧炉输入总能量的11%，最高可达20%[21]，因此，电弧炉炼钢过程中余热回收对节能降耗具有重要意义，同时也产生巨大经济效益。

特诺恩（Tenova）公司研发的iRecovery技术[22]将电弧炉产生的高温烟气余热转换成蒸汽，iRecoveryStage2系统流程如图1-3所示。iRecovery技术基于与传统热回收系统相似的管式热交换结构和工作原理，利用冷却水从电弧炉废气管道回收热能。与传统热回收系统不同之处在于iRecovery技术使用了高压和高温热水（180~250℃）作为热交换介质回收高温含尘废气热量，从而降低了蒸发分离废气导致的热损失。

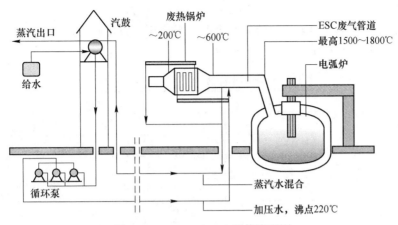

图 1-3　iRecoveryStage2 系统流程图

近年来，全世界范围内有多座电弧炉采用了 iRecovery 余热回收技术，如韩国现代、中国天津钢管等企业，该技术工业应用效果良好。表 1-7 为一些典型企业电弧炉采用余热回收技术的使用效果[23,24]。

表 1-7　典型企业电弧炉余热回收效果对比

典型企业	电弧炉炉容/t	蒸汽产量/t·h⁻¹	余热回收/kW·h·t⁻¹
天津钢管	100	20~22	18.7
德国 GMH	150	22	18.8
德国 Riesa	150	30	18.8
韩国现代	90	27	24.0

1.3.2.2　焦炭替代技术

传统电弧炉冶炼过程中为了满足熔池升温及搅拌和造泡沫渣埋弧的要求，需要进行配碳。在电弧炉绿色化生产中，应尽可能减少不可再生的化石能源如焦炭等消耗。目前减少焦炭消耗的方法之一是使用可替代燃料，如使用日常生活循环过程中产生的"废料"，如橡胶轮胎和塑料制品等。此类"废料"成为电弧炉炼钢的优良替代品可避免"废料"堆积导致的环保问题。

澳大利亚 Onesteel 钢铁公司与新南威尔士大学在 Sydney Steel Mill（SSM）和 Laverton Steel Mill（LSM）钢厂完成了一系列利用橡胶和塑料部分代替焦炭作为造泡沫渣发泡剂的电弧炉炼钢工业试验[25]。SSM 和 LSM 钢厂使用高分子聚乙烯喷射技术（PIT），将橡胶与焦炭的混合料喷射进入电弧炉内，其效果优于单纯使用焦炭造渣效果，相关指标变化见表 1-8。同时，Onesteel 钢铁公司在 LSM 钢厂进行了将高分子聚合物和碳粉等制成小块来替代焦炭的工业化试验，结果表明，吨钢电耗下降 10kW·h，每炉次通电时间平均缩短 1.2min，有效功率增加 0.4MW。电弧炉采用废弃轮胎和废弃塑料炼钢，能有效降低焦炭消耗，提高电弧炉热效率和生产率，同时提升资源循环利用率，具有明显的经济效益和社会效益。

表 1-8　典型电弧炉使用 PIT 技术带来的收益

收 益 指 标	SSM	LSM	亚洲
减少电耗/kW·h·t^{-1}	2.8	2.4	5.1
每炉减少碳粉消耗/kg	12.0	16.2	12.0
减少氧气消耗/m^3·t^{-1}	2.3	1.9	1.6
减少天然气消耗/m^3·t^{-1}	1.9	—	—
增加有功功率/MW	1.0	0.8	2.0
总喷入量/kg·t^{-1}	5.2	9.8	12.0

1.3.2.3　二噁英防治技术

二噁英具有超长的物理、化学、生物学降解期，导致其在水体沉淀物和食物链中达到非常高的含量；二噁英通过食物链进入人体后，会严重损害人体系统，如内分泌、免疫、神经系统等，其被称为"毒素传递素"。二噁英对环境和人类危害巨大[26]。

防治二噁英污染已成为冶金工业环境保护中极其重要课题之一。在钢铁工业生产过程中，除烧结工序以外，电弧炉炼钢是产生二噁英的主要来源。根据 G. Mckay 的研究[27]，二噁英形成需要具备两个主要条件：一是在燃烧过程中必须含有机物；二是在燃烧反应中必须有氯气参与。关于二噁英的形成机理，L. C. Dickson[28]、B. K. Gullett[29]、H. Huang[30]、H. Hunsinger[31]、T. Takasuga[32] 等做了一系列的研究，针对关于二噁英的形成条件已达成共识。由于废钢中通常含有氯化物和油类碳氢化合物，导致电弧炉冶炼过程中会产生一定量的二噁英烟气，从而造成环境污染问题。

针对电弧炉炼钢过程二噁英的排放问题，可采取以下主要措施：

(1) 废钢预处理[33,34]。对废钢进行分选，最大限度减少含有有机物的废钢入炉量，同时严格控制进入电弧炉的氯源总量；含有机物废钢不宜采取预热处理。

(2) 急冷处理一次烟气[35]。电弧炉一次烟气温度需控制在 1000℃ 以上，此时各种有机物已经全部分解，对燃烧后的烟气进行急冷，使其快速冷却至 200℃ 以下，最大限度减少烟气在二噁英生成温度区间的停留时间，如利用蒸发冷却塔技术对烟气急冷处理后，在防止二噁英形成的方面效果显著。

(3) 施加抑制剂[36]。在 600~800℃ 温度区间向烟道喷入碱性物质粉料（如石灰石或生石灰），可减少导致二噁英生成的有效氯源，在 250~400℃ 喷入氨也可以抑制二噁英的生成。

日本开发的环保型生态电弧炉 ECOARC™[37]（图 1-4）拥有较完善的废气排放处理系统，能有效解决二噁英等环境污染问题。该电弧炉本体由废钢熔化室和与熔化室直接连接的预热竖炉组成，后段设有热分解燃烧室、直接喷雾冷却室和除尘装置。热分解燃烧室可将包括二噁英在内的有机废气全部分解，并能够满足高温区烟气的滞留时间；喷雾冷却室可将高温烟气快速降温，防止二噁英二次形成。但由于 ECOARC™ 电弧炉存在炉体体积大、竖井难以分离和耐火材料在线更换困难等问题，导致设备维护困难。因此，开发高效率、低成本的电弧炉二噁英防治技术仍是目前的研究热点之一。

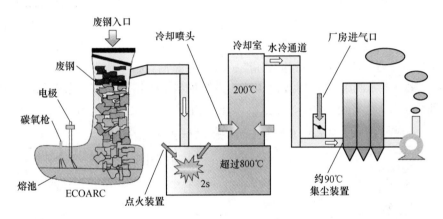

图 1-4 生态电弧炉 ECOARC™ 废气排放处理系统

1.3.2.4 废钢预热-连续加料技术

废钢预热-连续加料技术，利用高温烟气预热废钢，能有效解决传统电弧炉冶炼过程中的烟尘问题。另外，采取大留钢量操作，废钢熔化效率高，最大程度实现平熔池冶炼，满足现代电弧炉炼钢高效率、高生产率、低成本、低有害气体排放的要求[38]。

在电弧炉废钢预热方面，先后开发并应用了料篮式废钢预热电弧炉、双炉壳电弧炉、竖式电弧炉以及 Consteel 电弧炉等。料篮式废钢预热电弧炉由于电耗高、冶炼周期长以及环境污染严重等问题，正逐步被新型电弧炉所取代；双炉壳电弧炉由于预热效率低、设备维护量大及二噁英等污染物排放严重等问题，使用效果远达不到预期，已经逐渐被淘汰；Consteel 电弧炉存在废钢预热温度较低、二噁英排放不达标等问题，但因其生产顺行状况良好、电网冲击小、加料可靠可控等优点，目前工业化应用较广泛；早期竖式电弧炉存在设备可靠性低、维护量大等问题正逐步退出市场。当前国内外许多冶金设备制造公司依据 Consteel 电弧炉和竖式电弧炉理念研发了多种新型废钢预热-连续加料电弧炉，如基于水平连续加料理念研发的达涅利 FASTARC 电弧炉；基于竖式加料理念研发的西马克 SHARC 电弧炉、日本 ECO-ARC™ 生态电弧炉以及普瑞特 Quantum 电弧炉等；同时还衍生出阶梯进料型电弧炉，如中冶赛迪 CISDI-AutoARC™ 绿色智能电弧炉，以及独立于电弧炉的废钢预热-连续加料系统，如 KR 公司和 CVS 公司联合研发的环保型炉料预热和连续加料系统（Environmental Pre-heating & Continuous Charging System，EPC）。

表 1-9 为各典型电弧炉技术指标及废钢预热效果的对比。通过总结电弧炉高效预热特征，可知废钢预热技术未来发展趋势：（1）电弧炉冶炼过程中全程密封，避免开盖造成热损失；水平加料式电弧炉虽预热效果有待进一步提升，但其加料可控可靠，设备稳定好；竖式电弧炉废钢预热效率高，近年来新型电弧炉多为竖式加料结构；（2）平衡各类能源输入量，注重物理余热与化学余热输入对提高废钢预热效率的作用，进而改进能源利用率提高电弧炉产能；（3）废钢预热技术设计理念应符合最新环保标准，减少能源消耗，减少温室气体排放；（4）新型电弧炉炼钢需综合考虑废钢预热、连续加料、平熔池冶炼、余热回收、废气处理等方面，保证电弧炉炼钢高效、绿色化生产。

表 1-9　典型电弧炉的技术指标及预热效果对比

炉　　　型	电耗/kW·h·t⁻¹	冶炼周期/min	废钢预热温度/℃
传统电弧炉[11,39]	约 458	约 110	200~250
竖式电弧炉[11,39]	260~420	37~58	600~700
双炉壳电弧炉[11,40]	约 340	约 40	约 550
Consteel 电弧炉[11,39]	300~390	39~65	200~400
EPC 电弧炉[41]	277~334	39~49	315~450
Quantum 电弧炉[42]	约 280	约 33	600~800
ECOARC™ 电弧炉[37]	约 250	42~52	约 600

1.3.3　电弧炉智能化控制技术

近年来，一系列智能化监测技术和控制模型在电弧炉炼钢过程中得到应用，如智能配料、电极智能调控、智能化取样测温、泡沫渣智能化监测与控制、炉气在线分析、终点成分预报、冶炼过程成本优化和电弧炉炼钢过程整体智能控制等，监测和控制技术的应用大幅度提高了电弧炉炼钢过程的智能化水平。

1.3.3.1　电极智能调节控制技术

电极调节控制技术是电弧炉实现智能化供电关键技术之一，其控制效果直接影响电弧炉的电能消耗、冶炼周期等重要经济性能指标。近年来，国际上较为成熟的智能电弧炉电极调节控制技术主要有 3 种：美国的 IAF[TM] 和 SmartArc[TM]、德国的 Simelt[R] NEC 系统。表 1-10 为国际典型电弧炉电极调节控制系统的技术对比[43]。

表 1-10　典型电弧炉电极调节控制系统的技术对比

项　　目	IAF[TM] NAC（美国）	SmartArc[TM] SME（美国）	Simelt[R] NEC SIMENS（德国）
技术背景 手段	Milltech. HOH 电炉监控系统	DigitArc 电极调节器 ArcMeter 电参数速测系统	Simelt 系列电极调节器 Simens 系列控制电气设备
技术特点	三相意识 无需考虑废钢条件变化 稳定电弧 连续预报	快速测量 识别废钢组成 识别渣况 产生规则指导生产 冶炼不同阶段改变控制策略	三相模型 考虑电弧电抗 控制功率分配
控制目标	最大功率	最长稳定电弧 最优供电曲线	最大有功功率
采用智能 技术	人工神经网络 专家系统	人工智能	人工神经网络

目前，基于 PLC 和工业计算机硬件平台研发的 SIMETAL 电极控制系统是较先进的电弧炉智能化电极控制系统[44]，如图 1-5 所示为 SIMETAL Simelt 电极系统，该控制系统能根据实际工艺需求作出动态响应，提高工艺效率。在此基础上，下一代电极控制系统的研发主要集中在过程参数及算法自适应，数据记录、数据评估及集成过程可视化，可靠性高等方面。

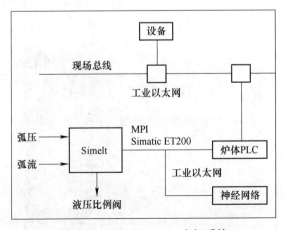

图 1-5　SIMETAL Simelt 电极系统

1.3.3.2 电弧炉智能化取样测温

电弧炉炼钢过程中钢液温度测量和取样所消耗的时间等是制约电弧炉电能消耗和生产效率的关键环节之一[45]。针对传统人工测温取样安全性差、成本高等问题，开发并推广应用自动化测温取样新技术势在必行。目前较先进的测温方式是机器人全自动测温和非接触式测温。

奥钢联推出的 SIMETAL LiquiROB[46] 电弧炉机器人（图 1-6）能执行全自动测温和取样操作，能自动更换取样器和测温探头以及检测无效测温探头等，同时还能通过人机界面实现全自动控制。

图 1-6　SIMETAL LiquiROB 电弧炉机器人

SIMETAL RCBtemp[46]（图 1-7）是奥钢联开发的一种非接触式温度测量系统，其依靠超声速氧气射流技术，在加料期间对废钢进行预热，加快废钢熔化速度，在精炼期以超声速射流喷吹氧气，一旦达到规定的温度均匀性水平，系统切换到温度模式，以极短的时间间隔对温度进行分析。

图 1-7　SIMETAL RCBtemp 非接触式温度测量

1.3.3.3 泡沫渣智能化监测与控制

电弧炉的泡沫渣工艺主要通过目视观察和人工喷碳操作相结合的方式进行。基于电流信号和谐波含量的半自动系统只能在一定程度上协助操作人员完成泡沫渣工艺过程。优化泡沫渣智能化监测与控制方案，确保电弧和熔池完全被泡沫渣稳定地覆盖，既能节约资源和降低电耗，也有利于降低生产成本和减少热损失，是冶炼工艺实现全自动运行的重要方面。

西门子开发的 Simelt SonArc FSM 泡沫渣监控系统[44]（图 1-8）保证了泡沫渣工艺的全自动进行，声音传感器为精确监测和分析泡沫渣高度奠定了基础。同时，泡沫渣高度的监测为自动喷碳操作提供数据依据，从而最大限度降低焦炭消耗指标。

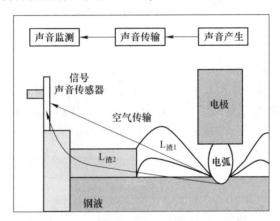

图 1-8　Simelt SonArc FSM 泡沫渣监控系统

美国 PTI 公司开发的电弧炉炉门清扫和泡沫渣控制系统 PTI SwingDoor™[23]（图 1-9）能减少外界空气的进入，提高炼钢过程的密封性；其集成氧枪系统代替了炉门清扫机械手或炉门氧枪自动清扫炉门区域。该系统通过控制炉门开合控制流渣，实现炉内泡沫渣存在时间的控制，进而保证冶炼过程中炉膛内渣层的厚度，减少能源消耗，提高电弧传热效率。

1.3.3.4 电弧炉炼钢过程整体智能控制

随着监测手段和计算机技术的发展，电弧炉炼钢智能化控制不再局限于某一环节的监测与控制，而是将冶炼过程采集的信息与过程基本机理结合进行分析、决策及控制追求电弧炉炼钢过程的整体最优化。针对电弧炉炼钢过程控制过程的复杂性，国外公司开发了一系列电弧炉炼钢过程整体智能控制，如达涅利 Q-Melt 自动电弧炉系统、Tenova 开发的 iEAF 智能控制系统以及 SimensVAI 的 Heattopt 整体控制方案等[47,48]。

图 1-9　PTI SwingDoorTM 泡沫渣控制系统

　　达涅利 Q-Melt 自动电弧炉系统[47]（图 1-10）集成了过程控制监视器和管理器，可自动识别电弧炉炼钢过程预期行为的偏差，并使其自动返回到预定的冶炼过程。此系统主要包括 Q-REG Plus 电极动态调节控制系统、LINDARC 废气分析系统和 MELT-MODEL 过程控制和优化系统。其中 MELT-MODEL 过程控制和优化系统是 Q-Melt 系统核心，与电极调节系统和废气分析系统相配合，通过化学成分分析或电气特性曲线进行动态调整电弧炉冶炼工艺，使冶炼过程始终保持最佳工艺状态。

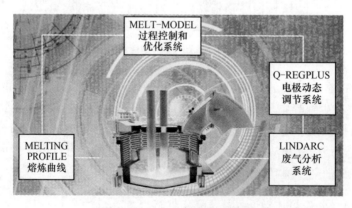

图 1-10　Q-Melt 智能控制系统

　　Tenova 开发的 iEAF 智能控制系统[48]（图 1-11）依靠传感器反馈的工艺信息（如废气分析、电谐波、电流和电压）和可控参数（氧气和燃料流量、氧气喷吹、碳粉喷吹和电极升降）对电弧炉进行全面控制。此系统通过减少冶炼操作变数，增强电弧炉运行稳定性从而提高生产效率、改善生产管理、节能降耗和减少 CO_2 排放。

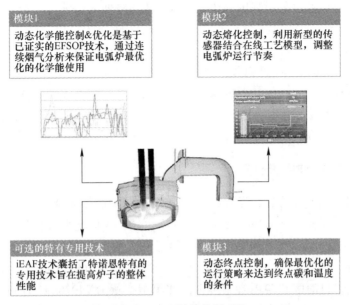

图 1-11　iEAF 智能控制系统

1.4　我国电弧炉炼钢短流程发展前景

钢铁是国民经济的支柱行业，历史悠久，但作为排放大户，钢铁行业减排问题十分严峻。其巨大的温室气体排放量占全球温室气体排放总量的 7% 左右，让钢铁行业一直饱受诟病。当前，以减少二氧化碳排放为目的的"绿色钢铁"正在成为全球钢铁行业的热潮。中国作为世界最大的钢铁生产国和消费国，粗钢产量自 2000 年以来快速增长，截至 2020 年粗钢产量已超过 10 亿吨，与 2000 年相比，粗钢产量增长 6~7 倍，占据全球粗钢总产量的 50% 以上；碳排放量仅增长 3~4 倍，吨钢碳排放量下降近 1/3，表明近年来中国钢铁行业减排水平大幅度提升，工作成效显著。但钢铁生产碳排放量在工业碳排放总量的占比仍呈上升趋势，已高于 18%，占全球钢铁行业碳排放总量的 60% 以上。因此钢铁行业肩负着国家应对气候变化目标的责任和节能减排的压力，有效降低钢铁生产过程中碳排放已成为钢铁行业亟待解决的问题。

现代炼钢流程主要有以铁矿石为主要原料的高炉—转炉长流程和以废钢及生铁为主要原料的电弧炉短流程两种。就碳排放量而言，转炉流程和电弧炉流程相差甚大，转炉流程炼钢需要耗费大量煤炭和焦炭，据估算在未添加废钢的情况下其吨钢碳排放量约为 2.0t，约为废钢电弧炉短流程的 2~4 倍。作为唯一可以大量替代铁矿石的绿色资源，废钢具有显著的环境效益，可减少近 86% 的废气排放，电弧炉流程通过采用高废钢比，可以大幅度降低吨钢碳排放量。在全球范围内电炉炼钢产量占钢总产量比例已从 20 世纪 50 年代初 7.3% 提高到近年来（2015～2020 年）的 25.1%～28.8%。2020 年全球电炉炼钢平均占比为 26.3%，其中美国为 70.6%、欧盟为 42.4%、日本为 25.4%[49]，而中国仅约为 9.2%，明显低于平均水平，较低的电炉钢比是造成钢铁工业能耗高、污染大的重要原因之一[50]。"注重以废钢为原料的短流程电炉炼钢发展"[51]，是实现钢铁工业可持续发展的重大战略决策之一。

1.4.1　我国电炉钢产能及分布

据中国国家统计局数据显示，2019 年中国粗钢产量为 99634.18 万吨，2020年中国粗钢产量达到 105299.92 万吨，首次突破 10 亿吨大关，如表 1-11 所示。2020 年中国 31 个省市自治区中，2020 年粗钢产量排名前 10 位的省市自治区分别为河北省、江苏省、山东省、辽宁省、山西省、安徽省、湖北省、河南省、广东省、内蒙古自治区和四川省。其中河北粗钢产量为 24976.95 万吨，占全国总量的 23.7%，位居榜首。有 3 个地区无钢铁，分别是海南省、西藏自治区（无统计）、北京市（粗钢产量为 0）。与 2019 年相比，河北省、江苏省、辽宁省、湖北省和内蒙古自治区粗钢产量占比有所下降，降幅最大的为江苏省，下降了 0.56个百分点；山东省、山西省、安徽省、河南省、广东省和四川省粗钢产量占比有所增加，增幅最大的为山东省，上升了 1.21 个百分点。

表 1-11　近年中国粗钢产量分布情况

省份（自治区、直辖市）	2020 年粗钢产量/万吨	2019 年粗钢产量/万吨
河北省	24976.95	24157.7
江苏省	12108.2	12017.1
山东省	7993.51	6356.98
辽宁省	7609.4	7361.91
山西省	6637.78	6039.05
安徽省	3696.69	3222.47
湖北省	3557.23	3611.51
河南省	3530.16	3299.09
广东省	3382.34	3229.12
内蒙古自治区	3119.87	2653.69
四川省	2792.63	2733.31

省份（自治区、直辖市）	2020 年粗钢产量/万吨	2019 年粗钢产量/万吨
江西省	2682.07	2524.48
湖南省	2612.9	2385.72
福建省	2466.5	2390.28
广西壮族自治区	2275.48	2662.71
云南省	2233.02	2154.68
天津市	2171.82	2194.77
上海市	1575.6	1640.25
吉林省	1525.61	1356.55
陕西省	1521.53	1430.75
浙江省	1457.03	1350.68
新疆维吾尔自治区	1306.13	1236.88
甘肃省	1059.17	877.77
黑龙江省	986.55	896.12
重庆市	899.95	920.88
宁夏回族自治区	466.62	308.56
贵州省	461.94	442.34
青海省	193.24	178.83
北京市	—	—
海南省	—	—
西藏自治区	—	—
总　计	105299.92	99634.18

（数据来源：国家统计局）

钢铁产量主要包括转炉钢和电炉钢两大部分。从历史统计数据看，2000～2011 年，中国电炉钢产量处于上升阶段，至 2011 年达到峰值 7094.60 万吨，2012～2015 年电炉钢产量逐年下降，但同比降幅逐渐缩小。2016 年中国电炉钢产量达 5170 万吨，同比 2015 年增长 5.94%，结束了 2011 以来的五连降。但是自 2000 年以来，粗钢产量突飞猛进，增长速度明显快于电炉钢产量，导致自 20 世纪 90 年代以来电炉钢占比从 20% 不断下降，近 10 年来一直维持在 10% 以下，转炉钢产量占比在 90% 以上波动；2019 年中国转炉钢产量为 8.95

亿吨，占比 89.8%；电炉钢产量为 1.02 亿吨，占比 10.2%，2020 年中国转炉产量为 9.57 亿吨，占比 90.8%，电炉钢产量为 0.96 亿吨，占比 9.2%，如图 1-12 所示。

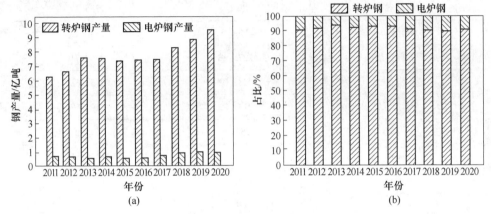

图 1-12　我国钢铁产量结构及比例关系

（a）转炉钢产量和电炉钢产量；（b）转炉钢与电炉钢比例

自 2017 年中频炉集中关停后，迎来了电炉产能投放爆发期，中国电炉产能大幅提升，屡创历史新高。2018 年 1 月，中华人民共和国工业和信息化部原材料工业司正式发布《钢铁行业产能置换实施方法》，允许退出转炉建设电炉项目可实施等量置换，进一步拉动了电弧炉产能提升。2018~2019 年，共淘汰 4059 万吨炼钢产能，置换为 3118 万吨电炉炼钢产能，云南、四川新增电弧炉产能规模最大，合计占比超 66%；4059 万吨淘汰炼钢产能中，电炉炼钢产能占 2010 万吨，高炉—转炉炼钢产能占 2049 万吨，淘汰电炉炼钢产能与高炉—转炉炼钢产能的比例为电弧炉钢：转炉钢 = 0.98：1；综合产能置换比例为淘汰产能：新增产能 = 1.30：1。据《中国冶金报》、中国钢铁新闻网不完全统计，2019 年共有来自河北、江苏、山东等 16 省（区、市）的 65 家钢企公告实施产能置换，其中河北（18 家）、江苏（10 家）、山东（7 家）实施产能置换的企业最多；共实施产能置换的规模为：拟新建炼钢产能 12463.17 万吨，拟新建炼铁产能 11717.625 万吨，拟新建高炉 72 座、转炉 69 座、电炉 21 座。

数据显示，截至 2019 年 6 月底，有关机构调研全国 275 座电弧炉，全年电弧炉产能约为 1.65 亿吨，其中，华东、华南、华中地区是目前电弧炉较为集中的区域，产能占比合计 73%。西南地区占比 12%，也将是电弧炉产能较为集中的区域。从省份来看，江苏、广东、山东、四川、湖北等地电弧炉产能较多，数据显示，江苏产能 2606 万吨，广东 1464 万吨，湖北 1459 万吨等。电弧炉主要分布在废钢资源丰富或电力资源丰富的区域，如图 1-13 所示。

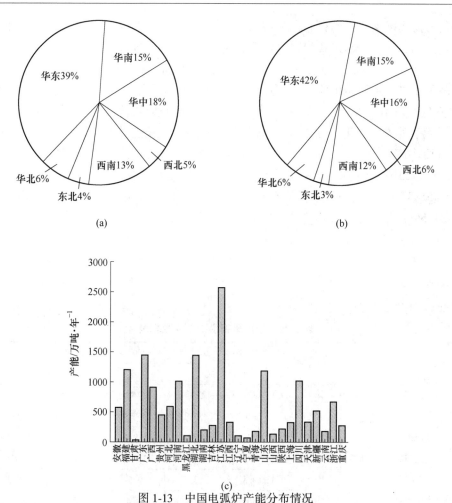

图 1-13 中国电弧炉产能分布情况

（a）电弧炉炉子数量；（b）电弧炉产能分布情况；（c）电弧炉产能分省份

（数据来源：中国冶金报）

2020~2022 年期间，原有闲置电炉产能指标基本已经投产，新增产能主要通过置换方式投放，平均每年产能增幅约 830 万吨。到 2022 年年底，全国电炉产能预计约 1.76 亿吨。

1.4.2 我国废钢资源现状及利用现状

废钢是钢铁生产的主要原料之一，属于可回收循环利用的资源。钢铁行业大量利用废钢资源，不但有助于保护铁矿石等自然资源，还有利于节能减排，环境效益显著。因而发展以废钢为主要原料的电弧炉炼钢是我国钢铁企业走低碳化绿色发展的重要途径。发展电弧炉钢厂有一个非常重要的前提条件，那就是要有充足的废钢资源。从中国钢铁行业长期发展的角度考虑，国家鼓励以废钢为主要原料的短流程炼钢，鼓励企业在不增加新产能的情况下，将剩余产能置换到废钢资源富余的区域，为未来我国废钢资源利用提供了广阔空间。

　　长期以来，中国由于废钢资源相对不足，价格较高，导致电炉钢比一直徘徊在较低水平，致使全国的铁钢比居高不下，严重制约着短流程炼钢的快速发展。如表1-12所示，根据中国国家统计局、中国废钢铁应用协会统计预测，2019年中国废钢资源总产生量在2.5亿吨左右。其中，钢铁企业自产废钢5081万吨，约占废钢资源总量的16.7%；从社会采购废钢2亿吨，约占废钢资源总量的83.3%。2020年中国废钢铁资源产量总量为2.7亿吨左右；其中，钢铁企业自产废钢5183万吨，约占废钢资源总量的18.5%；社会采购废钢2.2亿吨，占比约为81.5%；2.7亿吨废钢铁资源总量中，炼钢生产消耗2.5亿吨，占比约为92.6%；铸造行业消耗0.2亿吨，占比约为7.4%。此外，近年来，在中国废钢资源量逐年攀升和国家环保政策要求的双重驱使下，进口废钢量逐年减少，联合国国际贸易中心数据显示，2019年中国进口废钢18.427万吨，较2018年的134.27万吨，降幅高达86%。

表1-12　中国废钢供需平衡测算表

年　份	2017年	2018年	2019年	2020年	2021年	2022年
供　应						
自产废钢/万吨	4217	4734	5081	5183	5287	5392
加工废钢/万吨	4521	5130	5643	5756	5871	5989
老旧废钢/万吨	11209	12890	14824	17047	19604	22545
废钢总回收量/万吨	19947	22754	25549	27986	30762	33926
同比增速/%	10.4	14.1	12.3	9.5	9.9	10.3
废钢增量/万吨	1875	2807	2794	2437	2776	3164
废钢增量折算铁矿石/万吨	1906	2853	2839	2477	2821	3215
需　求						
转炉钢产量/万吨	75438	83683	89471	89431	89147	88287
电炉钢产量/万吨	7735	9143	10163	12195	14512	17446
转炉废钢消耗量/万吨	9672	12720	15013	15203	15155	14567
电炉废钢消耗量/万吨	5110	6062	6584	8049	9578	11689
铸造行业废钢消耗量/万吨	2000	2000	2000	2000	2050	2100
废钢消耗总量/万吨	16782	20782	23597	25252	26783	28356
同比增速/%	52.4	23.8	13.5	7.0	6.1	5.9
供需缺口/万吨	3165	1972	1952	2734	3979	5570

（数据来源：国家统计局，中国废钢铁应用协会、智研咨询整理）

由于自产废钢和加工废钢规模相对稳定，未来废钢增量主要来自折旧废钢。据产业信息网和麦肯锡调研预测（如图 1-14 和图 1-15 所示），未来中国社会废钢资源增量将以每年 1000 万~2000 万吨的水平递增，废钢供需结构将持续宽松。预计到 2030 年，总钢铁积蓄量将达到 130 亿~135 亿吨，每年社会废钢资源产生量将达到 3.2 亿~3.5 亿吨。

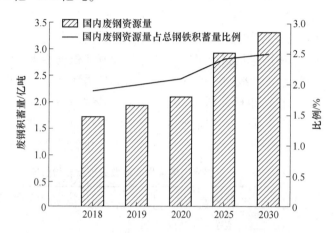

图 1-14　中国废钢积蓄量及占总钢铁积蓄量的比例

（数据来源：产业信息网）

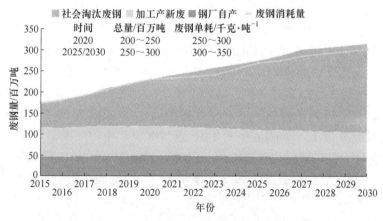

图 1-15　中国废钢资源供需平衡预测

（数据来源：麦肯锡 BMI 中国废钢模型分析）

目前，中国 80% 以上废钢资源分布在人口稠密和工矿企业较集中的东北（辽、黑）、华北（京、津、唐、晋）和华东（苏、沪、鲁）、华南（鄂、川、粤）地区。从区域来看，中国有三大废钢回收区域，分别为长三角地区、渤海湾及周边地区、珠三角地区。长三角地区包括江苏、浙江、山东、上海等省市，汇聚宝武集团、沙钢集团、马钢集团和许多废钢回收企业，主导着中国废钢价格。渤海湾及周边地区，包括辽宁、河北、天津、内蒙古等省市及自治区，汇聚河钢集团、鞍钢集团及唐山地区大量民营钢企，既是废钢产生大区，也是消耗大区。珠三角地区包括广东、广西、福建，是经济发达区域，废钢产生量大，但区域内缺乏大型钢厂，致使废钢资源量富余，通常销往长三角区域和渤海及周边区域的钢厂。

随着国家政策在下游废钢回收领域的持续推进，废钢产业将逐渐进入健康增长周期。2018 年，中国全国范围内有约 180 家废钢加工配送企业，年配送能力约 1 亿吨，拥有废钢破碎生产线 500 条以上（如表 1-13 所示），主要集中在沿海地区和四川、河南、云南、重庆、湖北等内陆区域。同时，国家政策驱动大型长流程钢厂逐渐向沿海地区转移，在内陆地区，电弧炉炼钢凭借其单炉产能小、群体分布广的特点，将充分利用广泛分布的废钢破碎生产线就近消纳废钢资源。

表 1-13　2018 年中国废钢破碎生产线数量主要省份分布

省份（自治区、直辖市）	废钢破碎生产线数量
河北省、山东省、江苏省	50 家以上
天津市、河南省、四川省、广东省	30~50 家
辽宁省、山西省、安徽省、湖北省、浙江省、重庆市、云南省	10~30 家
剩余其他省份（自治区、直辖市）	10 家以下或未提及

自 2017 年起打击地条钢与取缔中频炉钢厂至 2019 年，共淘汰近 1.4 亿吨中频炉产能，造成废钢资源供给量井喷，废钢供需结构发生了根本性改变，大量废钢资源流向重点大中型钢铁企业，电炉和转炉的废钢消耗量大幅增加。据麦肯锡调研报告，废钢资源在转炉和电炉企业的消耗量从 2015 年的 1.1 亿吨增加到 2018 年的 2 亿吨以上（如图 1-16 所示），新增和复产电炉的废钢单耗迅速提高，部分电炉炼钢企业的废钢比从 2015 年的 20%~30% 增加到 2018 年的 70%。钢企废钢平均单耗已逐渐超过 200kg/t（如图 1-17 所示），同时，受国家对"2+26"城市限产的影响，长流程钢厂在高炉和转炉中不断提高废钢加入量以提高产量，部分钢厂的废钢比已增加到 20%~25%。工业和信息化部曾在《钢铁工业调整升级规划（2016~2020 年）》中提出，至 2025 年，我国炼钢废钢比要达到 30%。在国家钢铁工业"十四五"规划研讨会上，钢协提出"十四五"末期我国钢铁行业产能置换中电炉钢比例不得低于 30% 的要求。

根据废钢资源总量和钢企废钢比的发展趋势，2030 年中国废钢资源产生量预估值约为 3.5 亿吨，以 2019 年转炉流程消耗废钢量 1.837 亿吨为基准并保持不变，2019 年中国电炉流程消耗废钢仅 0.663 亿吨，十年后可供电弧流程消耗的

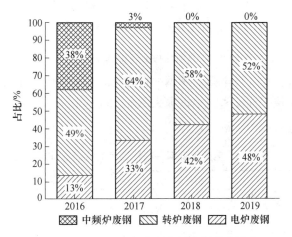

图 1-16　2016~2019 年中国废钢资源需求流向
（数据来源：麦肯锡 BMI 分析）

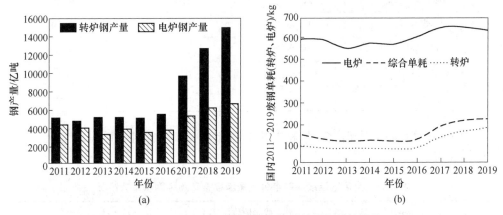

图 1-17　2011~2019 年中国废钢消耗量和单耗情况
（数据来源：产业信息网）

废钢量达 1.663 亿吨，是 2019 年电炉流程废钢消耗量的两倍多。综上数据分析，未来废钢资源是不缺乏的，而且随着钢产量累计的增加及转炉流程的产能置换，电炉流程可利用的废钢量将继续增加。

1.4.3　我国电弧炉炼钢短流程与长流程吨钢碳排放量对比分析

选取华东地区某 100t 全废钢连续加料电弧炉短流程为研究对象，基于系统模型的简化，采用碳排放因子法，计算分析吨钢碳排放量，并与高炉—转炉长流程、"中国式"电弧炉短流程及传统全废钢电弧炉短流程的碳排放进行对比，分析不同流程及工艺碳排放量的差异。

1.4.3.1　全废钢连续加料电弧炉短流程碳排放量

以某 100t 全废钢连续加料电弧炉短流程生产指标的月平均数据为基础，采用碳排放因子法，经计算电弧炉炼钢—精炼工序 CO_2 排放情况如表 1-14 所示。其中，因研究企业位于江苏省，根据国家标准，故选取华东区域电网 CO_2 排放因子作为年平均供电排放因子进行计算[52]。

表 1-14　电弧炉炼钢—精炼工序的吨钢碳排放情况

物　质	消耗量	排放因子	吨钢碳排放量/t
废钢/t	1.08	0.0037[9]	0.004
总电耗/kW·h	594.18	0.8046[15]	0.478
氧气/m³	36.1	0.0009827[9]	0.036
电极消耗/kg	1.86	3.663[16]	0.007
碳粉/kg	22.29	2.690[17]	0.060
无烟煤/kg	19.06	2.530[17]	0.048
石灰/kg	58.25	0.440[17]	0.026
白云石/kg	17.63	0.477[17]	0.008
总　计	—	—	0.667

同理计算可得全废钢连续加料电弧炉短流程各工序的吨钢碳排放情况，如表 1-15 所示。

表 1-15　全废钢连续加料电弧炉短流程各工序吨钢碳排放情况

工　序	吨钢碳排放量/t	占比/%
电弧炉炼钢—精炼	0.667	73.216
连铸—连轧	0.244	26.784
总计	0.911	100

由表 1-14 和表 1-15 可知，全废钢连续加料电弧炉短流程吨钢碳排放量为 0.911t。其中电弧炉炼钢—精炼工序吨钢碳排放量为 0.667t，占整个流程的 73.216%。因此，降低全废钢连续加料电弧炉短流程碳排放的重点应集中在电弧炉炼钢—精炼工序的碳减排方面。

1.4.3.2　高炉—转炉长流程吨钢碳排放量

表 1-16 为采用碳排放因子法计算的高炉—转炉长流程各工序吨钢碳排放情

况[53]。由表可知，高炉—转炉长流程吨钢碳排放量为3.102t，其中焦化、烧结、球团及高炉炼铁工序组成的铁前系统吨钢碳排放量为2.568t，占高炉—转炉长流程吨钢碳排放总量的82.785%。对比全废钢连续加料电弧炉短流程吨钢碳排放量可以看出：长流程与短流程碳排放量差异大，长流程吨钢碳排放量是全废钢连续加料电弧炉短流程的3倍多；长流程碳排放量大是该流程工艺固有特点导致，其铁前系统大量使用焦炭及煤等燃料，必然有大量碳排放。

表1-16 高炉—转炉长流程各工序吨钢碳排放情况

工　序	吨钢碳排放量/t	占比/%
焦化	0.190	6.125
烧结	0.265	8.543
球团	0.034	1.096
高炉炼铁	2.079	67.021
转炉炼钢	0.288	9.284
轧钢	0.246	7.931
总　计	3.102	100

1.4.3.3 "中国式"电弧炉短流程吨钢碳排放量

中国电弧炉企业为灵活应对废钢市场价格波动，采用热装铁水的电弧炉炼钢工艺，目前大约有60%的电弧炉兑加铁水，所兑铁水比例在25%~60%，热装铁水已成为中国电弧炉炼钢的一大特色。表1-17为采用碳排放因子法计算的"中国式"电弧炉短流程各工序吨钢碳排放情况[53]。

表1-17 "中国式"电弧炉短流程各工序吨钢碳排放情况

工　序	吨钢碳排放量/t	占比/%
电弧炉炼钢	2.748	91.783
轧钢	0.246	8.217
总　计	2.994	100

由表1-17可知，"中国式"电弧炉短流程吨钢碳排放量为2.994t，远超全废钢连续加料电弧炉短流程吨钢碳排放量，接近高炉—转炉长流程吨钢碳排放量。"中国式"电弧炉短流程虽属于短流程工艺，但由于在炼钢工序中兑入一定比例的铁水，所以在计算碳排放量时必须考虑上游炼铁系统碳排放量。可见，采用热装铁水技术的"中国式"电弧炉短流程工艺虽能帮助企业灵活应对废钢市场价

格波动，具备一定经济效益，但承载了部分上游炼铁系统碳排放量，使其不具备"脱碳化"的优势，这也是电弧炉转炉化的"中国式"电弧炉短流程碳排放量居高不下的主要原因。

1.4.3.4　传统全废钢电弧炉短流程吨钢碳排放量

中国电弧炉短流程起步较晚，各地电弧炉短流程发展水平参差不齐。部分传统电弧炉短流程虽采用全废钢冶炼，但其装备、工艺及配套技术较落后，节能减排效果不佳，与先进电弧炉短流程碳排放水平存在差距。表 1-18 为采用碳排放因子法计算的传统全废钢电弧炉短流程各工序吨钢碳排放情况[53]。

表 1-18　传统全废钢电弧炉短流程各工序吨钢碳排放情况

工　序	吨钢碳排放量/t	占比/%
电弧炉炼钢	1.367	84.749
轧钢	0.246	15.251
总　计	1.613	100

由表 1-18 可知，传统全废钢电弧炉短流程吨钢碳排放量为 1.613t，相比于高炉—转炉长流程，其碳排放量大大减少，体现了全废钢电弧炉短流程"脱碳化"的优势；但相比于全废钢连续加料电弧炉短流程，其碳排放量偏高，超出全废钢连续加料电弧炉短流程吨钢碳排放的 77%。造成这种情况的主要原因是传统电弧炉短流程采用分批次加料，冶炼过程中需多次打开炉盖，热量损失严重；同时设备及工艺较落后，冶炼周期较长，电耗较高，最终导致电弧炉炼钢工序碳排放量较大。可见，对于全废钢电弧炉短流程，通过工艺改进及装备提升，在减少碳排放量方面仍有巨大潜力。

1.4.3.5　不同流程及工艺吨钢碳排放量对比分析

高炉—转炉长流程、"中国式"电弧炉短流程、传统全废钢电弧炉短流程及全废钢连续加料电弧炉短流程吨钢碳排放量对比如图 1-18 所示。"中国式"电弧炉短流程承载了部分上游炼铁系统碳排放量，导致其吨钢碳排放量与高炉—转炉长流程相当，排放量均较大，不具备钢铁工业"脱碳化"的优势。采用全废钢冶炼的电弧炉短流程减排效果明显，其碳排放量只有长流程的一半甚至更少，体现了全废钢电弧炉短流程自身的节能减排优势。传统全废钢电弧炉短流程虽具有一定节能减排优势，但仍有巨大进步空间。全废钢连续加料电弧炉短流程吨钢碳排放量为 0.911t，相比于传统全废钢电弧炉短流程减少 77% 的碳排放，具有良好减排效果，是钢铁工业实现"脱碳化"的重要途径。

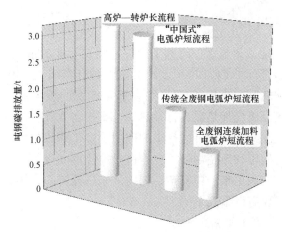

图 1-18 不同流程及工艺吨钢碳排放量对比

1.5 我国电弧炉炼钢—直接轧制短流程技术的发展

钢铁生产工艺流程正向着连续化、紧凑化、自动化的方向发展。实现钢水凝固铸造和变形过程的连续化，即连铸连轧过程的连续化，是实现钢铁生产连续化的关键之一。热轧中的加热炉是钢材生产中能源消耗和污染物排放比较高的部位，虽然单位能耗在逐年下降，但沿用传统工艺还是无法达到大幅度节约能源的目标。棒线材直接轧制新工艺的要点是：合理提高铸坯温度，把高温铸坯切断后，经专门铺设的快速辊道直接送入轧线进行轧制。采用直接轧制工艺时，铸坯不经加热炉，无须补热或适当在线补热，完全省去了加热炉的燃料消耗，可以大幅度节省能源，降低二氧化碳等污染物的排放。目前，直接轧制技术在热轧钢筋生产中的应用已经成熟。

1.5.1 直接轧制工艺的研究进展

连铸坯热送热装工艺是把连铸机生产出的热铸坯切割成定尺后，在高温状态下，直接送到轧钢车间进行保温或者直接进入加热炉进行加热。与热送热装工艺相比，直接轧制工艺节能效果更加显著。根据轧制前是否需要对连铸坯进行在线补热，直接轧制工艺可以分为以下两类[54]：一是传统意义上的连铸—直接轧制工艺，简称 CC-DR，连铸坯被切断后不经过加热炉，在输送过程中通过在线补热装置进行补热即可直接送入轧线进行轧制；二是免加热直接轧制工艺，简称 DROF，高温铸坯被切断后，不经加热炉，也无须补热，直接送入轧机进行轧制。

1.5.1.1　CC-DR 工艺

CC-DR 工艺节能效果显著，得到了国内外钢铁行业的重视。20 世纪 80 年代初期，日本和美国进行了 CC-DR 工艺的尝试。1981 年 6 月，日本新日铁钢厂实现了连铸与热带钢轧制的直接连接[55,56]，该生产线的板坯由一台 2 流连铸机生产，切断后的板坯经感应加热器进行补热后，直接送入轧机进行轧制。

连铸—直接轧制工艺在热带生产中的应用要多于棒线材生产，因为板带钢轧机的作业率很高，换辊和改变规格可在连铸机停浇期间进行，而连铸机与棒线材轧机之间的衔接、协调更难、更复杂。国内外采用连铸—直接轧制技术生产棒线材的代表性工艺主要有以下几个[57~60]。

A　美国纽克公司诺福克厂的 CC-DR 工艺

美国纽柯公司诺福克厂（Norfolk）第二分厂将 CC-DR 工艺成功地应用于棒线材生产中[61]。该厂的生产工艺流程如图 1-19 所示，连铸机与连轧机紧密地布置在一条直线上，采用在线感应补偿加热器对钢坯补热，然后直接送入轧机进行轧制。

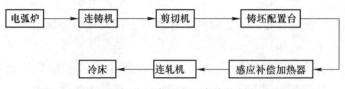

图 1-19　美国纽柯公司诺福克厂直接轧制工艺流程图

该厂采用 CC-DR 工艺生产的主要产品为小型优质条钢、圆钢和方钢以及小型扁钢和角钢，直轧率在 85%~90%以上。该厂的第一分厂的炼钢、连铸和轧钢设备与二分厂几乎完全一样，只是采用连铸坯热装（HCR）和冷装炉加热轧制的工艺。通过对比，采用 CC-DR 工艺可较为充分地利用连铸坯的物理潜热，感应补热的成本仅为一分厂煤气加热成本的一半，铸坯输送管理及加热所需人员数量减少一半以上，感应加热时氧化损失比热装加热时间最短时减少 54%以上。

B　采用行星轧机生产线材的 CC-DR 工艺

在建立线材连铸—直接轧制生产线时，除要求连铸提供高温无缺陷的铸坯以外，还要解决两个问题[62]：一是连铸机的拉坯速度与第一架轧机的入口速度差别较大，连铸与轧制速度配合较难；二是方坯连铸机与轧机的生产能力不匹配。为解决这两个问题，采用大变形量的轧机是一个有效的办法。苏联全苏冶金机械制造科学研究设计院和国立莫斯科大学联合建造了采用行星轧机生产线材的 CC-DR 生产线，其生产工艺流程如图 1-20 所示。

该厂小方坯连铸机的半径为 3m，铸坯断面规格为 60mm×80mm。铸坯在连铸

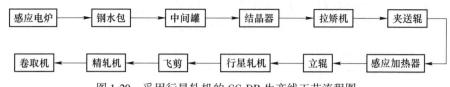

图 1-20 采用行星轧机的 CC-DR 生产线工艺流程图

机出口处经切头后送入感应加热炉内进行补热，温度合格的铸坯在进入行星轧机前，首先经轧机前的立辊将连铸坯压缩到所要求的断面尺寸，然后再进入行星轧机中轧制。设备的紧密布置最大限度缩短机架间的距离，有助于减少轧件的温度损失及缩短因无张力轧制使轧件头尾增厚的长度。

在生产 55SiMo5V 合金盘条时，铸坯元素偏析很小，中心疏松在行星轧机中变形时完全被焊合，轧制后获得的线材组织均匀致密。与传统线材轧机进行比较，该生产线投资可降低 43%，生产面积减少 71%，加热能耗减少了 67% 以上，生产周期大约缩短 99%，碳钢线材的成本降低约 20%，金属损失减少 80%，年产量可达 5 万~10 万吨。但由于行星轧机的故障率高这一致命缺点一直未能克服，目前行星轧机已经很少使用。

C 意大利 ABS-Luna 厂的 ECR 无头连铸连轧工艺

前文中提到的意大利 ABS-Luna 厂的 ECR 生产线是将炼钢、连铸、轧制和热处理集于一体的全新生产模式，实现全连续化生产，开创了特钢长材生产的新纪元，实现了棒线的连铸—直接轧制工艺。其生产线布置如图 1-21 所示。

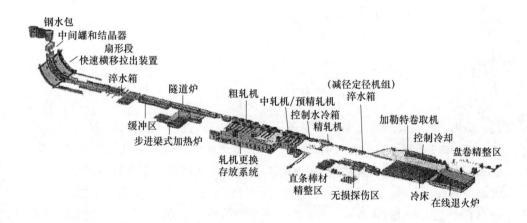

图 1-21 意大利 ABS-Luna 厂 ECR 生产线工艺流程图

连铸机后配有 1 座 125m 长的隧道炉及 1 个感应加热器。当连铸机采用双流生产时，将铸坯切成 45m 长的定尺坯，交替送入隧道式加热炉内，隧道式加热炉相当于缓冲器。当连铸机采用单流生产时，铸坯长度可以从 14m 到无限长，无需进行铸坯定尺切割，直接通过隧道式加热炉补热。隧道式加热炉直接与轧机连接，加热好的无头或半无头铸坯可直接送入轧机轧制，实现无头轧制。ECR 无头连铸连轧技术从订单下达到成品入库的全部加工过程不超过 4h，是小型钢材生产长材的革命性技术，目前世界仅此一例。

D 沈阳钢厂连铸—直接轧制试验线

20 世纪 90 年代，我国沈阳钢厂进行了 CC-DR 工艺生产试验[58]。在此期间，东北大学提供了诸多技术支持[57,63,64]，如自行研制液压取坯机、设计感应补偿加热技术参数、研究高温出坯技术等成功应用于该试验生产线。该厂的生产工艺流程如图 1-22 所示，连铸机与连轧机布置在同一车间内，车间布置紧凑，连铸机与粗轧机中心线相距 86m，但连铸出坯方向与轧制方向垂直布置，因而铸坯切断后需要旋转 90°。连铸采用一台 2 流连铸机，专一生产 140mm×140mm 断面的小方坯。剪切后的铸坯被送到感应炉前，再以 3m/min 的运行速度通过 4 座感应炉，将铸坯从 950℃ 左右加热到 1150℃ 左右，然后送往粗轧机进行轧制。

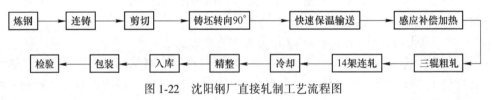

图 1-22 沈阳钢厂直接轧制工艺流程图

1992 年 8 月 12~16 日进行了 10 炉钢的连铸—直接轧制生产试验，直轧率达 80.2%。与冷装炉加热轧制相比，金属烧损由 2.24% 减少到 0.38%，宏观电耗平均为 43.8kW·h/t，可降低成本 65.55 元/t。

1.5.1.2 DROF 工艺

东北大学与鞍山光正科技公司合作开发了一种新型棒线材免加热直接轧制工艺，提出合理提高连铸坯温度，实现棒线材免加热直接轧制的想法[65,66]。近几年，DROF 工艺已成功应用于国内一些中小型企业，并取得了良好的经济效益，受到国内钢铁行业的普遍关注。DROF 工艺的成功应用得益于高效连铸技术和轧钢设备的长足发展。国内某螺纹钢生产线 2013 年开始应用免加热直接轧制技术，对原有生产线进行技术改造。该厂改建了电炉炼钢、小方坯连铸机和轧机，并取消了加热炉，车间布置紧凑，连铸机与轧机在同一中心线上，相距 46m。由连铸机生产的 120mm×120mm 方坯，剪切后经快速辊道直接送到轧线进行轧制，开轧时铸坯表面温度在 950~1010℃ 之间，心部温度 1050℃ 以上。改造后节能减排效果显著，据 2013 年 5 月至 2014 年底统计，共生产螺纹钢 105.6 万吨，直轧率达

93.9%。与冷装炉加热轧制相比，金属烧损由 2.24% 减少到 0.48%，每吨可降低成本 20 元以上。

1.5.2 连铸坯直接轧制工艺的特点和关键技术

连铸坯直接轧制工艺（CC-DR）的主要优点有[66]：（1）利用连铸坯冶金热能，节约能源消耗。直接轧制可比常规冷装炉加热轧制工艺节能 80%~85%，铸坯在 500℃ 热装时，可节能 250000kJ/t，800℃ 热装时可节能 514000kJ/t[62]；（2）提高成材率，节约金属消耗。由于加热时间缩短，铸坯烧损减少。直接轧制工艺可使成材率提高 0.5%~1.5%；（3）大大缩短生产周期。直接轧制时从钢水浇注到轧制出成品只需十几分钟；（4）简化生产工艺流程，减少厂房面积和运输设备，节约生产费用和基建投资；（5）提高产品质量。由于加热时间短，氧化铁皮少，直接轧制工艺生产的钢材表面质量优于常规工艺的产品。

直接轧制工艺对连铸与轧制一体化生产的要求很高，主要关键技术包括：（1）连铸坯及轧材温度的保证技术；（2）连铸坯及轧材质量的保证技术；（3）轧件断面尺寸的调节技术和自由程序轧制技术；（4）炼钢—连铸—轧钢一体化生产管理技术；（5）保证工艺与设备稳定性和可靠性技术等。

1.5.3 免加热直接轧制工艺概述

1.5.3.1 免加热工艺的基本特点

棒线材免加热轧制（direct rolling of free-heating for bar and rod，DROF）工艺的要点是：合理提高铸坯温度，把高温铸坯切断后，经专门铺设的快速辊道直接送入轧线进行轧制。采用 DROF 工艺时，铸坯不经加热炉，也无须补热，完全省去了加热炉的燃料消耗，可以大幅度节省能源，降低二氧化碳等污染物的排放。与常规的棒线材生产工艺相比，DROF 工艺具有如下特点[67]：

（1）DROF 工艺开轧温度在常规轧制和低温轧制之间，随着轧制过程的进行，由于变形热作用，这 3 种轧制工艺的温度偏差逐渐缩小，终轧温度相差不大，如图 1-23 所示。

（2）未经加热和补热的铸坯，其中心温度高，表面温度低，有限元模拟计算的铸坯断面温度场如图 1-24 所示。这种温度分布有两个优点：一是在粗轧道次，轧件内软外硬有利于变形渗透，有利于压合铸坯内部缺陷，提高产品质量；二是用测得的表面温度来估算轧制力时，得到的结果偏于安全。

（3）因到达切断点的时间不同，沿铸坯长度方向前端温度低，后端温度高。这种温度分布有利于克服常规轧制时因轧件头尾部咬入时间差带来的轧件尾部温度低的缺陷。

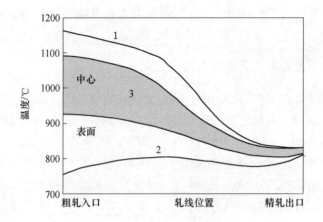

图 1-23　3 种轧制工艺轧件温度范围的比较
1—常规轧制工艺；2—低温轧制工艺；3—DROF 工艺

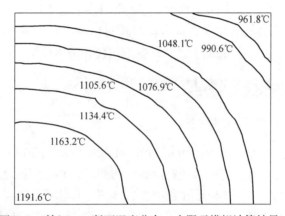

图 1-24　铸坯 1/4 断面温度分布（有限元模拟计算结果）

　　（4）与常规轧制工艺相比，DROF 工艺开轧温度低，这有两个优点：一是产品强度可提高约 10MPa；二是可避免因开轧温度高而出现魏氏组织的可能性。DROF 工艺的缺点是粗轧机组的轧制力比常规轧制工艺有所升高，导致吨钢电耗略有增加。

1.5.3.2　DROF 工艺的关键技术

　　为实施 DROF 工艺，需要采用以下关键技术来保证生产的顺利进行[67]：

　　（1）合理提高连铸坯温度。合理提高铸坯温度对实施 DROF 工艺至关重要。提高铸坯温度可采取以下措施：1）优化结晶器与二冷区的冷却工艺制度；2）在可能的情况下提高铸坯拉速；3）采用液压剪替代火焰切割、前移切割点等措施缩短铸坯等待时间；4）在铸坯以拉坯速度运行期间内加盖保温罩以减少铸坯温度损失。

（2）采用铸坯温度闭环控制系统。为保证铸坯温度能够持续稳定地满足开轧温度的要求，需要对铸坯的温度进行在线控制，其控制原理图如图 1-25 所示，要点如下：1）引入安全距离的概念，建立安全距离预报数学模型；2）根据安全距离的要求，利用冷却水参数对铸坯温度场影响的数学模型，由计算机设定出初始的冷却强度与冷却水阀门组态；3）利用测温仪在线实时检测铸坯表面温度，对冷却强度和冷却水阀门组态进行实时调整，确保铸坯温度维持在允许范围内，此时既不会发生漏钢事故，也能够使铸坯温度满足轧制要求。

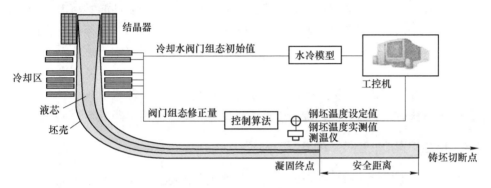

图 1-25　铸坯温度闭环控制系统

（3）增设铸坯快速运送系统。为了减少铸坯运送时间，保证铸坯送到粗轧机组时仍有较高的温度，可采用以下措施：1）把主送辊道的速度提高到 3～5m/s，使铸坯在切断后能够在 1min 内由铸机运送到粗轧机组；2）在快速辊道上加盖保温罩，防止铸坯过快温降；3）开发送坯节奏控制系统，根据连铸机与轧机的节奏匹配，自动把切断后的铸坯按照优化的次序尽快运送到粗轧机组的机前辊道和待轧区间辊道；4）增设低温坯剔除系统，把不能满足轧制要求的低温坯运送到剔坯台架，在轧机检修和故障状态下把铸坯运送到钢坯垛；5）建立炼钢—连铸—轧钢一体化生产管理系统，保证调度指挥信息畅通。

（4）粗轧机组负荷裕量的优化分配技术。其要点主要有：1）建立能够反映DROF 工艺铸坯温度内高外低特点的轧制力和轧制功率数学模型，按照轧制规程对各个道次的负荷裕量进行精确计算；2）观察现行轧制规程下各个道次的瞬时负荷与平均负荷的变化趋势，找出存在负荷超限现象与可能的潜在危险道次；3）重新分配压下量，增加关注道次的负荷裕量，减小其超限的可能性；4）正确选择电机的过载系数，合理设定超限报警条件，允许在轧件头部咬入瞬间电机实际功率超过其额定功率，避免频繁虚假报警。

1.5.3.3　DROF 工艺的节能减排降成本效果分析

DROF 工艺节能减排降成本体现在以下方面[67]：

(1) 节省加热炉燃料消耗。

(2) 减少加热过程的氧化铁皮损失。

(3) 其他节能减排降成本因素。除了节省加热炉燃料和减少氧化损失这两项主要因素之外，采用 DROF 工艺还有以下因素可以节能减排降成本：1）可节约铸机和加热炉冷却水，包括循环水和新水，同时节约循环水用电；2）可节省加热炉的维修和操作费用，避免每年加热炉大修期对生产的影响；3）降低了开轧温度，有利于实施控轧控冷工艺，优化合金成分，提高产品性能。

(4) DROF 工艺的实施效果。近期 DROF 工艺已成功用于一批棒线材生产企业，有些新建带肋钢筋生产线已经不再建设加热炉。例如对某钢厂热轧钢筋生产线实施了 DROF 工艺改造，连铸机的拉速提高到 2.3~2.5m/min，铸坯进轧机时的表面温度可达 900℃以上，心部温度可达 1050℃以上，直轧率达 96%。综合考虑加热炉燃料消耗、减少氧化烧损、操作维修成本等，吨钢可降成本约 125 元。

1.5.4　电弧炉直接轧制技术的发展方向

我国电弧炉炼钢—精炼—连铸—直接轧制工艺流程生产螺纹钢筋企业正处于调整结构、转型发展的阶段。企业在努力消化引进技术，提高管理与生产操作水平，同时在大力进行技术创新，着力开发绿色化、智能化的新技术、新工艺、新装备、新产品。

现阶段绝大多数短流程企业已经实现了机械化和自动化。但是目前生产过程和产品质量不够稳定，作为流程工业重点要求的均匀性和一致性也差强人意。对此，除了要加强管理和提高操作技术水平外，必须在加强数字化和信息化建设的基础上，大力开发适于流程工业的信息物理系统，把流程生产的钢铁厂建设成为智慧工厂。这样，我国的钢铁厂就会具有感知、认知、分析、决策、自学习、自适应、自组织的能力，代替人类完成人类尚未很好完成的各种复杂任务[68]。

未来，电弧炉炼钢—精炼—连铸—直接轧制工艺流程在基于电弧炉冶炼和 LF 精炼的高效化、恒温和恒拉速条件下的高拉速连铸、铸坯的高速输送和保温（必要时补温），以及高效轧制的工艺和装备，采用炼钢—连铸—轧制工序间协调优化技术，建立关键设备智能监测、关键工艺智能调控以及健康管理系统，实现连铸—轧制生产过程多流对单流的生产模式优化匹配和全流程流畅运行，定能实现高的直轧率、低的轧材力学性能差异，以及智能、高效、节能和低成本的目标。

参 考 文 献

[1] 沈才芳,孙社成. 电弧炉炼钢工艺与设备 [M]. 北京:冶金工业出版社,2001.

[2] 宋东亮,曾昭生,孟宪勇. 直流电弧炉炼钢技术 [M]. 北京:冶金工业出版社,1997.

[3] 朱荣,吴学涛,魏光升,等. 电弧炉炼钢绿色及智能化技术进展 [J]. 钢铁,2019,54 (8):9~20.

[4] 何孝文. 炼钢短流程工艺国内外现状及发展趋势 [J]. 工程技术,2016 (67):268.

[5] 李士琦,张汉东,陈煜,等. 电弧炉炼钢流程的能量状况 [J]. 钢铁,2006,41 (8):24~27.

[6] Price L, Sinton J, Worrell E, et al. Energy use and carbon dioxide emissions from steel production in China [J]. Energy, 2002, 27 (5):429~446.

[7] DANIELI. Electric Arc Furnaces [EB/OL]. (2007-11-15) [2019-12-27]. https://www.danieli.com/en/products/products-processes-and-technologies/electric-arc-furnace_26_83.htm.

[8] 郭志军,刘伟,李巨辉. 大容量电弧炉对电网的干扰及抑制 [J]. 大众用电,2006 (1):33~34.

[9] 朱荣,何春来,刘润藻,等. 电弧炉炼钢装备技术的发展 [J]. 中国冶金,2010,20 (4):8~16.

[10] Ortiz F, Paredes P. Power Profile Optimization in Tenaris Tamsa's Electric Arc Furnace [C] //AISTech2019, 2019.

[11] 阎立懿. 现代电炉炼钢工艺及装备 [M]. 北京:冶金工业出版社,2011.

[12] 贺庆,郭征. 电弧炉炼钢强化用氧技术的进展 [J]. 钢铁研究学报,2004,16 (5):1~4,50.

[13] 阎立懿. 现代超高功率电弧炉的技术特征 [J]. 特殊钢,2001,22 (5):1~4.

[14] Alam M, Naser J, Brooks G, et al. Computational Fluid Dynamics Modeling of Supersonic Coherent Jets for Electric Arc Furnace Steelmaking Process [J]. Metallurgical & Materials Transactions B, 2010, 41 (6):1354~1367.

[15] Teng L, Jones A, Hackl H, et al. ArcSave: Innovative solution for higher productivity and lower cost in the EAF [J]. Iron and Steel Technology, 2015, 2 (8):1965~1973.

[16] 朱荣,魏光升,唐天平. 电弧炉炼钢流程洁净化冶炼技术 [J]. 炼钢,2018,34 (1):10~19.

[17] 马国宏,朱荣,刘润藻,等. 电弧炉炼钢复合吹炼技术的发展及应用 [J]. 工业加热,2015,44 (2):1~3,7.

[18] Bojan V, Damiano P, Harald K. ECS 与传统电弧炉相比——电炉最优工艺技术选择 [C] //钢铁流程绿色制造与创新技术交流会论文集. 北京:钢铁研究总院,2018:105.

[19] 张露,温德松,孙开明. 现代电弧炉热装铁水实践与再认识 [J]. 天津冶金,2008 (5):43~46,148.

[20] 刘征,张文怡,花锴. 铁水热装电弧炉的运行优势 [J]. 冶金设备,2015 (3):53~57.

[21] 曹先常. 电炉烟气余热回收利用技术进展及其应用 [C] //第四届中国金属学会青年学

术年会. 北京：中国金属学会，2008：6.

[22] 中国钢铁新闻网. 钢铁工业废热和废气回收利用新技术 [EB/OL].　（2013-08-15）[2019-12-27]. http：//news. bjx. com. cn/html/20130815/453181. shtml.

[23] 朱荣，魏光升，董凯. 电弧炉炼钢绿色及智能化技术进展 [C]//第十一届中国钢铁年会. 北京：中国金属学会，2017：12.

[24] 特诺恩. 兑铁水电弧炉的余热回收系统应用 [C] //第十六届中国国际冶金工业展览会. 北京：中国钢铁工业协会，2016：1.

[25] Paul，O'Kane，Catherine，et al. Sustainable EAF Steelmaking Through the Use of Polymer Technology [J]. Iron & Steel Technology，2017（1）：88~96.

[26] 彭亚拉，靳敏，杨昌举. 二噁英对环境的污染及对人类的危害 [J]. 环境保护，2000（1）：42~44.

[27] Mckay G. Dioxin characterisation，formation and minimisation during municipal solid waste （MSW）incineration：review [J]. Chemical Engineering Journal，2002，86（3）：343~368.

[28] Dickson L C，Karasek F W. Mechanism of formation of polychlorinated dibenzo-p-dioxins produced on municipal incinerator flyash from reactions of chlorinated phenols [J]. Elsevier，1987，389（1）：127~137.

[29] Gullett B K，Bruce K R，Beach L O. Effect of sulfur dioxide on the formation mechanism of polychlorinated dibenzodioxin and dibenzofuran in municipal waste combustors [J]. Environ. Sci. Techanol，1992，26（10）：1938~1943.

[30] Huang H，Buekens A. De novo synthesis of polychlorinated dibenzo-p-dioxins and dibenzofurans Proposal of a mechanistic scheme [J]. Elsevier，1996，193（2）：121~141.

[31] Hunsinger H，Kreisz S，Vogg H. Formation of chlorinated aromatic compounds in the raw gas of waste incineration plants [J]. Chemosphere，1997，34（5）：1033~1043.

[32] Takasuga T，Makino T，Tsubota K，et al. Formation of dioxins（PCDDs/PCDFs）by dioxin-free fly ash as a catalyst and relation with several chlorine-sources [J]. Chemosphere，2000，40（9~11）：1003~1007.

[33] 舒型武. 钢铁工业二噁英污染防治 [J]. 钢铁技术，2007，4（4）：51~54.

[34] 吴铿，窦力威，刘万山. 钢铁工业中的二噁英和预防措施 [J]. 钢铁，2000，35（8）：62~66.

[35] 侯祥松. 带废钢预热电弧炉烟气中的二噁英的产生及抑制 [J]. 工业加热，2011，40（5）：65~67.

[36] 孙晓宇，唐晓迪，李曼，等. 电弧炉炼钢过程的二噁英及抑制措施 [J]. 环境与发展，2014，26（5）：79~82.

[37] 吴广林. 电弧炉最先进的节能技术 ECOARC™ 简介 [C]//2018（首届）中国电炉炼钢科学发展论坛. 北京：中国金属学会，2018：1~20.

[38] 马亚刚，史建宏，刘征，等. 炼钢电弧炉加热工艺的革新 [J]. 工业加热，2013，42（4）：56~58.

[39] 艾磊, 何春来. 中国电弧炉发展现状及趋势 [J]. 工业加热, 2016, 45 (6)：75~80.

[40] Lempa G, Trenkler H. ABB 双壳节能电弧炉 [J]. 钢铁, 1998 (6)：23~26.

[41] Rummler K, Tunaboylu A, Ertas D. A new generation in pre-heatingtechnology for EAF steelmaking [J]. Steeltimes International, 2011, 35 (6)：23~24.

[42] 花皑. WZ003486 量子电弧炉 [J]. 工业加热, 2012, 41 (3)：33.

[43] 张豫川. 浅述新一代电弧炉电极调节智能控制系统的开发 [J]. 工业加热, 2017, 46 (4)：70~72, 76.

[44] Siemens. SIMETAL Simelt [EB/OL]. (2018-07-11) [2019-12-27]. http：//otomasyondergisi. com. tr/arsiv/yazi/simetal-simelt/.

[45] Samet H, Ghanbari T, Ghaisari J. Maximizing the transferred power to electric arc furnace for having maximum production [J]. Energy, 2014, 72 (1)：752~759.

[46] Siemens. Steelmaking [EB/OL]. (2014-01-15) [2019-12-27]. https：//www. scribd. com/ document/199863533/Simetal-Rcb-Temp-En.

[47] DINIEL I. Q-MELT AUTOMATIC EAF [EB/OL]. (2016-08-30) [2019-12-27]. https：// www. danieli. com/en/news/news-events/q-melt-automatic-eaf-kroman-elik_ 37_ 116. htm.

[48] tENOVA. Product：iEAF [EB/OL]. (2008-07-03) [2019-12-27]. https：//www. tenova. com/ product/ieaf%C2%AE/.

[49] 世界钢铁协会. 2021 年世界钢铁统计数据 [EB/OL]. (2021-04-30) [2021-11-25]. https：// www. worldsteel. org/zh/dam/jcr：976723ed-74b3-47b4-92f6-81b6a452b86e/WSIF-2021-CN-R. pdf.

[50] 汪文树. 提高电炉钢比例 降低吨钢能耗 [J]. 冶金能源, 1985 (1)：9~12.

[51] 中华人民共和国工业和信息化部. 工业和信息化部关于印发钢铁工业调整升级规划 (2016-2020 年) 的通知 [EB/OL]. (2016-10-28) [2019-12-27]. http：//www. miit. gov. cn/ n1146295/n1652858/n1652930/n3757016/c5353943/content. html.

[52] 中华人民共和国生态环境部. 2017 年度减排项目中国区域电网基准线排放因子 [EB/OL]. (2018-12-20) [2020-10-14]. http：//www. mee. gov. cn/ywgz/ydqhbh/ wsqtkz/201812/P020181220579925103092. pdf.

[53] Na H M, Gao C K, Tian M Y, et al. MFA-based analysis of CO_2 emissions from typical industry in urban — As a case of steel industry [J]. Ecological Modelling, 2017, 365：45~ 54.

[54] 陈庆安. 棒线材免加热直接轧制工艺与控制技术开发 [D]. 沈阳：东北大学, 2016.

[55] 段文德. 热装和直接轧制技术的发展 [J]. 鞍钢技术, 1988 (1)：3~6, 12.

[56] 李芙美. 新日铁堺钢铁厂的连铸—直接轧制 (CC-DR) 法生产 [J]. 重型机械, 1984 (5)：42~48.

[57] 李纯忠, 刘景新. 沈阳钢厂连铸—直接轧制 [J]. 东北大学学报 (自然科学版), 1994, 15 (4)：341~345.

[58] 李生智, 刘景新. 连铸坯直接轧制工艺研究 [J]. 钢铁, 1995, 30 (4)：42~45.

[59] 李生智. 对我国实现连铸钢坯直接轧制成材新技术的探讨 [J]. 冶金能源, 1989 (1)： 20~24.

[60] 孙本荣. 国内外热送热装和直接轧制技术的进展 [J]. 轧钢, 1992 (2)：41~44.

[61] 王廷溥. 对美国纽柯公司诺福克钢厂连铸连轧生产线的考察 [J]. 辽宁冶金, 1990 (2)：43~48.

[62] 张晓明. 实用连铸连轧技术 [M]. 北京：化学工业出版社, 2008.

[63] 姜永林. 我国第一条连铸连轧试生产线 [J]. 连铸, 1993 (6)：12~15.

[64] 姜永林, 张炯明, 钟良才, 等. 连铸高拉速弱冷却高温出坯技术 [J]. 连铸, 1995 (3)：13~17.

[65] 罗光政, 刘鑫, 范锦龙, 等. 棒线材免加热直接轧制技术研究 [J]. 钢铁研究学报, 2014 (2)：13~16.

[66] 范锦龙. 棒线材连铸—直接无头轧制技术的研究 [D]. 沈阳：东北大学, 2011.

[67] 刘相华, 刘鑫, 陈庆安, 等. 棒线材免加热直接轧制的特点和关键技术 [J]. 轧钢, 2016, 33 (1)：1~4.

[68] 王国栋. 近年我国轧制技术的发展、现状和前景 [J]. 轧钢, 2017, 34 (1)：1~8.

2 电弧炉炼钢过程的冶金反应与传输现象

电弧炉内冶金反应涉及电场、磁场、供氧射流、喷碳及辅助燃料喷吹、底吹搅拌等能量及物质流动等；其中，"气-渣-金"系统内多场耦合下的多相反应、各相间温度场、流场、磁场等各场分布及能量流、物质流等传输机制极其复杂；因而，了解并掌握电弧炉内基本的冶金反应及传输现象，对电弧炉炼钢过程相关工艺指标的提升等至关重要。

2.1 脱 磷 反 应

2.1.1 磷元素在钢中的作用

磷是非碳化物形成元素，它在钢中的存在形式主要是溶于铁素体。在诸多置换固溶体形成元素中，磷的固溶强化能力最大，其固溶强化效应是硅的 7 倍，是锰的 10 倍。在低碳钢中，每增加 0.01% 的磷，其屈服强度可提高 4.1 ~ 5.5MPa[1]。此外，对于生产炮弹钢，适当磷含量可以提高钢的脆性，增加炮弹的杀伤力[2]；对于耐腐蚀钢，磷元素还可提高钢材在大气中的耐腐蚀性。

同时，作为钢中有害元素之一，磷会降低钢材的塑性和韧性以及可焊性，即在钢条焊接时，使焊缝出现"冷脆现象"，降低钢的冲击韧性。因此一般钢种控制磷含量不大于 0.06%，而优质钢中要求磷含量在 0.03% ~ 0.04% 以下。为保证钢材质量，一般要求碳素结构钢中磷含量控制在 0.045% 以下[3]。在电炉炼钢生产中，除了某些有特殊性能要求的钢种外，磷作为有害元素被去除。

2.1.2 脱磷的热力学条件

通常认为，磷在钢中是以 [Fe$_3$P] 或 [Fe$_2$P] 形式存在（为方便起见，用 [P] 表示），炼钢过程的脱磷反应在金属液与熔渣界面进行，其反应为：

$$2[P] + 5(FeO) + 4(CaO) = (4CaO \cdot P_2O_5) + 5[Fe] \qquad (2-1)$$

或

$$2[P] + 5(FeO) + 3(CaO) = (3CaO \cdot P_2O_5) + 5[Fe] \qquad (2-2)$$

当反应达到平衡时，其平衡常数为：

$$K_P = \frac{w(4CaO \cdot P_2O_5) \cdot w^5[Fe]}{w^2[P] \cdot w^5[FeO] \cdot w^4[CaO]} \quad \text{或} \quad K_P = \frac{w(3CaO \cdot P_2O_5) \cdot w^5[Fe]}{w^2[P] \cdot w^5[FeO] \cdot w^3[CaO]}$$

$$(2-3)$$

　　在炼钢条件下，脱磷效果可用熔渣与金属液中磷浓度的比值来表示，该比值称为磷的分配系数。分配系数越大说明熔渣脱磷能力越强，脱磷越彻底。磷的分配系数可表示为：

$$L_P = \frac{w(4CaO \cdot P_2O_5)}{w^2[P]} \quad 或 \quad L_P = \frac{w(3CaO \cdot P_2O_5)}{w^2[P]} \tag{2-4}$$

脱磷效率用于表征脱磷程度，其表达式为：

$$\eta_P = \frac{w(原料 P) - w[P]}{w(原料 P)} \tag{2-5}$$

式中，$w(原料 P)$ 为入炉原料中磷含量，%；$w[P]$ 为终点钢中磷含量，%。

2.1.2.1 分子理论

　　按照分子理论，脱磷反应主要在熔渣-金属界面进行[4]，其反应式为：

$$5(FeO) = 5[O] + 5[Fe] \tag{2-6}$$

$$2[P] + 5[O] = (P_2O_5) \tag{2-7}$$

$$(P_2O_5) + 4(CaO) = (4CaO \cdot P_2O_5) \tag{2-8}$$

$$2[P] + 5(FeO) + 4(CaO) = (4CaO \cdot P_2O_5) + 5[Fe] \tag{2-9}$$

$$\lg K = \lg \frac{a_{4CaO \cdot P_2O_5}}{[P]^2 \cdot a_{FeO}^5 \cdot a_{CaO}^4} = \frac{400067}{T} - 15.06 \tag{2-10}$$

式中，K 为平衡常数；a 为活度；$[P]$ 为磷的百分含量；T 为温度。

　　由式（2-10）可以看出，升高温度不利于反应式（2-9）向正方向进行，即低温有利于脱磷。熔化期熔渣中 $4CaO \cdot P_2O_5$ 的浓度很低，且 $4CaO \cdot P_2O_5$ 与 P_2O_5 的摩尔分数相同，因而式（2-9）中 $4CaO \cdot P_2O_5$ 的活度可用 P_2O_5 的摩尔分数 $N_{P_2O_5}$ 代替，即磷的分配系数可表示为：

$$L_P = \frac{N_{P_2O_5}}{[P]^2} = K \cdot a_{FeO}^5 \cdot a_{CaO}^4 \tag{2-11}$$

　　据此可知脱磷的有利条件为：（1）低温；（2）高碱度；（3）高氧化铁；（4）渣量大的炉渣，即通常所说的"三高一低"。但碱度及氧化亚铁的百分含量需要结合具体的炼钢条件而定[5]。

2.1.2.2 离子理论

　　离子理论中的脱磷反应的离子式为：

$$2[P] + 5(Fe^{2+}) + 8(O^2) \Longleftrightarrow 2(PO_4^{3-}) + 5[Fe] \tag{2-12}$$

从熔渣的离子反应式可推导出 L_P 的计算公式：

$$\lg L_P + \lg w(P)/w[P]$$
$$= \frac{22350}{T} - 21.876 + 5.6\lg(w(CaO)) + 2.5\lg(\sum w(FeO)) \tag{2-13}$$

由上式可以看出：降低温度，增大碱度及增加氧化亚铁含量，都会使 L_P 增大，有利于脱磷反应向右进行[5]。

2.1.3 脱磷的动力学条件

[P] 氧化反应的活化能为 33.5kJ/mol，在炼钢温度下，界面脱磷反应速度较快；因炼钢配料多采用低磷废钢，熔化后 $w[P]$ 并不高（$\leqslant 0.06\%$），因此 [P] 向渣-钢界面扩散传质成为脱磷过程的主要限制性环节[6]。

脱磷反应的速率式可以表示为：

$$v_P = -\frac{dw[P]}{dt} = \frac{K_m L_P}{K_m/K_s + L_P}\left(w[P] - \frac{w(P_2O_5)}{L_P}\right) \tag{2-14}$$

[P] 的扩散为限制环节的速率式为：

$$v_P = K_m w[P] \tag{2-15}$$

(P_2O_5) 的扩散为限制环节的速率式为：

$$v_P = K_s(w[P]L_P - w(P_2O_5)) \tag{2-16}$$

由上式可以看出，为提高脱磷反应的速率，首先需在炉内迅速造出 $w(FeO)/w(CaO)$ 适当的熔渣，提高 L_P；其次，需增大熔池搅拌强度。

随着脱磷反应的不断进行，脱磷速度呈逐步降低的趋势，主要是因为渣中自由（CaO）及（FeO）含量不断降低，而（SiO$_2$）及（P$_2$O$_5$）浓度不断升高，使炉渣的脱磷能力逐渐减弱。另外，随着脱磷反应的进行，[P] 的浓度也不断降低，导致 [P] 的扩散速度减慢。

总之，氧化期脱磷操作关键是强化传质过程，从而提高脱磷速度。为此，在实际操作中，氧化期要保证一定的脱碳量和合适的脱碳速度，通过碳氧反应加强钢液搅拌，增大渣-钢接触面积，加快传质速度，促进脱磷反应顺利进行[6]。

2.1.4 影响脱磷反应的因素

依据电弧炉内脱磷的热力学条件及动力学条件，影响脱磷反应的主要因素为：

（1）氧化性：FeO 在脱磷过程中起双重作用，一方面作为氧化剂使磷氧化，另一方面充当把 P$_2$O$_5$ 结合成 3FeO·P$_2$O$_5$ 的基础化合物。因此，渣中存在 FeO 是脱磷的必要条件。当温度高于 1470℃ 时，3FeO·P$_2$O$_5$ 不稳定，只有当熔池内石灰熔化后，生成稳定的化合物 4CaO·P$_2$O$_5$ 才能达到脱磷的目的。

（2）炉渣碱度：CaO 具有较强的脱磷能力，在炼钢温度下，4CaO·P$_2$O 稳定存在，因此，提高炉渣碱度可以提高脱磷的效率。若 CaO 加入过多，炉渣的熔点升高，CaO 利用率降低，炉渣的流动性变差，黏度增强，从而影响渣-钢界面反应和脱磷效果。另外，炉渣碱度与氧化铁的活度密切相关，碱度过高会降低氧化铁活度，也会影响脱磷效果。

（3）温度：温度对脱磷反应的影响大体上可分为两方面。一方面，脱磷反应是放热反应，高温不利于脱磷。但是，熔池温度升高将加速石灰的熔化，提高熔渣碱度，从而提高磷在炉渣和钢液中的分配系数；另一方面，高温能改善渣的流动性，加强渣-钢界面反应，提高脱磷速度，所以过低的温度不利于脱磷。

总之最佳的脱磷条件为：高碱度、高 FeO 含量（氧化性）、良好的熔渣流动性、充分的熔池搅动、适当的温度及大渣量。

2.1.5　返磷现象及其预防

氧化前期脱磷是在略高于熔点的温度下进行的，在该温度下，渣-钢间的脱磷反应处于平衡状态。而氧化后期温度升高，钢中的磷含量反而会增加，即为返磷现象。返磷现象从氧化后期直到还原期结束都会出现，产生返磷现象的主要原因有：

（1）氧化前期脱磷时温度过高，或者矿石和石灰的 FeO 和 CaO 含量低，渣的碱度不能满足脱磷的要求，因此无法达到预期的脱磷效果；

（2）原始磷含量高，操作不严格，未达到脱磷条件；

（3）氧化渣扒除不彻底，残留在渣线、炉墙和炉顶的氧化渣在炉温升高后，回淌到钢液内，氧化渣内的 P_2O_5 重新返回钢液中；

（4）生铁或铁合金的加入可能会带入一部分磷[7]。

为了避免或减少返磷现象的出现，在生产中可以采用以下措施：

（1）流渣或扒出部分高磷炉渣；

（2）防止高温钢液出钢；

（3）无渣出钢，避免下渣；

（4）提高脱氧前或出钢后的炉渣碱度。

2.1.6　电弧炉内喷粉工艺对脱磷的影响

为冶炼超低磷钢种，解决高合金钢返回法冶炼中的脱磷问题，采用喷粉法可进行深脱磷。

（1）脱磷反应。在喷粉过程中，大部分粉料在混搅的钢液和气流的表面形成熔渣膜，随后形成细小的渣粒，在渣粒和钢液的接触面上进行脱磷反应，经上浮到渣中而脱磷，其反应式如下：

$$2[P] + 5(FeO) + 4(CaO) == (4CaO \cdot P_2O_5) + 5Fe$$

$$\Delta G^{\ominus} = -192100 + 82.75T$$

$$\lg K = -\frac{42100}{T} + 18.0 \tag{2-17}$$

喷粉过程中小部分粉料单独冲入钢液内部，在进入钢液的固态 CaO 表面上，进行如下的脱磷反应：

$$2[P] + 5[O] + 4(CaO)_{固} == (4CaO \cdot P_2O_5)$$

$$\Delta G^{\ominus} = -346100 + 145.3T \tag{2-18}$$

（2）脱磷速度。在一定脱磷能力的炉渣下，脱磷速度决定于反应界面的面积。吹入粉状材料后扩大了接触面积，使得脱磷速度明显大于正常的吹氧或矿石法冶炼。改变脱磷速度可通过改变接触的时间和反应界面的大小来实现，因而，粉状材料吹入钢液的速度、方向、角度和深度以及粉料的粒度，都将影响脱磷速度。

（3）温度变化。喷粉过程的温度变化关系着电能的消耗和供电制度。吹氧脱碳是放热反应，氧气载流使钢液升温，而向溶池喷入粉料是个降温过程，喷粉量越大，熔化吸热就越多，耗电量和钢液的温降比较大。各种渣料的喷粉量与温降电耗的关系如图 2-1 所示。

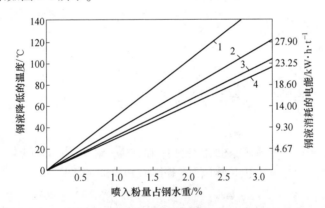

图 2-1 喷粉组成和喷粉量对电耗及钢液降温的关系

1—CaCO$_3$: Fe$_2$O$_3$: CaF$_2$ = 12.5 : 2 : 1; 2—CaCO$_3$: CaO : CaF$_2$ = 2 : 4 : 1;

3—CaO : Fe$_2$O$_3$: CaF$_2$ = 7.5 : 1.5 : 1; 4—CaO : CaF$_2$ = 4 : 1

喷粉脱磷效率高、速度快、脱磷更彻底，利用该方法可有效避免高磷含量炉料加入导致的回磷现象，进而扩大了炉料的利用范围[8]。

2.1.7 直接还原铁对电弧炉渣脱磷的影响

直接还原铁（DRI）作为电弧炉炼钢中优质废钢的替代品，使用已日益普及。然而，当前直接还原铁磷含量相对较高，在电弧炉炼钢中，加大直接还原铁的使用量，会增加钢中磷污染的可能性[9~12]。因此，为提高电弧炉利用直接还原铁冶炼过程中的脱磷效率，需明晰直接还原铁对电弧炉渣脱磷效率的影响。

2.1.7.1 直接还原铁配比对磷在钢液和炉渣中热力学行为的影响

根据 DRI 配比与反应时间的函数关系，磷在钢和炉渣中的分布行为如图 2-2 所示[13]，脱磷过程存在熔融反应和渣-金反应两个阶段。图 2-2 (a) 表明，尽管使用直接还原铁时产生了少量的熔渣，但在熔化阶段钢液中的磷含量并没有明显的变化，这主要是由于形成了少量且酸性较强的熔渣。

DRI 配比对渣-金反应过程中熔渣磷含量的影响如图 2-2 (b) 所示。除直接还原铁配比为 30% 以外，在炉料（废钢和直接还原铁）完全熔化后，向电炉炉渣加入直接还原铁约 10min 后，会出现对钢液进一步脱磷的现象，如图 2-2 (a) 所示，这主要是由于熔渣中 CaO 活性的变化所导致。

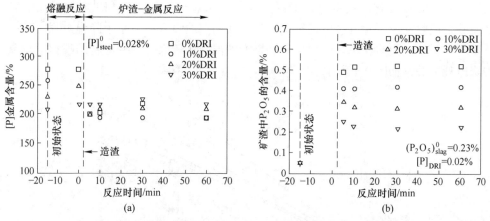

图 2-2 在不同直接还原铁配比下(1823K)，钢液中(a)P 的含量和
炉渣中(b)P$_2$O$_5$的含量与反应时间的函数关系

钢液中的碳和氧含量直接影响脱磷效果。碳在钢液中的行为如图 2-3 (a) 所示，在不同的 DRI 水平下，初始状态的碳含量存在差异；在熔化阶段，加入10%、20%和30%直接还原铁时，钢液中碳含量下降，不添加直接还原铁时，碳含量几乎保持不变；造渣后，由于炉渣中碳与 FeO 发生反应，钢液中碳含量随反应时间的延长略有下降。氧在钢液中的行为如图 2-3 (b) 所示，熔化阶段氧含量随直接还原铁含量的增加而增加；由于电炉炉渣氧势较高，加入电炉炉渣后氧含量急剧增加；直至 10min 后，尽管氧含量随时间增加会出现一些波动，但明显与 DRI 含量成正比。以上结果表明：磷、氧和碳的行为明显依赖于直接还原铁的配比。

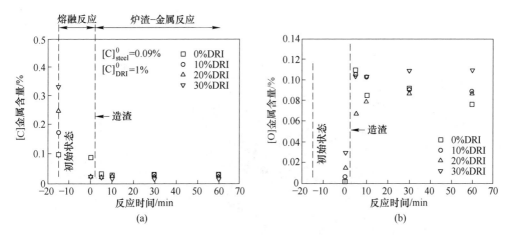

图 2-3 不同直接还原铁配比下（1823K），金属相中碳（a）
和氧（b）的含量与反应时间的函数关系

2.1.7.2 直接还原铁配比对电炉渣磷酸盐容量的影响[13]

磷酸盐容量作为衡量炉渣脱磷能力的指标，可定义为温度、碱度和炉渣中磷酸盐离子稳定性的函数，可表示为[14]：

$$\frac{1}{2}P_2(g) + \frac{3}{2}(O^{2-}) + \frac{5}{4}O_2(g) \Longrightarrow (PO_4^{3-}) \tag{2-19}$$

$$C_{PO_4^{3-}} = \frac{Ka_{O^{2-}}^{3/2}}{f_{PO_4^{3-}}} = \frac{(PO_4^{3-})}{P_{P_2}^{1/2} \cdot P_{O_2}^{5/4}} \tag{2-20}$$

式中，K 为式（2-19）的平衡常数；$a_{O^{2-}}$ 为游离氧离子浓度；$f_{PO_4^{3-}}$ 为炉渣中磷酸盐离子活度系数；P_i 为炉渣中 i 的气态组分分压，$i = P_2$，O_2。

直接还原铁中脉石氧化物溶解到炉渣中，导致炉渣成分会随炉渣含量的变化而变化，而脉石氧化物中 SiO_2 含量，通过调节炉渣碱度，从而影响脱磷反应。

不同 DRI 含量下磷酸盐容量与碱度指数 $\log(X_{BO}/X_{AO})$ 的关系如图 2-4 所示[15~20]。由图可知，磷酸盐容量（$\log C_{PO_4^{3-}}$）随碱度的降低和 DRI 含量的增加而明显降低，表明 DRI 含量的增加降低了脱磷效率。这主要是由于二氧化硅作为直接还原铁中的酸性组分，降低了脱磷反应的热力学驱动力，从而抑制了脱磷效率。

通过以上研究可以发现：碱度是脱磷反应的热力学驱动力，随着 DRI 含量的增加，熔渣中 SiO_2 含量增加，碱度降低，不利于脱磷反应的进行；较高的 DRI 含量降低了炉渣中碱度和 P_2O_5 稳定性，脱磷难度增大。因此，提高碱度对提高以 DRI 为原料的电弧炉脱磷至关重要。

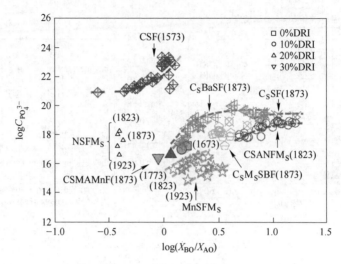

图 2-4　不同 DRI 含量下磷酸盐容量与碱度指数 $\log(X_{BO}/X_{AO})$ 的关系
(扫书前二维码看彩图)

2.2　脱 碳 反 应

脱碳反应是冶金反应中最重要的化学反应之一，主要在电弧炉氧化期进行，通过脱碳反应产生的 CO 气泡是促进传热传质，去除［N］、［H］的有效方式，也是促使钢中大颗粒夹杂上浮被炉渣吸附的基本条件[21]。

目前电弧炉氧化期的供氧工艺主要有矿石氧化，吹氧氧化和矿氧综合氧化。

（1）矿石氧化法是往炉内加入铁矿石，使炉渣中具有足够多的 FeO 含量，钢液中的碳就会被渣中的 FeO 氧化。

（2）吹氧氧化法是向熔池吹入氧气，氧化钢液中的碳及其他元素，根据氧化途径可分为间接氧化和直接氧化；吹氧氧化法的脱碳速度远大于矿石氧化法，而且能放出大量热量，具有氧化时间短、电耗低、升温快等一系列优点。

（3）矿氧综合氧化即除了直接吹氧以外，还向熔池中添加铁矿石，铁矿石高温分解吸热能够起到控制熔池温度作用，同时还能增加（FeO）含量，因而在使用含磷高的炉料或者冶炼低硫钢时，多采用此种方式。

现代电弧炉冶炼基本都是采用吹氧氧化法。

2.2.1　脱碳反应的目的

在传统电弧炉（主要由熔化期、氧化期和还原期三期组成，俗称"老三期"）冶炼过程中，脱碳反应主要在氧化期进行。转炉炼钢的脱碳反应以降低钢中碳含量为目的，而对于电弧炉炼钢而言，氧化脱碳不只是为了降低钢液中碳含量，还有如下三个重要作用：

（1）搅动熔池，使熔池沸腾，加大渣-钢接触面积，加速反应进行；

（2）有效去除钢液中气体（氢和氮）及夹杂物；

（3）放热升温，加快炉料熔化，同时均匀成分和温度。

2.2.2 脱碳反应热力学条件

2.2.2.1 脱碳反应方程式

脱碳反应主要有如下两类反应方式[22]：

（1）直接氧化：[C] 与气态的氧化介质在金属-气体界面直接氧化。

$$[C] + \frac{1}{2}O_2 \Longrightarrow CO \tag{2-21}$$

$$[C] + CO_2 \Longrightarrow 2CO \tag{2-22}$$

（2）间接氧化：溶解钢液中的 [C] 和 [O] 传递到金属-气体界面，并在界面上生成 CO，界面可以是自由表面或气泡内表面。

$$[C] + [O] \Longrightarrow CO \tag{2-23}$$

$$[C] + [FeO] \Longrightarrow Fe + CO \tag{2-24}$$

一般采用通用形式：

$$[C] + [O] \Longrightarrow CO \qquad \Delta G^{\ominus} = -22200 - 38.37T(K) \tag{2-25}$$

$$\lg K = \frac{1160}{T} + 2.003 \tag{2-26}$$

当 $w[O] < 0.01\%$ 时，$w[O]$ 对活度系数的影响可以忽略，即：

$$\lg f_C = \lg f_C^C + \lg f_C^O \approx \lg f_C^C \approx 0.19w[C] \tag{2-27}$$

$$\lg f_O = \lg f_O^C + \lg f_O^O \approx \lg f_O^C \approx -0.44w[C] \tag{2-28}$$

2.2.2.2 碳氧积与真空度

在 1873K 温度条件下，脱碳反应（2-25）的平衡常数 K 为：

$$K|_{T=1873K} = 419 \tag{2-29}$$

为分析 [C]-[O] 的关系，取 P_{CO} 为一标准大气压 $p^{\ominus}$，因 [C] 较低时，活度系数 $f_C \cdot f_O$ 乘积接近 1，所以在 1873K 温度条件下的铁液中平衡 $w[C] \cdot w[O]$ 乘积为：

$$K = \frac{p_{CO}/p^{\ominus}}{f_C(w[C]) \cdot f_O(w[O])} \bigg|_{\substack{p_{CO}=p^{\ominus} \\ f_C=1 \\ f_O=1}} = \frac{1}{w[C] \cdot w[O]} = 419 \tag{2-30}$$

定义铁液中的碳氧积 m：

$$m = w[C] \cdot w[O] \tag{2-31}$$

因此，此时平衡常数可写成下式：

$$K = \frac{1}{w[C] \cdot w[O]} = \frac{1}{m} \tag{2-32}$$

在一定温度、压力下，K 为一定值（碳氧平衡）。令 $m = w[C] \cdot w[O]$（其中碳含量及氧含量均以 1% 为计算单位），m 即为碳氧积，也具有平衡常数的性质，与反应物和生成物的浓度无关。因此，当 $T = 1873K$、p_{CO} 为标准大气压时，碳氧积为：

$$m \mid_{\substack{T=1873K \\ p_{CO}=p^{\ominus}}} = w[C] \cdot w[O] = 0.0023 \tag{2-33}$$

由于钢液成分对活度系数的影响导致 m 随钢液成分的不同稍有变化，在 $w[C] < 0.5$、$T = 1873K$ 条件下有：

$$m \mid_{T=1873K} = w[C] \cdot w[O] \mid_{T=1873K} = 0.002 \sim 0.0025 \tag{2-34}$$

另外，由于脱碳反应的 ΔH 值不大，平衡常数受温度影响较小，故式（2-34）的结果可扩展至 1550~1650℃ 温度范围，一般取 $m = 0.0025$。

当反应达到平衡时，m 为常数，碳氧平衡在坐标中表现为双曲线，如图 2-5 所示。由图 2-5 可知钢中 [C] 与 [O] 存在相互制约的关系：当 [C] 高时，平衡 [O] 低；当 [C] 低时，平衡 [O] 高，即熔池需要的氧含量主要取于含碳量。冶炼超低碳钢时，脱碳的难题在于如何进一步提高供氧速度。

实际在电炉炼钢生产过程中，$m = w[C] \cdot w[O] = 0.003 \sim 0.005$，略高于理论值（图 2-6）。

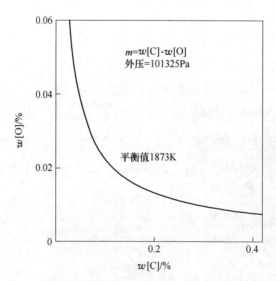

图 2-5　常压下碳氧含量之间的关系——碳氧平衡曲线

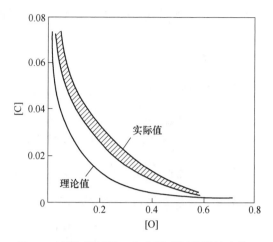

图 2-6 理论碳氧积 m 与实际碳氧乘积的比较

由压力对脱碳反应的影响可知：提高真空度使得 p_{CO} 下降，有利于碳氧反应正向进行，使 $w[C] \cdot w[O]$ 下降，即真空操作有利于脱碳。

2.2.2.3 脱碳反应的工艺条件

基于脱碳反应方程式分析，可知脱碳反应的有利工艺条件如下[23]：

（1）高氧化性：加强供氧，使 $w[O]_{实际} > w[O]_{平衡}$。

（2）高温：由于脱碳反应是"弱"放热反应，温度影响不大（热力学温度），但从动力学角度，温度升高能改善动力学条件，加速 C-O 间的扩散，故高温有利于脱碳的进行。

（3）降低 p_{CO}：如充惰性气体（AOD），抽气与真空处理（VD、VOD）等均有利于脱碳反应。

2.2.2.4 脱碳反应去气去夹杂物的机理

在电弧炉冶炼过程中，去气、去夹杂主要是在氧化脱碳反应阶段进行的。主要原理如下：在钢液中碳氧反应生成 CO 气泡初期，气泡内氮和氢的分压力（p_{N_2}、p_{H_2}）为零。此时 CO 气泡对于 [H]、[N] 就相当于一个真空室，钢液中 [H]、[N] 将不断逸出进入 CO 气泡里，随气泡上浮而带出熔池。碳氧沸腾过程中，钢中夹杂物得以迅速上浮或随 CO 气泡带出，并被炉渣所吸附，使钢中夹杂物减少。

在冶炼过程中，高温熔池从炉气中吸收气体，而碳氧反应能使钢液去除气体，因此只有当去气速度大于吸气速度时，才能减少钢液中的气体含量。钢液的去气速度取决于脱碳速度，其随脱碳速度增大而增大。根据生产经验，当脱碳速

度 $v_C \geq 0.6\%/h$ 时，才能使钢液的去气速度大于吸气速度，以满足氧化期去气的要求。但脱碳速度过大易造成炉渣喷溅等事故，并且钢液沸腾容易导致上溅钢液裸露于空气中，增大吸气趋向。

2.2.3　电弧炉兑铁水的脱碳反应

当前，电弧炉兑铁水工艺在国内外得到广泛的应用，其目的是稀释钢中有害残余元素，缩短冶炼周期，提高生产率，从而使电弧炉冶炼节奏转炉化。

2.2.3.1　吹氧流量对脱碳过程的影响[24]

以 100t UHP 电弧炉兑铁水条件下熔池脱碳过程为例，图 2-7 为模拟计算得到的氧气流量对熔池脱碳速度的影响。结果表明，在高碳范围内脱碳速度与氧气流量成正比，随着氧气流量的增加，高碳区的脱碳速度明显增加，脱碳时间相应缩短。

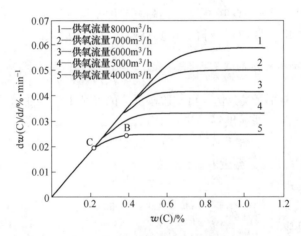

图 2-7　不同供氧流量下脱碳速度与熔池碳含量的关系

另一方面，随着氧气流量的增加，脱碳速度的转变点 $w(C)_B$ 和 $w(C)_C$ 的数值也相应提高，如图 2-8 所示。由于在碳扩散成为脱碳限制环节时，脱碳速度提高不再取决于氧气流量，从而造成大的氧气流量输入，相对应的氧气消耗量增加，造成了冶炼后期钢液的过氧化和氧气的浪费。为此一方面可以通过改善熔池搅拌条件和降低转变终点碳含量，另一方面可以根据熔池碳含量的变化采用递减流量的吹氧方式。

2.2.3.2　吹氧操作的优化[24]

通过吹氧操作的不断优化以保持最大脱碳速度的最小经济吹氧量。由图 2-7

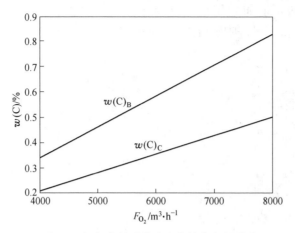

图 2-8   氧气流量对脱碳速度转变点的影响

可知，当脱碳速度的控制区由供氧转为碳的传质时，在继续保持原有的供氧流量情况下并不能保持原有的脱碳速度。从质量平衡的角度看，已有相当一部分氧气不再参与脱碳反应，而是与铁在内的其他元素发生氧化反应或排入炉气中。因此，从保持脱碳速度的角度看，其供氧量仅需与实际所需的氧气量相平衡。该值即为最小经济吹氧流量（$F_{O_2, min}$），其值可由式（2-35）~式（2-38）求得。

当 $w(C)_C \leqslant w(C) \leqslant w(C)_B$ 时，其供氧流量应满足下列等式：

$$\left(\frac{12}{11.2} \times F_{O_2, min} \times \eta_{O_2} - V_C \times \eta_C w(C)_C \right) \times \frac{100}{m_L} = a \times \sqrt{w(C)} + b \quad (2\text{-}35)$$

$$F_{O_2, min} = \left[\frac{100}{m_L} (a \times \sqrt{w(C)} + b) + V_C \times \eta_C \times w(C)_C \right] \times \frac{11.2}{12 \times \eta_{O_2}} \quad (2\text{-}36)$$

当 $w(C) \leqslant w(C)_C$ 时，应满足下列等式：

$$\left(\frac{12}{11.2} \times F_{O_2, min} \times \eta_{O_2} - V_C \times \eta_C w(C)_C \right) \times \frac{100}{m_L} = k_C \times w(C) \quad (2\text{-}37)$$

则

$$F_{O_2, min} = \left[\frac{m_L}{100} \times k_C \times w(C) + V_C \times \eta_C \times w(C)_C \right] \times \frac{11.2}{12 \times \eta_{O_2}} \quad (2\text{-}38)$$

采用经济吹氧流量的供氧制度，其总耗氧量可由下式计算：

$$V_{O_2} = [(w(C)_{m,A} - w(C)_f) \times m_L + V_C \times \eta_C \times w(C)_C] \times \frac{11.2}{12 \times \eta_{O_2}}$$

$$(2\text{-}39)$$

若选择最大供氧流量为 8000m³/h 时，在保持脱碳速度不变的条件下，可由上述公式计算得到最小经济吹氧量（见图 2-9），相应的水冷氧枪所消耗的氧气

总量算得为 2429m³。如采用恒定吹氧流量的方法则可算得氧气消耗总量为
3710m³，因此，采用经济吹氧流量的控制方式，耗氧量能大幅度减少。

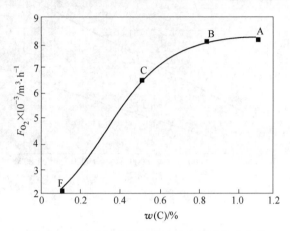

图 2-9　经济吹氧流量与熔池碳含量的关系曲线

2.2.4　脱碳反应的影响因素

（1）熔池中不同浓度的［C］对脱碳化学反应的影响。当 w［C］> 0.8% 时，
脱碳的限制环节是供氧强度。当供氧强度继续增大，脱碳速度几乎不随供氧强度
的增加而明显增大，此时［Fe］的氧化量将增大；

当 w［C］< 0.8% 时，脱碳速度随［C］浓度的下降而降低；

当 w［C］< 0.2% 时，［Fe］将会被大量氧化；

当 w［C］= 0.2% ~ 0.8% 时，脱碳主要限制环节为［C］向反应界面的扩散
速度。增大供氧强度后，氧气直接吹入金属液中，［C］+ 1/2O₂ ══ CO、
［C］+ CO₂ + 2CO 的反应将会增加，可改善熔池的搅动，有利于［C］向反应界
面传递，加速［C］-［O］反应。

（2）炉渣对脱碳反应的作用。采用白云石配石灰渣系，其以 MgO-CaO-SiO₂
钙镁橄榄石为主，具有熔点低、不返干、黏度较大、透气性好的特点，有利于
［C］+［O］══ CO、［C］+［FeO］══ Fe + CO 反应的进行。

以 xCaO·SiO₂ 为主的熔渣，其基本熔剂为（FeO），脱碳过程与纯石灰吹炼
的顶吹转炉有相似之处。当渣中 FeO 不足时易返干，渣中 FeO 过多时又易产生
水渣。同时大角度吹氧容易导致石灰飘至 EBT（偏心底出钢电弧炉）出钢口附
近，致使冶炼接近终点时才可能完全熔解，石灰的利用率低[21]。

2.2.5　基于数值模拟对电弧炉脱碳速度的研究

钢液裸露面是氧气与钢液接触的主要区域，对碳氧反应有着重要影响。根据

双膜理论，流经裸露钢液面的钢液流量越大，脱碳反应的速度越快。利用脱碳模型预测的不同供氧流量下脱碳速度如图 2-10 所示，随着供氧流量的增加，电弧炉炼钢的脱碳速度增大。

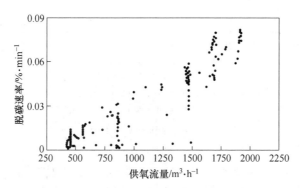

图 2-10　脱碳速度随供氧流量的变化

利用模拟方法获得流经钢液裸露面钢液流量与脱碳速度的关系如图 2-11 所示，随着流经裸露钢液面的钢液流量增加，脱碳速度增加；当流经裸露钢液面的钢液量小于 30m³/min（此时供氧流量小于 1700m³/h）时，脱碳速度随着流经裸露钢液面的钢液流量增加而显著增加；但当钢液流量达到 30m³/min 后，脱碳速度不再显著变化。脱碳速度和钢液流量的关系可以通过式（2-40）来表示：

$$v_c = -0.0696\exp(-Q_s/15.176) + 0.074 \tag{2-40}$$

式中，v_c 为脱碳速度，%/min。将单位时间内脱碳反应消耗的碳质量与流经裸露钢液面的总碳质量流量的比值定义为脱碳反应的脱碳率。不同供氧流量下的脱碳率的变化如图 2-12 所示。

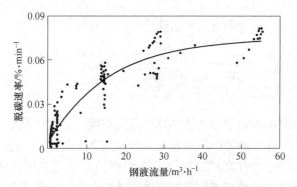

图 2-11　流经裸露钢液面钢液流量的变化

由图 2-12 可知，在供氧流量为 500m³/h 时，最大脱碳率可达 30%；随着供氧流量的增加，脱碳率更加趋于集中。当供氧流量为 2000m³/h 时，脱碳率在 3%

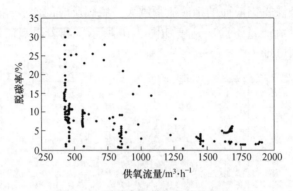

图 2-12　脱碳率随供氧流量的变化

左右。数值模拟表明在电弧炉冶炼的大多数期间，脱碳速度随着流经裸露钢液面的钢液流量的增加而增加。但流经反应界面的碳量参加反应的比例较小，脱碳率比较低，表明碳的传质不是脱碳反应的限制性环节[25]。

2.3　废钢熔化反应

废钢作为可再生资源，以废钢作为主要原料的电弧炉炼钢具有资源回收和环境友好的优势。但是，废钢的熔化过程限制了电弧炉炼钢的发展。根据统计数据，在电弧炉炼钢过程中，用于加热和熔化废钢的能量约占总能量的 60%，废钢熔化时间占冶炼周期的 50% 以上[26]。在电弧炉废钢熔化过程中，炉内气、固、液三相共存，相间能量流、物质流等传输机理复杂，且还存在多场耦合下的多相反应。可见，电弧炉中废钢熔化是一个涵盖了动量、热量、质量等传输机制的复杂过程，对废钢熔化机理及影响因素研究有助于明晰电弧炉内相间传输机理和反应机制，为实际生产过程中电弧炉冶炼效率的提升提供指导。

2.3.1　废钢熔化过程

2.3.1.1　传统电弧内废钢熔化过程

传统电弧炉以电弧为主要直接热源进行废钢熔化。供电起始，与电弧相接触的废钢首先熔化，在废钢表面形成孔洞，电极随之下降，这一过程即为电弧炉的"穿井"过程。熔化的钢液在废钢的表面积聚，并通过废钢间的空隙向炉底渗透，在炉底集聚，不断填充废钢间的空隙。随着电极的不断下降和钢液面不断上涨，当电弧与钢液面相接触时，电极则停止下降。此后，由于电弧的加热，炉内的固液混合区形成以电弧为轴心的熔池。熔池通过吸收电弧的热量，熔化熔池边缘处废钢，使得熔池区域不断扩大。在此过程中，由于炉料的局部熔化使得料床松动，井区边界处的废钢散落入熔池。熔化过程还会出现炉料的整体坍塌现象，坍塌的废钢在熔池中堆积，溢出的钢液则将废钢掩埋，电弧炉的炉料重新分布。塌料后，电极须提升一定高度，随后开始下一次的穿井过程。通常电弧炉内整体塌料为 2~3 次，直到钢液完全将废钢覆盖，至此电弧开始熔平池期的加热过程。图 2-13 为传统电弧内废钢熔化的周期示意图。

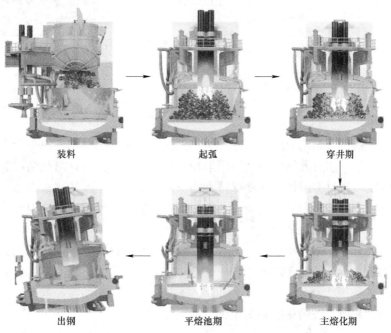

图 2-13　传统电弧内废钢熔化周期示意图
（扫书前二维码看彩图）

2.3.1.2　连续加料电弧炉内废钢熔化过程

相比于传统电弧炉内电弧加热废钢的复杂过程，连续加料电弧炉采用大留钢、平熔池冶炼操作，经预热后的废钢连续加入到预留部分钢液的电弧炉内，不与电弧接触进行直接加热，而是主要通过钢液进行间接热交换，实现了平熔池冶炼。水平连续加料电弧炉属于典型的采用大留钢、平熔池冶炼操作的炼钢工艺，其具体流程如图 2-14 所示。平熔池冶炼中的废钢熔化过程类似于传统电弧炉冶炼中平熔池期的加热过程，大大提升了冶炼效率。

2.3.1.3　废钢熔化阶段

平熔池冶炼过程中，进入电弧炉内的废钢直接与钢液接触并被加热至熔化。废钢熔化过程可分为三个阶段。

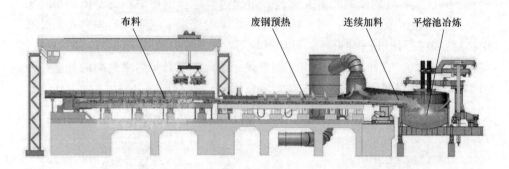

图 2-14　水平连续加料电弧炉平熔池冶炼示意图

A　废钢熔化第一阶段

由于废钢表面温度较低，刚开始接触钢液后不会立刻熔化，而是会在废钢表面形成凝结层。随后凝结层厚度不断增加，其温度逐渐升高。当凝结层温度与周围钢液温度一致时，凝结层厚度保持不变，此时凝结层厚度达到最大值。随着废钢温度进一步升高，凝结层开始逐渐熔化，直至废钢温度达到钢液温度，此时凝结层消失，废钢恢复原来界面。

O. J. P. GONZÁLEZ 等[27] 数值模拟结果表明，对于颗粒状的直接还原铁（DRI），凝结层的形成及熔化对 DRI 的熔化速率影响很大，约占 DRI 颗粒熔化时间的 50%，如图 2-15（a）所示；同时，随着 DRI 颗粒初始粒径的增大，凝结层厚度增加，从而导致熔化时间的延长，如图 2-15（b）所示。

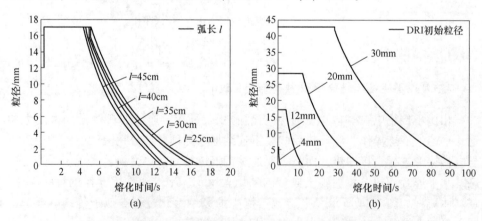

图 2-15　不同弧长 *l* 对 DRI 凝结层厚度和熔化时间的影响(a) 和
不同 DRI 初始粒径对凝结层厚度和熔化时间的影响(b)

另外，有学者对不同种类的废钢（钢棒或钢坯）表面凝结层生成—熔化过程进行了研究，废钢表面凝结层生成—熔化数据如表 2-1 所示[28]。

表 2-1 废钢表面凝结层生成—熔化数据

序号	作者	研究条件	废钢尺寸	延续时间	研究方法
1	佩尔克	钢棒加热到 1370℃	直径 3.7cm 棒	30s	实验室
2	希尔	浸入铁水	50mm×50mm 钢坯 70mm×70mm 钢坯	3min	工业生产
3	盖伊	浸入铁水	厚度 14cm 钢板 厚度 16cm 钢板	2min 2~5min	理论计算

在实际电弧炉冶炼过程中，废钢熔化第一阶段速度很快，尤其对于小尺寸的废钢而言，凝结层形成和熔化对废钢熔化时间的影响几乎可忽略不计。但当废钢尺寸较大，尤其是较厚的废钢而言，凝结层形成和熔化对熔化时间的影响较大，不可忽略。

B 废钢熔化第二阶段

随着浸入时间的延长，废钢的温度升高[29]。同时，废钢在钢液中渗碳，导致其熔点降低。当废钢表面上渗碳层的熔点低于钢液的温度时，渗碳层开始熔化，废钢不断裸露出新表面。废钢新表面重新碳化和熔化，并重复整个过程。该过程中的渗碳、加热和熔化过程都需要消耗熔池的大量热量，使熔池局部形成"冷区"。这个过程持续时间最长，占废钢熔化过程的大部分时间。

废钢碳含量较低（通常低于2%），其熔点在1430~1510℃之间，钢液碳含量相对较高，废钢与钢液之间的接触会导致渗碳（即钢液中的碳原子渗入废钢），从而增加废钢的碳含量，降低废钢的熔点。

图 2-16 为 Fe-C 平衡相图，当废钢的碳含量（C_0）低于钢液的碳含量（C_l），并且钢液温度（点 a）低于废钢的液相线温度（点 b）时，废钢不能仅通过钢液的热传递来熔化。此时，钢液中的碳会向废钢表面扩散，从而使废钢表面的碳含量增加，熔化温度降低。当废钢表面碳含量达到一定值时（点 c），废钢开始熔化。

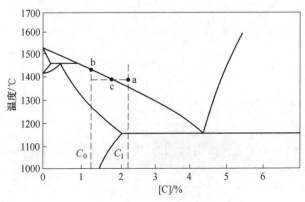

图 2-16 Fe-C 平衡相图

以废钢中心为坐标原点，当废钢碳含量低于钢液碳含量时，液固界面附近温度和浓度分布如图 2-17 所示。浓度边界层的厚度为 δ_C，温度边界层的厚度为 δ_T，ΔT 为温度差，ΔC 为浓度差，T_0 为废钢初始温度，C_0 为废钢初始碳含量，T_1 为铁水温度，C_1 为铁水碳含量，T^* 为钢液-废钢界面温度，C^* 为钢液-废钢界面碳含量。此时，废钢熔化与传热速率和碳传质速率有关。

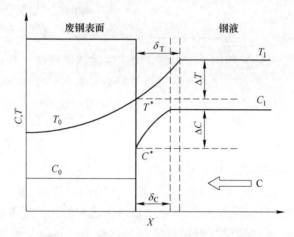

图 2-17　废钢熔化过程中的温度和浓度分布

该过程的热平衡和物料平衡可以描述如下：

$$h(T_1 - T_0)\mathrm{d}t = -\,\mathrm{d}x\rho_s\big[q_s + (T_1 - Y_0)C_{p1}\big] \tag{2-41}$$

$$\beta(C_1 - C^*)\frac{\rho_1}{100}\mathrm{d}t = -\,\mathrm{d}x(C_1 - C_0)\frac{\rho_s}{100} \tag{2-42}$$

相应地，假设随着温度从 T_0 变化到 T_1，$\mathrm{d}x$ 层的碳含量从 C_s 变化到 C_1；熔化后的废钢温度和成分与钢液整体的温度和成分相同；且具有 T_1 和 C_0 的极薄边界层不断地向废料中心推进，对碳质量平衡没有任何影响，那么线速度可表示为：

$$v_x = -\frac{\mathrm{d}x}{\mathrm{d}t} = \frac{h(T_1 - T_0)}{\rho_s\big[q_s + (T_1 - T_0)C_{p1}\big]} \tag{2-43}$$

$$v_x = -\frac{\mathrm{d}x}{\mathrm{d}t} = \frac{\beta(C_1 - C^*)}{(C_1 - C_0)\rho_s} \tag{2-44}$$

式中，ρ_1 为钢液密度；ρ_s 为废钢密度；q_s 为废钢熔化潜热值；β 为废钢熔炼过程中碳的传质系数。

钢液-废钢界面温度 T^* 和钢液-废钢界面碳含量 C^* 基于如下液相线方程计算：

$$T^* = 1536 - 54C^* - 8.13C^{*2} \tag{2-45}$$

依据上述废钢熔化过程模型，假设钢液的温度和碳含量保持不变，可以计算出相应的碳含量、熔化温度以及废钢的瞬时熔化速率。

C 废钢熔化第三阶段

当钢液的温度达到废钢的熔点时，剩余废钢可不经历渗碳过程而快速熔化[30]。废钢的熔化速率由从钢液到废钢表面的热传递控制。该阶段废钢熔化速度明显大于第二阶段。

该阶段废钢从钢液所吸收的热量完全用于废钢的熔化。熔化过程导热与凝固过程相似，均属于相变导热，其特点是在固液两相间存在着随时间移动的界面，在界面上有相变潜热的吸收和释放。因而可采用估算连铸板坯凝固时间的方法分析废钢熔化。

对于一个凝固过程，凝结层的厚度 $S(\tau)$ 可表示为：

$$S(\tau) = 2\eta\sqrt{a_s\tau} \tag{2-46}$$

当 $t_m - t_w$ 很小时，η 值如下：

$$\eta = \sqrt{\frac{c_{p\cdot s}(t_m - t_w)}{2L}} \tag{2-47}$$

代入可得：

$$S(\tau) = \sqrt{\frac{2\lambda_s(t_m - t_w)}{\rho_s L}} \times \sqrt{\tau} \tag{2-48}$$

对于厚度为 S 的平板由上式可得整个平板凝固所需时间：

$$\tau = \frac{S^2\rho_s L}{8\lambda_s(t_m - t_w)} \tag{2-49}$$

此式可用于估算连铸板坯的凝固时间。利用同样的方法可求得对应熔化问题的解。

2.3.2 废钢熔化模拟

在废钢熔化过程中，存在不同的相数和传热机制。但一般来说，根据能量如何到达熔化过程的位置，它可以分为直接和间接两类。对于直接废料熔炼，燃烧火焰和电弧直接与固体废料相互作用。主要的传热是通过对流和辐射进行的。在这一部分中，机理还没有完全弄清楚，尤其是涉及电弧部分。对于间接废钢熔炼，能量是由过热的钢液输送，该热传递通过对流和传导进行。对于大尺寸废钢，直接熔炼和间接熔炼废钢可能同时发生。废钢与钢液之间的相变和界面行为是数学建模的关键。由于数值建模的复杂性，对废钢熔化的研究多采用数值模拟与物理模拟结合的方法。

2.3.2.1　废钢传热系数的确定

根据牛顿冷却定律，钢液中的废钢熔化受温度、表面传热系数和其他因素的影响：

$$q = h \cdot \Delta T \tag{2-50}$$

式中，q 为热通量密度；h 为传热系数；ΔT 为温度差。

传热系数对于研究废钢在钢液中熔化的热力学过程至关重要。雷诺数（Re）和普朗特数（Pr）分别定义为：

$$Re = \frac{\rho_1 u d}{\mu} \rho_1 \tag{2-51}$$

$$Pr = \frac{\nu}{\alpha} = \frac{\mu c_{p1}}{k} \tag{2-52}$$

式中，ρ_1 为钢液的密度；u 为钢液的速度；d 为熔池的当量直径；ν 为运动黏度；α 为热扩散系数；μ 为动态黏度；c_{p1} 为钢液的比热容；k 为热导率。钢液和废钢的传热系数由努塞尔数（Nu）共同确定：

$$Nu = 0.032 Re^{0.8} Pr^{0.33} c_t \tag{2-53}$$

$$Nu = \frac{hL}{k} \tag{2-54}$$

式中，L 为传热面的特征长度，c_t 为修正系数。基于方程式（2-50）~式（2-54），可得到如下的传热系数表达式：

$$h = \frac{0.023 (\rho u d)^{0.8} c_{p1}^{0.33} c_t k^{0.67}}{\mu^{0.47} L} \tag{2-55}$$

2.3.2.2　废钢熔化模型的建立

在工业电弧炉中对废钢的熔化过程进行建模需要重点考虑如下三个子模型：电弧模型，流体流动模型和熔化模型。

电弧模型：电弧作为电弧炉内重要的热量来源，直接影响到熔池的升温。电弧模型主要解决的是电弧热的输入的问题。当前在电弧炉建模过程中，为简化电弧，部分学者不考虑电弧形态及空间分布，直接在电极端部设置恒定热源代替电弧热[31]。但对于交流电弧炉，当前应用广泛的是用通道电弧模型（CAM）[32~35]，该模型反映了平衡三相交流电弧炉的瞬时电功率，对于给定的电参数（如电弧电压和电弧长度）条件下，以热量作为边界条件，进行废钢熔化过程的模拟研究。

流体流动模型：电弧炉熔池内速度场和温度场的正确性直接关乎废钢熔化模拟研究的准确度和可靠性。由于电弧炉内相种类（废钢相、钢液相、渣相、气相等）

的多样性，作用力（自然对流力、气体搅拌力、电磁力等）的复杂性，热量分布（电弧热、化学热、辐射热等）的不确定性，导致流体流动模型很难实现多相的相间反应、作用力和热量传输的全耦合。目前多数流体流动模型在仅考虑热浮力作为驱动力对熔池钢液流动影响的基础上，通过与电弧模型相结合，在给定电参数的情况下，以瞬时电功率作为边界条件，模拟研究熔池中钢液流场和温度场。

熔化模型：废钢是一种化学成分和尺寸都不均匀的材料，为了便于建模，通常假定初始废钢具有均匀尺寸，且化学成分一致。目前熔化模型主要分为单块废钢熔化模型和多块废钢熔化模型两类。单块废钢熔化模拟，可用于模拟研究废钢形状对废钢熔化过程的影响。多块废钢熔化模型，通常把废钢简化为球形颗粒，且忽略废钢间的相互传输机制。Marco Aurelio RAMIREZ-ARGAEZ[36]利用拉格朗日法追踪的多个废钢粒子在熔化过程中的运动轨迹，如图 2-18 所示。

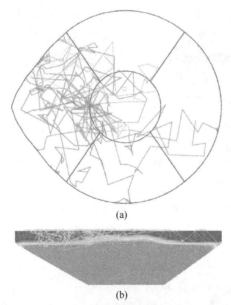

(a)

(b)

图 2-18　多个 DRI 粒子在熔化过程中的运动轨迹

（扫书前二维码看彩图）

除废钢尺寸外，废钢熔化速率对熔化模型的构建至关重要，直接关系着废钢熔化规律分析的正确性。废钢熔化过程主要受控于废钢传热系数，而传热系数由废钢和钢液运动速度和温度共同决定，因而，如何正确构建废钢传热系数与速度和温度的关系尤为重要。根据能量守恒定律，单个废钢颗粒熔化过程中固相分数与温度之间的关系为：

$$m_p L \frac{\mathrm{d}f_s}{\mathrm{d}t} + \alpha(T_g - T_p) = m_p c_p \frac{\mathrm{d}T_p}{\mathrm{d}t} \tag{2-56}$$

式中，L 为凝固潜热；f_s 为颗粒中的固体分数；α 为流体-颗粒的传热系数；T_g 为流体的温度；T_p 为颗粒的温度；c_p 代表颗粒的热容。

固体分数和传热系数可计算如下：

$$fs = \frac{T_L - T_p^m}{T_L - T_s}$$

$$\alpha = \frac{kNu}{d_p}$$

(2-57)

式中，T_s 为颗粒的固相线温度；T_L 为颗粒的液相线温度；m 为凝固指数；k 为连续相的导热系数；d_p 为颗粒的直径；Nu 表示 Nusselt 数。

2.3.2.3　废钢间接熔化模拟

早在 1972 年，Szekely 等人[37]利用一维导热计算模型研究了单个金属棒在具有一定过热度钢液中的熔化行为，与实验结果对比发现，一维导热计算模型能够较正确预测钢液的温度和含碳量对废钢熔化速率的影响。

Li 等人[38]使用相场模型研究了钢棒的熔化行为，在钢棒随机分布的条件下，探究了体孔隙度对熔化过程的影响，因相场模型不具备计算熔体流动的能力，模型忽略浮力作用，且通过换热系数引入相界面流动对熔化过程的影响。在浸渍过程中，钢棒表面出现凝结层，如果钢棒缩短距离将空隙度减小至一定程度时，凝结层相互粘合，进而影响熔化过程，增大熔化时间，如图 2-19 所示。同时，通过研究钢棒温度和氧化层对熔化过程的影响发现，氧化层对熔化时间的影响可以忽略不计，废钢孔隙度为影响熔化时间的关键因素。

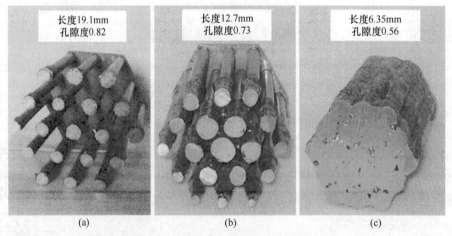

图 2-19　多根试样棒在钢液中浸泡约 10s
（初始钢棒温度为 25℃，初始熔池温度为 1650℃）

Arzpeyma等人[39]使用 ANSYS FLUENT 研究了 150t 交流电弧炉熔池中单块废钢的瞬态熔化行为。熔化模型采用孔隙率法，废钢被处理成一个 $T<300K$ 的圆柱体，紧挨着 EBT 出钢口，如图 2-20 所示。研究结果表明，电磁搅拌显著地提高了钢液速度，强化了界面换热，加快了圆柱体熔化。

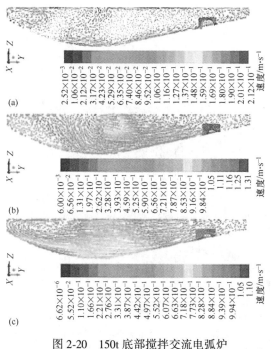

图 2-20　150t 底部搅拌交流电弧炉
（a）自然对流，（b）正向搅拌，（c）反向搅拌速度分布比较
（扫书前二维码看彩图）

2.3.2.4　废钢直接熔化模拟

Guo 等人[40]采用气体火焰和电弧研究了废钢的直接熔化过程，模拟了废钢表面的对流换热影响因素。在建模过程中，废钢假定为是具有恒定孔隙度的多孔介质。没有考虑与炉壳的辐射热交换，熔体和废钢的运动以及熔体在废钢表面的凝结。

Mandal[41,42]采用数值模拟方法研究了一堆形状不规则的废钢的瞬态加热行为。用适当孔隙率的模型来模拟废钢，用修正的 $k\text{-}\varepsilon$ 模型来模拟湍流流动。并对废钢堆的导热系数、气体与废钢之间的传热系数以及废钢堆内的辐射热进行了特殊处理。该模型能较好地预测废钢的瞬态加热行为，如图 2-21 显示的废钢堆温度分布。

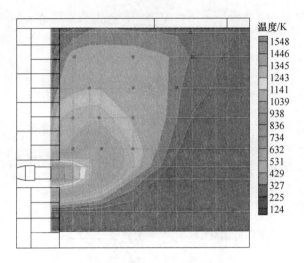

图 2-21　实验 30min 后炉内的温度分布

（大块切碎废钢，燃烧器功率 17.3kW）

（扫书前二维码看彩图）

2.3.2.5　物理模拟

物理模型与实际的电弧炉保持一定的物理和动态相似性，因而可以有效地反映电弧炉中废料的熔化过程。在水模型实验中，用冰代替废钢，虽然冰和废钢的导热系数相差很大，冰的导热系数为 2.22W/(m·K)，而废钢的热导率达到 45W/(m·K)[43]。依据亚历克西斯等[44]研究发现热导率不是限制电弧炉废料熔化的主要因素。因此，可利用在水模型实验研究电弧炉废钢熔化过程。

A　单块废钢熔化的物理模拟

Östman 等[43]开发了一个水模型来模拟废钢的熔化过程，用冰块代替废钢，用热风枪模拟来自电弧炉内电弧的热量。利用该水模型研究了不同的底吹气体流速、冰的形状和大小对冰融化速度的影响。

Xi 等[26]采用盐水冰代替废钢进行了水模型实验，并在模型的顶部和侧面使用高温蒸汽发生器模拟分析氧气产生的反应热，以及使用恒定加热功率的电加热棒模拟电弧炉中电弧热效应。利用水模型实验研究了冰形状、冰尺寸、底吹气体流量、侧吹热蒸气流量和顶吹热蒸气高度对冰融化的影响机理，具体规律如图 2-22所示，研究表明小尺寸球形废钢更易熔化，并在一定程度上加大侧吹和底吹气体流量，降低顶吹高度有利于加速废钢熔化。

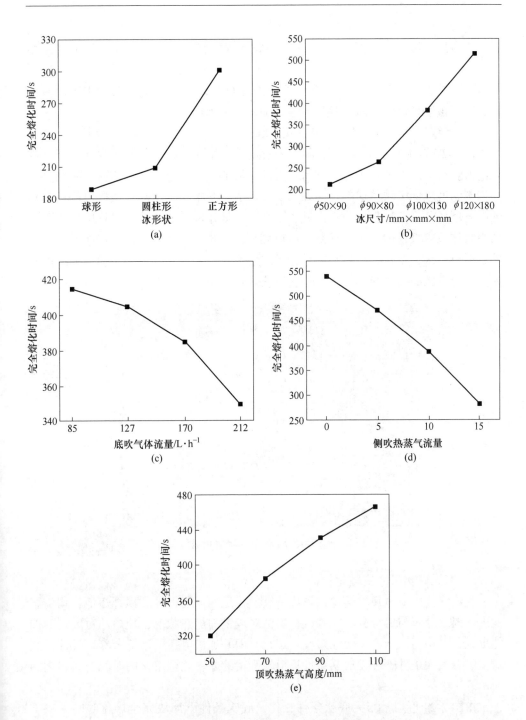

图 2-22　不同工艺条件对冰融化的影响

B　连续加料情形下废钢熔化的物理模拟

作者所在课题组以国内某 100t 偏心底连续加料电弧炉为原型，根据几何相似、动力学相似以及熔化特征相似等原则，在实验室条件下建立了 1：4 的连续加料电弧炉物理模型。以加热棒代替电弧加热，以水代替钢液，以冰块代替废钢，利用该物理模型，对电弧炉内连续加入的废钢熔化进行了研究。

a　连续加料情形下冰块熔化行为

图 2-23 为冰块连续加入电弧炉后的照片，由图可知，在无喷吹条件下，进入电弧炉熔池内的冰块堆积在加料口附近。熔池中心部位三根加热棒持续加热并向四周温度较低区域传递热量，在熔池中形成一个中心温度高、四周温度逐渐降低的温度场分布。加料口附近区域由于堆积大量冰块，冰块熔化过程中持续不断的吸收体系内大量的热量，导致在冰块堆积区形成"冷区"。冰块在加料口附近堆积形成冷区，恶化熔池传热效果，导致熔化速率降低。避免冰块形成大的凝结体并减小冷区的面积与体积，是加快冰块熔化速率的重要途径。

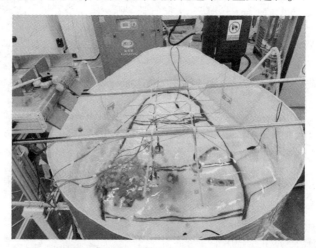

图 2-23　无喷吹条件下冰块熔化过程图

b　有无底吹对冰块融化的影响

底吹气体可在电弧炉熔池内形成持续、稳定的流场，强烈搅拌熔池，均匀熔池内的温度分布与成分分布，并改善熔池对废钢的加热状况，使熔池对废钢的加热更充分、均匀，从而大幅缩短废钢熔化时间并加快电弧炉冶炼节奏。设计实验对比了有底吹条件下和无底吹条件下模拟废钢的冰块完全熔化的时间，如图 2-24 所示。

由图 2-24 可得，与无底吹条件相比，底吹条件下冰块完全熔化时间大幅下降，下降幅度达 47%。可见，底吹改善了熔池的流动状态，有效缓解了熔化初期冰块凝结成大块凝结体的现象，大幅缩小了冷区的面积，加快了冰块熔化。

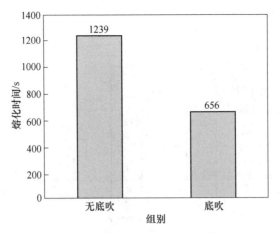

图 2-24　有无底吹条件冰块熔化时间对比

c　有无侧吹工艺条件下对冰块熔化的影响

设计实验对比了有无侧吹工艺对废钢熔化的影响，两次实验的冰块熔化时间和熔池混匀时间如图 2-25 所示。

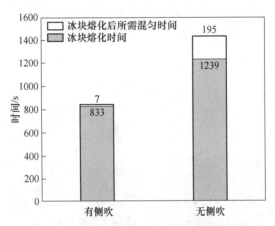

图 2-25　有无侧吹工艺条件下中冰块熔化所需时间和熔池混匀时间

图中可以直观地看出在侧吹工艺条件下冰块熔化时间和熔池混匀时间远小于无侧吹工艺条件，熔池最终混匀时间缩短约 41%。另外，相比于底吹作用，侧吹能更好地加快冰块熔化。

d　不同冰块尺寸对冰块熔化的影响

取边长为 25mm、35mm、50mm 的冰块各 10kg，在同一喷吹条件下，以 3.34kg/min 的平均速度加入物理模型内，分别测其完全熔化时间。图 2-26 为同一底吹条件下三种尺寸冰块熔化后熔池混匀时间。

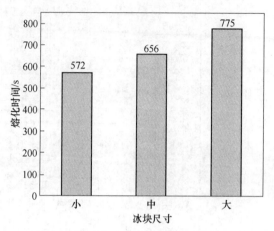

图 2-26　底吹工艺条件下不同尺寸冰块熔化后熔池混匀时间

　　研究表明随着冰块的体积增加，冰块完全熔化所需时间增加，即冰块的熔化速率与冰块的大小有紧密的联系，冰块体积越大、比表面积越小，单位时间内单位体积从熔池吸收的热量越少，熔化速率越慢。

　　图 2-27 为同一侧吹条件下三种尺寸冰块加入后完全熔化和溶池混匀所需的时间。由图可知，加入不同尺寸冰块后，熔池混匀时间基本相同，但冰块尺寸越大，熔化所需时间越长。

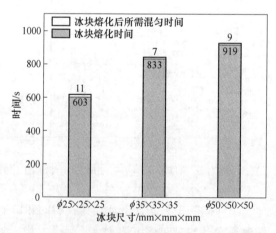

图 2-27　侧吹工艺条件下不同尺寸冰块熔化所需时间和熔池混匀时间

　　综上，在冰块熔化过程中，冰块尺寸越大，熔化时间越长。此外，在连续加料过程中，未熔化的冰块聚集在一块，产生凝结现象，进一步会阻碍熔池流体的流动，导致熔池中不同区域成分不同，从而影响最终的熔池混匀时间。在实际生产过程中，钢液与废钢温度梯度大，连续加入的废钢表面会形成凝结层并相互凝结在一起，恶化废钢与钢液间的传热，导致废钢熔化时间加长。增大熔池搅拌强度，有助于加强钢液与废钢间的传热，抑制废钢表面凝结层的长大，加快废钢熔化速率，缩短电弧炉冶炼周期，提升冶炼效率。

2.4　电弧炉内电弧传输现象

石墨电极产生的电弧作为电弧炉内重要的能量及动量来源，对电弧炉内废钢熔化、钢液升温及冶炼效率提升至关重要。针对电弧炉内大电流石墨电极电弧的研究，早期主要是以交流电弧为研究对象，石墨电极在负半周期作为阴极时有较稳定的阴极斑点，形成稳定的电弧；与此相反，在正半周期，熔池钢液作为阴极，喷射出蒸汽，导致电弧形态变化复杂，即阴极斑点在钢液面高速转动，等离子区产生强烈紊乱，致使电弧轮廓不清晰。由于正半周期的复杂性，人们转向研究较易处理的以电极作为阴极的直流电弧。作为电弧炉内的主要热源，直流电弧与交流电弧相比，其在稳定性和传热性方面有明显的优势。但就传输现象而言，直流电弧和交流电弧在很多方面是相通的[45]。

大电流电弧的研究，大体上可分为三阶段[45]：

第一阶段：20世纪60年代前后，梅克尔（H. Maecker）对大电流电弧进行了实验和理论方面研究，首次在理论上解释了产生阴极射流的机理，该理论一直沿用至今。

第二阶段：20世纪60年代末以后，鲍曼（B. Bowman）等对电弧进行了长期而广泛的研究，从高速摄像观察、实验等开始，继而对电弧的行为进行深入的模拟分析与说明，对电弧炉的发展做出了巨大贡献；关于等离子电弧速度场的测量数据已成为理论计算的对比基准。

第三阶段：20世纪80年代初以后，塞凯伊（J. Szekely）等研究小组进行了一系列研究，首次开发了直流电弧的传热和熔池搅拌等数学模型等。这些数学模型可以利用计算机实现电弧及电弧炉系统的模拟仿真，大大推动了电弧炉的数值模拟仿真进程。

2.4.1　电弧的物理本质

所谓电弧，是阴极-阳极间的各种放电现象的一个形态，以低电压、大电流、高能量密度为特征。石墨电极与钢液之间产生的交流电弧的形状如图2-28所示。当石墨电极为阴极时，阴极会产生强大的等离子体射流，由于电磁力的作用，等离子体射流较集中；当钢液为阴极时，阴极斑点在钢液面激烈转动，致使钢液产生的蒸汽射流和等离子流形成不规则的、显著扩大的等离子体射流。以石墨电极为阴极的直流电弧形状和产生机理与交流电弧中石墨阴极电弧基本相同。为便于说明电弧的物理本质，后续将选取直流电弧（同石墨阴极电弧）进行叙述。

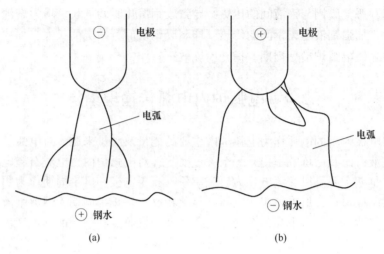

图 2-28　电弧的形状

（a）石墨阴极电弧；（b）石墨阳极电弧

2.4.1.1　电弧区域及特征

这里主要考察理想直流电弧的区域及特征。所谓理想电弧是不考虑阴极斑点移动，没有电弧柱偏向的稳定垂直电弧（以下简称稳定电弧）。稳定电弧有三个区域，即阴极区、阳极区和弧柱区，其示意图如图 2-29 所示。从石墨阴极释放的热电子在阴极电压降部位碰撞气体分子使之分离，在迅速加热的同时继续受到电弧柱电场的影响，一边与气体分子反复激烈碰撞，一边流向阳极，电子起着电流载体的作用。电子通道是伴随有强烈火焰的电弧柱，也通常被称为电弧等离子体，从速度场角度被称为电弧等离子体射流。电弧中粒子密度很大，电子平均自由程很短，因此电子和粒子碰撞频率很高，粒子得到大量能量，导致电弧柱温度很高。在指向中心的洛伦兹力作用下，形成电流通路的电弧等离子体收缩。电弧柱因洛伦兹力产生的抽吸作用，一边吸入周围气体使其直径逐渐增大，一边向阳极流动而导致温度和速度下降。电弧等离子体射流与阳极碰撞后失去电荷，碰撞后的反转流根据其状态有多种称呼，如电弧辉、电弧焰等。

A　弧柱区

电弧柱占据电弧的绝大部分，是由带电粒子包括电子、正离子、负离子、中性原子以及分子等组成的气态导电体[46]，其具有导电性、电准中性和与磁场可作用性等特点。电弧热等离子体的热力学状态有三种：完全热力学平衡状态、局部热力学平衡状态和双温等离子体。完全热力学平衡状态是理想的热力学状态，通常实验或者工业实际中很难达到。双温等离子体是指由于电子温度较低或者浓度梯度较大，电子不能充分扩散以及通过碰撞传递能量，导致电子温度明显高于

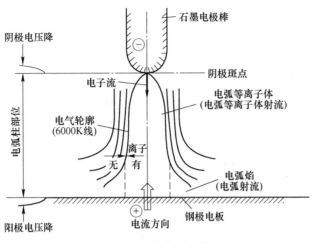

图 2-29 稳定电弧示意图

重粒子温度。电弧的弧柱区一般是满足局部热力学平衡状态的[47]，即认为电弧中每种粒子的温度是相同的。

电弧中包含无数的同向电流，根据电磁感应定律，带电粒子在电弧中产生磁场，其中离子受到洛伦兹力的作用，产生压缩效果；同时，电弧受热膨胀，抵抗电磁力，当电弧受力平衡时，电弧具有稳定的形态。需要说明的是，电流从阳极流向阴极，电磁力促使等离子气流从阴极加速冲击阳极。弧柱区的长度和等离子体的导电性是决定弧柱区电压降的主要因素。

电弧柱的电位梯度（电场强度）取决于电弧柱的热平衡，主要受构成电弧柱的气体种类、压力和周围温度的影响。作为电位梯度较小气体的代表，有单原子大质量氩气，其电位梯度约为 0.5V/mm。而氢原子是双原子小质量气体，其电位梯度约为 5V/mm。此外，气氛压力越高，放热越大，电位梯度也随之增大。表 2-2 对比了不同气体电弧柱的电位梯度。

表 2-2 不同气体电弧柱的电位梯度[45]

气　体	电位梯度/$V \cdot mm^{-1}$
氩气	0.5
空气	0.5
氮气	0.55
二氧化碳	0.75
水蒸气	2
氧气	1
氢气	5

B　阴极区

阴极区连接阴极和弧柱，包含阴极鞘层和阴极电离区域。电离区域形成带电粒子，而阴极鞘层是保持阴极区域导电的重要部分。当电弧炉内的阴极石墨电极受热后，电极内的自由电子的运动速度将增大，其中一部分电子将克服电极表面束缚力释放出来；此时，电子所需的最小能量称为功函数 ϕ。与炉用电弧有关的电极材料的功函数如表2-3所示。

表2-3　电极材料热电子发射的功函数 ϕ[45]

电 极 材 料	功函数 ϕ/eV
C	4.4~4.6
Fe	4.5
Cu	4.4~4.6
W	4.5~4.6

阴极附近会产生阴极电压降，其原因在于阴极表面总是不断堆积从电弧中被电离出来的正离子，从而形成电压降。阴极电压降的大小一般在周围气体的电离电压值和阴极材料蒸汽的电离电压值之间，表2-4为气体和金属蒸汽的电离电压。

表2-4　气体和金属蒸汽的电离电压[45]

气 体 种 类		最小电离电压/eV
气体	Ar	15.8
	H	13.6
	H_2	15.4
	N	14.5
	N_2	15.6
	O	13.6
	O_2	12.2
	CO	14.0
	CO_2	13.7
	NO	9.3
	H_2O	12.6
	C	11.30
金属蒸汽	Fe	7.87
	Hg	10.43
	Cu	7.73
	W	7.98

阴极石墨电极加热后释放电子，其释放机理是以相对移动较小的阴极斑点和与电流值无关的阴极电流密度为特征的一种热电子释放。阴极热电子释放电流密度可根据理查森（Richardson）研究的气体分子运动论与杜什曼（Dushman）热力学理论导出的理查森-杜什曼（Richardson-Dushman）理论公式求解：

$$J_c = A_c \cdot T_c^2 \exp\left(-\frac{e\Phi}{KT_c}\right) \tag{2-58}$$

式中，J_c 为从金属表面释放的热电子流密度，A/cm^2；A_c 为热电子释放常数，$A/(cm^2 \cdot K^2)$，该常数取决于释放体的材质；Φ 为功函数，eV；e 为电子电荷，$1.6\times10^{-19}C$；K 为玻耳兹曼常数，$1.38\times10^{-23}J/K$；T_c 为阴极斑点温度，K。表2-5为部分有关炉用电弧炉阴极斑点的数据，虽条件和各参数存在较大差异，但在实际电弧炉条件下，J_c 一般在 $2.5\sim4.5kA/cm^2$ 的范围内。

表 2-5　炉用电弧炉阴极斑点的相关数据[45]

作　者	电弧电流 /kA	阴极斑点温度 /K	热电子流密度 /kA·cm⁻²
B. Bowman, G. R. Jordan, F. Fitzgerald	2	4223	3.1
B. Bowman, G. R. Jordan	10	—	3.9
B. Bowman	0.5~2		3.5
J. Szekely, J. Mckelliget	与电流值无关	4130	4.4
S. E. Stenkvist, B. Bowman	—	—	2.5

C　阳极区

电弧炉中的阳极一般由废钢或钢液熔池组成。电弧柱的离子流作为电流的载体十分小，仅为电弧柱的 0.1% 左右，在电弧柱空间内由阳极向阴极流动。由于阳离子不能从阳极材料表面产生，使得阳极表面的电子数目超过阳离子数，因而产生了负的空间电荷。为了以此状态维持电流导通，靠近阳极区附近会产生很高的电压降，即阳极压降。电子受到阳极压降后加速，与阳极区的中性粒子碰撞并使其发生电离。阳极区接收从阴极发射的电子，作为电子吸收层以保证电弧和阳极导电。

阳极电压降会使阳极的输入功率受到影响。通常，当电弧电流增大、阳极温度升高时，阳极电压降减小，逐步趋近于零。这是因为在当阳极温度升高时，阳极蒸汽将会进入电弧柱，导致电弧柱的电离电压下降。此外，阳极蒸汽不仅对阳极电压降影响非常大，还对电弧的电气特性、热特性以及电弧稳定性等都有很大影响。

2.4.1.2　电弧温度及速度分布

电弧等离子的温度及速度分布对于分析阐明电弧传输现象十分重要。图 2-30 为 K. C. Hsu[48]在氩气条件下，实测（左侧）和理论计算的钨阴极和水冷铜阳极的 200A 电弧温度分布数据。可以看出，电弧形态整体呈"钟"形，在阴极附近的轴心部位有一个超过 20000K 的超高温区，由此超高温区向阳极移动，温度逐渐下降。在电弧炉内，大电流石墨电极阴极的电弧温度要高于小电流氩弧温度，但电弧形态及温度分布规律基本一致。

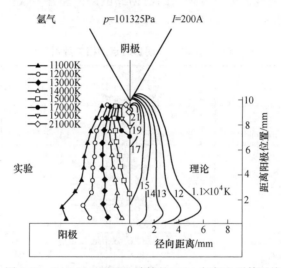

图 2-30　K. C. Hsu 测量和计算的 200A 氩气电弧等温线

鲍曼采用一种基于"钢球偏移技术"的实验方法对电弧电流不超过 2160A 的自由电弧速度场进行测量，测量数据成为后来理论计算中常用的对比基准。实验中通过测定钢球的位置偏移量和相应的理论计算以获得电弧射流的速度分布[49]。根据鲍曼实验数据，电弧电流为 1150A 时距离阴极不同位置（20mm、38mm 和 55mm）时电弧等离子体速度的径向分布的测量结果如图 2-31 所示，由图可知，阴极附近等离子速度很大，向阳极方向速度逐渐减小。同时，在径向方向上急剧减小，与温度分布曲线类似。

2.4.1.3　电弧等离子体模型的选择

电弧等离子体内部物理过程复杂，仅靠实验手段很难完全了解其物理场分布。随着计算流体力学以及高速电子计算机的发展，采用数值模拟的方法对电弧

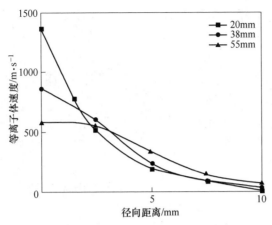

图 2-31　电弧电流为 1150A 时距离阴极不同位置处
鲍曼实验测定的电弧等离子体径向速度分布

等离子体进行计算成为一种经济、有效的研究手段，这将有助于更好地理解电弧等离子体。但是，电弧等离子体的复杂性增加了模拟中模型选择的难度。在最近几十年等离子体电弧的数值模拟中，很多文献都使用了层流模型，而没有考虑湍流的影响[50~56]。而在考虑湍流的文献中，绝大多数都使用了标准 $k\text{-}\varepsilon$ 模型[57~60]。作为标准 $k\text{-}\varepsilon$ 模型的改进模型，RNG 模型进行了许多修改，以提高其性能，可以用于更广泛的流动模拟。

选取层流模型、标准 $k\text{-}\varepsilon$ 模型和 RNG 模型对电弧等离子体进行模拟，并与鲍曼[49]测量的自由燃烧的直流电弧等离子体速度分布进行对比验证。图 2-32 显示的是在电弧电流为 1150A、弧长为 70mm 的工艺条件下，层流模型、标准 $k\text{-}\varepsilon$ 模型和 RNG 模型计算的电弧等离子体速度分布。如图 2-32（a）所示，在层流假设条件下，相比于比湍流假设，其电弧核心射流区（定义电弧等离子体速度大于 1200m/s 的区域）较长；在湍流假设条件下，电弧柱膨胀，其扩展范围更宽，同时主弧柱存在明显的弧尾，如图 2-32（b）和（c）所示。

不同模型的模拟结果与鲍曼实验测定的电弧等离子体距离阴极不同位置处（20mm、38mm 和 55mm）的径向速度分布如图 2-33 所示。由图可知，相比于鲍曼测量速度，层流模型计算的电弧等离子速度明显偏大，其三个位置处的中心轴向速度与鲍曼测量速度的最大偏差达到了 166%；标准 $k\text{-}\varepsilon$ 模型计算的电弧等离子速度明显偏小，其轴向速度的最大偏差达到了 37%；而 RNG 模型计算的电弧等离子速度的最大值和速度径向分布规律与鲍曼测量数据均吻合良好，其轴向速度的最大偏差仅为 6%。产生上述现象的主要原因是层流模型没有考虑电弧等离子的湍流效应，导致电弧等离子的核心射流区过长，使电弧等离子速度整体偏大；标准 $k\text{-}\varepsilon$ 模型采用完全湍流假定，夸大了核心射流区的湍流效应，使得预测

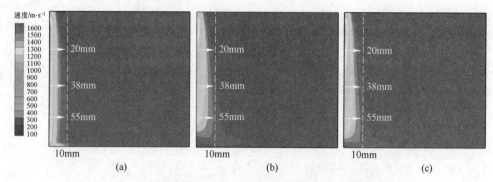

图 2-32　在电弧电流为 1150A、弧长为 70mm 的工艺条件下，
不同模型计算的电弧等离子体速度分布

（a）层流模型；（b）标准 k-ε 模型；（c）RNG 模型

（扫书前二维码看彩图）

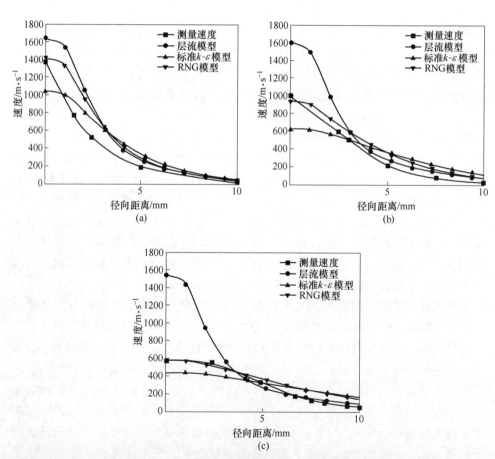

图 2-33　距离阴极不同位置处，数值模型与鲍曼测量的电弧等离子体的径向速度分布对比

（a）d = 20mm；（b）d = 38mm；（c）d = 55mm

电弧等离子体速度迅速衰减，从而导致电弧等离子速度偏小；但是，RNG 模型在低雷诺数区域和高雷诺数区域均具有令人满意的精度和鲁棒性，甚至还可以预测某些层流行为[61~63]，使其预测的电弧等离子体速度分布与鲍曼的测量速度分布吻合良好。可见，采用 RNG 模型预测电弧等离子体的物理场分布是一个较优的选择。

2.4.2 电弧对熔池搅拌作用

电弧对熔池产生搅拌作用，主要包含：（1）由电弧等离子体射流撞击熔池产生的钢液流动；（2）钢液内电磁力引起的钢液流动；（3）钢液内温度分布不均产生的热对流。

2.4.2.1 电弧推力

电弧等离子体射流撞击阳极熔池时，会在钢液表面产生很大的推力，推力使钢液下凹，有助于钢液搅拌。但如果电弧作用力过大，会导致钢渣喷溅等。梅克尔获得了直流电弧作用在钢液上推力的简易计算公式：

$$T = \frac{\mu}{4\pi} I_a^2 \ln \frac{d_c}{d_k} \tag{2-59}$$

式中，μ 为真空导磁率，取 $4\pi \times 10^{-7} H/m$；d_k 为阴极斑点直径，$d_k = \left(\frac{I_a}{4.4 \times 10^7} \times \frac{4}{\pi} \right)^{0.5}$；$d_c$ 为电弧柱直径，$d_c = d_k \left(1 + \frac{L}{r_k} \right)^{0.5}$。

由推力公式可估算钢液最大凹下量：

$$H_T = \frac{T}{9.8\rho S} \tag{2-60}$$

式中，S 为冲撞面积，$S = \frac{\pi d_c^2}{4}$。

根据公式获得的钢液理想下凹量与实际存在一定误差，实际中钢液在电弧撞击下的下凹量相对较小，主要原因有：（1）石墨电极上产生的阴极斑点在电极端头激烈转动，并不固定；（2）电弧柱本身形状不固定，总是在不断旋转或摇动；（3）部分推力消耗在排除炉渣上；（4）电弧推力不完全垂直钢液面，会有一些倾斜。

对于交流电弧，仅当石墨电极在负半周期时会对钢液产生推力，并且电弧半径不断变化。因此，直流电弧的推力至少是交流电弧的两倍。并且直流电弧是连续的，相比于交流电弧，其钢液下凹效果更明显。然而，不管是直流电弧还是交流电弧，由于电弧射流仅作用于钢液面较小的地方，对炉内钢液的搅拌效果都很有限。

2.4.2.2　电磁力

图 2-34 为直流电弧炉内电磁力模型。由图可知，电流经炉底电极阳极穿过钢液并经电弧柱流向石墨电极阴极，各个电流的流线形成的磁场作用于其他流线而产生电磁力。例如，电流流线 a 产生磁场 B，磁场 B 作用于流线 b，从而使流线 b 上的钢液单元产生电磁力 F，经左手定则可知，电磁力 F 的方向指向熔池中心。同时，钢液上部电流线较密集，钢液下部电流线较稀疏，导致钢液上部所产生的磁感应强度和电磁力均比大于下部；所以，在电磁力单独作用下，在钢液表面，钢液向熔池中心方向流动，再由熔池中心向下方流动；在钢液下部，钢液向熔池两侧流动，在熔池周边再向上部流动，炉内钢液呈现如此循环流动状态。

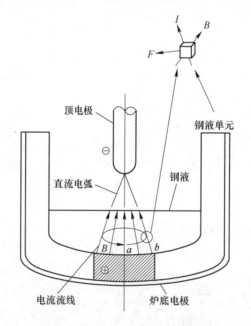

图 2-34　直流电弧炉内电磁力模型

对于交流电弧炉，由于电流仅在三根石墨电极间的钢液表层内流动，其方向交替变化，难以形成直流电弧炉内类似的钢液循环流动，对钢液的搅拌效果甚微。

2.4.2.3　电弧-熔池耦合模拟

当电弧等离子体射流撞击熔池表面，不仅会在界面处发生复杂的热-物理传输现象，还由于电弧压力的作用导致熔池界面变形并形成凹坑。同时，熔池界面变形会反过来影响电弧等离子体在熔池表面的各物理场分布。可见，电弧与熔池是紧密耦合并相互作用的。要详细了解电弧对熔池的搅拌作用，开发耦合电弧-自由界面-熔池的全耦合模型十分重要。

Szekely 等[64]首次对电弧炉熔池内的流体流动现象进行了数值模拟工作，在电弧炉中电弧等离子体仿真计算的基础上，考虑了浮力和电弧射流对熔池中流体流动的影响，忽略了电磁力的作用。Kurimoto 等[65]在对电弧炉熔池进行数值模拟时，在考虑了磁流体力学和热流体力学的基础上，提出了一个二维时变模型，在处理熔池表面的边界条件如电流密度和热通量时，认为电流密度和热通量等边界条件为常数。Lee 等[66]研究了电磁力对超高功率电弧炉熔池中搅拌特性的影响，未考虑电弧射流的影响。由于电弧炉在冶炼过程中所涉及的现象较为复杂，研究者大都从各自的研究目的出发，对相关的模型进行简化，这样的模型难以综合考虑电弧对熔池的搅拌作用。

图 2-35 为电弧-自由界面-熔池的全耦合模型所模拟的电弧撞击熔池的动态演

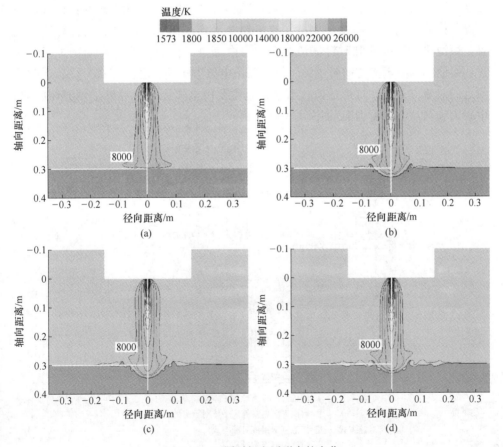

图 2-35　不同时间电弧形态的变化

（a）$t=0.001s$；（b）$t=0.3s$；（c）$t=0.6s$；（d）$t=1s$

（扫书前二维码看彩图）

变过程。在 0.001s 的开始阶段，熔池液面平坦，电弧呈现典型的钟形。等离子体射流从电弧中心撞击到熔池表面，随后水平向外流动。因此，电弧尾部区域较大。在 0.3s 时，由于电弧压力的作用熔池表面开始变形并形成凹坑，同时，电弧尾部区域被压缩。随着时间的推移，凹坑进一步加深，电弧柱变长，在 $t=1s$ 时凹坑深度基本达到稳定。在凹坑形成过程中，电弧形态与熔池表面变形紧密相关。

在凹坑形成过程中，在电弧的作用下，熔池的对流方式会发生改变。电弧撞击钢液面形成凹坑过程中的驱动力及对流方式如图 2-36 所示。由于等离子体射流的撞击在钢液面形成很大的电弧压力（驱动力①），它是凹坑形成的主要原因；由于等离子体射流与钢液存在速度差，在钢液表面产生等离子体剪切应力（驱动力②），它驱动钢液流动并在凹坑附近产生表面波；电磁力（驱动力③）驱动钢液向内向下运动；热浮力（驱动力④）驱动钢液向上流动。五种主要对流方式如图 2-36 所示。对流方式Ⅰ：凹坑内等离子体射流沿着凹坑向上和向外流动，这主要由电弧压力和等离子体剪切应力合力驱动；对流方式Ⅱ：钢液表面等离子体驱动钢液流向熔池侧壁，这主要由等离子体剪切应力驱动；对流方式Ⅲ：熔池侧壁附近的顺时针涡流，它主要由等离子体剪切应力驱动；对流方式Ⅳ：熔池底部附近的逆时针涡流，它主要由电磁力驱动；对流方式Ⅴ：靠近凹坑附近的对流方式与凹坑形成阶段有关，它主要由电弧压力、等离子体剪切应力、电磁力和热浮力的合力驱动。

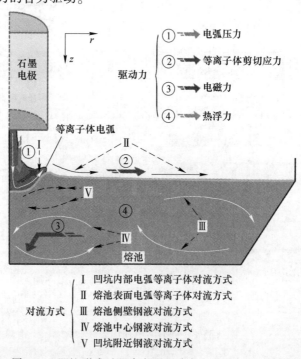

图 2-36　凹坑形成过程中主要驱动力和对流方式示意图

2.4.3 电弧的传热研究

电弧炉的主要任务是在尽可能短的时间内将更多的高温电弧热有效地传给炉内废钢或钢液,使废钢高效熔化、钢液快速升温后出钢。因此,电弧的传热至关重要。表 2-6 对直流电弧炉和交流电弧炉的传热特性进行了简单对比。为深入研究电弧传热特性,需对电弧传热机制等进行详细研究。

表 2-6 直流电弧炉和交流电弧炉的传热特性

电弧类型		交流电弧（三根电极）	直流电弧（一根电极）
电弧传热特性	废钢熔化（长弧操作）	（1）电弧能分散为 3 点 （2）炉内不均匀熔化	（1）电弧能集中在中央一点 （2）钢液流动快,可迅速均匀熔化
	钢液的升温（短弧泡沫渣操作）	（1）表层钢液升温倾向大（仅钢液表面流动） （2）钢液的升温效率需进一步提高 （3）钢液的搅拌需依赖于炉底喷吹	（1）表层钢液升温倾向得到改善（有钢液整体流动） （2）钢液的升温效率较高 （3）因垂直单向流动,对钢液冲击搅拌强,但需更进一步改善 （4）通过电磁搅拌可促进温度、成分的均匀化

2.4.3.1 电弧与钢液的热传递

提高电弧炉的效率需要了解电弧对钢液传热过程所涉及的传热、流体流动和电磁现象。为了实现这一目标,CFD 模型的应用日益普及。1981 年,Szekely 等利用 Navier Stokes 方程,能量守恒方程和 Maxwell 方程对直流电弧炉内电弧和熔池区域进行了数值模拟,最早预测了电弧向熔池传热的不同机制。在他们的模型中,为简化计算,假设电弧区域的电流密度呈抛物线分布。1985 年,McKelliget和 Szekely 使用磁扩散方程来预测焊接电弧中的传热和流体流动。随着计算机计算能力的不断提高,使得解决更复杂的数值计算成为可能。1995 年,Qian 等通过求解电势的拉普拉斯方程,以确定熔池模型的边界条件。1996 年,Larsen 等使用磁输运方程来预测交流电弧中的电流和磁场。上述研究使用了不同的方法来预测电弧中的流体流动,并使用计算出的热流作为熔池模型中的边界条件,以此模拟计算电弧向熔池的热传递。电弧向熔池的热传递主要有如下四种不同机制:

（1）对流热。从等离子体到钢液的对流换热 Q_{con} 可以用下式描述:

$$Q_{con} = \frac{0.915}{k_w}\left(\frac{\rho_b\mu_b}{\rho_w\mu_b}\right) 0.43 \left(\frac{\rho_w\mu_w v_{zb}}{r}\right)^{0.5} (h_b - h_w) \qquad (2\text{-}61)$$

式中,下标 ω 为熔池表面;k_w、ρ_w、μ_w 和 h_w 分别为阳极处的热导率、密度、动力黏性系数和焓值;下标 b 为边界层;ρ_b、μ_b、v_{zb} 和 h_b 分别为距离阳极最近的网格处的密度、动力黏性系数、轴向速度和热焓值。

（2）辐射热。从计算网格中的每个体积单元到钢液表面的辐射传热 Q_R ，通过近似视觉因子法计算如下：

$$Q_R = \int \frac{S_R}{4\pi} \frac{\cos\psi}{r_{i,j}^2} dv_j \qquad (2-62)$$

式中，S_R 为辐射损失，通过线性插值计算各个网格单元的辐射损失值；$r_{i,j}$ 为连接阳极表面第 i 个单元与计算区域中第 j 个控制容积的矢量；ψ 为矢量 $r_{i,j}$ 与阳极表面之间的夹角。

（3）汤姆逊效应。由电子移动而引起的热流传递 Q_e 可表示为：

$$Q_e = \frac{5J_A}{2e} K_b(\alpha T_b - T_w) \qquad (2-63)$$

式中，J_A 为阳极处的电流密度；T 为温度；α 为电子温度与等离子体温度的比值，一般可取值为 1.2。

（4）电子凝聚热。电子穿过阳极压降进入钢液产生的冷凝热流 Q_A 可以描述为：

$$Q_A = J_A(V_A + q_A) \qquad (2-64)$$

式中，V_A 为阳极压降；q_A 为功函数。

Jonas alexis[44]建立了电弧炉内传热的非耦合数学模型，在模型中电弧与熔池单独模拟，将电弧模拟结果作为熔池模拟的初始边界条件，以此用于预测直流电弧炉内电弧向熔池的传热。该模型考虑了每个涉及的传热机制对热传递的单独贡献，如图 2-37 所示为电弧电流 36kA 和弧长 25cm 条件下，电弧向熔池各传热（对流热、辐射热、汤姆逊效应和电子凝聚热）在熔池表面的分布，由图可知，各热量集中在中心，并且呈现类高斯分布。通过对比不同弧长对各传热的影响，由表 2-7 可知，电弧向熔池的热传递由辐射热和对流热主导；对于较长的弧长而言，辐射热相比于其他传热机制影响更大。

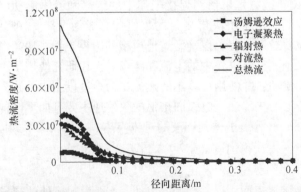

图 2-37　电弧电流 36kA 和弧长 25cm 条件下，电弧向熔池的传热
（对流热、辐射热、汤姆逊效应和电子凝聚热）在熔池表面的分布

表 2-7 在半径 0.5m 电流 36kA 的圆形区域内，不同弧长对传热的影响

弧长/cm	热传递/W			
	汤姆逊效应	电子凝聚热	辐射热	对流热
15	5.50×10^4	5.50×10^4	8.26×10^5	6.75×10^5
30	5.12×10^4	2.97×10^5	9.83×10^5	7.41×10^5

姚聪林等人[67]利用 CFD 软件开发了直流电弧炉内的二维电弧-熔池耦合模型，将电弧与熔池作为一个整体进行模拟。利用该模型研究了电弧与熔池间的热流密度分布。同时，还详细研究了不同电流与弧长对电弧传热的影响。

图 2-38 显示了电弧传入熔池的热流密度分布，由图可知，电子热（q_e）在靠近对称轴即熔池中心处具有较大峰值，在该处对传热贡献大。但是，电子热作用区域仅集中在距中心 0.1m 半径范围内，远离该区域电子热几乎为 0，这主要与电流密度的分布密切相关。对流-传导热（q_{2c}）和辐射热（q_r）同样在熔池中心处存在峰值，随着径向距离增加其值变小，由于作用面积大，对熔池总传热贡献大。总热通量（q_{tot}）由三种传热机制累加而成，由图可知，总热通量同样在对称轴处存在最大值，整体呈高斯分布。

通过对热流密度在钢液表面的积分可得热功率，如图 2-38 所示。其中，对流-传导热 Q_{2c} 和辐射热 Q_r 处于同一个数量级，而电子热 Q_e 明显小一个数量级，主要是因为电子热集中在电弧中心区域，而对流-传导热和辐射热作用范围更广。这意味着电弧向熔池传热过程中对流-传导热和辐射热占主导，其决定了电弧向熔池的传热速率。

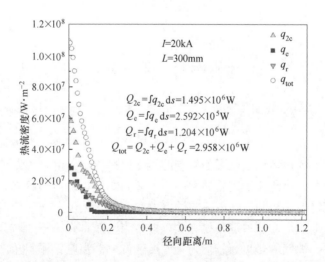

图 2-38 熔池表面热流密度分布

　　图 2-39 显示了不同电流和弧长对传热的影响，包括对流-传导热（ Q_{2c} ）、电子热（ Q_e ）、辐射热（ Q_r ）、总传热（ Q_{tot} ）、电弧功率（ P_{arc} ）和传热效率（ η ）。由图可知，随着电流增加，对流-传导热、电子热、辐射热、总传热和电弧功率都增加而传热效率略有下降。而随着弧长增加，对流-传导热、电子热、总传热和传热效率下降而辐射热和电弧功率增加。

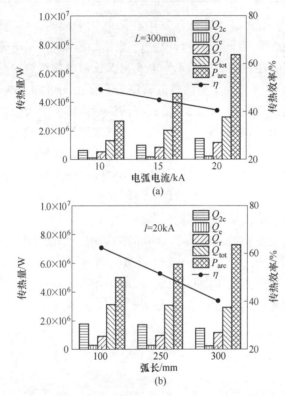

图 2-39　不同电流(a)和弧长(b)对传热的影响

2.4.3.2　电弧与炉壁的热传递

　　在无渣的情况下，随着电功率的增加，电弧作用范围变大，将导致热量的大量损失和对炉壁的损坏。在电弧与炉壁的热传递过程中，电弧辐射传热和电弧对流传热是构成炉壁热负荷最主要的原因。电弧向炉壁辐射传热的方式本质上与电弧向钢液的辐射传热相同。而电弧与炉壁的对流传热较复杂，该传热方式随电弧等离子射流与钢液形成的冲撞角度有关。即，当电弧垂直钢液面时，电弧火焰向四周均匀分散，炉壁的热负荷较均匀且温度较低；但当电弧倾斜角度大，冲撞后形成方向性很强的电弧火焰，给炉壁局部带来很大的热负荷。为此，需要详细了解炉壁温度分布，以便更好分析炉壁负荷形成原因及预防措施。

Gruber 等人[33]模拟了电弧对 100t AC EAF（90MVA）炉内能量传输的影响。该模型使用 ANSYS FLUENT 对平熔池冶炼阶段地进行了仿真，包含三个子模型：电弧模型、电极模型和反应/辐射模型；其中电弧模型依通道电弧模型（CAM）将电弧处理为稳态圆柱体（Darc = 0.045m，Larc = 0.4m，Tarc = 5500K），并通过一定质量流量的高温气体（$m = 0.44\mathrm{kg/s}$）等效为电弧的动能转换。图 2-40 显示了炉壁的温度分布，其中炉壳的最高温度为 2139K，该温度远高于耐火材料的使用温度，这主要由于电弧未完全被泡沫渣覆盖，大量电弧热在此处叠加所致。

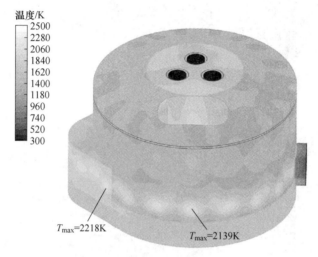

图 2-40　100t 交流电弧炉（90MVA）炉壁温度分布

Pfeifer 等[68]对 120t 交流电弧炉进行了建模，其中通道电弧模型（CAM）用于电弧的等效处理，利用 ANSYS FLUENT 进行仿真，对平熔池冶炼阶段模拟计算结果如图 2-41 所示。图 2-41（a）显示了炉壁下部、电极和电弧柱区域的温度分布，其中炉壁最高温度为 1870K。由于水冷缘故，炉壁上部的温度较低，如图 2-41（b）所示，此处的最高温度为 1350K。图 2-41（c）为炉顶的温度分布，水冷炉顶的最高温度约为 1300K，但炉顶中心部位最高温度达到 1610K。

2.4.3.3　电弧与泡沫渣

电弧炉（EAF）已经发展成为废钢熔化反应器，熔化速度越快，生产率越高。为提高废钢熔化速率，必须增加电弧的热量输入。由于炉壁耐火材料承受温度的限制而禁止增加电弧长度，因此常采用短电弧操作。随着水冷炉壁的发展，其可以维持较高的温度，但电弧的热效率较低。在 20 世纪 80 年代后期，泡沫渣的推广使电弧长度和热效率均得到提高。尤其考虑到当前电弧炉操作的平熔池冶炼，泡沫渣的重要性更突显。

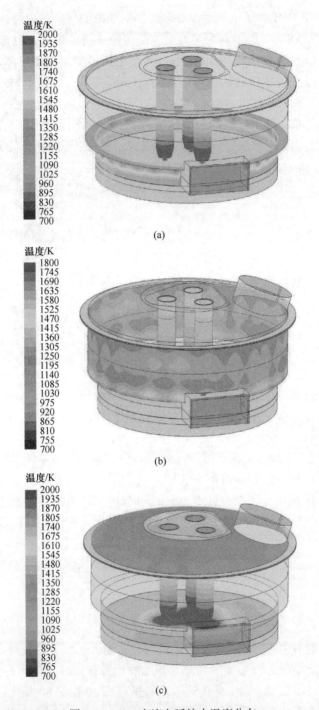

图 2-41　120t 交流电弧炉内温度分布

(a) 炉壁下部、电极表面和电弧柱；(b) 炉壁上部、电极表面和电弧柱；(c) 炉渣表面、电极表面、电弧柱和顶板

(扫书前二维码看彩图)

　　被泡沫渣包裹的电弧行为，非常复杂，且难以直接观测。但依实际生产经验可知，电弧位于电极端头、炉渣壁和钢液形成的点弧容积内，该点弧容积要比电弧本身大，但比自由裸露电弧下的点弧容积小。当撞击熔池表面的电弧等离子射流倾斜角不大时，其会以电弧火焰形式伴着炉渣和气泡向钢液面上方放散。电弧火焰的主流在电弧容积内再循环，再次形成电弧等离子体。在封闭的空间内，电弧撞击熔池引起钢液下凹，强力搅拌钢液和炉渣，将大部分电弧热量传递给钢液，大大提高电弧的热效率，由于炉渣和钢液的导热系数较小，因而钢液主要依靠对流传热方式传递热量。

　　尽管泡沫渣内电弧的行为不明确，但对实际生产来说，更关注的是泡沫渣操作对电弧传热的影响。Sanchez 等人[69]利用 ANSYS FLUENT 对 210t AC EAF 内不同泡沫渣高度对电弧传热的影响进行了研究。在自由燃烧电弧（$H_{sl}=0m$）的情况下，如图 2-42（a）所示，在炉壁的处产生约 2100K 的高温，在炉顶中心处产生约 1920K 的高温。如果电弧完全被泡沫渣覆盖（$H_{sl}=0.45m$）（图 2-42（b）），炉壁处最高温度仅约 1660K，炉顶中心处最高温度仅约 1760K，无明显热点。不同泡沫渣高度的模拟结果表明至少 75%的电弧被泡沫渣覆盖才能保证电弧炉的安全可靠运行。

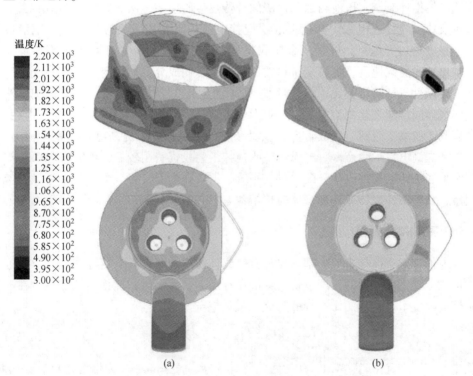

图 2-42　不同泡沫渣高度对炉壁和炉顶热点的影响

（a）$H_{sl}=0m$；（b）$H_{sl}=0.45m$

根据实际操作经验，可知泡沫渣操作有如下优点：（1）提高电弧稳定性；（2）显著降低电弧噪声；（3）增加向钢液传热量，降低炉壁热负荷；（4）显著减轻点弧区的钢渣喷溅。

2.5　电弧炉底吹传输现象

电弧炉炼钢过程中，氧气射流和电弧产生的搅拌能量难以满足电弧炉高效冶炼的需求。为进一步促进熔池流动，加快冶金反应，提高钢液质量，电弧炉炼钢应用了底吹搅拌技术。

电弧炉底吹搅拌工艺[70]，即在电炉底部安装供气元件，向炉内熔池吹入 Ar 或 N_2 等气体搅拌钢液。电弧炉底吹搅拌技术始于 20 世纪 80 年代，是由美国碳化物公司的林德分公司和德国蒂森钢公司在长寿命不堵塞底吹装置的基础上发展起来的[71]。国外底吹电弧炉炼钢技术已经在普通电弧炉、偏心炉底出钢电弧炉、超高功率电弧炉上得到了广泛应用。底吹系统的关键是供气元件，供气元件有单孔透气塞、多孔透气塞及埋入式透气塞等多种，目前常用后两种。

电弧炉熔池内部和钢渣间的搅拌极其微弱，钢液成分和温度不均匀。电弧炉底吹气体搅拌改变了熔池内部和钢渣间的传热传质速率，从而影响到与此有关的炼钢反应。与普通电弧炉相比，底吹搅拌电弧炉具有冶金反应速率高，钢液成分、温度均匀等优点，可提高金属收得率，增加钢产量。尤其对不锈钢熔炼来讲，可加速脱碳速度，提高金属铬的回收率，并使成分更加稳定。

与碱性氧气转炉相比[72]，尽管电弧炉渣量较少，熔池浅平，但电弧炉底吹气体搅拌同样能强化钢渣混合，提高传热传质效率，加速废钢熔化，降低电耗，并有利于脱氧、脱硫、钢液合金化及夹杂物的上浮，显著提高电弧炉精炼能力，节能和提高电弧炉生产率。电弧炉底吹搅拌工艺投资费用较低，仅需在电弧炉炉壳和炉底砌砖上稍加改动，配上供气系统，即可在底部安装一个或多个喷嘴或透气砖，吹入惰性气体或其他气体搅拌熔池。

2.5.1　底吹搅拌机理

电弧炉底吹搅拌熔池的基本原理就是气体通过炉底被吹入熔池中，并以气泡的形式上浮，在浮力的作用下带动钢液循环运动，从而达到搅拌熔池作用。在一定熔池深度下，熔池的比搅拌能与底吹气量成正比，即：

$$E = 28.5 \frac{QT}{W} \lg\left(1 + \frac{H}{1.48}\right) \tag{2-65}$$

式中，E 为比搅拌能，W/t；Q 为底吹气体流量，m^3/min；T 为熔池温度，K；H 为熔池深度，m；W 为钢液质量，t。

熔池混合情况与熔池搅拌强弱有关。日本寺田修等人依实验结果拟合出电弧炉内熔池混匀时间 $\tau(\mathrm{s})$ 与比搅拌能 ε 的关系式，该式为研究电弧炉内的熔池搅拌提供了基础，即：

$$\tau = 434\varepsilon - 0.35 \tag{2-66}$$

电弧炉内不同搅拌方法在还原期的搅拌能力如表 2-8[73] 所示。由表可知，底吹搅拌能力要比电弧产生的感应搅拌和人工铁耙搅拌大几倍乃至几十倍，并且具有较大的调节范围，可充分满足冶炼不同钢种对搅拌的要求。

表 2-8 常规搅拌方法比较

搅拌方法	底吹搅拌	电弧感应搅拌	人工搅拌
条件	底吹气体	正常送电	铁耙
比搅拌能/W·t⁻¹	20~200	1~3	1~2
计算混匀时间/s	160~84	366~277	366~302

2.5.2 不同底吹工艺对熔池搅拌的影响

电弧炉炼钢过程中存在钢—渣传质、钢液—气体传质、钢—渣传热和钢液向废钢的传热等[75]。底吹气体搅拌使钢渣充分接触，利于二者间能量和化学成分的传递；搅拌所用气体与钢液充分混合，改善了传质动力学条件；钢液快速流动使高温钢液易于接触废钢，加速了废钢熔化。因此，电弧炉底吹搅拌技术主要是通过加强炉内搅拌，促进熔池的传热与传质，从而达到加快炉内的各种反应，加速合金的熔化混匀，提高电能的利用率和缩短冶炼时间的效果。

2.5.2.1 喷嘴的布置方式

为获得底吹电弧炉最佳喷嘴布置，提高搅拌效率，东北大学特殊钢冶金研究所基于相似原理，建立了某钢厂 100t 偏心底出钢连续加料电弧炉 1:4 的物理模型，研究了底吹喷孔向 EBT 区域偏转以及不同底吹喷孔位置对熔池混匀时间的影响，为喷嘴布置方式提供了理论依据；其具体布置方案如图2-43(a)所示。混匀时间用于表征搅拌熔池的能力，混匀时间越长，搅拌能力越差。

偏心底出钢电弧炉 EBT 区域钢液流动速度慢，在冶炼终点易造成钢液成分不均匀，直接影响冶炼终点的准确控制。为了探究底吹喷孔是否向 EBT 区域偏转对于熔池混匀时间的影响，在同一流量下，比较了位于 $0.4R$、$0.5R$ 和 $0.6R$ 处的底吹喷孔向 EBT 区域偏转45°和不偏转的熔池混匀时间，结果如图2-43 (b) 所示，底吹喷孔偏转后，熔池混匀时间大幅度降低。底吹喷孔距离熔池中心 $0.4R$ 处，未偏转熔池混匀时间为135s，偏转后混匀时间为82s，缩短了39.26%；底吹喷孔距离熔池中心 $0.5R$ 处，未偏转熔池混匀时间为247s，偏转后混匀时间

　　为151s，缩短了39.03%；底吹喷孔距离熔池中心0.6R处，未偏转熔池混匀时间为362s，偏转后混匀时间为213s，缩短了41.21%。考虑到EBT区域熔池流动缓慢、搅拌不均匀的问题，底吹喷孔向EBT区域偏转适当角度，可有效降低熔池混匀时间，并缩小熔池的死区面积与体积。因此，在工业生产中，底吹喷孔向EBT区域偏转可有效缩短电弧炉熔池混匀时间并减小死区面积与体积。

　　底吹喷孔的不同圆周半径对熔池混匀时间的影响如图2-43（c）所示，熔池混匀时间随着底吹喷嘴与熔池中心距离的增大而减小。当底吹喷嘴距离熔池中心0.4R时，熔池完全混匀需247s；当底吹喷嘴距离熔池中心0.5R时，熔池完全混匀用时357s，增加了44.81%；当底吹喷嘴距离熔池中心0.6R时，熔池完全混匀

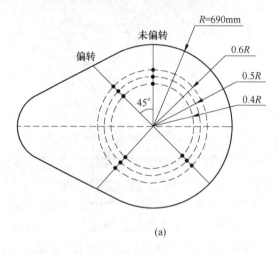

(a)

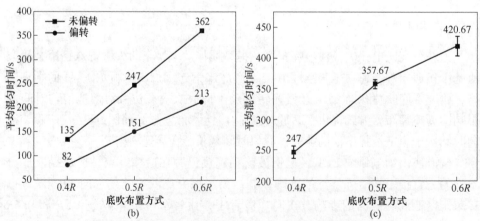

(b)　　　　　　　　　　　　　　　(c)

图2-43　不同底吹布置方式对熔池搅拌效果的影响

（a）不同底吹布置方式示意图；（b）EBT区域偏转对混匀时间的影响；
（c）不同底吹布置方式对混匀时间的影响

用时 420s，增加了 17.65%。由于电弧炉横向空间大，若喷孔相距较远，底吹喷孔提供的搅拌能难以聚拢，无法形成强力搅拌区。因此，喷孔距离熔池中心越近，底吹搅拌能越集中，对熔池的搅拌强度越大，熔池混匀时间越短，从而达到快速混匀。

2.5.2.2 底吹流量的控制

电弧炉底吹是加速熔池流动、减少 EBT（偏心底部出钢）区域死区、改善炼钢反应条件的重要手段，底吹流量直接影响电弧炉熔池流动和冶金效果[75]。

A 不同气体流量对渣眼尺寸的影响

图 2-44 显示为不同气体流量（100NL/min、150NL/min、200NL/min）下 Z = 1.25m 处渣眼的分布图，表 2-9 为渣眼的统计尺寸。由表 2-9 可知，随着气体流量的增大，渣眼尺寸增大。其主要原因为气泡在上浮过程中带动钢液流动，气体流量越大，到达液面的钢水量越大，气泡（气柱）周围钢液流速越大，冲破原来完整的界面，进而导致渣眼尺寸变大。渣眼尺寸的增大增加了渣层进入钢液进而发生卷渣现象的概率，实际生产中应合理控制底吹流量以控制渣眼尺寸。

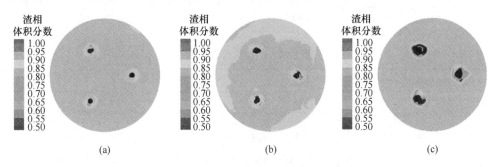

(a)　　　　　　　　(b)　　　　　　　　(c)

图 2-44　不同气体流量对渣眼尺寸的影响
(a) 100NL/min；(b) 150NL/min；(c) 200NL/min
（扫书前二维码看彩图）

表 2-9　渣眼尺寸统计表

流量大小/NL·min⁻¹	100	150	200
尺寸/m	0.18~0.26	0.20~0.35	0.33~0.54

B 不同气体流量对突起高度的影响

图 2-45 显示为不同气体流量（100NL/min、150NL/min、200NL/min）下同一截面处突起高度分布图，表 2-10 为突起高度的统计尺寸。由表 2-10 可知，随着气体流量的增大，突起高度增加。

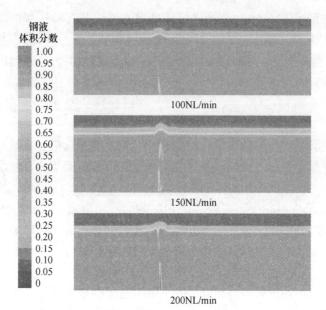

图 2-45　不同气体流量对突起高度的影响

(扫书前二维码看彩图)

表 2-10　突起高度统计表

流量大小/NL · min⁻¹	100	150	200
尺寸/m	0.06	0.08	0.09

C　不同气体流量对熔池速度分布的影响

图 2-46 显示为不同气体流量（100NL/min、150NL/min、200NL/min）下不同截面处（$Z=0.1m$、$Z=0.5m$、$Z=1m$）熔池速度分布图。设定熔池中钢液速度小于 0.001m/s 为"死区"。在底吹过程中，钢液和渣液在气体射流冲击带动下运动，气体流量的大小对熔池中钢液及渣液的速度场有很大影响。由图 2-46可以看出，熔池内高速区主要集中在底部喷嘴区域，熔池内的高速气流带动了熔池内高温钢液的运动。随着气体流量的增大，气流的搅拌作用增强，熔池"死区"面积减小。在高速气流作用下，熔池表面形成一定高度的隆起，液面翻滚有助于上表层（$Z=1m$）和中部区域（$Z=0.5m$）钢液温度场的均匀化，并且由图可以看出，气体流量增大能明显减小中部（$Z=0.5m$）区域钢液的"死区"面积。

2.5.2.3　底吹介质的选择

电弧炉底吹搅拌所用的气体有 Ar、N_2、O_2、CO、CO_2 和天然气，基本上与

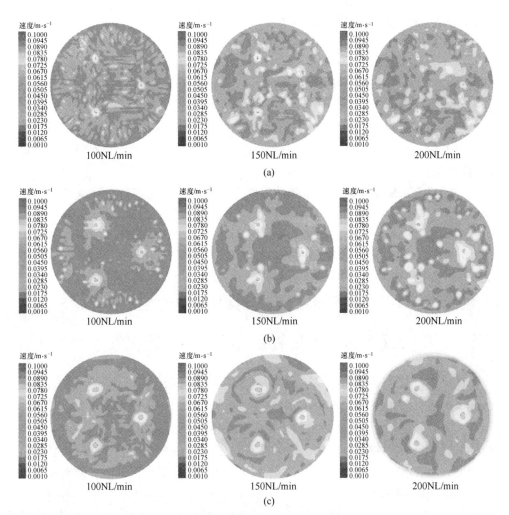

图 2-46 不同气体流量对熔池不同截面处速度分布的影响:
(a) $Z = 0.1m$; (b) $Z = 0.5m$; (c) $Z = 1m$
(扫书前二维码看彩图)

复吹转炉用气相同。Ar 是惰性气体,不与金属发生反应,搅拌能力强,是理想的底吹气体,但成本较高。N_2 成本低,搅拌效果好,但会使钢液增 [N]。日本某厂在电弧炉冶炼中,几乎采用连续吹氧操作,熔池中会产生大量 CO,为能有效地使钢液脱碳,该厂采用底吹氮气搅拌。也有一些钢厂采用先吹 N_2,后吹 Ar 的方法降低钢液中的 [N]。韩国某厂电弧炉采用底吹氧气,其电能消耗降低 60kWh/t,电极消耗降低 0.6kg/t,冶炼时间缩短 10min。墨西哥某厂 45t 偏心底出钢电弧炉采用底吹天然气,其搅拌能力强,钢液无增 [H] 现象,而且还为熔池提供了辅助能源。随着底吹技术不断发展,底吹技术的媒介也不仅仅局限于气体，煤粉、石灰等固体粉剂也可以从炉底喷入炉内[72]。

综合物理模拟、数值模拟及工业实验结果，电弧炉底吹的有益效果如下[77]：

（1）提高脱磷能力。电弧炉炼钢熔池内的传质过程一般为渣-钢界面反应的限制环节，底吹气体搅拌强化了钢液混合，加快了钢液中磷向渣的传递速度，从而有利于脱磷。

（2）提高金属收得率。底吹降低了渣中 FeO 含量和钢液中铬、锰的氧化，渣中损失铁、锰、铬较少。同时，还原时间和电极高温时间缩短，有效防止金属的再度氧化。

（3）提高废钢熔化速度。电弧炉底吹气体加强了熔池搅拌，提高了传热速度，加快废钢熔化。

（4）节能降耗，提高生产率。底吹加强了电弧炉熔池搅拌，使熔池温度更均匀，减小了冷区体积。混合均匀的熔池具有较好的动力学条件，提高传热、传质速度，促进化学反应的进行以及合金元素的均匀分布，可实现迅速出钢。因此电弧炉采用底吹工艺可大大降低电耗，提高生产率。

2.6　电弧炉供氧喷吹技术的传输现象

纵观电弧炉技术发展史，缩短冶炼周期一直是电弧炉炼钢技术进步的主旋律。而增加化学能输入是强化电弧炉冶炼、提高生产节奏的最有效手段之一。近年来，随着新技术、新工艺的发展，氧气喷吹和氧燃烧嘴等技术大量应用，其产生的氧气射流能穿入熔池搅拌钢液，加速钢液流动。同时火焰射流能提高废钢熔化速度，改善熔池温度均匀性，加快电弧炉内废钢熔化和钢液升温，使电弧炉经济指标得到根本性改善。

2.6.1　氧气射流相关理论基础

2.6.1.1　气体实验定律

一定量气体在不同状态下压强、体积和温度之间的关系为：

（1）玻意耳定律。当一定质量的气体的温度保持与体积的乘积等于恒量，即：

$$pV = 恒量 \tag{2-67}$$

（2）盖吕萨克定律。当一定质量的气体的压强保持不变时，它的体积与绝对温度呈正比，即：

$$\frac{V}{T} = 恒量 \tag{2-68}$$

（3）查理定律。当一定质量的气体的体积保持不变时，它的压强与绝对温度呈正比，即：

$$\frac{p}{T} = 恒量 \tag{2-69}$$

根据气体实验定律，可以推导出理想气体状态方程，即适合于理想气体条件下，表征气体状态四个参量 p、V、T、m 之间的关系：

$$\frac{pV}{T} = 恒量 \tag{2-70}$$

$$pV = mRT$$

2.6.1.2 可压缩流体与不可压缩流体

流体的压缩性是指在外界条件变化时，其密度和体积发生了变化。该条件分两种，一种是外部压强发生变化，另外一种是流体温度发生变化。描述流体的压缩性常用以下两个量。

（1）流体的等温压缩率 β。当质量为 m，体积为 V 的流体外部压强发生 Δp 的变化时，其体积也相应地发生了 ΔV 的变化，则定义流体的等温压缩率为：

$$\beta = -\frac{\Delta V / V}{\Delta p} \tag{2-71}$$

其物理意义为，当温度不变时，每增加单位压强所产生的流体体积的相对变化率。

考虑到压缩前后流体的质量不变，将理想气体状态方程代入可得理想气体的等温压缩率为：

$$\beta = \frac{1}{p} \tag{2-72}$$

（2）流体的体积膨胀系数 α。当质量为 m，体积为 V 的物体温度发生 ΔT 的变化时，其体积也相应地发生了 ΔV 的变化，则定义流体的体膨胀系数为：

$$\alpha = \frac{\Delta V / V}{\Delta T} \tag{2-73}$$

其物理意义为，当压强不变时，每增加单位温度所产生的流体体积的相对变化率。

考虑到压缩前后流体的质量不变，将气体状态方程代入可得气体的体积膨胀系数为：

$$\alpha = \frac{1}{T} \tag{2-74}$$

在研究流体流动过程中，若考虑到流体的压缩性，则称为可压缩流动，相应地称流体为可压缩流体，如马赫数较高的气体流体，若不考虑流体的压缩性，则称为不可压缩流动，相应地称流体为不可压缩流体。

2.6.1.3　流速与声速

当把流体视为可压缩流体时，扰动波在流体中的传播速度是一个特征值，称为声速。声速在气体中的传播过程是一个等熵过程。根据声速方程式、等熵方程式和理想气体状态方程有：

$$c = \sqrt{\frac{\mathrm{d}p}{\mathrm{d}\rho}} \tag{2-75}$$

$$p = c\rho^k \tag{2-76}$$

$$p = \rho RT \tag{2-77}$$

可得到声速方程为：

$$c = \sqrt{kRT} \tag{2-78}$$

由式（2-78）可知，声音在气体中传播速度不仅与气体种类有关，还与气体的绝对温度有关。

2.6.1.4　马赫数和马赫锥

（1）马赫数：流体流动速度 v 与当地声速 c 之比称为马赫数，用 Ma 表示：

$$Ma = \frac{v}{c} \tag{2-79}$$

$Ma<1$ 的流动称为亚声速流动，$Ma>1$ 的流动称为超声速流动。

（2）马赫锥：对于超声速流动，扰动波传播范围只允许充满一个锥形的空间内，这就是马赫锥，其半锥角 θ 称为马赫角，计算式如下：

$$\sin\theta = \frac{1}{Ma} \tag{2-80}$$

2.6.1.5　激波[77,78]

超声速气流受阻转变为亚声速气流时，气流参数（压强、温度和密度）发生显著、突跃变化的地方，称为激波。激波常在超声速气流的特定条件下产生；激波的厚度非常薄，约为 $10^{-4}\,\mathrm{mm}$；气流经过激波时受到激烈的压缩，其压缩过程很迅速，可看作是绝热的压缩过程。

激波面与气流方向垂直，气流经过激波后方向不变，称为正激波。假设激波固定不变，激波前的气流速度、压强、温度和密度分别为 v_1、p_1、T_1 和 ρ_1，经过激波后突跃地增加到 v_2、p_2、T_2 和 ρ_2。设激波前气流的马赫数为 Ma_1，则激波后气流应满足如下公式。

连续性方程

$$\rho_1 v_1 = \rho_2 v_2 \tag{2-81}$$

动量方程

$$p_2 - p_1 = \rho_1 v_1^2 - \rho_2 v_2^2 \tag{2-82}$$

能量方程

$$\frac{v_1^2}{2} + \frac{k}{k-1}\frac{p_1}{\rho_1} = \frac{v_2^2}{2} + \frac{k}{k-1}\frac{p_2}{\rho_2} \tag{2-83}$$

状态方程

$$\frac{p_1}{\rho_1 T_1} = \frac{p_2}{\rho_2 T_2} \tag{2-84}$$

由 $Ma_1 = \dfrac{v_1}{c_1}$，$c_1^2 = k\dfrac{p_1}{\rho_1}$ 可将式（2-84）改写为：

$$\frac{v_1}{v_2} = 1 - \frac{1}{kMa_1^2}\left(\frac{p_2}{p_1} - 1\right) \tag{2-85}$$

在以上几个基本关系式基础上，可导出以下重要关系式

$$\frac{p_2}{p_1} = \frac{2k}{k+1}Ma_1^2 - \frac{k-1}{k+1} \tag{2-86}$$

$$\frac{v_2}{v_1} = \frac{k-1}{k+1} + \frac{2}{(k+1)Ma_1^2} \tag{2-87}$$

$$\frac{\rho_1}{\rho_2} = \frac{\dfrac{k-1}{k+1}Ma_1^2}{\dfrac{2}{k-1} + Ma_1^2} \tag{2-88}$$

$$\frac{T_2}{T_1} = \frac{2kMa_1^2 - k + 1}{k+1}\frac{2 + (k-10)Ma_1^2}{(k+1)Ma_1^2} \tag{2-89}$$

2.6.1.6　超声速喷管设计[77]

炼钢用喷头一般采用收缩-扩张型超声速喷头，又称拉乌尔喷头。该喷头出口速度在 500m/s 左右，流股较稳定；气流能量利用率高，便于较高枪位操作，可提高喷头寿命。

（1）供氧量与理论设计氧压的确定。单位时间的供氧量取决于供氧强度和炉容量。供氧量由吨钢耗氧量、出钢量和吹氧量的物料平衡计算确定。

$$供氧量 = \frac{吨钢耗氧量 \times 出钢量}{吹氧时间} \tag{2-90}$$

（2）喉口大小确定。出口马赫数取决于喉口和出口的面积比，准确计算喉

口大小是设计超声速喷管的前提。喷管喉口氧气流量计算公式为：

$$Q = \frac{60}{\rho} \sqrt{\frac{\kappa}{R} \left(\frac{2}{\kappa+1}\right)^{\frac{\kappa+1}{\kappa-1}} \frac{A_{喉} p_0}{\sqrt{T_0}}} \tag{2-91}$$

式中，Q 为氧气体积流量，m^3/min；ρ 为氧气密度；κ 为常数，对于氧气等双原子气体为 1.4；$R = 259.83 m^2/(s^2 \cdot K)$，为气体常数；$T_0$ 为氧气滞止温度，一般取 298K；$A_{喉}$ 为喉口面积，m^2；p_0 为理论设计氧压，MPa。

由于理论计算流量与实际流量存在一定误差，需用修正系数（C_D）加以修正。冶金喷头多为多孔式喷头，C_D 通常取值为 0.9~0.96。代入数据，式（2-91）可简化为

$$Q_{实} = 1.782 C_D \frac{A_{喉} p_0}{\sqrt{T_0}} \tag{2-92}$$

（3）收缩角及收缩段长度。收缩段是喷管的重要组成部分，其性能主要取决于收缩角和收缩段长度。拉乌尔喷管收缩段半锥角（$\alpha_{收}/2$）一般为 18°~23°，最大不超过 30°。收缩角越大，收缩段长度越短。收缩段入口直径 $d_{收}$ 可由以下公式确定：

$$\tan(\alpha_{收}/2) = \frac{d_{收} - d_{喉}}{2L_{收}} \tag{2-93}$$

收缩段长度 $L_{收}$ 一般取收缩段入口直径的 0.8~1 倍，从而保证气流进入时受到的不均匀扰动在加速过程中得到消除或减弱，对出口气流的均匀度有重要影响。

（4）扩张角及扩张段长度。扩张段的作用是将气流从声速 $Ma=1$ 加速到设计的 Ma。为使加工方便，喉口段一般采用 5~10mm 的直线过渡。扩张角 $\alpha_{扩}$ 一般取 8°~12°，可以保证气流不脱离喷管壁面。扩张角确定后，扩张段长度 $L_{扩}$ 可由下式求出：

$$L_{扩} = \frac{d_{出} - d_{喉}}{2\tan(\alpha_{扩}/2)} \tag{2-94}$$

2.6.2　电弧炉供氧喷吹技术

电弧炉炼钢供氧喷吹技术是强化电弧炉冶炼的重要手段，如何根据生产工艺要求向电弧炉内高效输送氧气是电弧炉供氧喷吹技术的关键，其直接影响着电弧炉冶炼的钢液质量、能耗和生产效率。当前，多种形式及功能的电弧炉供氧喷吹技术正开发及应用。

2.6.2.1　炉门供氧技术

早期电弧炉冶炼多采用钢管插入熔池进行吹氧的方式。由于人工吹氧的劳动

条件差、安全性差、吹氧效率不稳定等原因，开发了电弧炉炉门氧枪技术，炉门供氧也成为电弧炉吹氧的主要手段。炉门供氧技术的主要功能有：

（1）从炉门氧枪吹入的超声速氧气可切割大块废钢。

（2）在电弧炉内熔池中吹入氧气，可与钢液中的元素产生氧化反应，释放反应热，促进废钢的熔化。

（3）通过氧气的搅拌作用，加速钢液之间的热传递，提高炉内废钢的熔化速率，减少钢液温度的不均匀性。

（4）大量氧气与钢液中的碳发生反应，实现快速脱碳，同时碳氧反应发出大量热量，有利于熔池升温。

（5）向渣中吹入氧气的同时，喷入一定量的碳粉，两者反应产生大量气体，形成泡沫渣。

（6）炉门吹氧可减少电能消耗。

2.6.2.2 炉壁供氧技术

炉壁供氧是为了消除电弧炉炉内冷区，保证炉料快速熔化；提高电弧炉的比功率输入，提升生产效率；利用炉壁模块化控制喷射纯氧，实现炉气二次燃烧。传统意义的炉壁氧枪喷吹纯氧，目前氧枪一般选择氧燃烧枪或集束氧枪。炉壁氧枪的分类与特点如表 2-11 所示。

表 2-11 炉壁氧枪的分类及特点

类型	伸缩式氧枪	固定式氧枪
优点	不使用时缩回，可受到保护；使用后易于检查	技术简单，使用方便；维修费用低；工作效率高
缺点	炉子环境使操作困难；维修费用高	堵塞危险大；停用时需不断吹入气体

2.6.2.3 EBT 供氧技术

现代电弧炉大多采用偏心炉底出钢（EBT）技术，不仅可以减少出钢过程的下渣量，还能缩短冶炼周期，减小出钢温降等。但同时也使得 EBT 区域成为电弧炉熔池的冷区之一，造成该区域废钢熔化速度慢，熔池成分与中心区域差别大等。为解决 EBT 冷区问题，可在偏心炉侧上方安装 EBT 氧枪，对该区域进行吹氧助熔。由于 EBT 区域的熔池较浅，EBT 氧枪的氧气射流的穿透深度在设计上不能超过 EBT 区域熔池深度的 2/3，同时应避开出钢口区域。

2.6.2.4 氧燃助熔技术

电弧炉氧燃助熔技术是利用燃料与氧气混合燃烧产生2000℃以上的高温火焰

作为电弧炉的辅助热源，增加炉内的供热强度，加速冷区废钢熔化，降低电能消耗，缩短冶炼周期的炼钢技术。氧燃助熔是电弧供热的理想补充方式之一，应根据电弧炉具体情况制定合理的供能制度，确定氧燃烧嘴供热与电弧加热的最佳配比。根据所用燃料不同，常见的氧燃烧嘴可分为煤氧烧嘴、油氧烧嘴和燃气烧嘴。氧燃烧嘴一般布置在电弧炉冷区的炉壁上，依靠烧嘴与电弧供电的合力匹配，实现废钢的均衡快速熔化。

2.6.2.5　聚合射流技术

电弧炉内吹氧的常用手段是采用传统超声速氧枪。由于喷吹距离短且衰减快，传统超声速氧枪具有氧气射流对熔池的冲击小，钢液易形成喷溅，炉内氧气有效利用率低等缺点。为克服传统超声速氧枪的不足，美国 Praxair 公司开发的聚合射流技术（Coherent Jet）在拉瓦尔管的周围增加燃气射流，使拉瓦尔管氧气射流被高温低密度介质所包围，能在较长距离内保持氧气射流的初始直径和速度，能向熔池提供较长距离的超声速聚合射流。聚合射流吹氧工艺的主要作用有：（1）切割炉料，防止废钢架桥；（2）直接吹入熔池，与熔池中的元素反应产生热量，加速废钢熔化；（3）进行熔池搅拌，使钢液温度均匀；（4）参与炉内可燃气体的二次燃烧；（5）与熔池中的碳反应，生成 CO 造泡沫渣，屏蔽电弧，减少热量损失，还能加快脱碳速度；（6）降低电耗，缩短冶炼时间。

2.6.3　电弧炉供氧喷吹技术对炉内流场及温度场的影响

2.6.3.1　氧气射流的速度分布

图 2-47[78]为典型模拟氧气射流在空气中的速度分布。随着轴向距离的增加，氧枪喷头的射流在喷孔轴线上的速度逐渐减小。该模拟方法能够定性反映氧枪的优劣。

图 2-47　氧气射流在空气中的速度分布
（扫书前二维码看彩图）

图 2-48[79]显示氧气射流冲击熔池使液面变形过程中射流速度分布。由图可知，射流可划分为速度核心区、过渡区、加速区、停滞区和射流区。喷出的流体

与周围介质之间具有很大的速度梯度，并在流体间进行动量交换，喷出的流体逐渐减速，周围介质被卷吸并向喷出方向加速，从而导致射流边界越来越宽。该模拟方法能直观地显示氧气射流对熔池的冲击，更好地反映实际生产中的情况。

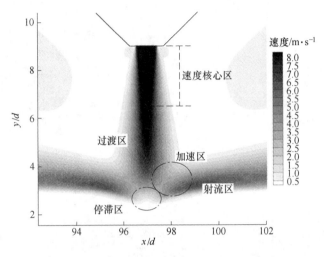

图 2-48 氧气射流冲击熔池的速度分布

(d 为射流直径，$d = 5$mm)

2.6.3.2 氧气射流对喷溅的影响

在电弧炉炼钢过程中，由于高速氧气射流冲击熔池表面，使金属液飞溅到炉壁上，造成炉壁磨损和耐火材料过早腐蚀，炉渣或钢黏附在喷枪上，导致喷枪使用寿命缩短。优化氧枪操作条件能减少飞溅，提高生产率，延长耗材的服役寿命。

Morshed Alam 等[80]通过水模拟实验研究了不同氧枪操作条件对钢液喷溅率的影响，研究结果表明，喷溅率随着喷枪角度和流量的增大而增大，随着喷枪高度增加先增加后减小，具体研究结果如图 2-49 所示。根据实验研究结果可知，在实际生产中，可通过将喷嘴靠近熔池表面放置并以穿透方式进行操作以此降低喷溅率。同时，应谨慎选择倾斜角度，因为角度变化转变冲击方式，导致喷溅率增加。

2.6.3.3 氧气射流对熔池流动的影响

氧枪将氧气从熔池上方喷射入电弧炉熔池中，在高温（1500~1600℃）冶炼条件下，常规手段难以检测分析电弧炉内多相流间的物理、化学现象，利用数值模拟和物理模拟手段研究氧气射流与炉内流体间的相互作用对改善电弧炉喷吹冶炼工艺有着十分积极的意义。

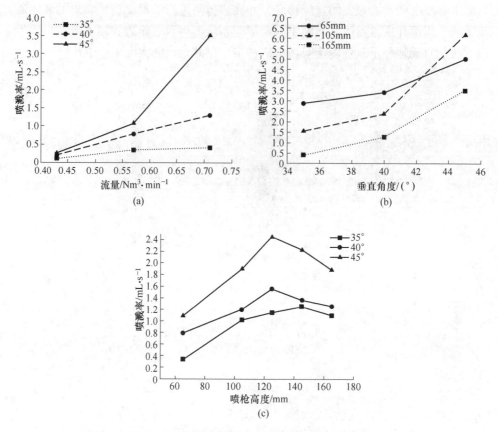

图 2-49　不同氧枪操作条件对钢液喷溅率的影响
（a）不同气体流量；（b）不同角度；（c）不同高度

A　氧气射流对熔池的搅拌机理

在实际电弧炉炼钢过程中，氧枪喷嘴出口与钢液熔池表面的距离控制在射流核心长度内，以保证氧气射流在到达钢液熔池时能保持较高的动能。氧气射流到达钢液面后将钢液推到一边形成空腔，同时将动量传递给熔池。通常，只有部分射流动量（约 6% 的总射流动量）可以被转移到熔池中，并进一步用于产生搅拌。这种直接产生的搅拌动量转移称为射流搅拌。另一个关键的搅拌机制是气泡搅拌。精炼过程中，脱碳反应会产生 CO 气泡，并与氧气气泡一起快速上浮，在熔池内由于气泡拖曳力而产生强大的搅拌动力。气泡搅拌在熔池成分的均匀化中起着关键作用。

图 2-50 为有无气泡搅拌对熔池流动状态的影响对比[79]。图 2-50（a）为仅考虑射流搅拌的情况。由图可知，氧气射流冲击钢液形成凹坑，传递到熔池的动量推动钢液向下流动，并在射流中心轴线两侧产生两个旋涡。此时，熔池内钢液

的体积平均速度约为 0.01425m/s；如图 2-50（b）所示，当考虑气泡搅拌时，射流凹坑附近出现高速区，并且涡流方向也发生显著变化。这主要是由于该区域剧烈的氧化反应产生大量气泡，气泡搅拌强度要大于射流搅拌强度。此外，钢液中气泡的搅拌也会产生较大的湍流，从而使钢液混合更均匀，在射流搅拌和气泡搅拌同时作用下，熔池内钢液的体积平均速度为 0.1485m/s，约为仅考虑到射流搅拌作用下钢液体积平均速度的 10 倍。由此可知，气泡搅拌极大地促进了熔池内钢液的均匀化，是电弧炉精炼阶段非常重要的搅拌动力来源。

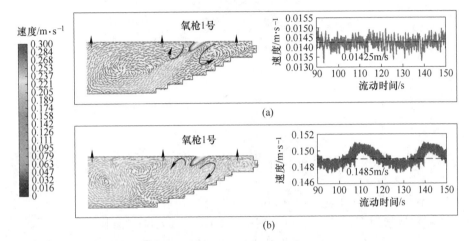

图 2-50　氧气射流作用下熔池流动状态对比

（a）仅考虑射流搅拌；（b）同时考虑射流搅拌和气泡搅拌

（扫书前二维码看彩图）

B　不同侧吹工艺对熔池搅拌效果的影响

电弧炉炼钢采用侧吹技术，通过电弧炉侧壁的氧枪（炉壁氧枪）向钢液中喷吹氧气，改善炉内反应动力学条件，强化熔池搅拌，促进废钢熔化，缩短冶炼周期，是强化电弧炉冶炼、提高生产节奏的最有效的手段之一。在实际生产中，不同侧吹工艺（氧枪角度、喷吹流量大小等）对熔池搅拌效果有所不同，为使搅拌效果最优化，有必要对侧吹工艺优化开展深入研究。

a　不同流量对熔池混匀时间的影响

基于几何相似和动力学相似等原则，以国内某 100t 偏心底连续加料电弧炉为原型，建立的 1∶4 连续加料电弧炉物理模型为例，在侧吹氧枪水平偏转角为55°，垂直偏转角为 35° 的条件下，不同喷吹流量（9.6m³/h、12.8m³/h、16.0m³/h）对混匀时间的影响规律如图 2-51 所示。在喷吹角相同的条件下，随着喷吹流量的增大，熔池流场混匀时间减少。其主要原因为随着氧枪喷吹流量的增大，喷吹射流的动能增大，熔池流体获得的动能随之增加，从而增大流体流速，提升搅拌效果，减小"死区"面积，缩短熔池混匀时间；然而喷吹流量过大，射流对熔池冲击强度过强，导致喷溅量增加。因此，实际工艺条件下，需选择合理的喷吹流量。

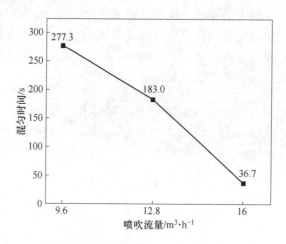

图 2-51　不同喷吹流量下的混匀时间

b　不同水平偏转角对熔池混匀时间的影响

在喷吹流量为 16.0m³/h，侧吹氧枪垂直偏转角为 35°的条件下，不同水平偏转角（45°、50°、55°、60°）对熔池混匀时间的影响规律如图 2-52 所示。水平偏转角从 45°增加到 55°的过程中，氧枪射流可使熔池流场表面形成漩涡，促进液面流动，可以有效消除熔池炉壁液面区域的"死区"，进而缩短熔池混匀时间。但当氧枪水平偏转角增加至 60°时，由于水平偏转角度过大，受炉型影响，氧枪射流动能被炉壁过多消耗，传递给熔池流体的动能减少，同时水平角过大会增大炉子中心区域的"死区"面积，导致熔池流场中心区域向炉壁区域的传热传质速率下降，反而延长了混匀时间。在实际生产工艺制定过程中，需要综合考虑炉型选择合适的水平偏转角，以达到最佳搅拌效果。

c　不同垂直偏转角对熔池混匀时间的影响

在喷吹流量为 16.0m³/h，侧吹氧枪水平偏转角为 55°的条件下，不同垂直偏转角（25°、35°、40°）对混匀时间的影响规律如图 2-53 所示。随着垂直偏转角度的增加，熔池流场混匀时间呈现先减少后增加的变化趋势，当垂直角度为 35°时，混匀时间最短。当氧枪垂直角为 25°时，混匀时间较长，这是因为氧枪垂直角较小时，氧枪射流与熔池液面夹角小，射流穿过液面上空的路径长，射流与空气摩擦，损耗动能，最终射流传递给流场流体的动能小，导致流体流速小，熔池搅拌效果下降。当氧枪垂直角由 35°增加至 40°时，混匀时间变长，主要原因为垂直角过大，导致熔池液面发生严重喷溅，喷溅消耗了大量由氧枪射流传递给熔池的

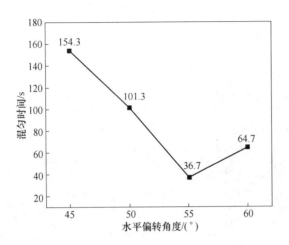

图 2-52 不同水平偏转角度下的混匀时间

动能，降低了氧枪对熔池混匀的效果。因此在实际生产工艺中氧枪垂直偏转角应合适选择，避免喷溅现象的发生。

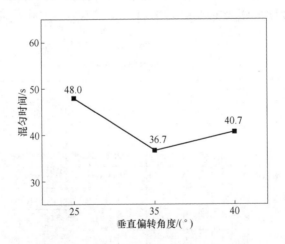

图 2-53 不同垂直偏转角度下的混匀时间

氧枪水平偏转角、垂直偏转角和流量对熔池混匀时间的正交实验结果如表 2-12 所示，使用 SPSS 对正交试验结果进行 K-S 检验，检验得出 $P = 0.131 > 0.05$，符合正态分布，可进行方差分析，结果如表 2-13 所示。方差分析结果中，如果某因素的显著性水平小于 0.01，表征该因素对实验结果有非常显著的影响；在 0.01 和 0.05 之间，对实验结果有较为显著的影响；显著性水平大于 0.05，对实验结果不具有显著的影响。

表 2-12　正交试验结果

因素	水平偏转角/(°)	垂直偏转角/(°)	流量/m³·h⁻¹	混匀时间/s
1	45	25	9.6	263.0
2	45	35	12.8	230.0
3	45	40	16.0	86.2
4	50	25	12.8	210.8
5	50	35	16.0	101.3
6	50	40	9.6	185.0
7	55	25	16.0	49.0
8	55	35	9.6	172.7
9	55	40	12.8	133.8

　　由表 2-13 可知，水平偏转角显著性水平为 0.025 且 F 值为 38.381，其对熔池流场混匀时间具有较为显著的影响；垂直偏转角显著性水平为 0.077 且 F 值为 12.004，其对熔池流场混匀时间具有一定但不显著的影响；喷吹流量显著性水平为 0.008 且 F 值为 131.901，其对熔池流场混匀时间具有非常显著的影响。最后可得出三个因素对熔池流场混匀时间影响强度大小为：喷吹流量>水平偏转角度>垂直偏转角度。

表 2-13　方差分析表

源	Ⅲ类平方和	自由度	均方	F	显著性
修正模型	40545.600ᵃ	6	6757.600	60.762	0.016
截距	227783.471	1	227783.471	2048.146	0.000
水平偏转角度	8536.962	2	4268.481	38.381	0.025
垂直偏转角度	2670.142	2	1335.071	12.004	0.077
喷吹流量	29338.496	2	14669.248	131.901	0.008
误差	222.429	2	111.214	—	—
总计	268551.500	9	—	—	—
修正后总计	40768.029	8	—	—	—

2.6.3.4　氧燃助熔技术对炉内流场及温度场的影响

　　Cemil Yigit 等[31] 利用 CFD 软件开发了电弧炉内考虑煤颗粒燃烧的煤粉喷射燃烧数值模型。图 2-54 显示了与氧燃枪相交平面处的速度分布，由图可知，由于旋流和高温燃烧效果影响，随着距氧燃枪喷嘴距离的增加，射流逐渐膨胀，射流速度逐渐降低，最终以约 75m/s 的速度到达熔池表面。氧燃枪 1、2 和 3 布置位置和温度分布如图 2-55 所示，由图可知射流温度分布在 2270~3200K 之间，氧燃枪喷嘴处高温射流沿着轴线距离的增加，温度逐渐降低至炉渣表面的 2200K；在水冷作用下，炉壁附近温度仅有 692K。此外，相比于传递到炉渣表面的热量，高温射流大部分热量通过辐射传递到炉壁和炉顶。该模型的开发能为电弧炉内烧嘴的设计和布置提供详细数据，为改善电弧炉内热效率提供指导。

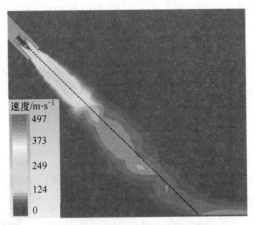

图 2-54　与氧燃枪相交的平面处的速度分布

（扫书前二维码看彩图）

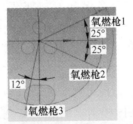

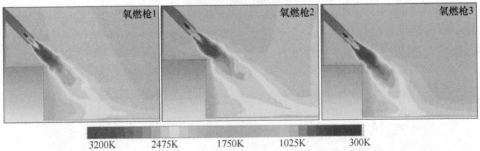

图 2-55　氧燃枪 1、2 和 3 布置位置以及与相交的平面处的温度分布

（扫书前二维码看彩图）

2.6.3.5 供氧喷吹系统综合作用下炉内多物理场全耦合分析

由于电弧炉内反应的复杂性，目前研究多集中在对某一特定工艺条件进行单独研究。然而实际过程中，电弧炉冶炼过程中多相反应与多场相互耦合，即炉内的动量、能量以及质量传输现象相互关联，各工艺参数相互作用互相影响。因此，开发电弧炉整体模型，综合考虑不同因素对炉内各场分布的影响显得尤为重要，目前此方面的研究相对较少。

Hans-Jürgen Odenthal 等人[81]以某台 120t 交流电弧炉和 140t 直流电弧炉为研究对象对电弧炉内进行多场全耦合分析，其中交流电弧炉配有 3 个 SIS 喷射器和 1 个炉门超声速氧枪，SIS 喷射器是一种燃烧器-喷射器组合系统，可以在燃烧器模式或喷射器模式下操作；直流电弧炉配备两根预热轴的竖式电弧炉，其同样配备 SIS 喷射器喷吹系统。图 2-56（a）显示了交流电弧炉内熔池和气体区域的瞬时速度分布。废气弯头处由于压力太高，导致炉气（此研究采用氧气）从渣门流出。氧气射流（蓝色等值表面）冲击熔池，排开并穿透泡沫渣（红色），进入钢液（黄色）。氧气射流的穿透深度为 0.1~0.2m，氧气射流加快了熔池表面运动，加速了熔体混合。图 2-56（b）显示喷射器的氧气射流对准电极之间，避免了喷射器下方熔体速度的增加，导致熔体飞溅到电极表面。熔渣层被氧气射流穿透并部分地挤出电弧区域，在这种情况下，泡沫渣不能完全屏蔽电弧，自由燃烧的电弧传热至炉壁，炉壁产生最高温度为 1580℃ 的热点，该热点集中在炉渣门的左侧和右侧，如图 2-56（c）所示。对于直流电弧炉而言，将废钢视为多孔介质，在考虑了废钢层内部传热的基础上，计算了废钢内气体速度和流量与废钢层孔隙度的函数关系，图 2-56（d）和（e）显示了直流电弧炉内速度场及温度场分布；与交流电弧炉类似，在直流电弧炉内氧气射流同样会排开并穿透炉渣到达钢液表面，穿透深度取决于 SIS 喷射器的安装高度，喷射器的氧气射流将熔体速度增加至 0.1m/s，加速了钢液流动，有利于钢液成分均匀分布。图 2-56（f）还显示了燃烧反应后炉内 CO_2 分布结果，由于炉渣门、炉顶缝隙等所夹带环境空气燃烧后会形成 CO_2，因此炉膛运行时应始终关闭渣门。

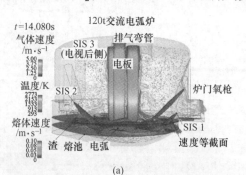

(a)

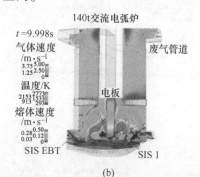

(b)

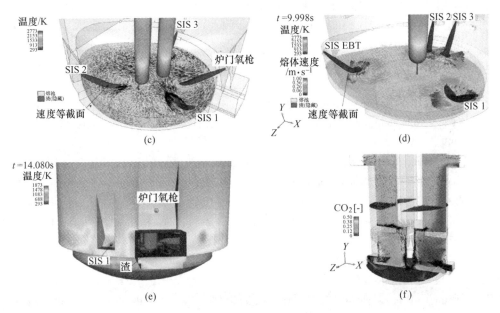

图 2-56　120t 交流电弧炉

（3 支氧燃枪 SIS，工作流量 $V=2500m^3/h$，工作压力 $p=1MPa$；一支炉门氧枪，

工作流量 $V=3000m^3/h$，工作压力 $p=10MPa$）和 140t 直流电弧炉（3 支氧燃枪 SIS，

一支 EBT 区氧燃枪 EBT 喷射器，工作流量 $V=3320m^3/h$，工作压力 $p=1.1MPa$）的瞬态分布

（a），（d）熔体区域和气体区域的速度和温度分布以及电极表面温度分布；

（b），（e）熔体表面温度和速度分布；（c）炉壁热点；（f）CO_2 浓度分布

（扫书前二维码看彩图）

参 考 文 献

［1］周应兵. 对磷在钢中作用的再认识［J］. 济南交通高等专科学校学报，1995，3（2）：59~60.

［2］沈峰满. 冶金物理化学［M］. 北京：高等教育出版社，2017.

［3］徐瑞萍，马金广，张红静. 钢铁中磷检测方法研究进展［J］. 科学中国人，2016，33（37）：44.

［4］黄希祜. 钢铁冶金原理［M］. 北京：冶金工业出版社，1981.

［5］王维，胡尚雨. 电弧炉炼钢脱磷的研究与实践［J］. 热加工工艺，2006，35（17）：31~33.

［6］亓福川，叶飞来，谷昊，等. 电炉快速脱磷工艺的研究［J］. 山东工业技术，2018，2（47）：55.

［7］潘珊涛. 电炉炼钢的脱磷过程研究［J］. 现代冶金，1995，23（2）：18~19.

［8］ 抚顺钢厂. 电炉炼钢喷粉脱磷工艺的试验研究 ［J］. 特殊钢, 1980, 1 （8）: 71~87.

［9］ Harada T, Tanaka H. Future steelmaking model by direct reduction technologies. ［J］. ISIJ International, 2011, 51 （8）: 1301~1307.

［10］ Kirschen M, Badr K, Pfeifer H. Influence of direct reduced iron on the energy balance of the electric arc furnace in steel industry ［J］. Energy, 2011, 36 （10）: 6146~6155.

［11］ Morales R, Conejo A, Rodriguez H. Process dynamics of electric arc furnace during direct reduced iron melting ［J］. Metallurgical and Materials Transactions B, 2002, 33 （2）: 187~199.

［12］ Dabaghian Y, Babichev A, Memoli F, et al. Robust spatial memory maps in flickering neuronal networks: a topological model ［C］∥APS March Meeting Abstracts, 2016.

［13］ Heo J H, Park J H. Effect of Direct Reduced Iron (DRI) on Dephosphorization of Molten Steel by Electric Arc Furnace Slag ［J］. Metallurgical and Materials Transactions B, 2018, 49 （6）: 3381~3389.

［14］ Wagner C. The concept of the basicity of slags ［J］. Metallurgical Transactions B, 1975, 6 （3）: 405.

［15］ Ostrovski O I, Utochkin Y I, Pavlov A V, et al. Phosphate Capacity of the CaO-CaF$_2$ System Containing Chromium Oxide ［J］. ISIJ International, 1994, 34 （10）: 849~851.

［16］ Katsuki J, Yashima Y, Yamauchi T, et al. Removal of P and Cr by Oxidation Refining of Fe-36%Ni Melt ［J］. ISIJ International, 1996, 36 （1）: 73~76.

［17］ Sekino K, Sano N. Phosphorus Distribution between MgO-saturated Na$_2$O-Fe$_t$O-SiO$_2$-P$_2$O$_5$ Melts or CaO-saturated Fe$_t$O-SiO$_2$-P$_2$O$_5$ Melts and Molten Iron ［J］. Tetsu-to-Hagane, 1987, 73 （8）: 988~995.

［18］ Im J, Morita K, Sano N. Phosphorus Distribution Ratios between CaO-SiO$_2$-Fe$_t$O Slags and Carbon-saturated Iron at 1573K ［J］. ISIJ International, 1996, 36 （5）: 517~521.

［19］ Nakamura S, Tsukihashi F, Sano N. Phosphorus Partition between CaO$_{satd}$.-BaO-SiO$_2$-Fe$_t$O Slags and Liquid Iron at 1873K ［J］. The Iron and Steel Institute of Japan, 1993, 33 （1）: 53~58.

［20］ Kobayashi Y, Yoshida N, Nagai K. Thermodynamics of Phosphorus in the MnO-SiO$_2$-Fe$_t$O System ［J］. ISIJ International, 2004, 44 （1）: 21~26.

［21］ 俞海明, 程杰. 70t 电炉脱碳方法的优化与分析 ［J］. 炼钢, 2004 （3）: 19~22.

［22］ F. 奥特斯. 钢冶金学 ［M］. 倪瑞明, 等译. 北京: 冶金工业出版社, 1997.

［23］ 阎立懿. 现代电炉炼钢工艺及装备 ［M］. 北京: 冶金工业出版社, 2011.

［24］ 姜周华, 阮小江, 李阳, 等. 兑铁水条件下 UHP 电弧炉脱碳数学模型 ［J］. 东北大学学报 （自然科学版）, 2009, 30 （3）: 388~391.

［25］ 何春来, 朱荣, 刘诚, 等. 基于多相流数值模拟的电弧炉脱碳速度研究 ［J］. 炼钢, 2011, 27 （2）: 41~44, 67.

［26］ Xi X, Yang S, Li J, et al. Physical model experiment and theoretical analysis of scrap melting process in electric arc furnace combined blowing system ［J］. Ironmaking & Steelmaking,

2019, 47 (4): 1~9.

[27] González O J P, Ramírez-Argáez M A, Conejo A N. Mathematical Modeling of the Melting Rate of Metallic Particles in the Electric Arc Furnace [J]. The Iron and Steel Institute of Japan, 2010, 50 (1): 9~16.

[28] 佩尔克. 氧气顶吹转炉炼钢 [M]. 北京: 冶金工业出版社, 1982.

[29] Deng S, Xu A, Yang G, et al. Analyses and Calculation of Steel Scrap Melting in a Multifunctional Hot Metal Ladle [J]. Steel Research International, 2019, 90 (3): 1~10.

[30] 杨文远, 吴鸿祚. 转炉炼钢利用废钢的研究 [C] // 中国废钢铁资源及其综合利用学术会议, 2014.

[31] Yigit C, Coskun G, Buyukkaya E, et al. CFD modeling of carbon combustion and electrode radiation in an electric arc furnace [J]. Applied Thermal Engineering, 2015, 90: 831~837.

[32] Fathi A, Saboohi Y, Skrjanc I, et al. Low Computational-complexity Model of EAF Arc-heat Distribution [J]. ISIJ International, 2015, 55 (7): 1353~1360.

[33] Gruber J C, Echterhof T, Pfeifer H. Investigation on the Influence of the Arc Region on Heat and Mass Transport in an EAF Freeboard using Numerical Modeling [J]. Steel Research International, 2016, 87 (1): 15~28.

[34] Sanchez J L G, Conejo A N, Ramirez-Argaez M A. Effect of Foamy Slag Height on Hot Spots Formation inside the Electric Arc Furnace Based on a Radiation Model [J]. ISIJ International, 2012, 52 (5): 804~813.

[35] Fathi A, Saboohi Y, Škrjanc I, et al. Comprehensive Electric Arc Furnace Model for Simulation Purposes and Model - Based Control [J]. Steel Research International, 2017, 88 (3): 1~22.

[36] Ramirez-Argaez M A, Conejo A N, López-Cornejo M S. Mathematical Modeling of the Melting Rate of Metallic Particles in the EAF under Multiphase Flow [J]. The Iron and Steel Institute of Japan, 2015, 55 (1): 117~125.

[37] Szekely J, Chuang Y K, Hlinka J W. The melting and dissolution of low-carbon steels in iron-carbon melts [J]. Metallurgical Transactions, 1972, 3 (11): 2825~2833.

[38] Li J, Provatas N. Kinetics of Scrap Melting in Liquid Steel: Multipiece Scrap Melting [J]. Metallurgical and Materials Transactions, 2008, 39B (2): 268~279.

[39] Arzpeyma N, Widlund O, Ersson M, et al. Mathematical Modeling of Scrap Melting in an EAF Using Electromagnetic Stirring [J]. The Iron and Steel Institute of Japan, 2013, 53 (1): 48~55.

[40] Guo D, Irons A G. AISTech: Iron and Steel Technology Conference [C] // Cleveland, USA, 2006: 425.

[41] Mandal K, Irons G A. A Study of Scrap Heating By Burners. Part I: Experiments [J]. Metallurgical and Materials Transactions B, 2013, 44 (1): 184~195.

[42] Mandal K, Irons G A. A Study of Scrap Heating by Burners. Part II: Numerical Modeling [J]. Metallurgical and Materials Transactions B, 2013, 44 (1): 196~209.

[43] Östman M. Melting-pre-study of models and mapping: physical modeling of scrap melting [J]. Lule Tekniska Universitet, 2006.

[44] Alexis J, Ramivez M, Trapaga G, et al. Modeling of a DC Electric Arc Furnace-Heat Transfer from the Arc [J]. ISIJ International, 2000, 40 (11): 1089~1907.

[45] 宋东亮, 曾昭生, 孟宪勇. 直流电弧炉炼钢技术 [M]. 北京: 冶金工业出版社, 1997.

[46] Sarrafi R. Surface treatment of metals by variable-polarity arc: Mechanisms and applications of cathodic processes in welding, cladding, and surface texturing [J]. Dissertations & Theses - Gradworks, 2009, 1 (1): 36~47.

[47] 过增元, 赵文华. 电弧和热等离子体 [M]. 北京: 科学出版社, 1986.

[48] Hsu K C, Etemadi K, Pfender E. Study of the free-burning high-intensity argon arc [J]. Journal of Applied Physics, 1983, 54 (3): 1293~1301.

[49] Bowman B. Measurements of plasma velocity distributions in free-burning DC arcs up to 2160A [J]. Journal of Physics D Applied Physics, 2002, 5 (8): 1422.

[50] Jian X, Wu C S. Numerical analysis of the coupled arc-weld pool-keyhole behaviors in stationary plasma arc welding [J]. International Journal of Heat and Mass Transfer, 2015, 84: 839~847.

[51] Li Y, Wang L, Wu C. A novel unified model of keyhole plasma arc welding [J]. International Journal of Heat and Mass Transfer, 2019, 133: 885~894.

[52] Pan J, Hu S, Yang L, et al. Simulation and analysis of heat transfer and fluid flow characteristics of variable polarity GTAW process based on a tungsten-arc-specimen coupled model [J]. International Journal of Heat and Mass Transfer, 2016, 96: 346~352.

[53] Amakawa T, Jenista J, Heberlein J, et al. Anode-boundary-layer behaviour in a transferred, high-intensity arc [J]. Journal of Physics D: Applied Physics, 1998, 31 (20): 2826.

[54] Han P, Chen X. Modeling of the supersonic argon plasma jet at low gas pressure environment [J]. Thin Solid Films, 2001, 390 (1~2): 181~185.

[55] Gonzalez J, Lago F, Freton P, et al. Numerical modelling of an electric arc and its interaction with the anode. part II. The three-dimensional model—influence of external forces on the arc column [J]. Journal of Physics D: Applied Physics, 2005, 38 (2): 306.

[56] Bini R, Monno M, Boulos M. Numerical and experimental study of transferred arcs in argon [J]. Journal of Physics D: Applied Physics, 2006, 39 (15): 3253.

[57] Wang F, Jin Z, Zhu Z. Numerical study of dc arc plasma and molten bath in dc electric arc furnace [J]. Ironmaking & Steelmaking, 2006, 33 (1): 39~44.

[58] Li H P, Pfender E. Three dimensional modeling of the plasma spray process [J]. Journal of Thermal Spray Technology, 2007, 16 (2): 245~260.

[59] Wang X, Fan D, Huang J, et al. A unified model of coupled arc plasma and weld pool for double electrodes TIG welding [J]. Journal of Physics D: Applied Physics, 2014, 47 (27): 275202.

[60] Wang X, Fan D, Huang J, et al. Numerical simulation of arc plasma and weld pool in double

electrodes tungsten inert gas welding [J]. International Journal of Heat and Mass Transfer, 2015, 85: 924~934.

[61] El-Hadj A A, Ait-Messaoudene N. Comparison between two turbulence models and analysis of the effect of the substrate movement on the flow field of a plasma jet [J]. Plasma chemistry and plasma processing, 2005, 25 (6): 699~722.

[62] Yu J, Jiang Z, Liu F, et al. Effects of metal droplets on electromagnetic field, fluid flow and temperature field in electroslag remelting process [J]. ISIJ International, 2017, 57 (7): 1205~1212.

[63] Liu F B, Yu J, Li H B, et al. Numerical Simulation of the Magneto-Hydrodynamic Two-Phase Flow and Heat Transfer during Electroslag Remelting Hollow Ingot Process [J]. Steel Research International, 2020, 91 (4): 1900628.

[64] Szekely J, Mckelliget J, Choudhary M. Heat Transfer Fluid Flow and Bath Circulation in Electric Arc Furnaces and DC Plasma Furnaces [J]. Ironmaking & Steelmaking, 1983, 10 (4): 169.

[65] Kurimoto H, Mondal H N, Morisue T. Analysis of Velocity and Temperature Fields of Molten Metal in DC Electric Arc Furnace [J]. Journal of Chemical Engineering of Japan, 1996, 29 (1): 75~81.

[66] Lee M D, Mckenzie W J. Bottom Refractory Performancein Consteel and Top Charged DC Furnaces [J]. Iron and Steel-maker, 1998, 25 (2): 47~52.

[67] Yao C L, Zhu H C, Jiang Z H, et al. Numerical Analysis of Fluid Flow and Heat Transfer by means of a Unified Model in Direct Current Electric Arc Furnace [J]. Steel Research International, 2021.

[68] Pfeifer H, Echterhof T, Voj L, et al. Control of nitrogen oxide emission at the electric arc furnace-CONOX [M]. Luxembourg: Publications Office of the European Union, 2012.

[69] Sanchez J L G, Conejo A N, Ramirez-Argaez M A. Effect of Foamy Slag Height on Hot Spots Formation inside the Electric Arc Furnace Based on a Radiation Model [J]. ISIJ International, 2012, 52 (5): 803~813.

[70] 马国宏, 朱荣, 刘润藻, 等. 电弧炉炼钢复合吹炼技术的研究及应用 [J]. 中国冶金, 2013, 23 (12): 12~15.

[71] 赵小浚. 国外电弧炉底吹技术的发展 [J]. 钢管, 1995, 5: 12~15.

[72] 何平, 张德铭, 邓开文, 等. 电弧炉底吹气体搅拌技术 [J]. 钢铁, 1992, 9: 65~70.

[73] 何平. 底吹电弧炉熔池内物理化学行为分析 [J]. 钢铁研究学报, 1995, 3: 16~21.

[74] 李连福, 姜茂发. 电弧炉底吹搅拌新技术 [J]. 炼钢, 1994, 3: 55~60.

[75] 吕明, 李航, 杨凌志, 等. EBT 区域底吹流量变化对电弧炉炼钢的影响 [J]. 钢铁, 2019, 54 (10): 38~44.

[76] 朱荣. 现代电弧炉炼钢用氧理论及技术 [M]. 北京: 冶金工业出版社, 2018.

[77] 唐家鹏. ANSYS FLUENT 16.0 超级学习手册 [M]. 北京: 人民邮电出版社, 2016.

[78] Chen Y, Silaen A K, Zhou C Q. 3D Integrated Modeling of Supersonic Coherent Jet Penetration

and Decarburization in EAF Refining Process [J]. Processes, 2020, 8 (6): 700.

[79] Muñoz-Esparza D, Buchlin J-M, Myrillas K, et al. Numerical investigation of impinging gas jets onto deformable liquid layers [J]. Applied Mathematical Modelling, 2012, 36 (6): 2687~2700.

[80] Alam M, Irons G, Brooks G, et al. Inclined Jetting and Splashing in Electric Arc Furnace Steelmaking [J]. ISIJ International, 2011, 51 (9): 1439~1447.

[81] Odenthal H J. An insight into steelmaking processes by Computational Fluid Dynamics [C] // XVIII International UIE-Congress -Electrotechnologies for Material Processing, 2017.

3 电弧炉废钢预处理和 预热与连续加料技术

电弧炉炼钢的主要原料之一是废钢，废钢的碳含量一般小于 2.0%，硫和磷的含量均小于 0.050%。作为一种再回收利用的固体废弃资源，废钢来源途径众多，工业生产中机械设备报废、生活中的废旧金属制品、冶金生产过程中的不合格产品等均可提供大量的废钢，这就导致废钢的种类繁多，且没有规则的形状及尺寸。另外，废钢作为再生资源，在回收、贮存、运输等过程中难免会受潮、混入杂质等，因此在电弧炉冶炼之前必须进行预处理，以保证电弧炉冶炼生产的安全性和钢液的质量。近些年来电弧炉炼钢过程废钢预热技术发展迅速，提高废钢入炉温度，加快炉内废钢熔化速度，缩短冶炼周期，降低生产能耗，将会给钢铁企业带来巨大的经济效益，废钢预热已经逐渐成为电弧炉炼钢流程必不可少的环节。本章内容主要介绍了电弧炉炼钢工艺过程中废钢分类、质量问题、预处理技术以及预热技术。

3.1 电弧炉熔炼用废钢分类

钢铁企业的电弧炉容量不同，导致其熔池深度、熔化室高度等存在差异，致使对入炉废钢的尺寸要求也不尽相同，例如，对于一些容量较小的电弧炉，如果熔炼用废钢的尺寸过大可能无法顺利加入或者在加入过程中损坏炉体。因此，对电弧炉熔炼用废钢进行分类很有必要。

基于来源，废钢主要分为钢厂自产废钢、加工废钢、折旧（老旧）废钢和进口废钢四大类。自产废钢是指钢厂在生产过程中产生的切头、切尾、切屑、边角料等，其回收率可达 100%。加工废钢和折旧废钢统称为社会废钢。其中，加工废钢主要为钢材下游制造商在钢材加工过程中产生的废钢，其成色较好、杂质少，回收容易且回收率较高；而折旧废钢是指汽车、建筑、机械等行业的钢铁产品达到报废年限后产生的废旧钢铁，是废钢资源的主要来源[1,2]。

国家标准 GB 4223—2004 按照外形尺寸及重量将废钢划分为 5 类：重型废钢、中型废钢、小型废钢、统料型废钢、轻料型废钢。每一大类废钢包含若干小类，形状划分为"块、条、板、型、破碎料、打包件"，具体的熔炼用废钢分类国家标准如表 3-1 所示。

表 3-1 熔炼用废钢分类[3]

型号	类别	代码	外形尺寸及重量要求	供应形状	典型举例
重型废钢	1类	201A	≤1000mm×400mm，厚度≥40mm，单重：40~1500kg，圆柱实心体直径≥80mm	块、条、板、型	报废的钢锭、钢坯、初轧坯、切头、切尾、铸钢件、钢轧辊、重型机械零件、切割结构件等
	2类	201B	≤1000mm×500mm，厚度≥25mm，单重：20~1500kg，圆柱实心体直径≥50mm	块、条、板、型	报废的钢锭、钢坯、初轧坯、切头、切尾、铸钢件、钢轧辊、重型机械零件、切割结构件、车轴、废旧工业设备等
	3类	201C	≤1500mm×800mm，厚度≥15mm，单重：5~1500kg，圆柱实心体直径≥30mm	块、条、板、型	报废的钢锭、钢坯、初轧坯、切头、切尾、铸钢件、钢轧辊、火车轴、钢轨、管材、重型机械零件、切割结构件、车轴、废旧工业设备等
中型废钢	1类	202A	≤1000mm×500mm，厚度≥10mm，单重：3~1000kg，圆柱实心体直径≥20mm	块、条、板、型	轧废的钢坯及钢材、车船板、机械废钢件、机械零部件、切割结构件、火车轴、钢轨、管材、废旧工业设备等
	2类	202B	≤1500mm×700mm，厚度≥6mm，单重：2~1200kg，圆柱实心体直径≥12mm	块、条、板、型	轧废的钢坯及钢材、车船板、机械废钢件、机械零部件、切割结构件、火车轴、钢轨、管材、废旧工业设备等

型号	类别	代码	外形尺寸及重量要求	供应形状	典型举例
小型废钢	1类	203 A	≤1000mm×500mm，厚度≥4mm，单重：0.5~1000kg，圆柱实心体直径≥8mm	块、条、板、型	机械废钢件、机械零部件、车船板、管材、废旧设备等
	2类	203 B	Ⅰ级：密度≥1100kg/m³ Ⅱ级：密度≥800kg/m³	破碎料	汽车破碎料等
统料型废钢	—	204	≤1000mm×800mm，厚度≥2mm，单重：≤800kg，圆柱实心体直径≥4mm	块、条、板、型	机械废钢件、机械零部件、车船板、废旧设备、管材、钢带、边角余料等
轻料型废钢	1类	205 A	≤1000mm×1000mm，厚度≤2mm，单重：≤100kg	块、条、板、型	各种机械废钢及混合废钢、管材、薄板、钢丝、边角余料、生产和生活废钢等
	2类	205 B	≤800mm×600mm×500mm Ⅰ级：密度≥1100kg/m³ Ⅱ级：密度≥800kg/m³ Ⅲ级：密度≥1200kg/m³	打包件	各种机械废钢及混合废钢、薄板、边角余料、钢丝、钢屑、生产和生活废钢等

　　按照上述国家标准进行分类的各类型废钢尺寸的正偏差范围不能大于10%，废钢单件外形尺寸不能大于1500mm，单件的重量不能超过1500kg。另外，对于表面有锈蚀的废钢，附着的铁锈厚度不能超过单件厚度的10%。通过对熔炼用废钢进行分类一定程度上解决了废钢种类繁多的问题，规范了电弧炉的废钢原料市场，避免了直接将各类废钢杂乱混合在一起出售给钢铁企业的问题，减轻了炼钢厂对废钢原料分类处理的负担，一定程度上也提高了电弧炉生产的安全性。

3.2 废钢存在的质量问题

　　废钢作为电弧炉生产流程的重要原料之一，对于冶炼生产的顺行和钢液的质量至关重要，优质的废钢原料可以保证冶炼顺行，降低生产能耗，提升钢液洁净度。实际中废钢的来源广泛，种类繁多，组分复杂，储存方式多为露天粗犷堆放，在回收、加工、储存、运输过程中难免会出现混入大量杂质、受潮生锈、油污污染等问题。因此，电弧炉熔炼用废钢通常存在质量问题[4,5]，主要包括非金属杂质、各类残余元素、放射性元素、密闭金属容器和危险品，以及废钢的尺寸和重量等问题。

（1）非金属杂质。钢铁材料报废前的服役环境复杂多样，会受到不同程度的污染，一些废钢产品，如各类发动机壳体、机械零部件中的轴承和齿轮、油箱外壳等，由于其服役环境的特点，其表面通常附着有机油、润滑脂、油污等污染物，同时在运送和贮存过程中环境中的泥沙、塑料等杂质会混入其中。这些杂质一旦进入电弧炉内会增加钢液中磷、硫和氢等非金属杂质元素含量，为了去除这些杂质元素，势必会消耗大量的熔渣以及热量，增加冶炼成本。据文献报道，每减少入炉废钢内 1% 的非金属杂质，电弧炉吨钢石灰用量可减少 10~20kg，吨钢电能消耗可降低 5~10kW·h，冶炼时间可缩短 3~5min[6]。对于废钢中混入的泥沙、灰尘等杂质通过清水冲洗即可，在废钢预处理中湿式分选系统的喷水清洗也具有此功能。但是对于不溶于水的机油、油污等，需要通过使用化学溶剂或表面活性剂进行去除，或者通过预热升温使其燃烧分解。

（2）废钢中的残余元素。除了非金属杂质元素外，国家标准 GB/T 4223—2004 规定非合金废钢中残余元素镍的质量分数应小于 0.30%，铬的质量分数应小于 0.30%，铜的质量分数应小于 0.30%，其他残余元素（硅、锰除外）总含量的质量分数应小于 0.60%[3]。此类合金元素主要来自报废前钢铁材料的原始成分，例如，一些材料由于性能要求在生产过程中会加入有色金属涂层、镀层等，其中含有铜、铅、锡、锌等合金元素[4]。这些元素难以在电弧炉冶炼过程中去除，进入钢液中影响最终的产品质量，部分元素甚至会对炉衬造成损坏，缩短炉衬使用寿命，因此必须尽量减少电弧炉入炉废钢中的残余元素含量。

（3）废钢中的放射性元素。熔炼用废钢中可能会存在一些放射性元素，这是非常严重的污染问题。由于工业、医学、农业等领域可能会使用一些放射源，这些放射源或者相关受污染的钢铁材料在使用、报废处理过程中出现丢失、被盗等问题时很有可能混入废钢市场[7]，如果这类废钢经过冶炼加工制成产品后进入钢铁市场，将对社会产生巨大危害，因此必须严格监测废钢中是否存在放射性元素。早些年，国内外出现过废钢中混入放射性元素的事故，我国曾经在进口的废钢中检测到放射源[7]，处理这类重大事故需要耗费巨大的人力物力，并且存在巨大的风险。

（4）废钢中的密闭金属容器及危险品。熔炼用废钢中如果混入了密闭金属容器以及易燃易爆物品，将会存在巨大的安全隐患：易燃易爆品进入炉内将会被引爆；而对于密闭金属容器，由于电弧炉内温度很高，密闭容器内的气体受热会急剧膨胀，如果密闭容器中存在水等液体，则其体积将会膨胀至上千倍，进而发生破裂爆炸，容易引起严重的人员伤亡及财产损失。另外，还有一些密闭容器中可能残留易燃易爆液体，在火焰切割、废钢预热过程中存在爆炸、喷溅的危险[4]。混入易燃易爆物品的废钢在运输、储存过程中遇到高温、明火、剧烈撞击等均有可能发生爆炸，后果同样不堪设想。因此，要从废钢源头去除密闭容器及易燃易爆物品，同时冶金企业在对废钢进行预处理之前要再次进行确认，避免运输、储存过程中再次混入此类危险品，确保生产安全进行[4,5]。

（5）废钢的尺寸及重量。关于废钢尺寸及重量问题，虽然国家标准对熔炼用废钢的种类进行了明确的分类，但是由于废钢的结构不规则性、电弧炉尺寸大小的差异、不同电弧炉的熔炼能力不相同等，钢铁企业需结合电弧炉实际情况对废钢尺寸及重量做进一步处理。如果入炉废钢尺寸过大，加料时废钢棱角极易碰撞炉壁，损坏炉衬结构，同时也增加了电极损伤的危险。除此之外，废钢尺寸过大可能会超出电弧炉的冶炼能力，导致在冶炼终点时废钢无法完全熔化。如果入炉废钢重量过大，加大了对炉壁的冲击力，严重影响炉衬的使用寿命[5]。因此，在严格按照国家标准对熔炼用废钢进行分类的前提下，钢铁企业仍需通过火焰切割等手段对入炉前废钢原料进行处理，减小其平均尺寸和重量，确保生产的顺行。

3.3　废钢预处理技术

由于电弧炉熔炼用废钢存在各种质量问题，为杜绝废钢可能带来的安全隐患，保证电弧炉冶炼的顺行和钢液质量，必须对废钢进行预处理。废钢预处理技术主要有废钢分选、废钢切割、废钢打包、废钢放射性元素检测、废钢中有色金属元素去除等。

3.3.1　废钢分选技术

3.3.1.1　人工分选技术

最直接的废钢分选方式是通过人工视觉辨别来识别废钢中的非金属制品和危险品，比如废钢中的密闭金属容器、塑料制品、易爆品等均可以通过人工筛选的方式去除。通常塑料制品与金属制品外形差距巨大，容易识别；密闭金属容器报废之前通常用以存储各种气体、液体等，其外形多为圆锥体、球体、圆柱体等，同时这类容器通常会根据用途不同在外表面涂上不同醒目的颜色，比如灭火器为红色、普通气体瓶为天蓝色、航空用气体瓶为黑色等，人工很容易对它们进行辨别[8]。采用人工分选的方式可以去除废钢中比较明显的禁止入炉制品，但是对于一些尺寸小、在杂乱的废钢料层中隐蔽性强的危险品可能无法识别出，同时还存在着劳动强度大、工作效率低、工作环境恶劣的问题，因此不适合于生产规模大、废钢原料庞大的冶金企业。

3.3.1.2　破碎机分选技术

由于人工分选能力的局限性，对于大批量的废钢原料通常采用机械方式进行分选，最常见的废钢分选机械设备是废钢破碎机。废钢破碎机的工作原理是通过高速大扭矩电机的驱动力作用，带动主机转子上的锤头轮流击打进入容腔内的待破碎废钢，借助衬板与锤头之间形成的空间，将待破碎废钢撕裂成一定尺寸规格的破碎物[9]。废钢破碎后进一步分选。分选方式按照工作状况可分为干式分选系统、湿式分选系统和半湿式分选系统。干式分选系统主要通过空气回旋分离系统将破碎后废钢中的金属和非金属分离开；湿式分选系统在破碎废钢的同时会喷淋大量水，同时在分拣废钢时继续喷淋水进行清洗；半湿式分选系统介于上述两种设备之间，仅在废钢破碎时少量喷淋水，起到抑制扬尘的作用，不对废钢进行清洗。采用机械破碎分选的方法分离废钢中金属和非金属时，随着大尺寸废钢的破裂，还可以清除或者部分清除废钢表面存在的油漆和各类金属涂层、镀层等[10]。

3.3.1.3　磁选技术

根据废钢原料中金属与非金属成分磁性的不同，还可以采用磁选的方法对废钢进行分选。废钢磁选的原理是利用其中固体废物中各物质的磁性差异，借助外部磁场通过磁力对各类物质进行分选的一种处理方法[29]，该方法是分选废钢中铁基金属最有效的方法之一。将破碎后的废钢运送至磁选机后，导磁性金属材料在外部磁场的作用下会受到巨大的吸引力作用，而非磁性成分几乎不受磁场的作用影响，从而实现两者分离。在废钢磁选设备中，上吸式废钢专用磁选机通过进行定距传递、定向消磁以及集磁分选技术对废钢进行回收，能够有效解决常规设备在回收表面尖锐的破碎废钢时对卸铁皮带造成损坏的问题[11]，从而保证设备平稳运行，减少维护成本，提高废钢处理效率。

将废钢按种类进行严格的分选，是探索电弧炉最佳料型结构搭配、实现低成本配料的关键。抚顺某钢厂首先将废钢严格按照重型、中型、小型等类别进行分类管理，解决了废钢置场的粗放堆放问题，消除了各种料型相互掺杂现象，如图3-1所示。然后使用成本预测模型分析"料型结构对钢铁料成本的影响"，生铁与废钢差价过大，降低生铁使用量可降低电弧炉配料成本。固定每炉配入13t 生铁后，将废钢因子拆分为重型（当期为重废 4、粉碎料 1、粉碎料 2）、中型（当期为剪切中废1、中废1、粉碎料4）双因子，效仿生铁输入成本预测模型，获得各废钢料型最优的使用量，最终达到指导电弧炉实际配料的目的。废钢分选后，进一步对料型结构进行优化，使用堆比重良好的重型废钢代替生铁，同时做到重型、中型、粉碎料等废钢料型的合理搭配，解决了生铁配入量逐渐减少，乃至无生铁配入影响生产效率的问题。有效降低了配料成本，助力电弧炉朝着全废钢绿色化生产的方向发展。

改善前　　　　　　　　　　　　　　　　　　改善后

图 3-1　废钢分类管理

3.3.2　废钢切割技术

部分熔炼用废钢在入炉前通常要进行切割处理，以满足电弧炉对入炉废钢的尺寸要求。通常，对于直径小于 5mm 的棒线材类废钢和厚度 3~5mm 的板材类废钢直接可以通过破碎机进行分选处理[12]，但是对于厚废钢、型钢、条钢等通常使用剪切机进行加工处理，而特厚、特长的大型废钢，需要使用火焰切割器加工成合格的尺寸。

3.3.2.1　废钢剪切技术

废钢剪切机加工处理效率高，工作过程中废钢金属元素损耗少，并且环境污染小，经剪切后的废钢可以用于制作打包料或者直接入炉冶炼[13]。常见的废钢剪切机种类主要有鳄鱼式剪切机和龙门剪切机两种：

（1）鳄鱼式废钢剪切机。鳄鱼式剪切机（如图3-2所示）传动方式为液压驱动，与机械传动方式相比液压设备体积小，整体重量轻，工作过程中噪声污染小，同时还具有剪切断面大，刀口调整操作灵活、方便，检修维护简单的特点[14]。在使用安全性方面，鳄鱼式剪切机操作过程易于实现过载保护，有助于保护操作人员安全。

图 3-2　鳄鱼式废钢剪切机

（2）龙门剪切机。龙门剪切机（如图 3-3 所示）同样使用液压传动，它与鳄鱼式剪切机相比，主要区别在于剪切能力方面：龙门废钢剪切机的剪切力一般在 500t 以上，而鳄鱼式剪切机的剪切力一般在 350t 以下。因此龙门剪切机更适合于剪切大型废钢，并且具有比较高的工作效率[14]。

图 3-3　龙门废钢剪切机

3.3.2.2　废钢火焰切割技术

废钢火焰切割的原理是利用氧气与可燃气体燃烧时产生的高温火焰将废钢加热至燃点，之后依靠不断输送的高速切割氧流使已达熔点的废钢继续燃烧，进而形成切口，实现废钢切割。废钢火焰切割中可燃气体的选择至关重要，需满足以下要求[15]：高火焰温度、大发热量、燃烧速度快、不与废钢中熔融金属元素发生化学反应。最常见的废钢火焰切割用燃气为乙炔，其他燃气还有丙烷、天然气等。废钢火焰切割过程中存在的主要问题是会产生大量的烟尘，其主要成分为 Fe_2O_3、FeO_2、MnO_2 和 SiO_2 等[16]，直接排放将造成环境危害，因此废钢火焰切割过程通常配备有除尘装置。常见的废钢切割烟气捕集系统有[17]：

（1）台车式烟气捕集系统。台车式烟气捕集系统内烟气上升速度约0.52m/s，烟管风速约18.5m/s，单独一套系统工作时提供的风量为 $4.5 \times 10^4 m^3/h$。工作过程中，通过台车移动切换切割工位，确保废钢切割始终在台车内进行，从而实现对烟尘的收集处理。

（2）侧吸式 L 型烟气捕集系统。侧吸式 L 型烟气捕集系统主要应用于在露天的废钢堆积场内进行火焰切割作业，通过 L 型移动罩在两个切割工位之间往复移动，实现连续废钢切割工作。侧吸式 L 型捕集系统的烟气截面流速约 0.5m/s，烟管风速约 22m/s，每组系统风量约为 $4.3 \times 10^4 m^3/h$。

（3）顶吸式 L 型烟气捕集系统。与侧吸式 L 型烟气捕集系统类似，顶吸式 L 型移动罩同样通过在切割工位间往复移动，实现连续切割作业。顶吸式系统内烟气截面流速按约 0.5m/s，烟管风速约 22m/s，每组工位系统的风量约为 5.1×10^4 m^3/h。

3.3.2.3 废钢水能切割技术

除了火焰切割技术，还可利用水能对废钢进行切割[18]。水能切割技术的原理是通过增压口或高压泵将机械能转换为压力能，当具有巨大压力能的水通过小孔喷嘴时将压力能转换为动能，形成高速射流，为达到切割作用，一般会在水中掺入碳化硅、石英砂、金刚砂和石榴石等磨料，最终喷嘴喷出高速的磨料水射流，通过冲击、剪切、破碎、气蚀作用来切割废钢。

3.3.3 废钢打包技术

对于一些散碎性废钢，堆积时由于其结构的松散性使得废钢之间形成非常多的孔隙，导致料堆占用了大量的空间。同时，这类废钢孔隙度较大，导致料篮单次装填的废钢质量减少，增加了装料次数，延长了装料时间[19]，降低了生产效率。多次装料也意味着频繁打开炉盖，大量烟尘逸出的同时增加了电弧炉内的热量损失，因此，需要对散碎性废钢需进行打包处理。废钢打包技术是使用专门的压力机经过多道压缩将松散的废钢料（钢切屑、刨花料、钢带等）压制成体积密度在 $1.4 \sim 3.2t/m^3$ 范围内的长方形包块。经打包后的废钢包块占地面积小，且形状相对规则，方便贮存、运输以及冶炼加料。常见的废钢打包机按照其结构的特点主要可以分为两种[20,21]：

（1）二向挤压式（合盖式）打包机。二向挤压式（合盖式）打包机的结构简单，设备投资少，适合于处理小批量的废钢料堆[20]。例如国产的 Y81-600A 型废钢打包机，采用液压驱动，打包后的废钢包块密度小于等于 $2.5t/m^3$，每小时生产能力 24~30 包，能处理最大的废钢厚度为 6mm，单台设备重量约 99t[21]。

（2）三向挤压式打包机。三向挤压式打包机的自动化程度高，有效地提高了处理废钢的生产效率。三向挤压对于废钢的作用力大，使废钢更加紧密，打包后的废钢包块密度大[20]，可以将钢屑、钢花等松散废钢材料挤压成密度 2.5~3.2kg/cm³ 的打包块。例如国产的 Y81-1000A 型废钢打包机，采用液压驱动，每小时生产能力 35~40 包，能处理的最大废钢厚度为 8mm，单台设备重量约 256t[21]。

美国早在 1850 年研制出颚式打包机，成为世界上第一个生产出废钢打包机的国家。我国的废钢打包机设备及技术起步较晚，直到 20 世纪 80 年代才开始液压金属打包机的研制工作[23]。经过多年的发展，我国也形成了一些先进成熟的废钢打包设备，如国产 Y81 系列废钢打包液压机，广泛应用于国内冶金企业。目前世界先进的废钢打包机集合光、机、电、液和磁等技术，具有生产效率高、设备能耗低、自动化水平高、安全性能好等优点，在保证设备平稳运行的同时，使用寿命也大幅度提高[22]。

3.3.4　废钢放射性元素检测技术

放射性元素对于人体和环境的危害巨大，无论是苏联时期的切尔诺贝利核电站事故，还是 21 世纪的日本福岛第一核电站事故，对于事故地生态环境的破坏都是永久性的。环境中如果存在放射源，会对人的整个机体产生危害，造成中枢神经系统、神经-内分泌系统、血液系统等损害，人体长期暴露在放射性环境中淋巴细胞染色体会发生变异，增加白血病和各种癌症的发病率。废钢作为钢铁生产的原料，如果混入放射性元素最终将会进入到钢铁材料中流入市场，后果极其严重，因此必须高度重视电弧炉熔炼用废钢的放射性元素检测问题。废钢中放射性元素检测原理为[23]：放射性元素由于不稳定性发生衰变发射出 α 射线、β 射线和 γ 射线，其中 α、β 射线的电离能力较强而穿透物质的能力较弱，极易被废钢中各组成部分屏蔽，而 γ 射线的电离能力较弱而穿透物质能力较强，因此当废钢中带有放射性元素时，可以通过检测 γ 射线予以发现。

手持式 γ 辐射仪便于携带，投资成本低，但是测量的精准程度较低，并且需要检测人员与放射性不确定的废钢原料近距离接触，存在一定的安全风险[24]，对于废钢需求量巨大的钢铁企业来说，这种设备难以满足检测要求。通常废钢运输过程采用汽车或火车等交通工具，可以采用通道式车辆放射性监测系统对其进行检测[25]。国内外通道式放射性监测设备有很多[26]，例如美国热电（Thermo Electron Corporation）公司的 SGS Ⅱ-6000G 型通道式核辐射监测系统、法国 GMP 集团 RADOS 的 RTM-910 通道式监测系统、美国 LUDLUM 的 4525 系列通道式车辆监测系统、国产同方威视开发的 RM2000 车辆放射性物质监测系统等。这些设备广泛应用于港口、边境口岸、机场、钢铁企业等，并且监测效果良好，有效防止了钢铁放射性污染事故的发生。

由于金属材料自身是一种非常好的辐射屏蔽体，一些情况下会屏蔽放射源使其具有极强的隐蔽性，混杂在天然本底辐射中，对监测仪器造成干扰难以区分[27]。另外，通道式车辆放射性监测系统的原理是通过测量车辆的辐射水平变化来发现放射源，但是车辆对环境本底的掩蔽会使监测设备周围环境本底水平降低，而车辆离开后掩蔽作用消失，环境本底回归到正常水平，易引起监测系统误报。为解决上述问题，需要在废钢放射性监测设备中引入天然本底甄别技术，例如美国热电公司的 SGS Ⅱ 型通道式辐射监测系统应用天然本底甄别专利技术（NBR），可以进行天然放射性和人工放射性的自动识别，进而快速准确检测人工 γ 辐射[28]。NBR 技术对于探测混在废钢中被高度屏蔽的放射源效果显著，误报率极低，极大提高了监测设备的灵敏度。

3.3.5　废钢中有色金属去除技术

废钢中的有色金属元素对于电弧炉冶炼能耗以及最终产品的质量影响巨大，废钢中常见的有色金属元素主要有铜、锡、锌等，去除这类合金元素的方法有许多，包括物理方法、化学方法等。

3.3.5.1　废钢中铜元素的去除

A　磁选及涡电流分选技术

铜属于非磁性金属，因此在废钢分选工艺中，经破碎机处理后的废钢可以通过磁选的方法将其中的铜等非磁性元素初步分离出来，之后借助涡电流对金属元素进行进一步的区分。涡电流法的原理是：当金属颗粒运动通过 N 极和 S 极交界时，金属内部会形成涡电流，在感应电流与磁场的相互作用下，对金属颗粒产生作用力[28]。该作用力的大小与金属颗粒的密度相关，由于不同金属元素的密度不同，导致所受的作用力大小也存在差异，从而可以将它们分选出来。磁选及涡电流分选技术能将废钢中的铜含量降低到 0.1%，但是很难降低至 0.05% 以下。

B　硫化物反应法

硫化物反应法去除废钢中铜元素的原理是硫化物（冰铜）与铜在高于 600℃ 的条件下会发生如下反应[28,29]：

$$FeS(l) + 2Cu(s) = Cu_2S(l) + Fe(s) \qquad (3-1)$$

根据上述反应式，可以借助冶金渣中的 FeS 去除废钢外部或者以非化学形式结合在废钢上的铜。另外，可通过使用气体或机械搅拌的方式来改善化学反应动力学条件，提高脱铜速率。硫化物反应法去除铜元素的反应产物 Cu_2S 难以循环利用。

C 熔铝法

在 1000K 或者更高温度条件下，铜元素在液态铝中具有较大的溶解度，同时在 700~750℃ 温度范围内[28]，铁元素在液态铝中溶解度很低，因此可以使用熔融态的铝去除废钢中的铜元素。熔铝法与硫化物反应法相比，其优势是对于反应产物的处理方面，熔铝法的反应产物为 Al-Cu 合金[30]（Al 40%，Cu 60%），可以在炼钢过程中实现铜元素的回收，合金中的铝元素可以通过熔渣去除。

D 氯化法

最早的氯化法利用空气-氯化氢混合气体在 900~1173K 温度范围内与铜元素发生反应生成氯化铜，从而去除废钢中的金属铜[28]，这种方法的主要缺点是废钢中的铁元素会被氧化。随着反应温度升高，铜元素的去除率提高的同时，废钢中铁元素的氧化量也随之增加。为了防止反应过程中铁元素的烧损量过大，最佳的反应温度为 1073K，在该温度条件下废钢表面可以形成致密的氧化铁薄膜，从而保护内部的铁元素不会过度损失。另外，需要注意氯化氢气体溶于水后形成的氯化氢水溶液具有腐蚀性，因此在选择反应器时必须确保其耐腐蚀性[29]。基于氯化法，提出了"空气-氯气法""氧气-氯气法"等，其中空气-氯气作为氯化剂时反应温度在 850~1100K 范围内，初始氯气分压为 0.01~0.02MPa，铜元素首先与氧气反应生成 CuO，再进一步发生氯化反应生成液态 CuCl。在高温条件下液态 CuCl 在氧气作为催化剂的作用下蒸发生成 Cu_3Cl_3 气体[29]，最后通过对尾气进行回收处理实现去除废钢中铜元素的目的。

E 其他去除铜的方法

还有一些其他的废钢除铜方法，比如利用铜元素的蒸气压比铁元素高的原理，将废钢加热至液相线之上 80~100℃ 处理 30min 可以去除废钢中 80% 的铜，但是这种方法的成本较高，且对真空度的要求很高[31]，不适合于钢铁企业对于大批量废钢的处理。还有人工智能分选法，利用摄像机拍摄废钢图片，计算机对图像进行色彩分析，依靠颜色分辨含铜成分，再通过机械装置将其挑选出来[28]，这种方法的工作效率低、精准度差，并且只能去除特征十分明显的含铜物质。

3.3.5.2 废钢中锡元素的去除

A 电解法

电解法将废钢原料作为阳极，铁板作为阴极，使用 NaOH、Na_2SnO_3、Na_2CO_3 的水溶液作为碱性电解液，组成一个电解池系统。在电解池通入直流电后，阳极上废钢中的锡元素发生溶解生成 Na_2SnO_2 和 Na_2SnO_3，其中 SnO_2^{2-} 和 SnO_3^{2-} 离子不稳定，进一步发生水解反应生成 $HSnO_2^-$ 和 $Sn(OH)_6^{2-}$，反应产物阳极泥中锡的含量约 20%[28]，可以用还原法等处理阳极泥进行锡元素的回收。考虑到电解过程中出现的阳极钝化问题，实际生产中的电解液成分为：5%~6%游离 NaOH，1.5%~2.5% Na_2SnO_3 和小于 2.5%的 Na_2CO_3，总碱度 10%，电流密度 100~130A/m²。

B　浸出法

浸出法采用加热后的 NaOH 溶液与废钢反应[31]，废钢中的锡元素会生成 Na_2SnO_3 溶液从而去除，化学反应方程式为[28]：

$$Sn + 2NaOH + H_2O = Na_2SnO_3 + 2H_2 \tag{3-2}$$

这种方法的优点是设备简单、投资少，可以处理不同类型的废钢，缺点是化学反应过程需要大量 NaOH 溶液，同时需要加热溶液而消耗大量的燃料来保证反应进行充分。

C　氯化法

锡元素可与氯气反应生成 $SnCl_4$，其沸点很低只有 113℃，并且在常温条件下具有较大的蒸气压，易于从废钢中分离出来，化学反应方程如下所示[28]：

$$Sn + 2Cl_2 = SnCl_4 \tag{3-3}$$

反应生成物 $SnCl_4$ 可以通过蒸馏净化后制作药剂，也可以通过置换法或不溶阳极电解法提取出金属锡单质。采用氯化法处理废钢之前，要去除废钢中的水分、有机物等，避免与氯气发生反应。氯化法存在的主要问题是化学反应过程中会释放出大量的热量使环境升温，当温度大于 40℃时会促进铁元素与氯气发生反应，造成废钢中铁元素的烧损[29]。

3.3.5.3　废钢中锌元素的去除

A　机械去除法

机械去除法的原理是在 650℃温度条件下，锌元素与铁元素会形成脆性的相间化合物，可通过喷丸技术将其分离。将废钢在 750℃温度条件下烘烤后喷丸处理 5min 可以除去 87%的锌[30]；在此温度条件下，锌元素从易变形的 $FeZn_7$ 相转变为 Fe_3Zn_{10} 相，少量锌元素被氧化为 ZnO。当温度达到 900℃以上时，锌元素将会被全部氧化为 ZnO，因此喷丸法适宜的温度范围为 700~750℃[32,33]。

B　电化学法

废钢中锌元素的电化学去除方法主要分为两步：第一步将废钢置于 NaOH 水溶液中进行通电处理，锌元素会溶解到 NaOH 溶液中以锌酸钠（$Na_2Zn(OH)_4$）的形式存在[31]。第二步对上述溶液再次进行电解，将镀锌钢板作为电解阳极，NaOH 溶水液的浓度控制在 20%~32%之间，反应温度控制在 70~90℃，采用大电流低电压操作，最终会在阴极上析出金属锌单质[30]。另外，研究发现可以向电解液中加入 $NaNO_3$ 来增强 NaOH 水溶液去除废钢中锌元素的能力。

C　蒸气压法

由于锌元素具有较高的蒸气压[33]，理论上废钢在电弧炉内冶炼熔化过程中以炉气的形式去除[34]。但是钢液中含有锌元素会影响炉衬寿命，恶化冶炼环境，并且难以实现对锌元素的回收利用，所以蒸气压法在实际生产中并没有得到很好的应用与推广，相比之下，其他几种废钢入炉前锌元素去除技术优势更加明显。

3.3.5.4　废钢中其他有色金属元素的去除

除了上述的铜、锡和锌元素之外，一些废钢中还可能含有一些不常见的有色金属元素，例如锑元素和铋元素。对于废钢中的锑元素，可以在废钢熔化后的钢液中喷入苏打粉予以去除，化学反应方程式为[31]：

$$2[Sb] + 5[O] + Na_2CO_3 \rule[0.5ex]{2em}{0.4pt} Na_2OSb_2O_5 + CO_2(g) \tag{3-4}$$

研究表明钢液中喷入苏打粉 30min 后，钢液中锑元素的浓度可以从 0.1% 降低至 0.01%。另外，还可以采用钙还原的方法去除废钢中的锑元素和铋元素，化学反应方程式为[28]：

$$2Sb + 3Ca \rule[0.5ex]{2em}{0.4pt} Ca_3Sb_2(或者 2Sb + 3CaO \rule[0.5ex]{2em}{0.4pt} Ca_3Sb_2 + \frac{3}{2}O_2) \tag{3-5}$$

$$2Bi + 3Ca \rule[0.5ex]{2em}{0.4pt} Ca_3Bi_2(或者 2Bi + 3CaO \rule[0.5ex]{2em}{0.4pt} Ca_3Bi_2 + \frac{3}{2}O_2) \tag{3-6}$$

上述反应可以通过在熔渣中添加碳化钙（CaC_2）或者使用饱和 CaO-CaF_2 二元渣系来实现。CaC_2 在钢液中分解后，与 Sb 和 Bi 发生反应，因此受到钢水中 [C] 元素含量的影响。而采用 CaO-CaF_2 二元渣系时，根据化学反应方程的动力学条件，需要保证高碱度、低氧分压的环境条件促进反应的进行。

3.4　废钢预热与连续加料技术

电弧炉熔炼用废钢在运输和贮存过程中通常处于露天状态，受天气变化和环境影响很容易受潮。携带水分或其他润滑脂等易汽化物料的废钢直接进入电弧炉内，易引发响爆的危险。因此出于生产安全考虑，必须对潮湿的废钢进行预热，烘干。在经济效益方面，经过预热处理后的废钢温度升高，对于电弧炉生产工艺具有降低冶炼能耗、缩短冶炼周期的作用，文献报道表明进入电弧炉内的废钢温度每升高 100℃，理论上可减少电能消耗 20kW·h/t[35]。

最早的电弧炉废钢预热技术是将废钢放置于料篮等容器内，使用外加热源（可燃气体与氧气燃烧）直接对入炉前的废钢原料进行烘烤加热。后续研究发现在电弧炉冶炼生产过程中，占总输入量 28% 以上的热量通过高温烟气和反应熔渣流失[36]，造成大量能量损失，因此提出了可以充分利用高温烟气携带的热量对废钢进行预热的方法，既能实现对余热的回收利用，又可以有效降低能源消耗，目前利用烟气进行预热的方法已经发展为主流的废钢预热工艺。由于电弧炉废钢预热技术具有设备投资少、技术要求低、可明显降低冶炼生产能耗，对于现有电弧炉生产工艺的影响小等优点[37]，在冶金行业中备受重视。在废钢预热过程中，废钢表面附着的油污、涂料、塑料等易燃物在高温作用下与氧气发生燃烧反应，可以有效地去除此类有机物，但是值得重点关注是这些有机物在燃烧分解过程中会生成具有致癌性的二噁英类污染物，对于环境的危害极大，因此要重视废钢预热过程中尾气的处理。近些年来，随着电弧炉冶金行业的飞速发展，废钢预热与电弧炉炼钢已经紧密联系在一起，涌现出了越来越多的废钢预热新技术，在不断提高预热温度的同时越来越注重环境保护。目前国内外电弧炉废钢预热技术根据工艺特点可以分为吊篮预热，双壳预热、竖炉预热以及连续加料预热。

3.4.1 二噁英的形成与治理

二噁英通常是指具有相似结构和理化特性的一组多氯取代的平面芳烃类化合物，属于氯代含氧三环芳烃类化合物，它是多氯代二苯并-对-二噁英（PCDDs）和多氯代二苯并呋喃（PCDFs）的统称[38]，它们的分子式如图 3-4 所示。从分子结构可以看出，二噁英分子结构中有多个位置可以被氯原子取代，因此二噁英类化合物具有多种异构体，其中 PCDDs 有 75 种异构体，PCDFs 有 135 种异构体，具有相同氯原子数的 PCDDs 或者 PCDFs 同类物被称为同系物。在所有二噁英类化合物的异构体中 2，3，7，8-四氯二苯并-对-二噁英的毒性最强，其毒性是剧毒物质氰化钾的 1000 倍。

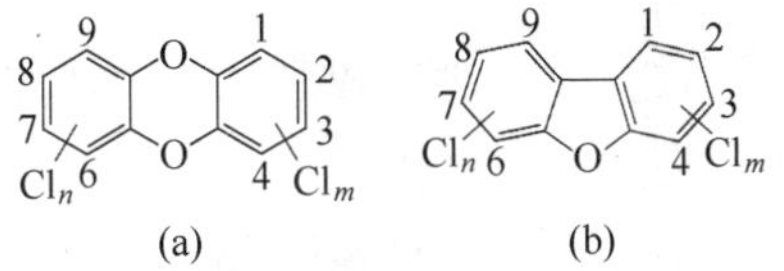

图 3-4　二噁英的分子结构示意图

（a）多氯代二苯并-对-二噁英（PCDDs）；（b）多氯代二苯并呋喃（PCDFs）

3.4.1.1 二噁英的危害

常温下二噁英为固态晶体，难溶于水，易在脂质中溶解。二噁英在 $180 \sim 400{}^\circ\mathrm{C}$ 温度范围内容易合成，具有极强的化学稳定性，能适应强酸、强碱恶劣环境，不容易被生物降解，在土壤中的半衰期在 10 年以上，气态二噁英在空气中光化学分解的半衰期为 8.3 天，如果进入人体内半衰期平均为 7 年[40]。另外，二噁英还具有极强的热稳定性，熔点在 $100 \sim 350{}^\circ\mathrm{C}$ 范围内，沸点在 $300 \sim 500{}^\circ\mathrm{C}$ 范围内，需要加热到 $750{}^\circ\mathrm{C}$ 左右才能分解，而当二噁英数量较大时分解温度甚至要达到 $950{}^\circ\mathrm{C}$ 以上[38]。

　　二噁英的毒性很强，人体接触少量就会发生明显的中毒反应，被称为"地球上毒性最强的毒物"。二噁英颗粒可以附着在空气中的可吸入颗粒物上，通过呼吸作用进入人体内。另外，由于其具有脂溶性，极易沉积于动物的脂肪和乳汁中，最容易受到二噁英污染的食品包括鱼、家禽及其蛋、乳、肉等[40]，所以二噁英可以通过食物进入人体内，并且经过食物链的层层积累，人体摄入的二噁英含量远高于其他生物。微量的二噁英进入人体后会在脂肪组织和肝脏中积累，由于人体内二噁英的半衰期较长，会发生转化和积累，对人体健康危害巨大[39]：

　　(1) 二噁英对人体皮肤的危害可导致氯痤疮、表皮角化病、色素沉淀、多汗症、弹性组织变性等。

　　(2) 二噁英会引起人体多个系统的疾病，包括肝脏轻度纤维化，出现黄疸、血中氨基转氨酶增高，高胆固醇、高甘油三酯，免疫球蛋白的降低、体重减轻以及消化功能、心血管功能、泌尿系统功能、呼吸系统功能、神经系统功能的紊乱等[40]。

　　(3) 人体内长期存在二噁英会引起人体基因组织结构的突变，大大提高了癌症发病几率，早在 1997 年二噁英已经被世界卫生组织（WHO）下属的国际癌症研究中心（LARC）正式从二级致癌物提升至一级致癌物[39,40]。

　　(4) 二噁英还具有强烈的致畸作用，进入人体后会导致子宫内膜异位症、影响生殖系统发育，从而危害人类生育能力造成胎儿畸形[40]。另外，二噁英还具有遗传性，研究结果表明母体血液中的二噁英遗传给胎儿的几率高达 90%。

3.4.1.2　二噁英的形成机理

　　二噁英的形成有两种方式：前驱物生成和从头合成路径。前驱物生成主要为前驱体化合物发生有机化合物反应，从头合成主要通过残碳大分子与氢、氧、氯等元素发生基元反应[41~46]。

　　A　前驱物生成反应

　　前驱物生成方式主要发生在焚烧及热解过程中，包含均相反应和非均相反应两种类型。均相反应为含氯的前驱体化合物，如多氯联苯、氯酚、氯苯等在 500~800℃温度范围内的气相中直接反应形成二噁英；非均相反应一般为催化反应，在 200~400℃温度范围内伴随氧气存在的条件下，前驱物如氯苯、氯酚分子等吸附到固体表面，在铜、铁、铬等金属元素的催化作用下，生成二噁英或呋喃[45]。反应分为四个基本过程：氯酚羟基 O—H 键或苯环 C—H 键的断裂、C—O—C 或 C—C 骨架的构建、前驱物 O—H 或 C—H 键的断裂、呋喃五元或二噁英六元氧杂环的形成。金属元素主要依靠反应生成的氧化物或氯化物在氯酚羟基 O—H 键或苯环 C—H 键的断裂环节中起到催化作用，研究表明铜元素的氯化物 $CuCl$ 和 $CuCl_2$ 的催化能力最强。

B 从头合成反应

从头合成反应首先通过大分子残碳与飞灰基质中的含氯有机物或无机物经催化剂的催化作用生成酰氯（卤化物），然后在 250~450℃ 的温度条件下酰氯被氧化生成 CO_2 和二噁英化合物[42]，如图 3-5 所示。影响二噁英从头合成的因素主要有碳源、氯源、氧气、水、颗粒表面特性、温度和停留时间、催化剂和抑制剂等，研究表明不可提取有机氯（OCl）是最能促进二噁英生成的氯源，同时飞灰中的氯含量越大越有利于二噁英的生成。另外，增大飞灰的比表面积也会促进从头反应的进行。

图 3-5 从头合成反应过程示意图

3.4.1.3 二噁英的治理

目前欧盟对于二噁英的控制排放标准为 0.1ng TEQ/Nm³ 以下，我国对于各行业的二噁英排放也制定了详细的国家标准，如表 3-2 所示。由于二噁英物理化学性质的特殊性，普通的化学和生物处理方法难以对其进行处理，目前二噁英的处理方法主要有光化学降解法、高温氧化分解法、添加抑制剂法、硫基抑制法、物理吸附法、等离子体高温分解法等[39,47~51]。

表 3-2 国家标准中对于二噁英污染物的排放要求

项　目	二噁英类限值 /ng TEQ·Nm⁻³ （废水中单位单独注明）	说　明	标准号
生活垃圾焚烧炉排放废气	0.1		GB 18485— 2014[52]
生活污水处理设施产生的污泥、一般工业固体废物专用焚烧炉排放废气	0.1	焚烧处理能力 >100（吨/日）	
	0.5	焚烧处理能力 50~100（吨/日）	
	1.0	焚烧处理能力 <50（吨/日）	

项　目	二噁英类限值 /ng TEQ·Nm⁻³ （废水中单位单独注明）	说　明	标准号
危险废物焚烧炉排放废气	0.5		GB 18484— 2001[53]
水泥窑协同处置固体废物排放废气	0.1		GB 30485—2013[54]
制浆造纸工业排放废水	30 pg TEQ/L	适用于采用含氯漂白工艺的情况，水污染物特别排放限值数值相同	GB 3544—2008[55]
炼钢工业电炉排放废气	0.5	大气污染物特别排放限值数值相同	GB 28664—2012[18]
钢铁烧结机、球团焙烧设备排放废气	0.5	大气污染物特别排放限值数值相同	GB 28662—2012[56]
再生铜、铝、铅、锌工业排放废气	无要求	现有企业 2017 年 1 月 1 日前执行	GB 31574—2015[57]
	0.5	现有企业 2017 年 1 月 1 日起执行，大气污染物特别排放限值数值相同	
	0.5	新建企业 2015 年 7 月 1 日起执行，大气污染物特别排放限值数值相同	
合成树脂工业焚烧设备排放废气	0.1		GB 31572—2015[58]
石油化学工业排放废水	0.3ng TEQ/L		GB 31571—2015[59]
石油化学工业排放废气	0.1		

A　光化学降解法

二噁英的光化学降解法主要原理是使用紫外线脱去苯环上的氯使其分解。对于表层土壤，经过 2h 的紫外线照射可以使大部分二噁英降解。在处理水溶液中的二噁英时需要引入催化剂来加快污染物的光解速度，常用的催化剂有臭氧（O_3）、二氧化钛（TiO_2）等，其中 TiO_2 的催化作用受反应温度的影响，温度越高催化效果越好[39]。另有紫外线光解技术对二噁英进行紫外线照射使其吸收足够的光能，之后加入己烷等表面活性剂使毒物分子的化学键断裂，并进行分子结构的重新排列或错位，但是这一技术目前主要面临的问题是缺少高效表面活性剂。

B 高温氧化分解法

二噁英作为一种芳烃类有机物，可以通过燃烧反应使其分解。将含有二噁英的烟气收集至燃烧室内，氧气浓度保持在6%以上，反应温度高于1000℃[51]，烟气停留时间大于2s，可以有效地去除烟气中的二噁英。另有利用碳化硅棒通电后发出的红外线作为热源对二噁英或含二噁英的固体废物进行加热，以丙烷作点火剂，在燃烧室中通过气相燃烧反应实现二噁英的分解。采用高温氧化分解法处理二噁英时，燃烧反应生成的尾气在低温环境中可能重新合成二噁英，避免二噁英重新合成的措施主要有两种[46]：一是通过急冷技术使尾气迅速降温至200℃以下阻止二噁英合成反应的进行；二是在尾气冷却过程中添加阻化剂抑制二噁英的合成。

C 添加抑制剂法

一些物质可以抑制二噁英合成反应的进行，最常见的是向焚烧过程产生的烟尘中喷入氨气，氨气主要通过抑制铜元素等在二噁英生成过程中的催化作用来阻止反应的进行[49]。但是大量使用氨气会造成环境污染，同时在储存过程中容易发生泄漏；尿素作为一种稳定的固体颗粒物质，加入过程中可以缓慢释放氨气，因此可使用尿素来替代氨气作为抑制剂。另外，氯元素作为二噁英形成的必备元素，通过喷入碱性吸收剂减少或去除氯源，从而抑制二噁英化合物的合成，常用的碱性抑制剂有 CaO、$Ca(OH)_2$ 等[47]。

D 硫基抑制法

在二噁英从头合成的过程中氯元素转移到碳颗粒上形成 C—Cl 键，大分子的碳结构氧化生成 CO 和 CO_2 的同时会释放出二噁英和呋喃。研究发现 SO_2 与 Cu_2Cl_2 反应生成 $CuSO_4$ 可阻止碳的氯化和催化氧化作用，有效抑制从头合成的二噁英合成反应。在 0.015% 的 SO_2 作用下，二噁英的抑制率可以达到 70%～90%[50]。

E 物理吸附法

活性炭具有较大的比表面积，吸附能力较强。含有二噁英污染物的烟气进入吸附反应塔中，利用活性炭层吸附二噁英，最后经除尘设置将颗粒物去除。一般将温度控制在 120～180℃[51]，在这个范围内活性炭的吸附效果最佳。根据欧盟的调查报告物理吸附法可以将二噁英的排放量控制在 0.1～0.3ng TEQ/Nm³[49]，其技术难点是吸附了大量二噁英的活性炭处理问题，处置不当将会引发二次污染的危险。

F 等离子体高温分解法

利用低压空气流通电后形成的等离子体作为热源使二噁英化合物在等离子场作用下离解成原子状态，之后经混合器进入高温分解炉中重新合成氢气、一氧化碳、氯化氢和颗粒碳[48]。氯化氢和颗粒碳可以通过水洗或者碱性溶液清洗去除，剩余的氢气、一氧化碳可以通过燃烧反应或者活性炭吸附作用去除。该技术目前还停留在实验室应用阶段，还存在一些成本和技术瓶颈难以实现工业应用。

3.4.1.4　废钢预热过程中二噁英的形成及治理

钢铁行业是二噁英的重要来源之一。在电弧炉废钢预热工艺中，由于废钢原料会混入油污、塑料等含氯杂质的二噁英形成前驱物[61]，同时废钢中的铜、铁、镍等金属元素可以作二噁英前驱物合成反应的催化剂，因此在废钢预热过程中当温度达到 300~700℃ 时，极易发生化学反应生成二噁英[60]。另外，一些废钢预热工艺采用二次燃烧技术将烟气加热至 1000℃ 以上使二噁英分解，但后续尾气冷却过程中，当温度降低到 250~500℃，碳、氢、氧、氯等元素通过从头合成反应重新生成二噁英。

目前欧盟相关环保标准规定钢铁行业的二噁英排放量要低于 0.1ng TEQ/Nm³，我国现行的炼钢工业大气污染物排放标准（GB 28664-2012）规定[18]的电弧炉流程二噁英排放量要低于 0.5ng TEQ/Nm³，因此必须重点关注电弧炉废钢预热过程的二噁英污染问题。废钢预热过程中的二噁英治理可以分为三个阶段进行：废钢预热前处理、废钢预热过程烟气处理、废钢预热后尾气处理。

A　废钢预热前处理

在电弧炉熔炼用废钢进行预热之前，首先对其进行严格的分选，最大程度上减少预热废钢中油脂、油漆、涂料、塑料等含有氯元素有机物的含量[61~63]，切断废钢预热过程中二噁英合成反应必需的氯元素来源，可在一定程度上避免二噁英的生成。但废钢分选过程难以完全去除废钢中的含氯有机物，其作用有限。

B　废钢预热过程烟气处理

在预热过程中通过烟气二次燃烧或者外加热源的方式将烟气升温至 1000℃ 以上，使二噁英发生氧化分解[63]。另外，也可在废钢预热过程中加入石灰石、生石灰等具有吸附性的碱性物质，用于吸收废钢中的氯源，研究表明，高温条件下氧化钙与氯化氢生成 $Ca_2SiO_3Cl_2$，可有效抑制二噁英的生成[60,61]。

美国戈尔公司研发了二噁英的催化分解技术，将表面过滤技术同催化过滤技术相结合，集成在催化滤袋上，利用催化剂本身活性位的吸附和氧化作用，将烟气中二噁英和呋喃污染物在低温状态下催化分解成二氧化碳、水和氯化氢[59]。该技术催化分解二噁英的原理如图 3-6 所示，能够彻底去除烟气中的二噁英且不存在再次合成造成的二次污染问题，从根本上解决了二噁英污染问题。在治污能力和设备投入方面，催化分解技术对烟气中二噁英和呋喃类污染物的去除能力高达 99%；催化滤袋可直接安装在滤袋器中，操作方便并且安全性高，无需更换工艺和设备[47]，可大大节约成本。目前催化分解技术在生活垃圾焚烧中有所应用，但在电炉炼钢烟气处理未得到推广，未来可以引进此技术对废钢预热过程中产生的二噁英进行处理。

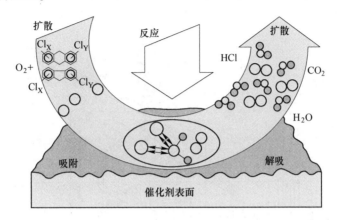

图 3-6 催化分解技术原理图

C 废钢预热后尾气处理

为避免尾气冷却过程中二噁英化合物重新生成造成二次污染的问题，最为常见的方式是对废钢预热后的尾气进行急冷处理，迅速降温至 200℃以下，以此避免二噁英的重新生产[63]。另外，废钢预热过程所产生的二噁英一般都是以固态形式吸附在灰尘上，可采用布袋除尘器来对灰尘进行清除净化，采用单一布袋除尘器除尘方式处理二噁英的效果较差，只能去除废钢预热尾气中 50%左右的二噁英[61]。为了提高布袋除尘器去除二噁英污染物的能力，可与物理吸附技术结合，在废钢预热尾气进入布袋除尘器之前先通过活性炭吸收塔进行物理吸附处理；布袋除尘技术与活性炭物理吸附技术相结合可以将废钢预热尾气中二噁英的处理能力提高至 90%[60]，目前广泛应用于尾气处理过程。

3.4.2 吊篮预热技术

废钢吊篮预热[35,65,66]法（如图 3-7 所示）是将废钢装在吊篮内，之后在预热容器内进行加热升温。最初采用高温火焰烘烤方式进行升温，这种预热方式的缺点是外加高温火焰会增加生产成本，并且大量使用燃料还会造成环境污染。随着废钢预热技术的发展，吊篮预热法开始通过回收利用电弧炉冶炼产生的高温烟气进行废钢预热。这种方式的废钢预热温度受高温烟气的温度影响，电弧炉内熔化期烟气平均温度 400℃，理论上可将废钢加热至 180~250℃，进入氧化期，烟气平均温度 700℃，理论上可将废钢加热至 350~400℃[66]。吊篮法预热的主要缺点是废钢中的油污、涂料、橡胶等有机物随着温度升高燃烧或者挥发，散发恶臭和产生大量白烟，且包含二噁英等致癌物[65]。除此之外，部分轻薄料废钢在预热过程中熔融粘连在吊篮上，影响设备寿命，为了确保设备安全性只能限制预热温度防止废钢熔融。随着电弧炉行业的不断发展，吊篮预热法并没有得到普遍推广，目前基本已经被国内外冶金企业淘汰。

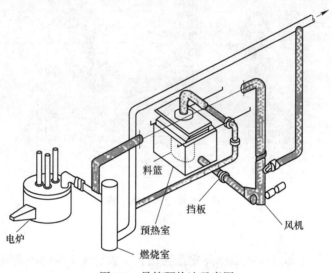

图 3-7　吊篮预热法示意图

3.4.3　双壳预热技术

　　双壳预热[67~71]法是利用两个电弧炉进行冶炼生产，一个炉体用于冶炼，另一个炉体进行废钢预热。它与吊篮法的区别是废钢直接在电弧炉内预热，省去预热容器，减少了设备的占地面积。第一台双壳电弧炉由瑞典通用电机公司（ASEA）于 20 世纪七十年代研发[67]。双壳电弧炉两个炉体采用同一套供电系统供电，电极横臂可旋转，在一个炉体进行熔化和精炼过程时，另一个炉体进行出钢以及下一炉次的加料等准备工序。当钢水成分和出钢温度达到生产标准时，电极移动到另一个炉体内，开始下一个冶炼周期。最初双壳电弧炉设计的目的是提高电弧炉冶炼的生产效率，两个炉体交替使用有效地利用了非冶炼时间，后续将等待冶炼状态炉体的功能进一步开发，用作废钢预热，由此产生双壳预热法[68]。双壳预热法主要分为两种形式：一是采用烧嘴-氧枪系统（见图 3-8）利用有机物燃烧放热进行

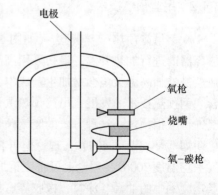

图 3-8　双壳预热法喷嘴-氧枪系统

废钢预热[67]；二是利用正在进行冶炼生产的炉体内产生的高温烟气对另一炉体内的废钢原料进行预热[70,71]（见图 3-9）。

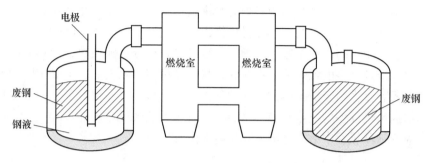

图 3-9　利用高温烟气进行废钢预热的双壳预热法

喷嘴-氧枪废钢预热系统利用废钢中夹带的有机物与氧枪注入的氧气发生燃烧反应对废钢进行预热，这种预热方式可去除废钢表面的油污和混入的可燃有机物，但会产生大量刺激性气体，造成环境污染，因此需配备尾气回收处理装置。喷嘴—氧枪预热系统设计的目标预热温度约为 550℃[67]，相比吊篮预热法的废钢预热温度有所提高。

另一种双壳预热方式是利用高温烟气与废钢直接接触进行预热，两个炉体之间连接有燃烧室，将正在冶炼炉体内的烟气收集到燃烧室中进行二次燃烧，进一步提高烟气温度后，导入另一炉体内，对废钢进行预热[70,71]。这种方式除了有效地利用烟气所携带的显热外，还能有效减少电弧炉烟气的排放量，避免了大量烟尘对环境造成污染，但难以处理二噁英。同时由于烟气密度较小，无法与炉内废钢充分接触换热，因此预热温度较低，约为 250~300℃。

两种废钢双壳电弧炉预热方式的主要技术指标对比如表 3-3 所示。双壳预热法具有降低电弧炉能耗的作用，但是环境保护能力相对薄弱，尤其是对预热废钢后尾气的处理能力有限。相比较传统电弧炉的单炉体，双壳电弧炉投资费用相对较高，占地面积较大。随着国家对于钢铁行业的环保标准不断提高，以及各类新型电弧炉废钢预热技术的出现，双壳预热法已难以满足当前的生产需要。

表 3-3　电弧炉废钢双壳预热法主要技术指标

双壳预热方式	预热温度/℃	能耗情况/kW·h	环保情况
喷嘴-氧枪系统预热	550（设计目标）	吨钢电耗小于 340	采取传统电弧炉尾气处理方式，不具备二噁英治理能力
冶炼高温烟气预热	250~300	吨钢节电 25~30	回收了尾气中的大量烟尘，一定程度上可以改善冶炼现场环境，但不具备二噁英治理能力

3.4.4 竖炉预热技术

竖炉预热法顾名思义是利用竖炉对废钢进行预热，其特点是电弧炉采用竖炉进行加料，同时冶炼产生的烟气经竖炉排出，在此过程中烟气与废钢发生热交换达到预热废钢的目的。由于竖炉中烟气与物料可以充分接触换热，预热后的废钢温度较高，受到众多电弧炉冶金企业的青睐。经过多年的发展，电弧炉竖炉预热技术越发成熟，采用竖炉预热的电弧炉种类也日益增多，并得到了工业化应用和推广。根据预热设备的技术特点可大体分为手指式竖炉预热、UL-BA 竖炉预热、竖炉多级废钢预热、中冶赛迪节能环保电弧炉等。

3.4.4.1 手指式竖炉预热

手指式竖炉电弧炉由德国福克斯公司（Fuchs）研发，示意图如图 3-10 所示，"手指"的意思是指在电弧炉和竖炉的连接处有机械装置控制开闭的手指状托架[72,73]。"手指"装置的主要作用是托住废钢原料，使其在竖炉内形成料层，保障电弧炉内高温烟气预热废钢过程的顺行。当需要向电弧炉内加料时，"手指"会打开，预热后的废钢在重力作用下进入熔池内，加料完成后"手指"再次关闭，另一批废钢从竖炉顶部装填，开始进入下一个预热、加料、冶炼过程[74,75]。手指式电弧炉竖炉内的废钢料柱可过滤

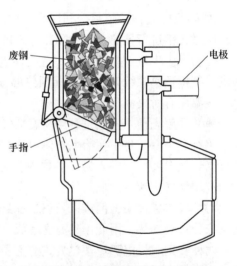

图 3-10　手指式竖炉预热电弧炉

掉烟气中部分粉尘，减轻电弧炉冶炼的粉尘污染问题。同时，由于烟气与废钢相向运动，逆流换热，二者充分接触，废钢预热效果较好，手指式竖炉的废钢预热温度高达 $500 \sim 800 ℃$[76]。但手指式竖炉电弧炉存在一个共性问题，即"手指"装置的使用寿命较短：竖炉进行装料时废钢从高处砸落在"手指"上，巨大的冲击力易造成"手指"的损坏；其次，"手指"位于电弧炉熔池上方，局部区域的废钢温度高，易损坏水冷装置，导致熔融态废钢与"手指"黏结[76,77]。竖炉"手指"受损，使用寿命缩短，为保证生产的顺行，电弧炉不得不经常更换"手指"及其水冷装置，严重影响了生产效率，增加了设备成本投入。在环保方面，竖炉开盖装料时仍然会有烟气逸出，其中含有二噁英，通常手指式竖炉电弧炉会配备除尘装置，但是对二噁英污染的治理有限。

3.4.4.2 UL-BA 竖炉预热

UL-BA 竖炉废钢预热系统由日本新日铁公司开发，示意图如图 3-11 所示，其技术特点是将废钢预热系统设置在电弧炉一侧，预热与上料两部分功能分为两个独立的过程，与手指式竖炉预热系统最大区别在于 UL-BA 竖炉预热无需"手指"装置[78,79]。电弧炉内的高温烟气经过分燃烧室、燃烧室后进入竖炉内，在燃烧室内烟气发生二次燃烧可以有效提高烟气的温度。UL-BA 竖炉废钢预热系统配备有专门的废钢运输装置，预热完成后借助提升和旋转装置将废钢运输至电弧炉上方进行加料。UL-BA 预热系统平均废钢预热温度为 600℃[78]，与手指式竖炉相当，但是其加料方式解决了手指式竖炉电弧炉因炉体结构不对称性造成炉内热量分布不均的问题，使电弧炉内熔池温度场分布更加均匀。另外，高温烟气中可燃气体（如 CO 等）在燃烧室内进行二次燃烧，降低了其在竖炉废钢料层狭小间隙内二次燃烧易引发爆炸的可能性[80]，还可以避免废钢出现过氧化等问题。在环境保护方面，由于高温烟气在燃烧室内发生燃烧反应时温度会进一步升高，理论上当燃烧室内烟气的温度足够高时可以有效去除二噁英。

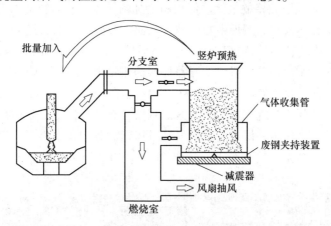

图 3-11 新日铁 UL-BA 竖炉式预热电弧炉

3.4.4.3 竖炉多级废钢预热

日本大和工业株式会社（YAMATO KOGYO）研发了竖炉多级废钢预热（multi stage preheating）技术[73]，其结构如图 3-12 所示。多级废钢预热装置整体结构与手指式竖炉类似，同样使用"手指"控制废钢的加料过程，其不同之处是分为上下两个可独立开闭的预热室。在工作过程中，电弧炉冶炼产生的高温烟气一部分直接进入到下方预热室，另一部分通过侧方烟道进入到上方预热室中，这样同时兼顾上下两个区域的废钢料层预热，有效地改善了普通竖炉预热工艺中

废钢料柱上下温度不均的缺点。同时
也在一定程度上避免了料柱最底部的
废钢温度过高发生熔融，最终粘连
"手指"损坏设备的问题。竖炉多级
预热系统预热后的废钢温度可达 500 ~
600℃，同时烟气的含尘量可降低
30%[81]。预热废钢后尾气通过后续除
尘装置进行进一步处理。

3.4.4.4　中冶赛迪节能环保电弧炉（CISDI-GreenEAF）

中冶赛迪节能环保电弧炉
（CISDI-GreenEAF）也采用竖炉预热系
统，但其不同之处是竖炉倾斜了一定
角度，其示意图如图 3-13 所示。

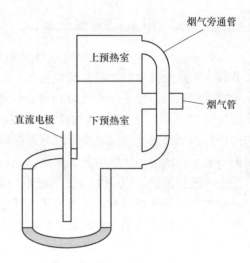

图 3-12　竖炉多级废钢预热电弧炉

CISDI-GreenEAF 采取独特的电弧炉侧顶斜槽加料技术，利用斜槽内废钢运动速度
的水平分量将其加入到电弧炉中心区域，从而有效改善了加料过程中废钢局部堆
积导致电弧炉内熔池冶炼冷区问题[82,84]。另外，CISDI-GreenEAF 全过程密闭加
料，无需打开电弧炉炉盖，避免了开盖加料的热量损失问题，降低了冶炼过程的
粉尘排放量，同时将金属收得率提高 1% ~ 2%。在废钢预热方面，采用穿透式废
钢预热技术：在预热系统与电弧炉的接口侧安装有挡料齿耙，废钢预热时齿耙闭
合阻止废钢受重力作用下滑，高温烟气经过齿耙后穿透废钢料层，使废钢与烟气
充分接触进行热交换，提高废钢预热温度[84]。CISDI-GreenEAF 另一个突出的特

图 3-13　中冶赛迪节能环保电弧炉（CISDI-GreenEAF）

点是其引入了许多工艺智能化技术，包括中冶赛迪自主开发的 DMI-AC 电极调节系统、CISDI 短网平衡设计以及大功率供电技术等，通过智能调控使得电弧炉冶炼过程电流波动很小，保持生产稳定性[83]。CISDI-GreenEAF 目前存在的问题主要有：一是废钢料层下落过程速度较快，为了避免对电极的冲击，必须先断电将电极升起，再进行废钢加料，无法实现连续加料生产的功能，一定程度上降低了生产效率，冶炼周期 45min 左右[84]；二是挡料齿耙装置类似于 Fuchs 竖炉的"手指"结构，作为一种新型的电弧炉技术 CISDI-GreenEAF 目前业绩较少，缺乏关于挡料齿耙这方面的报道，是否也存在熔融废钢粘连、水冷设备损坏的问题暂不明确；三是缺少对电弧炉烟气中二噁英的处理功能，需要进一步提升环境保护能力。

采用竖炉废钢预热技术的电弧炉主要指标对比如表 3-4 所示，可以看出竖炉预热技术的废钢预热温度都在 500℃以上，废钢入炉时的初始温度升高，在电弧炉熔池内熔化所需要的能耗将会显著降低。在吨钢电耗方面，Fuchs 手指式竖炉电弧炉指标浮动较大，而 UL-BA 竖炉电弧炉和竖炉多级废钢预热电弧炉的吨钢电耗均低于 300kW·h。在冶炼周期方面，竖炉式电弧炉平均冶炼周期偏长，特别是 UL-BA 竖炉电弧炉，冶炼周期达到了 60min，与一些先进水平的电弧炉差距巨大。环保方面，大多数竖炉废钢预热电弧炉没有专门去除二噁英的技术方案或配套设备，此外，"手指"或类似"手指"装置的使用寿命较短也是制约竖炉废钢预热技术发展和推广的一个技术难题。

表 3-4 采取废钢竖炉预热技术电弧炉主要指标对比

竖炉废钢预热技术	废钢预热温度/℃	吨钢电耗/kW·h	冶炼周期/min	环保情况
Fuchs 手指式竖炉预热	500~800	260~420	37~58	相比于传统电弧炉，可以有效降低冶炼过程粉尘、烟气的排放量，但是对于二噁英的治理能力比较薄弱
UL-BA 竖炉预热技术	平均温度 600	287	60	烟气在燃烧室内发生二次燃烧反应升温，当温度足够高时（1000℃以上）可以使二噁英分解，减少有害物排放
竖炉多级废钢预热技术	500~600	282.7	50	采用多级预热系统能够使烟气含尘量降低 30%，同时废钢预热系统与除尘装置连接，可对预热后的尾气进行进一步处理

续表 3-4

竖炉废钢预热技术	废钢预热温度/℃	吨钢电耗/kW·h	冶炼周期/min	环保情况
CISDI-GreenEAF 节能环保电弧炉	—	300~340	45	全程密闭加料，降低了冶炼过程的粉尘排放量，但缺乏对二噁英的处理技术

3.4.5 连续加料技术及其废钢预热系统

连续加料技术是近些年来发展最为迅速的电弧炉炼钢技术，连续加料电弧炉具有大留钢量、全程泡沫渣埋弧、废钢预热等特点，在降低生产能耗、烟气余热回收、设备投资方面具有一定优势。所谓连续加料是指电弧炉冶炼过程中废钢通过加料系统连续不断的进入到熔池内，电弧炉炉盖始终处于闭合状态，全程电极通电实现连续冶炼。连续加料系统同时具备废钢预热功能，电弧炉熔池产生的高温烟气直接进入加料系统与废钢进行热交换，提高废钢的入炉温度。目前国内外常见的连续加料预热设备主要有：Consteel 连续加料电弧炉、Quantum 电弧炉、环保型炉料预热和连续加料系统、ECOARC 电弧炉、中冶赛迪 CISDI-AutoARC 电弧炉等。

3.4.5.1 Consteel 连续加料预热[85~90]

20 世纪 80 年代中叶，意大利得兴公司开发出了 Consteel 连续加料电弧炉[85]（如图 3-14 所示），在 Consteel 水平式连续加料系统内，高温烟气与废钢相向运动，通过对流换热、辐射换热的方式进行热交换实现对废钢预热的目的。Consteel 连续加料电弧炉的加料系统采取动态密封装置，废钢进入预热段后整个预热过程处于密封状态，同时加料系统与电弧炉联结部位采取动态密封技术，保障了电弧炉烟气全部进入到上料通道中参与废钢预热[86]。另外，随着烟气在上料通道中运动速度不断降低，其中的粉尘颗粒会逐步沉降在废钢表面，从而再次回到电弧炉内，有效解决了电弧炉的粉尘治理问题，实现了对粉尘内金属元素的回收利用[87,88]。Consteel 连续加料预热系统在降低能耗、提高生产效率方面效果显著，以国内徐州金虹钢铁集团有限公司的 Consteel 预热系统为例，目前生产线采用全废钢冶炼的吨钢电耗低于 376kW·h，冶炼周期在 33.5min 以下。

在预热温度方面，理论上 Consteel 连续加料系统可将入炉前废钢升温至400~600℃，但由于高温烟气密度较小，在预热烟道内集中在上方流动，再加上废钢尺寸和结构的复杂性，废钢预热效果并不理想。根据文献报道的国内外钢厂现场实际测量的 Consteel 连续加料系统的废钢预热温度仅在 100~200℃左右，与理论温度相差甚大[89]。在环境保护方面，最早的 Consteel 连续加料电弧炉并没有注

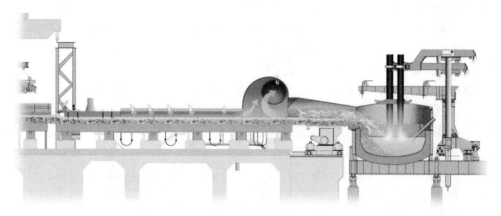

图 3-14　Consteel 连续加料电弧炉

重对预热烟气内二噁英的治理。随着相关技术改造升级，目前最常见的处理方式是在 Consteel 连续加料系统内添加火焰喷嘴使高温烟气二次燃烧达到二噁英的分解温度，一定程度上也提高了废钢的预热温度[90]。除了二噁英污染物去除问题，在 Consteel 连续加料系统进行废钢预热过程中，部分轻料型废钢（薄板、边角余料、钢丝、钢屑等）易发生熔融从而与上料辊道粘连，恶化水平连续加料系统加料的顺畅性，导致电弧炉冶炼无法正常进行。国内长春电炉成套设备有限责任公司通过改造底部水冷板冷却水流量、改造保温烟罩内部结构的方法解决了轻料型废钢烧结、粘连的问题。

目前国内外学者针对水平连续加料电弧炉主要存在的问题有废钢预热温度较低、废钢预热尾气二噁英污染物治理差、废钢料层预热温度均匀性差、部分轻薄型废钢预热过程熔融粘连造成设备损坏等问题，提出了系列改造措施，如江苏久华环保科技股份有限公司"连续加料电弧炉炉内烟气净化系统及方法"的开发[91]；杨少强等人利用固定在加料系统侧壁的炉芯管横撑和炉芯管，使预热烟气从废钢料层四周通过，增大废钢与烟气接触面积，可将其预热至 500℃ 以上[92]；郭智宜等人基于电弧炉余热回收通道构建的预热废钢连续加料系统的开发，可将废钢预热温度提高到 900℃ 以上，并对尾气进行燃烧处理去除有毒物质[93]；中冶赛迪将上料通道倾斜一定角度，同时安装若干燃烧喷嘴，使废钢料层底层预热温度大于 600℃，上层预热温度大于 400℃[94]。战东平等人在预热辊道上方安装点火器提高废钢预热温度，有效避免单纯利用烟气预热废钢时温度降低到 300~400℃ 时产生二噁英[95]。中冶京诚工程技术有限公司将水平连续加料装置的废钢入口与竖井相结合，研发了通过一种水平连续加料竖式废钢预热装置的研发，满足平熔池冶炼要求的同时也达到了竖式预热废钢的效果，废钢平均预热温度为 600~700℃[96]。姜周华等人通过将不同种类废钢进行分层布料，同时在布料之前使用火焰喷嘴对底层重型废钢提前预热，提高废钢料层预热温度的同时，废钢温度分布更加均匀，整体废钢料层预热温度可达 300~500℃，上下温度差控制在50℃以内，有效地解决了水平连续加料电弧炉上料过程轻料型废钢熔融粘连在传送辊道上的问题，保证了传送辊道的正常使用[97]。吴航和川越钢铁公司通过降低上料通道高度，也在很大程度上提高了废钢的预热温度。

3.4.5.2　Quantum 电弧炉预热

普瑞特冶金技术有限公司开发的 Quantum 电弧炉（如图 3-15 所示）也采用竖炉预热技术对废钢进行预热，将预热竖炉设置为梯形结构从而优化废钢的料层结构和烟气的流动路径，提高废钢预热效率[98,99]。与普通的竖炉预热系统的最大不同之处在于，Quantum 电弧炉预热系统完成一次废钢加料后"手指"会立刻合拢并装入下一批废钢进行预热，整个过程始终在电弧炉通电条件下完成，实现了电弧炉连续加料、连续冶炼。在"手指"装置方面，Quantum 电弧炉的"手指"表面安装有特殊钢材质的钢板进行保护，提高其承受重物巨大冲击的能力[98]。在废钢预热完成开始向炉内加料时，"手指"可以完全从竖井中抽出，一定程度上减小了加料过程下落废钢对手指结构的冲击，有效地延长了设备的使用寿命。在环境保护方面，Quantum 电弧炉预热系统配备专门的二噁英处理设备，废钢预热后的尾气进入燃烧室内进行二次燃烧分解二噁英，并利用活性炭喷吹系统可将有效降低烟气中的二噁英含量，且低于 0.1mg TE/Nm^3[99]，符合我国及欧盟规定的排放标准。

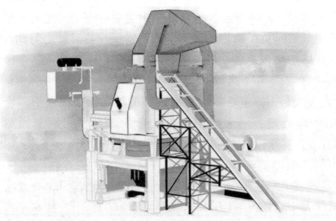

图 3-15　Quantum 电弧炉

3.4.5.3　环保型炉料预热和连续加料系统

德国 KR 与土耳其 CVS 两家公司联合开发了环保型炉料预热和连续加料系统

（简称 EPC）[100,101]，如图 3-16 所示。EPC 预热系统的特点是废钢预热和装料分为两部分：靠近电弧炉侧的废钢预热室和预热室右侧的废钢加料室。废钢首先被装填至加料室内，随后进入预热室内与高温烟气接触进行热交换，预热后的废钢通过预热室底板上的两个螺旋形推进器以恒定速率推入电弧炉内[100]。EPC 系统废钢预热室和加料室同样为竖炉结构，但是该系统无"手指"结构，因此废钢预热和加料过程不影响电弧炉冶炼的正常进行，可以实现连续加料，提高生产效率。另外，EPC 系统底部安装在四轮载重小车上，可以灵活移动，工作时加料口与电弧炉侧紧密衔接，检查或者维修设备时直接拉出即可，这是其他电弧炉废钢预热系统所不具备的。EPC 系统的废钢预热温度在 700~800℃[101]，冶炼周期39~49min。在环境保护方面，EPC 预热系统的预热室与电弧炉之间设置有二次燃烧小室，通过燃烧反应分解烟气中的二噁英。同时，EPC 系统在预热室顶部安装布袋式除尘装置，对废钢预热后的尾气进行进一步的处理。

图 3-16　环保型炉料预热和连续加料系统（EPC）

3.4.5.4　ECOARC 电弧炉

日本 Steel Plantech 株式会社开发的 ECOARC 电弧炉（如图 3-17 所示）也采用竖炉结构的上料通道进行废钢预热[102~104]。与 Fuchs 手指式竖炉预热系统相比，ECOARC 电弧炉不同之处是上料通道内无类似"手指"的结构托住废钢料柱，底部的废钢直接与电弧炉内的钢水接触[102]。随着熔池内废钢的不断熔化，废钢料柱不断下降，从而实现连续预热、连续加料、连续冶炼。ECOARC 电弧炉的另一个特点是预热竖炉与电弧炉炉体是一个紧密连接的整体，炉体整体密闭性好，从而有效地避免了空气进入预热竖炉与烟气反应造成废钢过氧化的问题[103]。在废钢预热方面，由于 ECOARC 电弧炉无"手指"类辅助部件，不必担心废钢温度过高进入熔融状态粘连在"手指"上造成的设备损坏问题[104]，因此在电弧炉冶炼过程中可以增大氧枪的流量，提高冶炼熔池内所产生烟气的温度，从而使废钢预热温度达到1000℃，在所有电弧炉废钢预热系统中其废钢预热温度最高。在环境保护方面，由于 ECOARC 预热系统的结构紧凑、密闭性良好，所以烟气排放量只有传统电弧炉的 1/3 ~ 1/4；同时，ECOARC 预热系统与二次燃烧室、冷却室、除尘器相连接进行尾气处理，主要

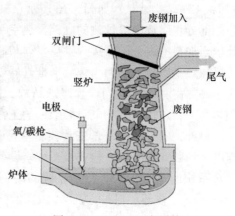

图 3-17　ECOARC 电弧炉

分为三步：首先预热废钢后的尾气进入二次燃烧室内，温度被提高到 850℃ 以上，从而使尾气中的二噁英氧化分解，有效避免了环境污染问题[103]；接下来尾气进入冷却室内进行快速降温冷却，防止缓慢降温过程中二噁英的再次合成；最后在除尘室中尾气会被进一步处理。经过上述三部分尾气处理装置后，ECOARC 电弧炉排放的尾气中二噁英的含量低于 0.1ng TEQ/m³。ECOARC 电弧炉最早在日本、韩国和泰国的部分钢厂投入生产，现场使用情况表明 ECOARC 电弧炉技术指标良好，特别是在节能环保方面取得了不错的业绩。近两年来，我国部分钢厂也开始逐步引进 ECOARC 电弧炉，中国金属学会于 2017 年 12 月与日本 Steel Plantech 株式会社在北京就环保型高效电弧炉（ECOARC）技术合作进行签约，预计未来我国会有更多的 ECOARC 电弧炉投产使用。

3.4.5.5　中冶赛迪 CISDI-AutoARC 电弧炉

国内连续加料电弧炉研究方面，中冶赛迪集团开发了 CISDI-AutoARC 电弧炉[84,105]，该技术已经获得了中国和欧盟的专利授权。如图 3-18 所示，CISDI-AutoARC 电弧炉的特点是将连续加料系统设计为阶梯式，独特的阶梯结构可以自动将废钢料层分摊变薄，通过振动废钢加入电弧炉内，整个过程电极始终处于通电冶炼状态，实现连续加料。预热系统的废钢预热段倾斜角度为 3° ~ 4°，加料速度是 Consteel 水平式连续加料系统的 1.3 ~ 1.4 倍[84]，加快了电弧炉的生产节奏，CISDI-AutoARC 电弧炉的冶炼周期为 43min。在废钢预热方面，阶梯结构可以使废钢在上料过程中自动翻滚，增大了废钢料层的有效换热面积、提高烟气与废钢之间的换热效率。此外，中冶赛迪还开发了强化预热型 CISDI-AutoARC 电弧炉，通过在预热系统中添加烧嘴装置来提高废钢预热温度[82]。在环境保护方面，CISDI-AutoARC 预热系统采用高温烟气急冷技术来抑制二噁英的生成，具体技术

方案为：通过穿透型废钢预热以及烟气分流技术将烟气温度控制在 800～900℃范围内，然后通过高温烟气急冷技术将其迅速降低至 200℃，从源头上消除二噁英，根据 CISDI-AutoARC 电弧炉现场实际测量的结果表明尾气中二噁英含量可以控制到 0.1ng TEQ/Nm³，符合国家及欧盟的排放要求[105]。

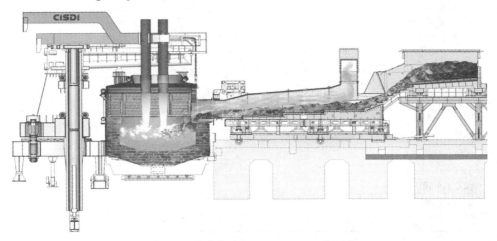

图 3-18   中冶赛迪 CISDI-AutoARC 电弧炉

电弧炉不同类别连续加料工艺及其废钢预热系统的主要技术指标对比如表 3-5所示，连续加料预热系统与双壳预热、竖炉预热相比，在环境保护方面的优势巨大，特别是对于烟气中二噁英的处理效果显著，可以满足国家标准对于钢铁企业尾气排放的要求，属于环境友好型电弧炉。近几年来，我国钢铁企业新投产的电弧炉生产线中连续加料电弧炉占比在一半以上，随着社会环保意识的增强，连续加料电弧炉将是未来电弧炉行业的发展主要趋势。

表 3-5   连续加料电弧炉废钢预热技术主要指标对比

废钢连续加料预热技术	预热温度/℃	吨钢电耗/kW·h	冶炼周期/min	环保情况
Consteel	理论上可以达到 400～600	300～390	45～65	对烟尘进行二次回收，降低了烟尘排放量，可以通过火焰喷嘴装置使高温烟气二次燃烧升温实现二噁英氧化分解目的
Quantum	—	280～310	33～45	预热后的尾气进入燃烧室内进行二次燃烧使二噁英分解，同时利用活性炭喷吹系统使烟气中的二噁英含量低于 0.1ng TE/Nm³

废钢连续 加料预热技术	预热温度 /℃	吨钢电耗 /kW·h	冶炼周期 /min	环保情况
EPC	700~800	277~334	39~49	烟气产生量小，预热室与电弧炉之间的二次燃烧小室可以有效地除去二噁英
ECOARC	最高可达1000	250~310	45~52	烟气排放量只有传统电弧炉的1/3~1/4，通过二次燃烧室、冷却室、除尘器设备对尾气中的二噁英进行处理
CISDI-AutoARC	—	340~360	43	通过穿透型废钢预热以及烟气分流技术将烟气温度控制在800~900℃范围内，然后通过高温烟气急冷技术将其迅速降低至200℃，从源头上消除二噁英
CISDI-AutoARC 强化预热型		300	35~40	

3.5 Consteel 连续加料电弧炉废钢预热效率的模拟研究

3.5.1 Consteel 连续加料电弧炉的炉料要求

传统电弧炉冶炼过程需要很长时间才能达到"平熔池期"[106]，而 Consteel 连续加料电弧炉出钢时会在炉内预留大量钢液，使炉内始终处于金属熔池状态，即"平熔池"[107]，从而保证炉内废钢在金属熔池内熔化。相比于传统电弧炉，采用大留钢量的 Consteel 连续加料电弧炉在避免产生巨大噪声的同时，利用电极产生的热量直接加热钢液，加热后的钢液通过释放显热的方式熔化废钢[108]，从而加速废钢熔化速度，缩短冶炼周期。

Consteel 连续加料电弧炉的留钢量直接决定了废钢加入量。Consteel 连续加料电弧炉的留钢量与冶炼能力、喷碳速率、供电功率等密切相关[109]，留钢量减少，熔池内热量减少，电耗增加；留钢量增大，冶炼效率低，影响钢产量[110]；因此，需结合实际生产工艺条件，确定留钢量。目前，国内 Consteel 连续加料电弧炉的留钢量，一般为出钢量的50%左右[85]。例如西宁特钢60t Consteel 电连续加料弧炉留钢量约30t[111]；韶钢90t Consteel 连续加料电弧炉通过对比不同留钢量条件下冶炼电耗情况，确定最低冶炼电耗对应的留钢量在42~53t[110]；贵阳特钢60t Consteel 连续加料电弧炉的留钢量约为30t[112]；嘉兴钢厂的75t Consteel 连续加料超高功率交流电弧炉的留钢量在35~40t[88]。

在废钢加入量一定时，废钢熔化时间随着废钢比表面积增大而减小，为缩短冶炼周期，提升冶炼效率，Consteel 连续加料电弧炉适宜加入体积密度较小，孔隙度较大的轻料型废钢和中重型废钢的破碎料；或者在加料过程中，前期加重型废钢，然后逐渐过渡至中型、小型和统料型废钢，在后期加入轻料型废钢，通过合理匹配重型、中型、小型、统料和轻料型加入量，以保证重型、中型、小型和统料型废钢完全熔化的时间不晚于轻料型废钢。

此外，电弧炉炼钢过程中，提高废钢入炉温度对于降低能耗、缩短冶炼周期具有重要意义；理论上废钢入炉温度每升高 100℃，可减少电耗 20kW·h/t[35]。在实际电弧炉炼钢过程中，占总能耗 28% 以上的热量通过烟气和炉渣流失[36]，为了回收热量，开发了一系列电弧炉废钢预热技术与设备，因投资少、对现有工艺改造幅度小[37]，且效益提升显著，而得到广泛应用。对于 Consteel 连续加料电弧炉电而言，其水平连续加料废钢预热系统的废钢预热效果并不理想，尤其对于孔隙度较小的废钢，预热效果极差，因而为提升废钢预热效率，提高其入炉温度，宜多采用体积密度较小的轻料型废钢，如各种机械废钢及混合废钢、管材、薄板、钢丝、边角余料、生产和生活废钢等，而对于中重型废钢也应先进行破碎。

3.5.2　基于双欧拉方法的电弧炉废钢预热模型

在实际生产中废钢的形状、尺寸差异很大，即使是同一类废钢结构也很复杂。另外，废钢堆积时，废钢之间会形成孔隙，且孔隙形状大小千变万化。所以，采用普通的流固耦合模型难以准确反映出烟气在废钢层中的运动行为，从而无法模拟分析烟气与废钢之间的对流换热行为。目前，姜周华等人运用双欧拉方法建立了准确可靠的电弧炉废钢预热模型，对现场具有指导意义，该模型主要包括了质量、动量和能量守恒方程。

烟气和废钢满足质量守恒定律，二者的连续性方程为：

$$\frac{\partial}{\partial t}(\alpha_g \rho_g) + \nabla \cdot (\alpha_g \rho_g \boldsymbol{v}_g) = 0 \tag{3-7}$$

$$\frac{\partial}{\partial t}(\alpha_s \rho_s) + \nabla \cdot (\alpha_s \rho_s \boldsymbol{v}_s) = 0 \tag{3-8}$$

式中，α_g 和 α_s 分别为烟气和废钢的体积分数；ρ_g 和 ρ_s 分别为烟气和废钢的密度；$\boldsymbol{v}_g$ 和 $\boldsymbol{v}_s$ 分别为烟气和废钢的速度。

烟气的动量方程为：

$$\frac{\partial}{\partial t}(\alpha_g \rho_g \boldsymbol{v}_g) + \nabla \cdot (\alpha_g \rho_g \boldsymbol{v}_g \boldsymbol{v}_g) = -\alpha_g \nabla p + \nabla \cdot \boldsymbol{\tau}_g + \alpha_g \rho_g \boldsymbol{g} + \boldsymbol{F} \tag{3-9}$$

式中，τ_g 为烟气的黏性切应力；$\boldsymbol{F}$ 为烟气所受的外力，主要是烟气与废钢相向运动过程中受到的曳力，本模型采用的曳力计算公式为：

$$\boldsymbol{F} = K_{sg}(\boldsymbol{v}_s - \boldsymbol{v}_g) \tag{3-10}$$

式中，K_{sg} 为烟气与废钢之间的动量交换系数，其表达式为：

$$K_{sg} = \frac{3}{4} C_D \frac{\alpha_s \alpha_g \rho_g |\boldsymbol{v}_s - \boldsymbol{v}_g|}{d_s} \alpha_g - 2.65 \tag{3-11}$$

式中，d_s 为废钢的当量直径；C_D 为曳力系数，其表达式为：

$$C_D = \frac{24}{\alpha_g Re_s} [1 + 0.15 (\alpha_g Re_s)^{0.687}] \tag{3-12}$$

式中，Re_s 为相对雷诺数，其表达式为：

$$Re_s = \frac{\rho_g d_s |\boldsymbol{v}_s - \boldsymbol{v}_g|}{\mu_g} \tag{3-13}$$

式中，μ_g 为烟气的黏度。

烟气在加料系统中的流动为湍流，本研究在构建模型中采用标准 k-ε 湍流模型，湍动能（k）和湍流耗散率（ε）的计算公式为：

$$\frac{\partial}{\partial t}(\rho k) + \frac{\partial}{\partial x_i}(\rho k u_i) = \frac{\partial}{\partial x_j}\left[\left(\mu + \frac{\mu_t}{\sigma_k}\right)\frac{\partial k}{\partial x_j}\right] + G_k + G_b - \rho\varepsilon \tag{3-14}$$

$$\frac{\partial}{\partial t}(\rho\varepsilon) + \frac{\partial}{\partial x_i}(\rho\varepsilon u_i) = \frac{\partial}{\partial x_j}\left[\left(\mu + \frac{\mu_t}{\sigma_\varepsilon}\right)\frac{\partial\varepsilon}{\partial x_j}\right] + C_{1\varepsilon}\frac{\varepsilon}{k}(G_k + C_{3\varepsilon}G_b) - C_{2\varepsilon}\rho\frac{\varepsilon^2}{k}$$

$$\tag{3-15}$$

式中，G_k 为由于速度梯度产生的湍动能；$C_{1\varepsilon}$ 和 $C_{2\varepsilon}$ 分别为常数，分别取值 1.44 和 1.92；G_b 为由于浮力产生的湍动能；σ_k 和 σ_ε 分别为湍动能（k）和湍流耗散率（ε）的湍流普朗特常数，分别取值 1.0 和 1.3；μ_t 是湍流黏度，其计算公式为：

$$\mu_t = \rho C_\mu \frac{k^2}{\varepsilon} \tag{3-16}$$

式中，C_μ 为常数，取值为 0.09。

烟气与废钢遵循能量守恒定律，二者的能量方程分别为：

$$\frac{\partial T_g}{\partial \tau_g} + v_{gx}\frac{\partial T_g}{\partial x} + v_{gy}\frac{\partial T_g}{\partial y} = \frac{\lambda_g}{\rho_g C_g}\left(\frac{\partial^2 T_g}{\partial x^2} + \frac{\partial^2 T_g}{\partial y^2}\right) + S_g \tag{3-17}$$

$$\frac{\partial T_s}{\partial \tau_s} = \frac{\lambda_s}{\rho_s C_s}\left(\frac{\partial^2 T_s}{\partial x^2} + \frac{\partial^2 T_s}{\partial y^2}\right) + S_s \tag{3-18}$$

式中，T_g 和 T_s 分别为烟气和废钢的温度；λ_g 和 λ_s 分别为烟气和废钢的导热系数；C_g 和 C_s 分别为烟气和废钢的比热容；S_g 和 S_s 分别为烟气和废钢能量方程的源项，用来计算二者之间的辐射传热，其表达式为：

$$S_g = \frac{\varepsilon_w C_0 \left[\left(\dfrac{T_s}{100}\right)^4 - \left(\dfrac{T_g}{100}\right)^4 \right]}{d_s} \tag{3-19}$$

$$S_s = \frac{\varepsilon_w C_0 \left[\left(\dfrac{T_g}{100}\right)^4 - \left(\dfrac{T_s}{100}\right)^4 \right]}{d_s} \tag{3-20}$$

式中，ε_w 为废钢的发射率；C_0 为史蒂芬-玻尔兹曼常数。

　　为了揭示烟气与废钢之间的换热行为，必须确定二者之间的传热方式，除了辐射换热外，烟气与废钢之间换热方式主要为对流换热，因而对流换热系数的确定尤为重要。假设废钢为具有均匀孔隙度的连续相，因此参考多孔介质的相关研究[113]，确定废钢预热模型中的对流换热系数为：

$$h = \frac{6\lambda_s \alpha_s Nu}{d_s^2} \tag{3-21}$$

式中，Nu 为努赛尔准数，其表达式为：

$$Nu = \left[\left(1.18 \left(\alpha_g Re_s\right)^{0.58}\right)^4 + 10.23 \left(\frac{\alpha_g Re_s}{1 - \alpha_g}\right)^{0.75} \right]^{1/4} \tag{3-22}$$

3.5.3　废钢预热过程中流场和温度场分析

　　以国内某厂 100t 全废钢连续加料式电弧炉的水平加料系统尺寸建立二维几何模型（如图 3-19 所示），加料系统的长度 31m，高度 0.8m，烟气和废钢相向运动。

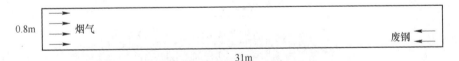

图 3-19　水平加料系统几何模型示意图

　　图 3-20 为烟气在水平加料系统中的流场分布，在加料过程中，由于受到相向运动废钢的阻力作用，烟气速度逐渐降低，同时靠近加料系统顶部区域没有废钢，烟气受废钢影响会向上流动在上方区域聚集，导致上方烟气速度大于下方废钢料层内烟气。此外，热浮力也会加剧向上流动的趋势。

　　加料系统中距离烟气进口 3m 范围内烟气和废钢的温度场分布如图 3-21 和图 3-22 所示，随着烟气与废钢之间不断进行热交换，烟气的温度逐渐降低，特别是在废钢料层区域，烟气温度的变化更加明显。与之相对，废钢进入加料系统后温度不断升高，并且废钢料层上方区域相比底部区域升温速度较快。

　　取废钢料层不同高度的预热温度数值进行对比，如图 3-23 所示，可以看出

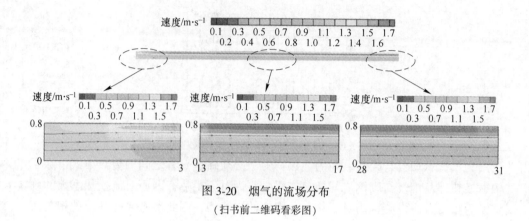

图 3-20   烟气的流场分布

(扫书前二维码看彩图)

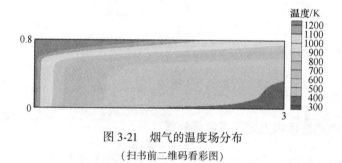

图 3-21   烟气的温度场分布

(扫书前二维码看彩图)

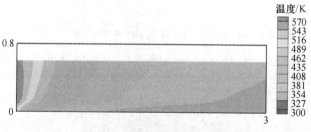

图 3-22   废钢的温度场分布

(扫书前二维码看彩图)

废钢层顶部的预热温度明显高于下方，但废钢整体预热情况较差，预热温度仅有 460~480K（约 160~180℃），因此，在水平连续加料系统中，高温烟气与废钢层过早分离导致其废钢预热效果差。

3.5.4   影响废钢预热效率的主要因素分析

基于烟气与废钢对流换热系数计算过程可知，烟气流速和废钢孔隙度均为影

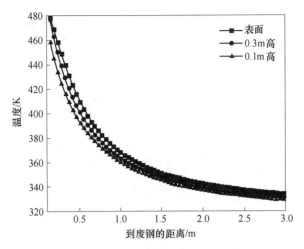

图 3-23　废钢料层不同高度处预热温度对比

响对流换热系数的主要因素。基于废钢预热温度的模拟结果，取废钢层五个设定点的预热温度进行对比，分析各因素对废钢预热效率的影响规律，五个设定点的位置如图 3-24 所示。

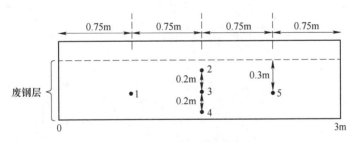

图 3-24　五个设定点的位置示意图

在烟气初始温度和废钢孔隙度保持不变的前提下，初始烟气流速分别为 0.9m/s、1.2m/s 和 1.5m/s 时连续加料系统废钢预热情况如图 3-25 所示。随着烟气初始流速的增加，五个设定点的废钢温度均呈升高趋势，其主要原因在于当废钢孔隙度一定时，随着烟气流速增大，烟气与废钢之间的对流换热系数增大（如图 3-26 所示）。因此，可以通过增大烟气初始流速来提高废钢预热温度。

在保持烟气初始速度和初始温度不变的前提下，废钢孔隙度 0.92、0.95 和 0.98 条件下的连续加料系统废钢预热情况如图 3-27 所示。随着废钢孔隙度增大，废钢预热温度升高。

由孔隙度变化对废钢与烟气间对流换热系数影响规律可知，随着孔隙度增加，对流换热系数减小（如图 3-28 所示），高温烟气传递给废钢的热量减少，废

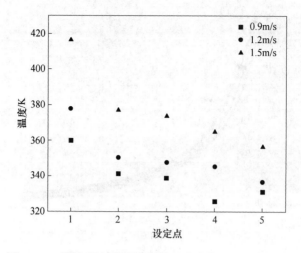

图 3-25　不同烟气初始流速条件下五个设定点的预热温度

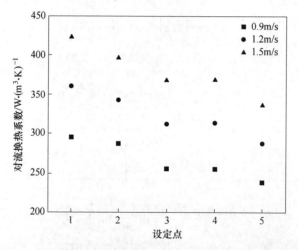

图 3-26　不同烟气初始流速条件下五个设定点的对流换热系数

钢的热能方程为：

$$Q = Cm\Delta T \tag{3-23}$$

方程（3-23）中，Q 是高温烟气传递给废钢的热量；C 是废钢的比热容；m 是废钢的质量；ΔT 是废钢的温度变化量。由于废钢没有规则的形状，它的质量由密度（ρ），孔隙度（α）和堆积体积（V）决定，所以方程（3-23）转变为：

$$\Delta T = \frac{Q}{C(1 - \alpha)\rho V} \tag{3-24}$$

由方程（3-24）可以看出，当废钢吸收的热量一定时，废钢孔隙度越大，废钢温

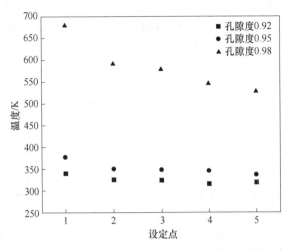

图 3-27　不同废钢孔隙度条件下五个设定点的预热温度

度增量越大；因此，孔隙度通过改变废钢质量 m 和对流废钢与烟气间对流换热系数 h 共同影响废钢预热温度，但孔隙度通过改变烟气间对流换热系数 h 对废钢温度影响相对较小，因而增大废钢孔隙度有助于提高废钢预热温度。

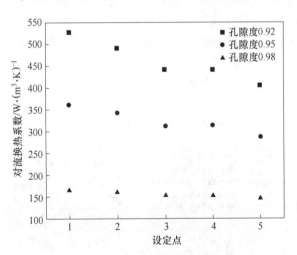

图 3-28　不同孔隙度条件下五个设定点的对流换热系数

3.5.5　废钢布料方式对预热效果的影响

实际生产中废钢原料种类繁多，不同种类废钢的孔隙度差异较大，加入到全废钢连续加料系统中，导致预热温度不均；由孔隙度对废钢预热温度的影响规律可知，通过优化设置孔隙度分布，指导废钢料层布置，可实现废钢预热温度的大幅度提升。在相同烟气初始速度和初始温度的条件下，利用电弧炉废钢预热模型模拟不同布料方式（图 3-29）下废钢预热温度对比如图 3-30 所示。布料方式具体为将废钢料层平均分为三层，每层布置不同种类的废钢，三种废钢孔隙度分别为 0.92、0.95 和 0.98。

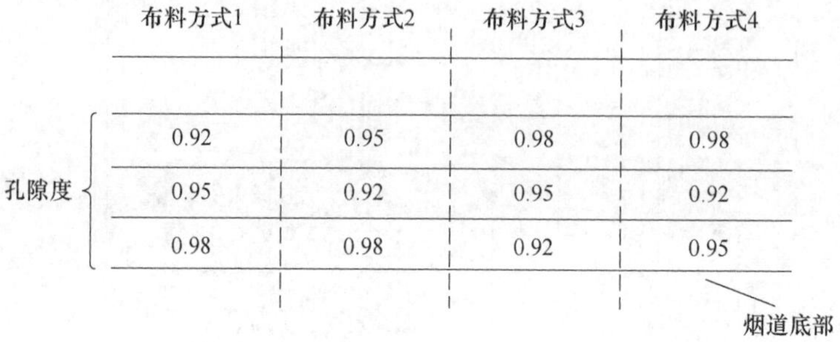

	布料方式1	布料方式2	布料方式3	布料方式4
	0.92	0.95	0.98	0.98
孔隙度	0.95	0.92	0.95	0.92
	0.98	0.98	0.92	0.95

烟道底部

图 3-29　四种废钢布料方案示意图

图 3-30 中 0 号布料方式是现有工艺采用单一种类废钢（孔隙度为 0.95）的预热温度分布。对比可知，3 号和 4 号布料方式的整体预热效果较好；其中采用 3 号布料方式废钢预热温度最高可达 630K 以上，预热效果显著提升，但加料系统底部附近区域的废钢预热效果较差，最低预热温度仅有 440K 左右；相比之下，4 号布料方式废钢料层的整体预热效果最好，预热温度范围在 480~590K 之间，与目前生产中采用的单一种类废钢布料方式相比，废钢料层不同高度处的预热温度有很大程度的提升。因此，从提高废钢预热温度的角度考虑，最佳的布料方式是选取 3 种不同孔隙度的废钢，将孔隙度最大的废钢布置在料层的顶部，孔隙度最小的放置在中部，其余布置在底部。

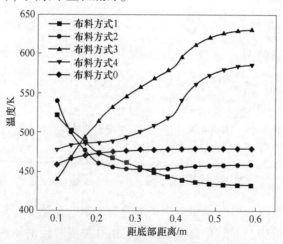

图 3-30　不同布料方式废钢预热温度的对比

参 考 文 献

[1] 黄涛. 浅议废钢行业发展前景 [J]. 冶金管理, 2020, 408 (22): 6~14.

[2] 陆钟武. 论钢铁工业的废钢资源 [J]. 钢铁, 2002, 4: 68~72, 8.

[3] 中国国家标准化管理委员会. GB 4223—2004　废钢铁. 北京: 中国标准出版社, 2004.

[4] 汤俊平. 废钢回收和加工 [J]. 钢铁技术, 2005, 34 (4): 6~8.

[5] 范美文, 熊学伟. 废钢分类管理研究与实践 [J]. 中国废钢铁, 2008, 20 (4): 32~36.

[6] 张文明, 张玉亭. 四位一体短流程生产线对其原料——废钢的质量要求 [J]. 冶金标准化与质量, 2001, 39 (2): 28~30.

[7] 张利民. 废钢中的放射源——不能不了解的潜在危险 [J]. 中国废钢铁, 2006, 18 (5): 35~40.

[8] 徐炳泉. 废钢中的密封件、压力容器的鉴别方法 [J]. 金属再生, 1990, 1 (6): 28.

[9] 柳建国. 我国破碎机的技术引进及其发展 [J]. 中国废钢铁, 2005, 17 (4): 17~19.

[10] 刘剑雄, 刘珺, 李建波, 等. 新兴的废钢铁破碎分选技术 [J]. 冶金设备, 2001, 129 (5): 18~21.

[11] 李淮东. 废钢及冶金渣处理的磁选工艺设备及工程应用技术 [J]. 商品质量, 2016, 2 (51): 234.

[12] 王伟华, 周自强, 蒋波. 废钢龙门剪切机的发展现状和前景展望 [J]. 机床与液压, 2020, 48 (1): 174~178.

[13] 周宁. 鳄鱼式液压剪切机及其控制系统的研究 [M]. 青岛: 山东科技大学, 2010.

[14] 王伟华. 大型龙门剪切机液压系统优化与控制方法研究 [D]. 徐州: 中国矿业大学, 2019.

[15] 施裕源. 火焰切割用气体 [J]. 机械工人, 1980, 25 (2): 4~9.

[16] 雷永祥. 废钢铁切割加工烟尘的治理 [J]. 工业安全与环保, 2009, 10 (3): 19~20.

[17] 苏伟. 废钢铁切割烟气捕集系统设计的探讨 [J]. 冶金与材料, 2019, 39 (3): 61~62.

[18] 王东, 吴雨川, 罗维平, 等. 水能切割废钢喷嘴的设计与实验研究 [J]. 武汉科技学院学报, 2006, 19 (5): 1~5.

[19] 周艮双, 王桂萍. 废钢打包或者破碎后冶炼给钢厂带来的效益分析 [J]. 废钢铁, 2002, 4 (4): 23~24.

[20] 李明波. 我国废钢加工装备发展应用现状与展望 [J]. 中国废钢铁, 2014, 26 (5): 25~34.

[21] 王芳芳, 谢英志. 金属打包液压机选型及经济效益分析 [J]. 一重技术, 2013, 151 (1): 11~12.

[22] 贾萧. 大型龙门剪打包系统的结构分析与优化 [D]. 苏州: 苏州大学, 2014.

[23] 程国营, 钱兆华, 姜睿. 废钢放射性物质检测技术 [J]. 宝钢技术, 2005, 5 (2): 18~20.

[24] 张丽红. 废钢中放射性元素监测方法的研究与应用 [J]. 科学技术创新, 2019, 23 (24): 44~45.

[25] 于会明，梁学邈，韩树君，等. 某钢铁企业通道式车辆放射性监测系统在废钢辐射监测中的应用 [J]. 工业卫生与职业病，2013，39（4）：244~246.

[26] 李静. 关于废旧金属回收冶炼辐射监测与处置的初步研究 [D]. 衡阳：南华大学，2014.

[27] 何志明. 天然本底甄别技术在废钢放射性监测中的应用 [J]. 冶金分析，2012，32：816~820.

[28] 李长荣. 金属循环过程中渣化法分离铁与铜锡等元素技术的基础研究 [D]. 上海：上海大学，2005.

[29] 张光德. 去除废钢中有害残余元素的基础研究——废钢中铜的去除 [D]. 沈阳：东北大学，2000.

[30] 张晨，刘世洲. 脱除废钢中有色金属的研究动态 [J]. 辽宁冶金，1997，9（4）：29~34.

[31] 张晨，刘世洲. 去除废钢中的有色金属 [J]. 钢铁研究，1998，26（3）：60~63.

[32] 肖玉光，阎立懿，张立德. 废钢中有害元素的去除技术 [J]. 钢铁研究，2001，3（4）：4.

[33] 茅洪祥，凌国胜. 废钢中锌蒸发的研究 [J]. 河南冶金，2000，7（2）：18~21.

[34] 孔明，王晔. 中国再生锌工业 [J]. 有色金属：冶炼部分，2010，10（5）：51~54.

[35] 曹先常. 电炉烟气余热回收利用技术进展及其应用 [C]//第4届中国金属学会青年学术年会. 北京，2008.

[36] Lee B，Sohn I. Review of innovative energy savings technology for the electric arc furnace [J]. JOM，2014，66（9）：1581~1594.

[37] 周兴林. 废钢预热炼钢的形式及节能效益分析 [J]. 特钢技术，2008，14（4）：25~27.

[38] 罗阿群，刘少光，林文松，等. 二噁英生成机理及减排方法研究进展 [J]. 化工进展，2016，35（3）：910~916.

[39] 汪恂，姜应和. 二噁英的危害与防治 [J]. 武汉科技大学学报（自然科学版），2001，24（4）：381~383.

[40] 张秀梅，刘敏，董业广. 浅析二噁英的危害与防治 [J]. 环境，2006，29（S2）：112~113.

[41] 史祥利. 二噁英形成机理及有机物参与气溶胶成核机理研究 [D]. 济南：山东大学，2018.

[42] 苍大强，魏汝飞，张玲玲. 钢铁工业烧结过程二噁英的产生机理与减排研究进展 [J]. 钢铁，2014，49（8）：1~8.

[43] 陈顺伟，张艳芳，张冬菊等. 金属氧化物催化氯酚形成二噁英机理的理论研究 [C]//中国化学会第十二届全国量子化学会议. 太原，2014.

[44] 郁万妮. 以卤代苯酚为前体物的二噁英气相形成机理研究 [D]. 济南：山东大学，2013.

[45] 周莉菊，赵由才. 二噁英从头合成机理研究进展 [J]. 工业炉，2006，28（4）：13~18.

[46] 陈彤，严建华，陆胜勇，等. 飞灰特性及氯对二噁英从头合成机理的影响 [J]. 中国电

机工程学报，2007，27（11）：27~32.

[47] 李宏，葛英. 二噁英的毒害、来源及治理 [J]. 化学工业与工程，2000，17（5）：294~298，302.

[48] 奚红霞，李忠，张海兵. 环境中剧毒物二噁英的成因、危害及治理技术 [J]. 化学工程，2002，30（6）：44~49.

[49] 盛守祥，刘海生，冯俊亭，等. 垃圾焚烧排放二噁英治理技术研究 [J]. 中国资源综合利用，2019，37（3）：117~120.

[50] 邵科. 二噁英从头合成机理以及硫基抑制机理研究 [D]. 杭州：浙江大学，2010.

[51] 於剑霞，李均涛. 垃圾焚烧与二噁英的污染和治理 [J]. 长沙铁道学院学报（社会科学版），2010，11（1）：53~54.

[52] 环境保护部科技标准司. GB 18485—2014 生活垃圾焚烧污染控制标准 [S]. 北京：中国环境科学出版社，2014.

[53] 国家环保总局. GB 18484—2001 危险废物焚烧污染控制标准 [S]. 北京：国家环境保护总局，2001.

[54] 环境保护部科技标准司. GB 30485—2013 水泥窑协同处置固体废物污染控制标准 [S]. 北京：生态环境部，2013.

[55] 环境保护部科技标准司. GB 3544—2008 制浆造纸工业水污染物排放标准研究 [S]. 北京：中国环境科学出版社，2008.

[56] 环境保护部科技标准司. GB 28662—2012 钢铁烧结、球团工业大气污染物排放标准 [S]. 北京：中国环境科学出版社，2012.

[57] 环境保护部科技标准司. GB 31574—2015 再生铜、铝、铅、锌工业排放废气 [S]. 北京：中国环境科学出版社，2015.

[58] 环境保护部科技标准司. GB 31572—2015 合成树脂工业焚烧设备排放废气 [S]. 北京：中国环境科学出版社，2015.

[59] 环境保护部科技标准司. GB 31571—2015 石油化学工业排放废水 [S]. 北京：中国环境科学出版社，2015.

[60] 费彦铭. 电炉炼钢中二噁英的排放现状及减排措施 [J]. 中国金属通报，2019，27（5）：10~11.

[61] 操龙虎. 电炉炼钢中二噁英的排放现状及减排措施 [J]. 炼钢，2019，35（1）：24~28.

[62] 徐帅玺. 典型钢铁生产过程二噁英生成机理及抑制研究 [D]. 杭州：浙江大学，2018.

[63] 侯祥松. 带废钢预热电弧炉烟气中的二噁英的产生及抑制 [J]. 工业加热，2011，40：65~67.

[64] 李黎，梁广，胡堃. 电炉及烧结烟气二噁英治理技术研究 [J]. 钢铁技术，2014，43（3）：43~48.

[65] 曹先常，王鼎. 电弧炉废钢预热技术进展及其应用前景 [C]//2007 中国钢铁年会. 成都，2007.

[66] 景德喜. 钢厂节能的新途径——利用电弧炉废气预热废钢 [J]. 特殊钢，1983，4（1）：68~71.

[67] Lempa G, Trenkler H. ABB 双壳节能电弧炉 [J]. 钢铁, 1998, 33 (6): 21~24.

[68] 杨永森. 当代炼钢电炉新技术新炉型及其选用原则 [J]. 工业加热, 1999, 28 (3): 12~16.

[69] 柴毅忠. 双壳电炉特点分析 [J]. 冶金丛刊, 1997, 20 (3): 24~26.

[70] 杨兰香. 电弧炉炼钢废钢预热系统的发展 [J]. 四川冶金, 1996, 13 (3): 22~26.

[71] 张喆君. 新型电弧炉开发的现况 [J]. 特殊钢, 1997, 18 (5): 1~11.

[72] Toulouevski Y N, Zinurov I Y. Electric Arc Furnace with Flat Bath [M]. Berlin Heidelberg: Springer, 2015.

[73] 肖英龙, 王怀宇. 电弧炉用废钢预热技术 [J]. 宽厚板, 1998, 4 (2): 28~30.

[74] 丁于. 手指式竖炉电弧炉的应用 [J]. 钢铁研究, 2004, 32 (2): 22~25.

[75] 费及竟. 竖炉式电弧炉的发展与现状 [J]. 上海金属, 2000, 22 (2): 51~55.

[76] 钱永辉. 竖式电炉废钢预热工艺 [J]. 现代冶金, 2010, 38 (6): 34~35.

[77] 徐迎铁, 李晶, 傅杰, 等. 烟道竖炉电弧炉废钢预热特性研究 [J]. 钢铁, 2005, 40 (12): 31~33.

[78] Nakano H, Arita K, Uchda S. New scrap preheating system for electric arc furnace (UL-BA) [J]. Nippon Steel Technical Report, 1999, 41 (79): 68~74.

[79] Nakano H, 徐行南. UL-BA 电弧炉炼钢新型的废钢预热系统 [J]. 上海宝钢工程设计, 2002, 16 (1): 78~84.

[80] 王怀宇. 电炉用新型废钢预热系统 (UL-BA 方式) [J]. 宽厚板, 2001, 7 (1): 43~48.

[81] 刘新成. 多级废钢预热竖炉 [J]. 宽厚板, 2000, 6 (4): 26~27.

[82] 杨宁川. 中冶赛迪绿色智能电弧炉技术 [C]//2018 (首届) 中国电炉炼钢科学发展论坛. 北京, 2018.

[83] 张豫川, 杨宁川, 黄其明, 等. 中冶赛迪绿色电弧炉高效智能控制技术 [J]. 冶金自动化, 2019, 43 (1): 53~58, 72.

[84] 施维枝, 杨宁川, 黄其明, 等. 电弧炉废钢预热技术发展 [J]. 钢铁技术, 2019, 213 (4): 31~39.

[85] 张文怡. Consteel 电弧炉连续炼钢设备 [J]. 工业加热, 2005, 34 (2): 50.

[86] 汤俊平. Consteel 连续炼钢电弧炉技术的应用 [J]. 钢铁技术, 2001, 22 (3): 29~33.

[87] 卫乾祥. 一种新的电炉连续炼钢法——Consteel 工艺 [J]. 上海金属, 1997, 16 (6): 3~8.

[88] 马登德, 范增顺. 嘉兴钢厂 75t Consteel 超高功率交流电弧炉的设备和工艺特点 [J]. 浙江冶金, 2007, 19 (2): 17~19.

[89] 刘宗辉. 连续加料式电炉工艺技术研究 [D]. 沈阳: 东北大学, 2008.

[90] Giavani C, Malfa E, Battaglia V. The evolution of the Consteel© EAF [C]. South East Asia Iron and Steel Institute. Indonesia: 2012.

[91] 朱国平, 查显文, 刘文武, 等. 连续加料电弧炉炉内烟气净化系统及方法: 中国, 201810935072.3 [P]. 2018-08-16.

[92] 杨少强，林涵勇，徐素昌．一种电炉废钢预热水平连续加料系统：中国，201910560007.1 [P]. 2019-6-26.

[93] 郭智宜，郭瑛，王玉莲，等．基于电弧炉余热回收通道构建的预热废钢连续加料系统及其使用方法：中国，201510568587.0 [P]. 2015-09-09.

[94] 周涛．一种电弧炉强化废钢预热装置：中国，201910446565.5 [P]. 2019-05-27.

[95] 战东平，刘志明，杨永坤，等．一种水平连续加料电弧炉废钢预热装置及使用方法：中国，201810226021.3 [P]. 2018-03-19.

[96] 王佳，李佳辉，潘宏涛，等．一种水平连续加料竖式废钢预热装置及其应用：中国，201811645432.2 [P]. 2019-12-29.

[97] 东北大学．一种水平连续加料电弧炉废钢布料装置及其布料方法：中国，202110081194.2 [P]. 2021-01-21.

[98] 西门子奥钢联冶金技术有限公司．高效废钢熔炼的未来型方案 [J]. 中国钢铁业，2012，10 (9)：31~33.

[99] Jens A, Hannes B, Achim W. EAF Quantum-新型电弧炉炼钢技术 [J]. 河北冶金，2018，274 (10)：11~17.

[100] Dogan, Ertas, Akif, et al. New Generation in Preheating Technology for Electric Arc Furnace Steelmaking [J]. Iron & Steel Technology, 2013, 10 (1): 90~98.

[101] 宋艳慧，王莉莎，花皑．电弧炉余热回收的有效利用实现节能减排 [J]. 工业加热，2012，41 (6)：51~53.

[102] 肖英龙，王怀宇．环保型高效 ECOARC 节能电炉的开发 [J]. 宽厚板，2001，7 (3)：30~34.

[103] 郭廷杰．加强技术创新，积极开发环保节能型电炉 [J]. 工业加热，2002，31 (1)：20~24.

[104] Nagai T, Sato Y, Kato H. The most advanced power saving technology in EAF introduction to ECOARC™ [P]. Japan: JP Steel Plantech, 2014.

[105] 谈存真．CISDI-绿色高效电弧炉炼钢技术 [J]. 钢铁技术，2019，212 (3)：2.

[106] 闫立懿，王亦东，李延智，等．炉料连续预热式电炉炼钢技术探讨 [J]. 北京科技大学学报，2009，31 (S1)：16~21.

[107] 胡冰．Consteel 电弧炉炼钢工艺节能环保分析 [J]. 冶金设备，2013，201 (1)：65~70.

[108] 郝宏伟，陈丽青，赵宏军，等．大型康斯迪电弧炉预热系统的革新和留钢操作的重要性 [J]. 工业加热，2012，41 (6)：9~12.

[109] 李进．Consteel 炼钢工艺留钢量设计 [J]. 西安建筑科技大学学报（自然科学版），2003，35 (2)：179~181.

[110] 李晶，赵瑞华，傅杰，等．90t Consteel 电弧炉最佳铁水加入量及留钢量 [J]. 特殊钢，2002，23 (5)：50~51.

[111] 马登德，山增旺．西宁特钢 60t Consteel 交流电弧炉 [J]. 特殊钢，2000，21 (3)：37~38.

[112] 夏辉华，王翔，袁仁平，等. 贵阳特钢 60t Consteel FAF-LF(VD)-CC 流程生产 GCr15 轴承钢的工艺实践 [J]. 特殊钢，2006，27 (3)：59~60.

[113] 胡国新，许伟，程惠尔. 多孔介质中高温气体非稳态渗流传热数值计算 [J]. 燃烧科学与技术，2002，8 (1)：11~14.

4 电弧炉炼钢工艺与智能冶金模型

废钢—电弧炉—LF精炼—连铸—直接轧制流程中，电弧炉承担着以废钢熔化、脱磷等为主的炼钢任务。其操作工艺以现代电弧炉炼钢工艺为主，但其中部分工艺操作仍是沿用传统电弧炉炼钢的冶炼工艺，而且很多冶金模型是通用的。因此，本章将进行综合介绍。

4.1 电弧炉炼钢工艺

4.1.1 传统电弧炉炼钢冶炼工艺

传统的氧化法冶炼工艺操作过程包括：补炉、装料、熔化、氧化、还原与出钢六个阶段组成，主要由三期组成，俗称老三期[1,2]。传统电弧炉老三期工艺因存在设备利用率低、生产率低、能耗高等缺点[2,3]，满足不了现代冶金工业的发展，必须进行改革，但它依然是电弧炉炼钢的基础。

4.1.1.1 补炉

电弧炉炉体呈茶壶形，是炼钢反应容器，由炉身和炉盖（炉顶）组成，炉身外壳用钢板制作，其内为耐火材料制作的炉衬[4]。图4-1和图4-2分别为槽式出钢电弧炉和偏心底出钢电弧炉的耐火材料结构图[2,4]。碱性电弧炉炉墙由镁碳砖（MgO-C）或铬镁砖（Cr_2O_3、MgO）砌筑。炉底呈盆形，黏土砖和镁砖之上有镁砂烧（打）结层。酸性炉炉衬用石英砖（SiO_2）及石英砂修砌。对炉衬耐火材料除有强度、耐高温及绝热的基本要求外，还要求能承受炉渣的化学侵蚀，炉温反复急变的热冲击及炉料块和操作机械的碰撞。炉衬寿命是多炼钢、炼好钢、节约原材料、降低成本的关键。

4.1.1.2 配料

配料是电弧炉炼钢工艺中不可缺少的组成部分[5]，它是根据冶炼钢种的技术条件要求，合理搭配各种原料，在满足冶炼结束后钢液的成分要求和操作工艺要求的前提下，尽可能降低炼钢原料的成本。配料关系到能否按照工艺炼钢，关系到原材料的消耗[2,5]。由于电炉炼钢的生产成本中钢铁原料与铁合金成本所占

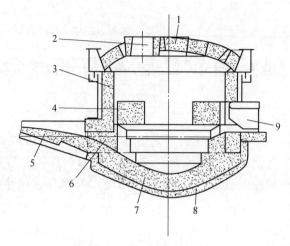

图 4-1　槽式出钢电弧炉

1—炉盖衬；2—电极孔；3—炉壁衬；4—炉壁热点区；5—出钢槽

6—出钢口；7—炉底衬；8—永久层；9—炉门口

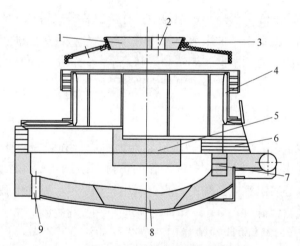

图 4-2　偏心底出钢电弧炉

1—水冷炉盖；2—电极孔；3—炉盖秤；4—水冷炉壁；5—炉壁热点区

6—炉门壁；7—渣线；8—炉底衬；9—出钢口

比例很大（60%左右），而且原料成分直接关系到冶炼的工艺操作，不合理的配料操作会造成冶炼时间增加、精炼期钢水成分调整成本高等问题，严重者可能造成冶炼钢水成为废品。配料是关系到电弧炉炼钢工序能否按照工艺要求正常地进行冶炼操作的关键。电弧炉使用的原料包括废钢、生铁、直接还原铁等固体物料，部分工厂还兑入铁水冶炼。根据这些原料的化学成分及特点，合理地配料不仅能保证冶炼顺畅有序进行，同时对冶炼过程反应及操作的平稳性、冶炼终点成分和温度控制以及冶炼周期和生产成本控制等经济技术指标均有明显影响[6,7]。表 4-1 为不同原料条件下的冶炼指标（参考值）。由此可见，现代电弧炉操作中应重视配料。

表 4-1 不同原料条件下的冶炼指标

指　标	传统电弧炉，全废钢	新型电弧炉，全废钢	电弧炉，100%DRI	电弧炉，60%铁水
钢铁料消耗/kg·t^{-1}	1090	1050~1090	1150~1180	1120
冶炼周期/min	55~65	30~55	60~70	45~55
电耗/kW·h·t^{-1}	380~430	270~370	550~650	100~180
电极消耗/kg·t^{-1}	2.0~3.5	0.8~2	2.0~3.5	0.5
流程能耗（标煤）/kg·t^{-1}	100	80	300	350
品种结构	普钢、优钢、特钢	普钢、优钢、特钢	普钢、特钢	优钢、特钢
钢的洁净化	有害残余元素高	有害残余元素高	洁净	较洁净
冶金化学操作	脱磷、去气	脱磷、去气	脱磷、脱碳、去气	脱磷、脱碳、去气
辅材用量/kg·t^{-1}	30~40	20~40	60~80	40~50
烟气排放量（标态）/m^3·t^{-1}	20	20	80~90	90

　　影响配料准确性的因素较多，包括炉料分类管理状况、元素收得率、冶炼工艺、计算及计量误差等[1,3,5]，一般配料应根据冶炼钢种、设备条件、现有的原材料和不同的冶炼方法等进行合理配料。

　　配料时必须在准确掌握原料种类、成分、冶炼工艺方法等信息的前提下，根据钢的质量要求、冶炼方法、成本要求等合理进行原料选择，正确地进行配料计算，然后依据配料系统的准确称量来保证炉料的装入量。配料过程应对炉料的种类和大小按比例搭配，对顶装料电炉依据料篮进料时，要考虑入炉后炉料在炉内的合理布料，以达到容易入炉、快速熔化的目的[1,4]。

4.1.1.3 装料

　　电弧炉炼钢装料操作是电弧炉冶炼过程中重要的一个环节，它对电弧炉冶炼过程的顺序、炉料的熔化、合金元素的烧损以及炉衬和石墨电极消耗等经济技术指标有显著影响[4]。因此，为了保证电弧炉原料的顺利装入，再结合电弧炉能量的高效利用及废钢的预热等，人们开发了多种炉型的电弧炉[8~12]。如传统料篮顶装料电弧炉、Consteel 电弧炉、Fuchs 竖炉、Quantum 电弧炉、EcoArc 电弧炉等[8]。电弧炉的装料是与原料的种类密切相关的，不同炉型对原料要求及装料方式也有差别，下面结合各种炉型进行装料介绍[1~5,8~14]。

传统电弧炉均采用炉顶装料方式[10~14]，具体有三种方式：

（1）炉身开出式：提起炉盖及电极，炉身沿平台轨道向炉前开出，桥式吊车将料筐自炉顶将料装入炉内。此种加料方式要求炉座内有炉身推出装置且炉前平台亦应有部分能移动。

（2）炉顶开出式：炉顶及电极升起，电极支柱系统及平台向炉后开出，然后吊车装料，此类炉子的上部机构通常置于龙门式平台上，使电极和炉顶运行平稳。

（3）炉顶旋转式：炉盖和电极提升后，以三根电极的共同基础的中心点为轴，将炉顶旋开进行装料。现代电弧炉多采用这种装料方式。

现代电弧炉炼钢过程中，根据废钢等原料情况，冶炼一炉钢过程中采用上述料筐方式添加 1~4 批[1,5]。对于多次装料的电弧炉，如二次进料时，第一次60%，第二次40%；三次进料时，第一次40%，第二、三次30%；分四次进料时，第一、二次30%，第三、四次20%。连续加料电弧炉或其他新型竖式电弧炉的第一炉冷炉启动时，一般也采用上述方式装料。

4.1.1.4 熔化期

从通电开始到炉料全部熔清的阶段称为熔化期。熔化期的热量主要消耗在以下方面：第一、将炉料由室温加热到熔点；第二、炉料由固态转变为液态；第三、使熔融的钢液和炉渣加热升温。电弧炉炼钢中，电能是主要的热量来源。为了加速炉料的熔化，在熔化期必须向炉内输入大功率的电能。传统工艺熔化期占整个冶炼时间的50%~70%，电耗占60%~80%。因此熔化期的长短影响生产率和电耗，熔化期的操作影响氧化期、还原期的顺利与否[1~3]。

（1）熔化期的主要任务。1）将块状的固体炉料快速熔化、并加热到氧化温度；2）提前造渣，早期去磷；3）减小钢液吸气与挥发。

（2）熔化期的操作。主要是合理供电，及时吹氧，提前造渣。其中合理供电制度是使熔化期顺利进行的重要保证。

（3）缩短熔化期的措施[1,3]。1）减少热停工时间；2）提高变压器输入功率；3）强化用氧，如吹氧助熔、氧-烧助熔；4）余钢、余渣回炉；5）废钢预热等。

4.1.1.5 氧化期

要去除钢中的磷、气体和夹杂物，必须采用氧化法冶炼。氧化期是氧化法冶炼的主要过程[1,2,4]。传统冶炼工艺当废钢炉料完全熔化，并达到氧化温度，磷脱除70%以上时进入氧化期。为保证冶金反应的进行，氧化开始温度应高于钢液熔点 50~80℃。

（1）氧化期的主要任务。1）当脱磷任务重时，继续脱磷到要求（<0.02%）；2）脱碳至规格下限；3）去气、去夹杂（利用 C-O 反应）；4）提高钢液温度。

（2）造渣与脱磷。可以看出氧化期要造好高氧化性、高碱度和流动性良好的炉渣。并及时流渣、换新渣，抓紧氧化前期（低温）快速脱磷。

（3）氧化与脱碳。按照熔池中氧的来源不同，氧化期操作分为矿石氧化、吹氧氧化及矿氧综合氧化法三种。近些年，强化用氧的实践表明：除钢中磷含量特别高而采用矿氧综合氧化外，均用吹氧氧化，尤其当脱磷任务不重时，通过强化吹氧氧化钢液降低钢中碳含量。

（4）气体与夹杂物的去除。电弧炉炼钢钢液去气、去夹杂是在氧化期进行的。它是借助碳-氧反应、一氧化碳气泡的上浮，使熔池产生激烈沸腾，促进气体和夹杂物的去除，均匀成分与温度。为此，一定要控制好脱碳反应速度，保证熔池有一定的激烈沸腾时间。

（5）氧化期的温度控制。氧化期的温度控制要兼顾脱磷与脱碳二者的需要，并优先去磷。在氧化前期应适当控制升温速度，待磷达到要求后再进行提温。一般要求氧化末期的温度略高于出钢温度 20~30℃。这主要考虑两点[1]：1）扒渣、造新渣以及加合金将使钢液降温；2）不允许钢液在还原期升温，否则将使电弧下的钢液过热，大电流弧光反射损坏炉衬以及钢液吸气（有资料介绍，氧化末期温度应高于液相线 120~130℃）[1,3]。

当钢液的温度、磷、碳等符合要求，扒除氧化渣、造稀薄渣进入还原期。

4.1.1.6 还原期

传统电弧炉炼钢工艺中，还原期的存在显示了电弧炉炼钢的特点[1,2,13,14]。

（1）还原期的主要任务。1）脱氧至要求（脱至 (30~80)×10⁻⁴%）；2）脱硫至一定值；3）调整钢液成分，进行合金化；4）调整钢液温度。

其中：脱氧是核心，温度是条件，造渣是保证。

（2）脱氧操作。炼钢过程通常包括沉淀脱氧、扩散脱氧和真空脱氧。电弧炉炼钢过程不具备真空脱氧条件，因此，还原期主要是采用沉淀脱氧和扩散脱氧相结合的综合脱氧法。其还原操作以脱氧为核心，具体操作过程如下[1,5,13,14]：

1）氧化末期当钢液的氧、磷、碳符合要求时，扒渣>95%；

2）加 Fe-Mn、Fe-Si 块等预脱氧（沉淀脱氧）；

3）加石灰、萤石、火砖块，造稀薄渣；

4）稀薄渣形成后还原，加碳粉、Fe-Si 粉等脱氧（扩散脱氧），分 3~5 批，7~10min/批（这是老三期炼钢还原期时间长的原因）；

5）搅拌，取样、测温；

6）调整成分-合金化（合金化计算后面单独描述）；

7）加铝或 Ca-Si 块等终脱氧（沉淀脱氧）；

8）出钢。

（3）温度的控制。考虑到出钢到浇铸过程中的温度损失，出钢温度应比钢的熔点高出 100~140℃。

由于氧化期未控制钢液温度大于出钢温度 20~30℃以上，所以扒渣后还原期的温度控制，实际上是保温过程。如果还原期大幅度升温，一是钢液吸气严重；二是高温电弧加重对炉衬的侵蚀；三是局部钢水过热。为此，应避免还原期后升温操作。

4.1.1.7　出钢

传统电弧炉炼钢冶炼工艺，钢液经氧化、还原后，当化学成分合格，温度合乎要求，钢液脱氧良好，炉渣碱度与流动性合适时即可出钢。因出钢过程的钢渣接触可进一步脱氧与脱硫，故要求采取"大口、深冲、钢渣混合"的出钢方式[1,3,4]。

4.1.1.8　合金化

炼钢过程中调整钢液合金成分的操作称为合金化，它包括电弧炉过程钢液的合金化及精炼过程后期钢液的合金成分微调[1,4,14,15]。传统电弧炉炼钢的合金化一般是在氧化末期、还原初期进行预合金化，在还原末期、出钢前或出钢过程进行合金成分微调。而现代电弧炉炼钢合金化一般是在出钢过程中在钢包内完成，出钢时钢包中合金化为预合金化，精确的合金成分调整最终是在精炼炉内完成的。合金化操作主要指合金加入时间与加入量。

加入铁合金总的原则是[1]：熔点高、不易氧化的元素可早加，如镍可随炉料一同加入，收得率仍在 95% 以上；熔点低，易氧化的晚加入，如硼铁要在出钢过程中加入钢包中，回收率只有 50% 左右。

具体原则[1,3,15]：

（1）不易氧化的元素（比铁和氧结合能力差的），可在装料时、氧化期或还原期加入，如铜、镍、钴、钼和钨。较易氧化的元素，一般在还原初期加入，如磷、铬、锰。易氧化的元素一般在还原末期加入，即在钢液和炉渣脱氧良好的情况下加入，如钒、铌、硅、钛、铝、硼和稀土元素（镧、铈等）。为提高收得率，许多工厂在出钢过程中加入稀土元素、钛铁等，有时稀土元素还在浇注的过程中加入。

（2）熔点高的、比重大的铁合金，加入后应加强搅拌。例如钨铁的密度大、熔点高，沉于炉底，其块度应小些。

（3）加入量大的、易氧化的元素应烘烤加热，以便快速熔化。

（4）在许可的条件下，优先使用便宜的高碳铁合金（如高碳锰铁、高碳铬铁等），然后再考虑使用中碳铁合金或低碳铁合金。

（5）贵重的铁合金应尽量控制在中下限，以降低钢的成本。如冶炼 W18Cr4V 时（钨 17.5%~19%），每节省 1% 的钨，可节约 15kg/t 钨铁（钨铁含钨 70%，收得率为 95%）。

另外，脱氧操作和合金化操作也不能截然分开。一般来说，作为脱氧的元素先加，合金化元素后加；脱氧能力比较强的，而且比较贵重的合金元素，应在钢液脱氧良好的情况下加入。比如铝、钛和硼易氧化元素的加入顺序与目的：出钢前 2~3min 插铝脱氧，加钛固定氮，出钢过程再加硼，提高硼的回收率。此种情况，三者的收得率分别为 65%、50% 和 50%。

4.1.2 现代电弧炉炼钢冶炼工艺

现代电弧炉冶炼已从过去包括熔化、氧化、还原精炼、温度、成分控制和质量控制的炼钢设备，变成仅保留熔化、升温和必要精炼功能（脱磷、脱碳）的化钢设备[1,4,5,10,14,15]。而把那些只需要较低功率的工艺操作转移到钢包精炼炉内进行。钢包精炼炉完全可以为初炼钢液提供各种最佳精炼条件，可对钢液进行成分、温度、夹杂物、气体含量等的严格控制，以满足用户对钢材质量越来越严格的要求。尽可能把脱磷，甚至部分脱碳提前到熔化期进行，而熔化后的氧化精炼和升温期只进行碳的控制和不适宜在加料期加入的较易氧化而加入量又较大的铁合金的熔化，对缩短冶炼周期，降低消耗，提高生产率特别有利。

电弧炉采用留钢留渣操作，熔化一开始就有现成的熔池，辅之以强化吹氧和底吹搅拌，为提前进行冶金反应创造良好的条件[14]。从提高生产率和降低消耗方面考虑，要求电弧炉具有最短的熔化时间和最快的升温速度以及最少的辅助时间（如补炉、加料、更换电极和出钢等），以期达到最佳经济效益。

4.1.2.1 现代电弧炉炼钢的装料制度

现代电弧炉炼钢已开发出多种炉型，这些炉型都可以与炉外精炼和连铸匹配，实现废钢—电弧炉炼钢—LF 精炼—连铸—直接轧制的流程匹配，但由于各种炉型的差异，其上料形式存在差异，因此，本部分分别介绍各种炉型的装料制度[3~5,8~20]。

A　UL-BA 竖炉废钢装料

图 4-3 为新日铁 UL-BA 竖炉式预热电弧炉废钢保存及转运装置结构图[18~20]。由图 3-11 和图 4-3 可以看出，UL-BA 电弧炉向竖炉内采用顶装料方式装入废钢，废钢预热完成后，用提升/转动装置将经过预热的废钢运送到电弧炉

上方,然后打开竖炉的废钢保存门将废钢批量装入电弧炉内[19,20]。由于 UL-BA 预热装置内的废钢保存装置采用钢板制作,所以它有足够的强度来抵挡废钢下落的冲击力。而且作用于废钢保存门的热负荷极小,这是因为仅承受从上边来的热负荷,因此不必采用特殊装置作为耐热措施。

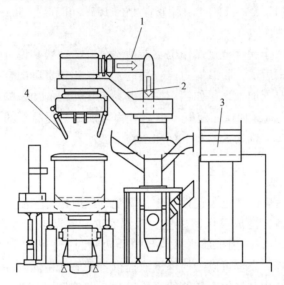

图 4-3　新日铁 UL-BA 竖炉式预热电弧炉废钢转运过程

1—管道;2—转动装置;3—提升装置;4—废钢保存装置

B　Fuchs 竖炉装料

由图 3-10 可知,Fuchs 竖炉冷炉启动时第一篮废钢(约 60%)采用料篮装入炉内。第一篮料开始通电熔化进入连续生产后,在冶炼的同时,用天车料篮在竖井中加入下一批废钢,并堆在炉内废钢上面,底部用指形托架(手指,又称指形阀)托住废钢原料,使其在竖井内形成料层。当需要向电弧炉内加料时,打开"手指",预热后的废钢在重力作用下进入熔池内,加料完成后关闭"手指",用天车料篮在竖井中加入下一批废钢,开始进入下一个预热、加料、冶炼过程[21,22]。出钢时,炉盖与竖窑一起提升 800mm 左右、炉体倾动,由偏心底出钢口出钢。Fuchs 竖炉废钢预热效果好,废钢预热温度可以达到 500~800℃,可节电 70~120kW·h/t[8,10]。手指式竖炉不但可以实现 100%废钢预热,而且可以在不停电的情况下,由炉盖上部直接连续加入高达 55%的直接还原铁(DRI)或多达 35%的铁水,实现不停电加料,进一步减少热停工时间。装料不影响正常操作,冶炼时通电时间短,生产效率提高 15%,电极消耗降低 20%[21~24]。同时,竖炉内废钢像一个过滤器,炼钢过程中 50%的灰尘留在废钢中或进入炉渣节省了除尘费用,提高了钢水收得率。

C　Sharc（shaft arc furnace）电炉装料

其属于改进型竖炉式电炉，最大的特点是电炉上有两个半圆形竖井，保持竖井内废钢自然对流预热，熔池平稳，加料方式还是采用天车料篮，废钢可 100% 被预热，采用轻薄料，堆比重可在 $0.25 \sim 0.3 t/m^3$，所用的废钢价格比较低，其他原理与竖炉式电炉的预热废钢类似[23,24]。

D　多段式废钢预热竖炉电弧炉（MSP）装料

由图 3-12 的多段式竖炉型废钢预热（MSP）电弧炉可以看出，该竖炉位于电弧炉炉盖上方，设有三个工位，即预热位、加料位和维修位[8,10,25]。预热位主要是接受废钢和预热废钢；加料位是把预热后的废钢从竖炉加入电弧炉；而维修位是对竖炉及有关部件进行维护。竖炉可在预热位、加料位和维修位往返运行。预热位由上下两个预热槽组成，上、下段预热槽之间以及下段预热槽与熔炼炉之间，有水冷的可动式炉算，上、下两层预热室均可用手指状的算子独立开闭。当炉算位于水平时起支承废钢的作用，而炉算转动为垂直方向时，可使废钢落入炉内。

当 MSP 竖炉位于预热位时，上层预热室处于关闭状态，加料吊车吊起矩形料篮，坐落在预热室上方废钢支撑架上，支撑架缓慢下降，矩形料篮借助重力自动打开料篮，使废钢加入上部预热室。下部预热室废钢放空后，当需要向下部室加料时，打开上部预热室，初步预热的废钢从上部预热室进入下部预热室。当在加料位将下部预热室内的预热废钢加入电弧炉后，MSP 返回到预热加料位，在预热加料位接受来自矩形料篮的废钢。

众所周知，竖炉型预热装置的热效率较高，但是从透气性角度来看，对小尺寸的废钢预热困难，并且温度高时，废钢之间有黏结的可能。日本大同特钢公司试验在重废钢中配入 30% 切屑，在高温下进行预热，即使切屑呈半熔融状态，废钢仍能通过炉算落入炉内。该方法可以有效改善局部废钢过热而粘手指的问题[10,25]。

E　EPC 电弧炉装料

由图 3-16 可知，EPC 电弧炉预热系统的特点是废钢预热和装料分为两部分：靠近电弧炉侧的废钢预热室和预热室右侧的废钢加料室[8,10,16]。设备工作时，废钢首先被装填至加料室内，随后进入预热室内与高温烟气接触进行热交换，预热后的废钢通过预热室底板上的伸缩式给料机推入电弧炉内。这种电弧炉装炉用伸缩式给料机及综合性称重装置控制废钢装炉速率，可根据废钢预热温度和熔炼供电功率调整废钢装炉速率。EPC 系统对废钢无需做特别处理，废钢适应性强。

F　Quantum（昆腾）电弧炉装料

由图 3-15 和图 4-4 可知，昆腾电弧炉利用带溜槽的升降机系统将废钢从地下倾卸站装入电弧炉，不需要使用天车或废钢料篮[26~28]。根据准确的冶炼周期和

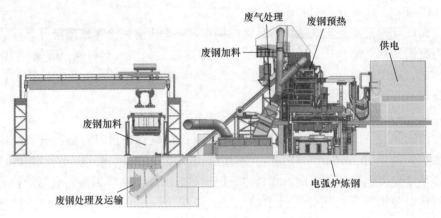

图 4-4　昆腾电弧炉上料系统结构图

加料时间，可以采用全自动操作。昆腾电弧炉对竖炉式废钢预热电炉进行了改进，手指式废钢保持系统如图 4-5 所示[8,16]。可见，昆腾电炉属于指形托架竖炉式电炉的改进型，手指在装料时能够从竖炉中完全抽出。手指的表面采用特殊钢钢板保护，能够承受装料造成的机械冲击。上料时，通过上料小车将废钢分批加入竖井内，竖井和炉盖是固定安装的，解决了原指形托架故障多的缺点。由于昆腾电炉废钢是装入竖井内进行预热的，竖井容积小约 70m³，竖井上部打开进行装料，开口尺寸为 4000mm×5000mm，尺寸大

图 4-5　昆腾电弧炉的
手指式废钢保持系统

废钢无法加入竖井中，如果尺寸长的废钢集中在一起会相互搭接堵在加料口，而且竖井无法压料，只能停电人工处理，竖井上部加料口为 19m 高，连接四孔烟气出口，劳动强度和工作环境恶劣，影响生产效率。废钢尺寸过大影响堆比重，增加加料次数，影响生产节奏。竖井高度为 5m，下部为手指密封装置，如果废钢单重过大，垂直下落冲击力大，会造成手指装置损坏。竖井内全部是水冷板没有耐材，所以废钢内严禁混有密封容器和爆炸物，否则会对竖井设备造成严重伤害。昆腾电炉高温烟气全部由竖井出口排出，如果废钢内水分含量大，水分吸收大量烟气温度，造成烟气温度低，竖井内废钢预热温度下降，直接影响昆腾电炉指标，而且造成除尘设备的损坏和环保压力增加。由于上述原因，昆腾电炉对废钢要求更加严格和精细，除传统要求的废钢内不能有密闭物和爆炸物、有害元素不能超标、废钢干燥等要求外，剪切料、粉碎料、小型重废是昆腾电炉首选，废

钢堆比重 0.8~0.9t/m³ 是固定的指标要求，过重或过轻都会影响电炉指标。单体废钢尺寸不大于 1500mm，重量不超过 500kg。

图 4-6 为 Tyasa 厂的昆腾电弧炉装料曲线。可以看出，该昆腾电炉冶炼过程中共打开手指装料 4 次。装料后的操作主要结合装料情况，采用供电和烧嘴结合的方式进行冶炼过程控制。

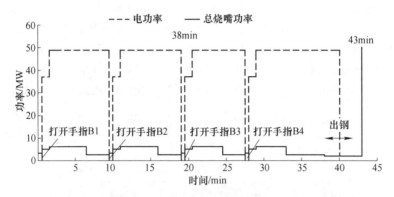

图 4-6 昆腾电弧炉装料曲线

G ECOARC 电弧炉装料

由图 3-17 可知，ECOARC 电弧炉上料与其他竖炉类似，从竖井顶部加入废钢[29]。不同之处在于废钢进入竖井后，逐渐堆积成废钢料柱，被炉内排出的高温烟气预热。废钢料柱底部的废钢浸泡在电弧炉内的钢水熔池内，随着熔池内废钢的不断熔化，竖井内的废钢料柱高度不断下降，实现对电弧炉内的连续加料[29~31]。

H Consteel 电弧炉装料

Consteel 炼钢电弧炉与传统炼钢电弧炉的最大区别是采用横向传送加料方式，利用一台连接废钢料场和电弧炉的输送系统，将废钢连续地装入电弧炉[3,8]。其连续加料系统是连接于废钢料场与电弧炉之间，用于将废钢炉料、造渣剂等连续地送入电弧炉内的装置，主要由上料段，动态密封装置，余热燃烧室和预热段组成。送料机全长一般为 60m 左右，上料段的送料机为敞开式结构，而位于动态密封装置与电弧炉之间的预热段（包括余热燃烧室）全部为罩式密封结构。送料过程中，料槽不断地水平振荡，缓慢前进，快速后退。送料机向前振荡时，废钢炉料随送料机同步动作，而当送料机向后振荡时，废钢炉料则利用其惯性作用沿送料机料槽表面滑动，使废钢向电炉方向移动，同来自电弧炉逆向流动的高温烟尘废气进行热交换得到预加热，最后通过加料小车伸向电弧炉内的投料盘将废钢炉料、造渣剂等加入电弧炉内，落入电弧炉熔池内被高温钢液迅速熔化。停止加料时，加料小车通过配置在小车上的液压缸装置将投料盘（加料盘）从电弧炉内抽出到加料小车上。Consteel 自控系统能够自动地调整送料机的送料速度，以使炉内熔池保持在适当的温度下，实现电弧炉的连续加料、连续预热和连续熔炼等一系列连续操作[3,8,32~35]。

由于 Consteel 电弧炉是通过特殊输送机连续加料，且要求炉内快速熔化，废钢的块度要适宜，大块废钢应切碎，体积密度应为 0.7t/m³ 左右。由于不同块度的废钢进入熔池的熔化速度不同，对冶炼过程的指标也有明显影响（见图 4-7）[3,10,33~35]。因此，Consteel 电弧炉对不同料型的废钢加入熔池的工艺也有不同的要求，见图 4-8。实际生产时，出完钢，清理堵塞 EBT 出钢口后，开始送电加料的前 4min 加重料，接着加入标准料（一般炉料），出钢前 11~6min 慢慢加轻薄料，出钢前 5min 内应停止加料，以保证炉料充分熔化且成分温度均匀。

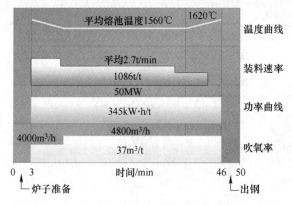

图 4-7　Consteel 电弧炉加料速率与工艺影响（Tenova）

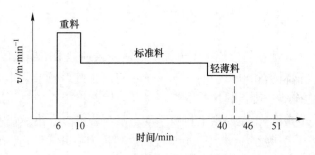

图 4-8　Consteel 电弧炉不同料型的加料速率

I　兑铁水

铁水也是电弧炉的原料之一，部分电弧炉采用兑铁水工艺[11,36]。与废钢装料类似，兑铁水工艺也对电弧炉的经济技术指标有显著影响[37,38]。图 4-9 为某双壳电弧炉铁水比例对电耗和单炉冶炼周期的影响，图 4-10 为铁水兑入时刻对电耗和单炉冶炼周期的影响，图 4-11 为该双壳炉兑铁水冶炼过程优化后的操作模式。采用该兑铁水模式后，电弧炉冶炼周期、电耗等指标显著改善[11]。

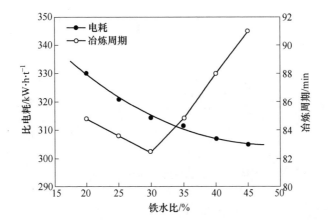

图 4-9　某双壳电弧炉铁水比例对电耗和单炉冶炼周期的影响

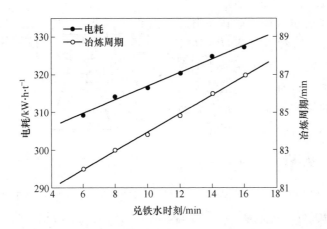

图 4-10　铁水兑入时刻对电耗和单炉冶炼周期的影响

由于兑铁水工艺对电弧炉操作的影响显著，国内外开发的兑铁水方式主要有以下三种[10,11,38]：

（1）先加废钢，过程兑铁：先加废钢，然后通电穿井大约 9~10min，停电并开启炉盖，将铁水用铁水包从炉顶倒入炉内，再通电冶炼。这种方法，有利于防止喷溅和冲蚀炉底。

（2）废钢和铁水同时加入：在南非 Iscor 公司，当铁水为 40%~50% 时，在通电前先将废钢和铁水加入炉内然后再通电冶炼，这样可以减少热停时间缩短冶炼周期。能否采用此方式，关键要看炉膛容积是否足够同时容纳废钢和铁水，并在兑铁水时不发生严重喷溅。

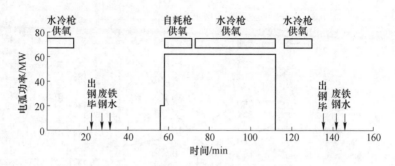

图 4-11　双壳炉兑铁水冶炼操作模式

（3）连续兑铁：在电弧炉冶炼时，在炉前设有专门的铁水包车，当需要兑铁水时，将小车开至电弧炉的炉门前，通过包底水口出铁并通过插入炉门的铁水流槽从炉门加入炉内，其示意图见图 4-12。这种方式不仅减少了热停时间，而且也提高了兑铁水时的安全性，但要求炉前有专门的铁水小车并有相应的铁水流槽。同时，炉前平台要有足够的空间布置这套设备。

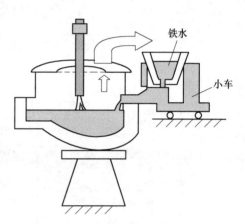

图 4-12　从炉门兑铁水方法示意图

4.1.2.2　快速熔化与升温操作

快速熔化和升温是当今电弧炉最重要的功能，将第一篮废钢加入炉内后，这一过程即开始进行[1,2]。为了在尽可能短的时间内把废钢熔化并使钢液温度达到出钢温度，在电弧炉中一般采用以下操作来完成：以最大可能的功率供电[2,3]，氧-燃烧嘴助熔[2,3,39]，吹氧助熔和搅拌[2,10]，底吹搅拌[10,14]，泡沫渣[1,11]，平熔池冶炼[10,14]以及其他强化冶炼和升温等技术[39~41]。这些都是为了实现最终冶金目标，即为炉外精炼提供成分、温度都符合要求的初炼钢液为前提，因此还应有良好的冶金操作相配合。

4.1.2.3　脱磷操作

脱磷操作的三要素，即磷在渣-钢间分配的关键因素有：炉渣的氧化性、碱度和温度。随着渣中 FeO、CaO 的升高和温度的降低，渣-钢间磷的分配系数明显提高。因此在电弧炉中脱磷主要就是通过控制上面三个因素来进行的。所采取的主要工艺有[1,3,5]：

（1）强化吹氧和氧-燃助熔[39]，提高初渣的氧化性。

（2）提前造氧化性强、碱度较高的泡沫渣，并充分利用熔化期温度较低的有利条件，提高炉渣脱磷的能力。

（3）及时放掉磷含量高的初渣，并补充新渣，防止温度升高后和出钢时下渣回磷。

（4）采用喷吹操作强化脱磷，即用氧气将石灰与萤石粉直接吹入熔池，脱磷率一般可达80%，并能同时进行脱硫，脱硫率接近50%。

（5）采用无渣出钢技术，严格控制下渣量，把出钢后磷降至最低。一般下渣量可控制在2kg/t，对于P_2O_5含量为1%的炉渣，其回磷量不大于0.001%。

出钢磷含量控制应根据产品规格、合金化等情况来综合考虑，一般应小于0.02%。

4.1.2.4　强化脱碳操作

电弧炉配料采取高配碳，其目的主要是[1,3,4]：

（1）熔化期吹氧助熔时，碳先于铁氧化，从而减少了铁的烧损。

（2）渗碳作用可使废钢熔点降低，加速熔化。

（3）碳-氧反应造成熔池搅动，促进了渣-钢反应，有利于早期脱磷。

（4）在精炼升温期，活跃的碳-氧反应，扩大了渣-钢界面，有利于进一步脱磷，有利于钢液成分和温度的均匀化和气体、夹杂物的上浮。

（5）活跃的碳-氧反应有助于泡沫渣的形成，提高传热效率，加速升温过程。

现代电炉配碳量和碳的加入形式、吹氧方式、供氧强度及炉子配备的功率关系很大，需根据实际情况确定。但在冶炼过程中，为了强化冶炼效果，使用炉门氧枪、炉壁氧枪等强化吹氧去碳，进入氧化期只进行碳的控制。

对于非合金钢和低合金钢（合金元素总量小于3.5%），希望熔清后便能保证0.2%~0.3%的脱碳量，以保证必要的沸腾。如不足可考虑喷吹增碳。出钢碳视炉后加入合金的碳含量而定，一般以保证合金化后碳含量达到规格中限为宜（非精炼有特殊要求）。对碳含量很低的高铬钢、铬镍钢和铬镍钼钢，因炉料中有大量的铬（几乎不能脱磷，配料时要特别注意磷的带入量），其精炼是在AOD或VOD中进行的，电炉出钢时，根据不同的处理工艺，碳含量可控制在1%~2%。在此，电炉的功能只限于熔化、升温而已。至于高碳含量的工具钢、高速工具钢、耐磨耐蚀钢，电炉的主要作用是熔化合金，出钢后碳含量能保证在炉后精炼中可调节即可。

4.1.2.5　合金化

现代电弧炉合金化一般是在出钢过程中在钢包内完成[1,5,15]，那些不易氧化、熔点又较高的合金，如镍、钨、钼等铁合金可在熔化后加入炉内，但采用留钢操作时应充分考虑前炉留钢对下一炉钢液所造成的成分影响。出钢时要根据所加合金量的多少来适当调整出钢温度，再加上良好的钢包烘烤和钢包中热补偿，可以做到既提高了合金收得率，又不造成低温。

出钢时钢包中合金化为预合金化，精确的合金成分调整最终是在精炼炉内完成的。为使精炼过程中成分调整顺利进行，要求预合金化时被调成分不超过规格中限。

4.1.2.6 温度控制

良好的温度控制是顺利完成冶金过程的保证，如脱磷不但需要高氧化性和高碱度的炉渣，也需要有良好的温度相配合，这就是强调早期脱磷的原因[1,3]。因为那时温度较低有利于脱磷；而在氧化精炼期，为造成活跃的碳氧沸腾，要求有较高的温度（>1550℃）；为使炉后处理和浇铸正常进行，根据所采用的工艺不同要求电弧炉初炼钢液有一定的过热度，以补偿出钢过程、炉外精炼以及钢液的输送等过程中的温度损失。

出钢温度应根据钢种，并充分考虑以上各因素来确定[1,3,10,16]。出钢温度过低，钢液流动性差，浇铸后造成短尺或包中凝钢；出钢温度过高，使钢清洁度变坏，铸坯（或锭）缺陷增加，消耗量增大。总之，出钢温度应在能顺利完成浇铸的前提下尽量控制低些。

EBT 电弧炉的出钢温度低（出钢温降小），节约能源，减少回磷。

4.1.2.7 泡沫渣操作

所谓泡沫渣就是在冶炼过程中，进入熔渣内的气体被分散成微小气泡且不再聚合时，熔渣的体积发生膨胀，形成有分割膜隔开的、密集排列的蜂窝状气孔结构，并滞留一定时间，这种结构就称为"泡沫渣"。即在不增加渣量的前提下，使得渣层的厚度增加。在钢铁生产过程中，泡沫渣可以保护耐火材料不受电弧的影响、防止熔体氧化，控制熔体组成，减少维持高温和限制电极消耗所需的电力。在电弧炉冶炼中，泡沫渣发挥以下作用[1,3]。

A 泡沫渣操作的优点

采用水冷炉壁、炉盖技术，能提高炉体寿命，可它对 400mm 宽的耐火材料渣线来说作用是有限的。当电弧炉泡沫渣技术的出现，其炉渣发泡厚度可达300~500mm，是电弧长度的 2 倍以上，从而可以使电弧炉实现埋弧操作[10,15]。埋弧操作，可解决两个方面问题：一方面真正发挥了水冷炉壁的作用，提高炉体寿命；另一重要方面使长弧供电成为可能，即大电压、低电流。它的优越性在于弥补了早期"超高功率供电"的不足，带来了以下优点[3,4,11,42~45]：

a 提高传热效率

电弧炉炼钢是靠电弧加热的, 若电弧在敞开的条件下, 则对炉衬和炉顶的热辐射极大, 使热损失增大, 同时也使炉衬和炉顶的寿命降低, 耐火材料消耗的增加, 从而影响生产成本和生产率[3]。为克服上述缺点而采用的大电流、低电压的短电弧操作工艺, 由于电流过大而使得短网的电能消耗增加。随着泡沫渣操作工艺的应用, 电弧被泡沫渣屏蔽, 故可采用小电流、高电压的长电弧操作工艺, 因而使短网的电能消耗减少, 同时也使传热效率得到提高。功率因数由 0.63 提高到 0.88, 由于没有剧烈的沸腾, 熔池的升温速度持续稳定, 可达 6~12℃/min。有文献报道[3], 在交流电炉中, 对于 140mm 长的电弧, 当泡沫渣的厚度分别为 160mm 和 75mm 时, 电弧传导到熔池的热量分别为 80% 和 30% 左右。可见利用泡沫渣, 尤其是厚度较大的泡沫渣, 可得到较高的能量传递率。泡沫渣操作工艺使得电弧炉炼钢热效率提高, 升温速度加快, 相应冶炼时间缩短, 可以明显缩短电弧炉的冶炼周期[3~5]。

b 缩短冶炼时间

采用小电流、高电压的长电弧操作工艺, 可使电能消耗降低, 采用泡沫渣冶炼工艺, 必须向熔池内大量吹氧形成以氧代电。据文献报道: 采用泡沫渣冶炼工艺后, 可使每炉钢的平均冶炼时间缩短 20~30min, 每吨钢节电 40~60kW·h, 更有文献报道每吨钢可节电 116.3kW·h, 炉衬寿命提高 64.9%。另外, 由于加入碳粉等还原剂, 使渣中 FeO 的还原率可达 60%, 使金属收得率得到提高[3,4,11]。

c 稳定电弧

由于熔渣发泡后, 熔渣屏蔽的电弧区温度较高, 电离化的条件得到改善, 故气体电导率增加, 电弧电阻减小, 在同样的电压下, 电弧的长度就会增加, 电极热端与金属液之间的距离变化对电弧的影响减小, 这些都可保证电弧的稳定[3,8,10,11]。埋弧操作使电流和电压的波动显著减少, 电弧闪烁也相应减少, 电弧较高的稳定性又使平均能量输入增加, 变压器的功率得以充分发挥[3,4,45]。

d 降低电极消耗

电极消耗包括电极表面氧化和电极尖端损耗[11,44]。电弧炉炼钢过程中电极消耗的 50%~70% 是由电极表面的氧化造成。据测定, 碳和石墨的氧化大约从 500℃ 开始, 超过 750℃ 时, 氧化急剧增加, 且随着温度的升高而加剧, 其表达式为:

$$G \propto V \cdot S \cdot t \tag{4-1}$$

式中, G 为电极表面氧化消耗量, kg; V 为氧化速度, kg/t; S 为电极表面积, m^2; t 为工作时间, min。

可见电极在恶劣工作环境中工作时间越长, 电极在高温下暴露在环境中的表面积越大，电极氧化损失就越大，而采用泡沫渣埋弧操作工艺后，由于电弧被渣层屏蔽，电弧的辐射热相对于普通渣工艺显著减少，环境温度相对较低，因而可减少电极的氧化。泡沫渣还有利于提高二次电压，降低二次电流，在减少电能消耗的同时，可使吨钢电极消耗显著降低，从而降低生产成本，提高生产率。电极尖端损耗包括电极蒸发、钢水吸收、热剥落三个方面，其消耗量仅次于侧面氧化，占电极总耗量的 25%~40%。泡沫渣包住电极尖端后，熔渣中通过旁路电流时，主弧柱电流 I 就会减小，电极蒸发也会相应减少[11,44,45]：

$$Q = 0.0271I^{1.5} \tag{4-2}$$

式中，Q 为电极端部的蒸发速度，g/t；I 为电弧的电流强度，A。

　　e　降低炉衬热负荷和消耗

　　有研究表明，裸露的电弧有 57% 的能量作用于炉衬，如果采用泡沫渣实现全埋弧操作，电弧的能量就全部被熔渣或熔池所吸收，而炉衬只受到远比电弧温度低得多的泡沫渣的辐射[3,4,11,44]。在不使用泡沫渣的情况下，当随着二次电压的增大，功率因素 $\cos\varphi$ 从 0.63 提高到 0.88 时，炉衬的热负荷会增大 4 倍；而使用了泡沫渣后炉衬的热负荷只是略有增加。鉴于电弧对炉衬的直接辐射是导致炉衬热负荷过高的主要原因，使用泡沫渣实现埋弧操作可以有效地屏蔽减少电弧对炉衬的直接辐射，降低炉衬热负荷，实现降低炉衬消耗的目的。炉渣厚度比电弧长度大 2 倍以上时，导电的炉渣将形成一个分流回路，输入炉内的电能不再是全部由电弧转换成热能，而是一部分依靠炉渣的电阻转换，这样在同样的输入功功率下，减小了电弧功率。电弧功率减小和电弧被炉渣屏蔽，都有利于减少炉衬的热负荷。炉衬的渣线部位是确定炉衬寿命的决定性部位，当渣层厚度小于 2 倍弧长时，由于炉渣中没有形成旁路电流及主弧柱中的大电流推动炉渣冲刷炉衬，造成渣线部位很快损坏，尤其在短网电抗不平衡度大于 15% 时，电极附近炉衬渣线部位很快损坏，当长电弧被泡沫渣埋没后，炉渣并联旁路电流，主弧柱电流减小，电流推动炉渣对炉衬的冲刷力减小，渣线部位的炉衬寿命得以提高[8,11,44]。

　　f　提高钢水纯净度

　　由于泡沫渣可以有效地降低电弧对炉衬的辐射，减少炉衬的消耗。炉衬的侵蚀就会减少，进入钢水中的杂质也相应地减少，同时，由于电弧有泡沫渣屏蔽，电弧区氮的分压显著降低，因此，采用泡沫渣法冶炼的成品钢中，氮含量只有常规工艺的 1/3。因此利用泡沫渣的埋弧操作可以有效地提高钢水的纯净度，有利于改善钢水的质量[11,42,43]。

　　g　有利于钢液脱磷

　　脱磷是炼钢的主要任务之一，泡沫渣埋弧操作可以明显缩短脱磷氧化期，加快脱磷速度。这是因为泡沫渣的碱度高和泡沫渣中氧化亚铁的含量高均有利于脱磷，更主要的是因为泡沫渣增大了钢渣的接触面积，促进了脱磷产物的扩散传质，加速了换渣过程，为脱磷反应提供了良好的动力学条件。因此，泡沫渣有利于钢液的脱磷[3,11,45]。

现代电弧炉熔池形成得早，因此可采取适当高配碳、提前吹氧使炉渣发泡。电弧炉泡沫渣操作主要在熔末电弧暴露-氧化末期间进行，它是利用向渣中喷碳粉和吹入的氧气产生的一氧化碳气泡，通过渣层使炉渣泡沫化。良好的泡沫渣要求长时间将电弧埋住，这既要求渣中要有气泡生成，还要求气泡要有一定寿命。

B　影响泡沫渣的因素

（1）吹氧量：泡沫渣主要是碳-氧反应生成大量的 CO 所致，因此提高供氧强度既增加了氧气含量又提高了搅拌强度，促进碳-氧反应激烈进行，使单位时间内的 CO 气泡发生量增加，在通过渣层排出时，使渣面上涨、渣层加厚[3,5,8,11]。

（2）熔池碳含量：碳含量是产生 CO 气泡的必要条件，如果碳不足将使碳-氧反应乏力，影响泡沫渣生成，这时应向炉内及时补碳，以促进 CO 气泡的生成[11,45]。

（3）炉渣的物理性质：增加炉渣的黏度、降低表面张力和增加炉渣中悬浮质点数量，将提高炉渣的发泡性能和泡沫渣的稳定性。

（4）炉渣化学成分：在碱性炼钢炉渣中，FeO 含量和碱度对泡沫渣高度的影响很大。一般来说，随 FeO 含量升高，炉渣的发泡性能变差，这可能是 FeO 使炉渣中悬浮质点溶解，炉渣黏度降低所致。碱度在指数 2 附近有一峰值，此时泡沫值高度达最大。

（5）温度：在炼钢温度范围内，随温度升高，炉渣黏度下降，熔池温度越高，生成泡沫渣的条件越差。

C　泡沫渣的评价指标

Ito 等人的研究表明，泡沫渣的高度变化可以由下式表示[43]：

$$\frac{\mathrm{d}h}{\mathrm{d}t} = k_1 Q_g - k_2 h \tag{4-3}$$

式中，k_1 为气泡形成的速率常数，m^{-2}；k_2 为气泡破灭的速率常数，s^{-1}；h 为泡沫渣的高度，m；t 为时间，s；Q_g 为气体吹入的体积流量，m^3/s。

由式（4-3）可知，泡沫渣的高度变化取决于气体流量，并与气泡产生和破灭的速度有关。当气泡的生成速率大于气泡的破灭速率时，泡沫渣的高度增加，这种情况常见于冶炼初期；当气泡的生成速率小于气泡的破灭速率时，泡沫渣的高度减少，这种情况常见于冶炼末期；而当气泡的生成速率等于气泡的破灭速率时，泡沫渣的高度保持不变，泡沫渣的高度处于动态平衡中，这种情况常见于冶炼中期[3]。

任正德认为泡沫渣的发泡幅度可以由下式表示[44]：

$$\varepsilon = C \times t \qquad (4\text{-}4)$$

式中，ε 为发泡幅度，即（泡沫渣高度−原始高度)/原始高度；C 为系数，s^{-1}；t 为气泡在渣中的滞留时间，s。

由式（4-4）可以看出，熔渣发泡高度与气泡在渣中的滞留时间是成正比的。也就是说对于特定的气源和熔渣条件，气泡在渣中的滞留时间越长，发泡高度就会越大。

一些统计模型则大多把熔渣的表面张力和黏度确定为影响泡沫稳定性的主要因素。Roth 根据实验结果，独立推导出了如下计算表达式[45]：

$$\Sigma = K \frac{\eta}{\sqrt{\rho\sigma}} \qquad (4\text{-}5)$$

式中，Σ 为泡沫指数，指气体在泡沫层的平均停留时间；η 为熔渣黏度，Pa·s；σ 为熔渣表面张力，N/m；ρ 为熔渣密度，k/m^3；K 为常数，1。

该式表明，当炉渣具有较高的黏度、较低的密度和表面张力时，容易形成稳定的泡沫渣。

Fruehan 等人测定了 CaO-SiO$_2$ 泡沫稳态厚度的表达式，如下式所示[43,45,46]：

$$h = 115 \frac{\mu}{\sqrt{\rho\sigma}} j \qquad (4\text{-}6)$$

式中，h 为泡沫厚度，mm；j 为表观气体速度。

当考虑平均气泡直径的参数时，发现泡沫稳态厚度随黏度的增大而增大，随密度和气泡平均直径减小而减小，对应的关系式如下：

$$h = 115 \frac{\mu^{1.2}}{D\rho\sigma^{0.2}} j \qquad (4\text{-}7)$$

式中，D 为气泡平均直径，mm。

Skupien 和 Gaskell 等人[47]使用 Jiang 和 Fruehan 的无量纲数，提出了 CaO-FeO-SiO$_2$ 渣系在 1573～1708K 的温度范围内的泡沫温度厚度表达式，如下式所示：

$$h = 100 \frac{\mu^{0.54}}{\rho^{0.39}\sigma^{0.15}} j \qquad (4\text{-}8)$$

Ghag 等人[48]的研究表明，泡沫稳态厚度的计算还需考虑气泡膜的有效弹性，并提出了泡沫稳态厚度的表达式，如下式所示：

$$h = 5 \times 10^5 \frac{\mu E_{\text{eff}}}{(\rho g D)^2} j \qquad (4\text{-}9)$$

式中，E_{eff} 为气泡膜的有效弹性。

Pilon 推导出气动泡沫稳态厚度的预测模型，如下式所示[49]：

$$h = 2905 \frac{\sigma [\mu(j - j_m)]^{0.8}}{(\rho g)^{1.8} \gamma^{2.6}} \tag{4-10}$$

式中，j 为气体的表观速度；j_m 为发泡所需的最小表观速度；γ 为液体密度。

D 泡沫渣的控制

对于电弧炉炼钢来说，泡沫渣可以屏蔽电弧，因此对于稳定电弧、保护炉衬、提高热效率等方面具有明显的作用[3~5]。与转炉过程不同，现在电弧炉内的泡沫渣对冶炼是有利的，是人为制造的。其作用主要在于保护炉衬和提高电弧加热的热效率。除此之外，泡沫渣工艺对降低电极消耗、减轻弧光和噪声污染有一定效果[11,43,45]。

对于一般钢种，采用喷吹氧气和碳粉来生成 CO 的方法形成泡沫渣，其原理如下所示[11]：

$$O_2 = 2[O] \tag{4-11}$$

$$[Fe] + [O] = (FeO) \tag{4-12}$$

$$(FeO) + C = CO + [Fe] \tag{4-13}$$

$$C + [O] = CO \tag{4-14}$$

钢液中的铁和吹入的氧反应生成 FeO 并进入炉渣，炉渣中的 FeO 和碳粉发生还原反应生成 CO 气体，CO 气体在缓慢上浮的过程中均匀地分布于渣层中，形成蜂窝状的气孔结构，使得炉渣的体积显著增大，高度显著增加，从而形成泡沫渣。

对于含铬高的不锈钢钢种，由于钢液中的铬化学性质较铁活泼，易被氧化而生成 Cr_2O_3，从而造成渣中 FeO 含量较低而 Cr_2O_3 含量却较高，此外，熔化期为了减少铬的氧化，采取低水平的吹氧量，而且 Cr_2O_3 的还原动力学条件较差，仅靠加碳粉这种方法难以形成稳定的泡沫渣。因此只能是通过熔渣自身的分解以及和碳的反应生成 CO 气体，使得熔渣发泡形成泡沫渣，一般采用的碳酸盐主要是石灰石和白云石。发泡原理如下所示[11]：

$$CaCO_3 = CaO + CO_2 \tag{4-15}$$

$$MgCO_3 = MgO + CO_2 \tag{4-16}$$

$$C + CO_2 = 2CO \tag{4-17}$$

可见，良好的泡沫渣是通过控制 CO 气体发生量、渣中 FeO 含量和炉渣碱度来实现的。足够的 CO 气体量是形成一定高度的泡沫渣的首要条件。形成泡沫渣的气体不仅可以在金属熔池中产生，也可以在炉渣中产生。熔池中产生的气泡主要来自溶解碳和气体氧、溶解氧的反应，其前提是熔池中有足够的碳含量。渣中 CO 主要是由碳和气体氧、氧化铁等一系列反应产生的，其中碳可以以颗粒形式加入，也可以粉状形式直接喷入。事实证明，喷入细粉可以更快更有效地形成泡沫渣，产生泡沫渣的气体 80% 来自渣中，20% 来自熔池。熔池产生的细小分散气泡既有利于熔池金属流动，促进冶金反应，又有利于泡沫渣形成，而渣中产生的气体则不会造成熔池金属流动。研究表明：增加炉渣的黏度，降低表面张力，使炉渣的碱度为 2.0~2.5，（FeO）为 15%~20%等均有利炉渣的泡沫化[11,50]。

美国、德国等企业开发的水冷碳-氧枪，专门用于由电弧炉炉门操作造泡沫渣，效果特别好，国内现已大量采用。最近，德国、意大利开发的碳-氧-燃复合式炉壁喷枪，可据炉内不同阶段，进行氧-燃助熔、碳-氧造渣、吹氧去碳及二次燃烧等强化用氧操作。这种复合式炉壁喷枪实现了关炉门操作，其效果是：消除冷点、造渣埋弧、加速反应及回收能量[11,43,45]。

4.1.3   现代电弧炉炼钢关键技术

图 4-13 为电弧炉炼钢关键技术的开发历史。UHP 电弧炉的出现和发展伴随着新技术的广泛采用[3,4,10,15]。这些新技术包括 UHP 电弧炉生产必须解决的问题，否则将限制生产的关键技术，如电极、耐火材料等；又包括高效、节能进一步降低成本的深化技术[10,15]。这些都加速了电弧炉的更新换代，确立了电弧炉在炼钢法中的地位。

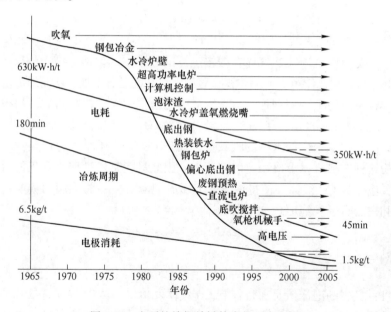

图 4-13   电弧炉炼钢关键技术的开发历史

4.1.3.1   超高功率电弧炉相关技术

A   超高功率电弧炉的相关概念

超高功率电弧炉这一概念是 1964 年由美国联合碳化物公司的 W. E. Schwabe 与西北钢线材公司的 C. G. Robinson 两个人提出的，并且首先在美国的 135t 电弧炉上进行了提高变压器功率，增加导线截面等一系列改造，目的是利用废钢原料，提高生产率，发展电弧炉炼钢。超高功率简称"UHP"（ultra high power）[1,3]。由于其经济效果显著，使得西方主要产钢国，如联邦德国、英国、意大利及瑞典等纷纷上 UHP 电弧炉，20 世纪 70 年代世界范围大力发展 UHP 电弧炉，几乎不再建普通功率电弧炉[8,10]。

在实践过程中，UHP 电弧炉技术得到不断完善和发展[46]。尤其 UHP 电弧炉与炉外精炼、连铸相配合显示出高功率、高效率的优越性，给电弧炉炼钢带来勃勃生机[41,46]。从此电弧炉结束仅仅冶炼特殊钢的使命，成为一个高速熔化金属的容器。

（1）电弧炉的热点（区）与冷点（区）。

在电弧炉炉衬的渣线水平面上，距电极最近点叫热点，而距电极最远点叫冷点[3]。

电弧炉炉衬的侵蚀状况与主要原因见表 4-2。电弧炉炉体的更换，常常以 2 号热点区炉衬的损坏程度作为依据。

表 4-2　电弧炉炉衬的侵蚀状况与主要原因

侵蚀严重程度			
侵蚀部位	渣线	热点	2 号热点
主要原因	钢、渣、弧的作用与操作	钢、渣、弧的作用与操作，且距电弧近	钢、渣、弧的作用与操作，且为热区、功率大及偏弧严重

（2）耐火材料侵蚀（磨损）指数。

耐火材料侵蚀指数这一概念是在 20 世纪 60 年代后期由 W. E. Schwabe 提出的，以此来描述由于电弧辐射引起耐火材料损坏的指标，并以耐火材料侵蚀指数的大小来反映耐火材料损坏的外部条件，表达式如下[1,3]：

$$R_E = \frac{P_{arc} \cdot U_{arc}}{d^2} = \frac{I \cdot U_{arc}^2}{d^2} \tag{4-18}$$

式中，P_{arc} 为单相电弧功率；U_{arc} 为电弧电压；d 为电极侧部至炉壁衬的最短距离。

当电弧暴露后 R_E 应加以限制，一般认为它安全值在 $400 \sim 450 \mathrm{MW} \cdot \mathrm{V/m}^2$。超高功率电弧炉因电弧功率 P_{arc} 成倍增加，而使 R_E 达到 $800 \sim 1000 \mathrm{MW} \cdot \mathrm{V/m}^2$，此时必须采取措施[4,10]。

分析上式，当 P_{arc} 增加，R_E 变大；而 U_{arc} 减少（P_{arc} 一定）或 d 增加，均能使 R_E 变小，如采用腰鼓形炉型，倾斜电极以及低电压供电等[4,10]。

（3）粗短弧与细长弧。

由公式：$P_{arc} = U_{arc} \cdot I$，$L_{arc} = U_{arc} - （30 \sim 50）$ 与 $D_{arc} \propto I$ 可知，当功率一定

时，低电压、大电流，电弧的状态粗而短；反之电弧细而长。

（4）三相电弧功率不平衡度[1,3,10]。

$$K_{P_{arc}} = \frac{P_{max} - P_{min}}{P_{mean}} \times 100\% \qquad (4-19)$$

式中，P_{max} 为三相电弧功率中最大的电弧功率；P_{min} 为三相电弧功率中最小的电弧功率；P_{mean} 为三相电弧功率中三相平均的电弧功率。

因为

$$P_{arc} = I(\sqrt{U_2^2 - I^2 X^2} - Ir)$$

所以

$$K_{P_{arc}} = f(I, U_2) \propto \frac{I}{U_2} \qquad (4-20)$$

当功率一定时，低电压、大电流，将使三相电弧功率不平衡度增大，反之减小。

（5）电抗百分数-装置电抗的相对值[1,3]。

$$x\% = \frac{x}{Z} = \frac{xI}{U_2} = \sin\varphi \qquad (4-21)$$

（6）功率因数[1,3]。

$$\cos\varphi = \sqrt{1 - (x\%)^2} \qquad (4-22)$$

当 x 一定时，低电压，大电流，使 $x\%$ 增加，$\cos\varphi$ 降低，反之 $\cos\varphi$ 提高。

UHP 电弧炉的关键技术的研究，主要是围绕电弧炉输入功率成倍的提高后所带来的一系列问题而展开的。

B　UHP 电弧炉及其优点

UHP 一般指电弧炉变压器的功率是同吨位普通电弧炉功率的 2~3 倍。由于功率成倍增加等，UHP 电弧炉主要优点：缩短熔化时间，提高生产率；提高电热效率，降低电耗；易于与炉外精炼、连铸相配合，实现高产、优质、低耗的目标。对于 150t HP 电弧炉，生产率不小于 100t/h，电耗可达 420kW·h/t 以下，即生产节奏转炉化[1,3,10]。

表 4-3 为一座 70t 电弧炉改造实施超高功率化后的效果情况[1,3,4]。可见，超高功率化后，电弧炉的技术经济指标显著改善。因此，现代电弧炉均采用超高功率方式。

表 4-3　电弧炉超高功率化的效果

指　标	额定功率 /MV·A	熔化时间/冶炼时间 /min	熔化电耗/总电耗 /kW·h·t⁻¹	生产率 /t·h⁻¹
普通功率（RP）	20	129/156	538/595	27
超高功率（UHP）	50	40/70	417/465	62

C UHP 电弧炉的技术特征[1,3,4]

a 高功率

电弧炉的功率水平是 UHP 电弧炉的主要技术特征，它是以每吨钢占有的变压器额定容量[10,12,15]，即：

$$功率水平 = \frac{变压器额定容量(kV \cdot A)}{公称容量或实际出钢量(t)} \qquad (4-23)$$

并以此来区分高功率（HP）、超高功率（UHP）。

在 UHP 电弧炉发展过程，曾出现过许多分类方法，目前许多国家均采用功率水平表示方法。1981 年国际钢铁协会（IISI）在巴西会议上，提出具体的分类方法见表 4-4[1,3,4,10]。

表 4-4 按功率水平电弧炉的分类

类　别	RP	HP	UHP
功率水平/kV·A·t^{-1}	<400	400~700	>700

20 世纪时，国内电弧炉的功率水平普遍低下，85% 电弧炉的功率水平在 300V·A/t 左右（按出钢量）。后来国内逐渐引进了一些高水平电弧炉，其功率水平较高，如南京钢铁公司的 70t/60V·A，苏州苏兴特钢公司与江阴兴澄钢铁公司的 100t/100MV·A 等。2016 年以后，随着对电弧炉高效化需求的迫切发展，国内新上电弧炉的功率水平均较高，部分电弧炉的功率水平达到了 1000kA/t 以上。目前还有进一步增加的趋势，SUHP（Super-UHP）概念也已被提出[4,10]。

b 高的变压器利用率

变压器利用率指时间利用率与功率利用率，它反映了电弧炉车间的生产组织、管理、操作及技术水平[1,3,4]。

时间利用率：指一炉钢总通电时间与总冶炼时间之比，用 T_u 表示。

功率利用率：指一炉钢实际输入能量与变压器额定能量的比值，或指一炉钢总的有功能耗与变压器的额定有功能耗的比值，用 C_2 表示。

$$T_u = \frac{t_2 + t_3}{t_1 + t_2 + t_3 + t_4} = \frac{t'}{t} \qquad (4-24)$$

$$C_2 = \frac{\overline{P_2} \cdot t_2 + \overline{P_3} \cdot t_3}{P_n(t_2 + t_3)} \qquad (4-25)$$

而冶炼周期，即冶炼时间为：

$$t = (t_2 + t_3) + (t_1 + t_4) = t' + t'' = \frac{W \cdot G \cdot 60}{P_n \cdot \cos\varphi \cdot C_2} + t'' \qquad (4-26)$$

式中，t_1、t_4 为出钢间隔与热停工时间，即非通电时间 t''；t_2、t_3 为熔化与精炼通电时间，即总通电时间 t'；$\overline{P_2}$、$\overline{P_3}$ 为熔化与精炼期平均输入功率；P_n 为变压器的额定功率；W、G 为电能单耗与出钢量；$\cos\varphi$ 为功率因数。

分析以上三式可知提高变压器利用率、缩短冶炼时间的措施[1,3~5,10,11,15]，即：

（1）减少非通电时间，如缩短补炉、装料、出钢以及过程热停工时间，均能提高 T_u，缩短冶炼时间，提高生产率。

（2）减少低功率的精炼期时间，如缩短或取消还原期，采取炉外精炼，缩短冶炼时间，提高功率利用率 C_2，充分发挥变压器的能力。

（3）减少通电时间，提高功率水平 P_n/G 提高 C_2 以及降低电耗，均能够缩短冶炼时间，提高生产率。

UHP 电弧炉要求 T_u 与 C_2 均大于 0.7，把电弧炉真正作为高速熔化器。

c　优化的电弧炉炼钢工艺及其流程

电弧炉炼钢工艺及其流程优化的核心是缩短冶炼周期，提高生产率，而 UHP 电弧炉的发展也正是围绕着这一核心进行的。在完善电弧炉本体的同时，注重与炉外精炼等装置相配合，真正使电弧炉成为"高速熔化器"，而取代了"老三期"一统到底的落后工艺，变成废钢预热（SPH）-UHP 电弧炉—炉外精炼（SR）配合连铸或连轧，形成高效节能的"短流程"，见图 4-14。其中相当把熔化期的一部分任务分出去，采用废钢预热，再把还原期的任务移到炉外，并且采用熔氧期合并的熔氧合一的快速冶炼工艺[1,3~5]。

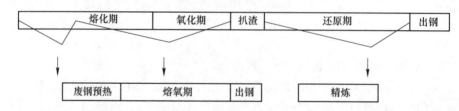

图 4-14　电弧炉的功能分化图

电弧炉作用的改变带来明显的效果，这一变革过程，日本人称之为"电弧炉的功能分化"。而其中扮演重要角色的是 UHP 电弧炉，它的出现使功能分化成为现实，它的完善和发展促进了"三位一体""四个一"电弧炉流程的进步。

d　抑制电弧炉产生的公害

电弧炉产生的公害主要是烟尘、噪声以及电网公害[1,3,4]。

（1）烟尘与噪声。电弧炉在炼钢过程中产生烟尘 $>20000g/m^3$，占出钢量的 $1\%\sim2\%$，即 $10\sim20g/t$，超高功率电弧炉取上限（由于强化吹氧等）。因此，电弧炉必须配备排烟除尘装置，使排放粉尘含量达到标准。

超高功率电弧炉产生噪声高达 110dB，要求设法降低。采用电弧炉全密闭罩可以使罩外的噪声强度减为80~90dB。

许多电弧炉钢厂为了解决烟尘与噪声污染，采取炉顶第四孔排烟法+电弧炉全密闭罩。

（2）电网公害。电弧炉炼钢产生的电网公害主要包括电压闪烁与高次谐波。电压闪烁（或电压波动）实质上是一种快速的电压波动。它是由较大的交变电流冲击而引起的电网扰动。电压波动可使白炽灯光和电视机荧屏高度闪烁，电压闪烁由此得名。

超高功率电弧炉加剧了闪烁的发生。当闪烁超过一定值（限度）时，如0.1~30Hz，特别是1~10Hz闪烁，会使人感到烦躁，这属于一种公害，要加以抑制。

为了使闪烁保持在允许的水平，解决的办法有两种：

一是要有足够大的电网，即电弧炉变压器要与足够大的电压、短路容量的电网相联，联邦德国规定：

$$P_{网短} \geqslant 80P_n \sqrt[4]{n} = 80P_n \qquad （当一座电弧炉时，即 n=1 时）$$

一般认为，若供电电网的短路容量是变压器额定容量的80倍以上，就可视为足够大。

二是采取无功补偿装置进行抑制，如采用晶体管控制的电抗器（TCR）。

高次谐波（或谐波电流）由于电弧电阻的非线性特性等原因，使得电弧电流波形产生严重畸变，除基波电流外，还包含各高次谐波。产生的高次谐波电流注入电网，将危害共网电气设备的正常运行，如使发电机过热，使仪器、仪表、电器误操作等。

抑制的措施是：采取并联谐波滤波器，即采取L、C串联电路[1,3,10]。

实际上，电网公害的抑制常采取闪烁、谐波综合抑制，即SVC装置-静止式动态无功补偿装置（图4-15）。

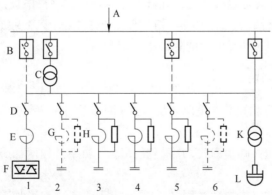

图4-15 静止式动态无功补偿装置（SVC装置）

4.1.3.2　合理供电

UHP 电弧炉投入初期，由于输入功率成倍提高，R_E 达到 800MW · V/m² 以上，炉衬热点区损坏严重，炉衬寿命大幅度降低。为此，首先在供电上采用低电压、大电流的粗短弧供电[1,3]。粗短弧供电的优点：减少电弧对炉衬辐射，保证炉衬寿命；增加熔池的搅拌与传热；稳定电弧，提高电效率。当时把这种粗短弧供电叫作"超高功率供电""合理供电"[4,5,15]。

但这种早期超高功率供电采用的是低电压、大电流方式供电。该供电方式存在诸多不足，如：采用超高功率、大电流供电时，电极消耗将显著增加，因为 $W_{极} \propto I^2$；同时，采用大电流供电时，使电损失功率增加，因为 $P_r = 3I^2 r$；再者，采用低电压、大电流供电时，使 $x\%$ 增加的同时 $\cos\varphi$ 降低，这也使得三相电弧功率不平衡更严重。因此，为了克服上述不足，许多研究者开展了降低电极消耗与短网改造的研究，并为此做了大量的工作[1,3,4,10]。

4.1.3.3　降低电极消耗

电极消耗主要分为端部消耗和侧部消耗[4,10]。端部消耗主要高温升华与剥落；侧部消耗主要高温氧化。扣除折损后，端部与侧部消耗比例见表 4-5。

表 4-5　电极端部消耗和侧部消耗比例　　　　　　　　　　（%）

影响因素	端部（升华剥落）	侧部（高温氧化）	折损
RP	35	65	—
UHP	65	35	—

降低电极消耗可以从两个方面开展工作[1,3,4]。一方面研制高质量电极，另一方面采用新技术降低电极消耗，如开发涂层电极、浸渍电极及水冷电极。这些技术可以降低电极消耗 5% ~ 10%，但这些措施只能减少占电极总消耗的 35% 的侧部氧化消耗，而对端部消耗的降低则无能为力。

4.1.3.4　短网改造

针对早期超高功率供电的不足，对短网进行了研究与改造主要围绕三个方面[1,3,4,10]：

（1）降低电阻，减少损失功率，提高输入功率，如增加导体截面，减少长度，改善接触等。

（2）降低电抗，增加功率因数，提高功率输入，如增加导体截面，减少长度，合理布线。

（3）改进短网布线，平衡三相电弧功率，如三相导体采取空间三角形布置或修整平面法。

4.1.3.5　提高炉衬寿命

超高功率使炉衬寿命大为降低，前述供电上采取粗短弧，但仅限于"保命"，要想较好地解决这一问题，必须寻求新的耐火炉衬，处于这样的环境之下水冷炉壁、炉盖应运而生[10,12]。

1972年日本开发的水冷挂渣炉壁（即耐久炉壁），率先在日本采用，后推广到美国、西欧等，发展非常迅速。目前，超高功率电弧炉普遍采用，炉壁水冷面积可达70%以上，水冷炉壁块的寿命达6000次，炉盖水冷面积可达80%~85%，水冷炉盖块寿命达4000次。炉壁采用水冷后，热点区的问题基本得到解决，炉衬寿命得到一定的提高。虽然冷却水带走一些热量5%~10%，但由于提高炉衬寿命，减少冶炼时间等其综合效果明显[7,10,12]。

必须强调指出，水冷炉壁、炉盖技术是高功率、大电弧炉派生出的，因此对低功率、小电弧炉是不合适的[1,3,10,12]。

4.1.3.6　氧-燃助熔

炉壁采用水冷后，"热点"问题得到基本解决，但"冷点"问题突出了。大功率供电废钢熔化迅速（129min→40min）使热点区很快暴露给电弧，而此时冷点区的废钢还没有熔化，炉内温度分布极为不均[1,3]。为了减少电弧对热点区炉衬的高温辐射、防止钢液局部过烧，而被迫降低功率，"等待"冷点区废钢的熔化[4,5]。

超高功率电弧炉为了解决"冷点"区废钢的熔化，采用氧气-燃料烧嘴，插入炉内"冷点"区进行助熔，实现废钢的同步熔化，解决炉内温度分布不均[6,7,10,12]。此项技术20世纪70年代日本首先开发采用，目前，无论日本、西欧、北美等大多数的电弧炉都采用氧燃烧嘴强化冶炼[10,14]。天津钢管公司用氧-油烧嘴，攀钢集团成都钢管公司用氧-燃烧嘴，抚钢用氧-煤烧嘴。

氧-燃烧嘴通常布置在熔池上方0.8~1.2m的高度，3~5支烧嘴对准冷点区（图4-16），在废钢化平前使用。每座电弧炉所配氧-燃烧嘴的总功率，一般为变压器额定功率的15%~30%，每吨钢功率为100~200kW/t。采用氧-燃烧嘴，一般可降低电耗10%~15%，提高生产率10%以上。所用的燃料有煤、油或天然气等[6,7]。

4.1.3.7　长弧泡沫渣技术

采用水冷炉壁、炉盖技术，能提高炉体寿命，可它对400mm宽的耐火材料

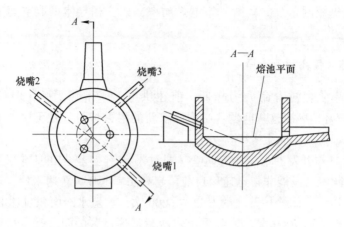

图 4-16   氧-燃烧嘴在电弧炉体上的布置

渣线来说作用是有限的。另外采用"超高功率供电"能保证炉衬寿命、稳弧、增加搅拌与传热，但它也存在诸多不足。而在采用电弧炉泡沫渣技术后，弥补了早期超高功率供电的不足[1,3]。

电弧炉泡沫渣操作是在熔末电弧暴露，即氧化末期进行的。研究表明：增加炉渣的黏度，降低表面张力，使炉渣的碱度为 2.0~2.5，（FeO）为 15%~20% 等均有利于炉渣的泡沫化[11,43,44]。

早期美国、德国等开发的水冷碳-氧枪，国内许多电弧炉配件厂生产，专门用于电弧炉泡沫渣及吹氧脱碳操作，效果特别好，国内已有许多钢厂采用[11,43,44]。

4.1.3.8   平熔池工艺

大量留钢操作工艺使炼钢一开始就容易造泡沫渣和埋弧操作，起弧也比较平稳，减少了电弧电流的波动和电极震动，这种工艺也可称作纯平熔池操作[8,47]。

（1）选取恰当比例的留钢量，可以使新加入的废钢实现快速有效熔化，同时也是保证平熔池冶炼的重要前提。在平熔池状态下，废钢连续不断地加入，可使变压器以平均功率（接近最大功率）向熔池内平稳地输入电能。

（2）电弧不直接加热废钢，而是通过电弧对熔池内钢水进行加热升温。之后，在熔池内的高温钢水再与废钢进行连续的对流传热和传导传热，泡沫渣与废钢也有传热，提高加热效率。

纯平熔池操作能获得高生产率和缩短熔炼时间的良好效果。另外，在设备功能方面还采用了炉底吹氩搅拌系统，使熔池内钢液化学成分和温度场均匀化。总之，采用大量留钢操作工艺，形成新的加热机理，可以连续输入电能，能显著提高炼钢生产率，并且还具有低电压闪变、低谐波发生量、对供电电网冲击小等优点。这些都是为了实现最终冶金目标，即为炉外精炼提供成分、温度都符合要求的初炼钢液为前提，因此还应有良好的冶金操作相配合。

4.1.3.9　二次燃烧技术

A　二次燃烧的意义

由于超高功率电弧炉冶炼过程的氧-燃烧嘴助熔、强化吹氧去碳及泡沫渣操作产生大量富含一氧化碳（CO）的高温废气，其中只有少量的 CO 被燃烧成二氧化碳（CO_2），而大部分由第四孔排出后与空气中的氧燃烧成 CO_2[1]。这一方面增加废气处理系统的负担（在系统内燃烧，并存在爆炸的危险）；另一方面则造成大量的能量（化学能）浪费。

前述的废钢预热是利用排出废气的物理热，而二次燃烧是利用炉内的化学热[1,3]。有人计算：碳的不完全燃烧反应（$C+O_2 = 2CO$）放热为 $1.4kW \cdot h/kg$，碳的完全燃烧反应（$2CO+O_2 = 2CO_2$）放热为 $5.8kW \cdot h/kg$，即四倍的关系，这对电弧炉来说是一个巨大的潜在能源[3,10]。

为此，在熔池上方采取适当供氧使生成的 CO 再燃烧成 CO_2，即后燃烧或二次燃烧（post combustion），产生的热量直接在炉内得到回收，同时也减轻废气处理系统的负担。

B　二次燃烧的发展

1993 年德国巴顿钢厂（BSW）与美国纽柯公司（Nucor）将二次燃烧技术分别用在 80t 和 60t 电弧炉上，并取得成功。之后此技术发展很快，美国、德国、法国、意大利等均达到工业应用水平。国内的宝钢为 150t 双壳炉的每一个炉体配备了一支用于水冷二次燃烧的氧枪，由炉门插入向熔池面吹氧[37,38]。

二次燃烧采用特制的烧嘴，也叫二次燃烧氧枪或 PC 枪，一般由炉壁或由炉门插入至钢液面，用于炉门的二次燃烧氧枪常与炉门水冷氧枪结合，形成"一杆二枪"。为了提高燃烧效率，将 PC 枪插入泡沫渣中，使生成的 CO 燃烧成 CO_2，其热量直接被熔池吸收。当然，吹入的氧气也会有一部分参与脱碳和用于铁的氧化。

为了表明电弧炉中二次燃烧反应进行的程度，即二次燃烧率，用式（4-27）表示：

$$PCR = \frac{\varphi(CO_2)}{\varphi(CO) + \varphi(CO_2)} \times 100\% \qquad (4-27)$$

即 CO 燃烧成 CO_2 的体积与 CO_2 体积之和的百分数。PCR 值越大，说明二次燃烧反应越充分，化学能利用率越高。

C　电弧炉用二次燃烧技术的效果

降低电耗、缩短冶炼时间、提高生产率及有利于废气处理。美国纽柯公司的普里毛斯钢厂的实验：吹氧 2.8m³/t，节电 13.5kW·h/t；当吹氧量增加到 9m³/t，节电 40kW·h/t，冶炼时间缩短 4min。但电极、氧气消耗略有增加[3,10]。

4.1.3.10　无渣出钢技术

A　无渣出钢的意义

传统电弧炉炼钢"老三期"工艺操作：装料熔化、氧化扒渣、造渣还原、带渣出钢，带入钢包中的是还原性炉渣，带渣出钢对进一步脱硫、脱氧、吸附夹杂等是有益无害的[1,3]。而当电弧炉功能分化后，超高功率电弧炉与炉外精炼相配合，电弧炉出钢时的炉渣是氧化性炉渣，这种氧化性炉渣带入钢包精炼过程将会给精炼带来极为不利的影响：使钢液增磷，降低脱氧、脱硫能力，降低合金回收率以及影响吹氩效果与真空度等[4,5]。

于是，围绕避免氧化渣进入钢包精炼过程，出现了一系列渣钢分离方法[1,3]。

B　渣-钢分离方法

早期，有人工或机械扒渣，倒包法及真空吸渣法等。但这些方法都存在增加劳动强度，增加工序设备，以及增加温度损失等缺点，因而生命力不强。近十几年先后出现一些出钢分离法见表 4-6[1,10,13~15]：

表 4-6　渣钢分离方法-出钢分离法

出钢法	简　　称	制造公司	备　　注
低　位	Tea Spout	Demag（德）	Siphon
偏心底	EBT	Demag（德）	1983 年
偏位底	OBT	Fuchs（德）	1988 年，椭圆形炉壳
侧面底	SBT	Whiting（美）	
水　平	HOT	Empco（加）	
滑　阀	SG	Metacon（美）	1986 年，Slide Gate

上述方法中，效果最好应用最广泛的是 EBT 法（eccentric bottom tapping），即偏心底出钢法[1,3]。首台 EBT 电弧炉是 1983 年 Demag 为丹麦 DDS 钢厂制造的 110t/70MV·A 电弧炉。

近年来，随着电弧炉新技术的发展，新的出钢方式也被开发出来，除了传统的 EBT 出钢，昆腾电弧炉还开发了带虹吸出钢型式的 EBT 出钢系统（FAST-出钢口），同时，该电炉还设有用于炉役后期炉膛排空用的中心底出钢系统，详见图 4-17[8,26]。

C　EBT 电弧炉结构特点

EBT 电弧炉结构如图 4-18 所示，它是将传统电弧炉的出钢槽改成出钢箱，

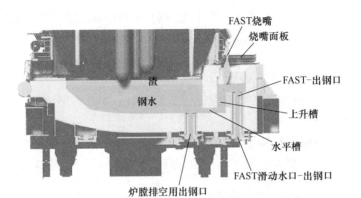

图 4-17 昆腾电弧炉出钢系统

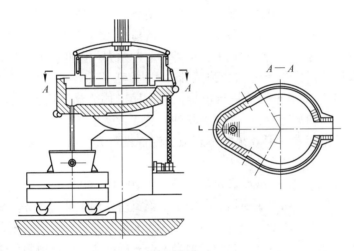

图 4-18 EBT 电弧炉设备布置图

出钢口在出钢箱底部垂直向下。出钢口下部设有出钢口开闭机构,开闭出钢口,出钢箱顶部中央设有塞盖,以便出钢口的填料与维护[1~5]。

EBT 电弧炉的出钢操作:出钢时,向出钢侧倾动少许(3°)后,开启出钢机构,填料在钢液静压力作用下自动下落,钢液流入钢包,实现自动开浇出钢。否则需要施以外力或烧氧出钢,一般要求自动开浇率在 90% 以上。当钢液出至要求的 95% 时迅速回倾以防止下渣,回倾过程还有 5% 的钢液和少许炉渣流入钢包中,炉摇正后(炉中留钢 10%~15%,留渣≥95%),检查维护出钢口,关闭出钢口,加填料,装废钢,起弧。

D EBT 电弧炉的优点[1~5]

EBT 电弧炉主要优越性在于,采用偏心炉底出钢实现了无渣出钢及减少出钢倾角(仅需要倾动 15°~20°便可出净钢液)增加了水冷炉壁使用面积。其优点如下:

（1）出钢倾动角度的减少：简化电弧炉倾动结构；降低短网的阻抗；增加水冷炉壁使用面积，提高炉体寿命。

（2）留钢留渣操作：无渣出钢，改善钢质，有利于精炼操作；留钢留渣，有利于电弧炉冶炼、节能。

（3）炉底部出钢：降低出钢温度，节约电耗；减少二次氧化，提高钢的质量；提高钢包寿命。

由于 EBT 电弧炉诸多优点，在世界范围迅速得到普及。现在建设电弧炉，尤其与炉外精炼配合的电弧炉，一定要求无渣出钢，而 EBT 是首选。

4.1.3.11　电弧炉底吹搅拌技术

A　问题的提出

电弧炉熔池的加热方式与感应炉不同，更比不上转炉。它属于传导传热，即由炉渣传给表层金属，再传给深层金属，它的搅拌作用极其微弱，仅限于电极附近的镜面层内，这就造成熔池内的温度差和浓度差大。因此，电弧炉熔池形状要设计成浅碟形的，操作上要求加强搅拌。国内钢厂操作规程要求，测温、取样前，要用 2~4 个扒子对钢液进行搅拌。但这样搅拌劳动强度大、人为干扰多，而且炉子越大（如高于 30t），问题越突出。为了改善电弧炉熔池搅拌状况，国内外采用了电磁搅拌器。但效果并不理想，设备投资大，而且故障多，目前已不采用[5,10,13]。

为解决上述问题，受底吹转炉的启发，在 20 世纪 80 年代日本新日铁、美国联合碳化物公司、墨西哥钢研所、苏联车里雅宾斯克钢铁公司等先后研究出电弧炉底吹气搅拌工艺。由于经济效果显著，因此大范围内得到推广。电弧炉底吹气体加强了熔池的搅拌，这对电弧炉炉型来说是一场革命，可使电弧炉炉型由浅碟形变成桶形[5,13,14]。

B　底吹搅拌系统及冶金效果

电弧炉底吹搅拌工艺，即在电弧炉炉底安装供气元件，向炉内熔池中吹氩气、氮气搅拌钢液。底吹系统的关键是供气元件。供气元件有单孔透气塞、多孔透气塞及埋入式透气塞多种，常用后两种[5,10,16]。

电弧炉底吹气体加强熔池的搅拌，产生效果如下：

（1）加速废钢与合金的熔化，缩短冶炼时间约 10min；

（2）降低电耗超过 20kW·h/t；

（3）提高金属与合金的收率；

（4）提高脱磷、硫等效果。

底吹在国内处在工业试验阶段，有人把 EBT 电弧炉、DC 电弧炉、底吹电弧炉称之为 20 世纪 80 年代三大技术[10,13]。

4.1.3.12 冶炼工艺的改革

超高功率电弧炉炼钢工艺改变传统电弧炉的老三期工艺，而把电弧炉仅作为一个高速熔化器：采取超高功率送电，提前造渣脱磷，强化吹氧去碳，氧化性钢水无渣出钢，然后进行炉外精炼—连铸、连轧。应该说超高功率电弧炉促进炉外精炼乃至整个流程的发展[1,10,13]。

4.1.3.13 智能电弧炉

智能电弧炉（IAF，the intelligent arc furnace）是电弧炉炼钢技术发展的又一新的动态，它将人工智能技术应用于电弧炉炼钢[6,16,17]。由美国科劳威尔（Coralville）神经网络应用工程公司开发的电弧炉智能控制器，应用人工神经网络技术，具有自学习、自适应的智能特性，在解决交流电弧炉的"三相识别""闪烁"难题方面，取得了显著效果。

4.2 电弧炉炼钢智能冶金模型

为了优化电弧炉炼钢工艺，国内外冶金工作者已开发了多种电弧炉炼钢模型。传统电弧炉模型是以物料平衡、能量或化学反应平衡等冶金机理或者守恒机理为基础，采用理论与经验相结合的模化方法，建立电弧炉炼钢工艺模型，即冶金模型和热模型[17,49~60]。冶金模型包括：配料模型[17]、造渣（或泡沫渣）模型[11,17]、钢水成分模型[17,50,51]、吹氧量模型[16,17]、合金模型及成本模型[16,17]等。热模型包括：废钢预热温度模型、热平衡模型[17]、能量供应计算模型、能量消耗模型和钢水温度预报模型等[16,17,52~75]。另外，为了研究熔池体系的反应和传输机理，人们还建立了各种电弧炉体系温度场、流场、磁场计算模型[55~58]，部分工作还研究了集束氧枪相关模型等[56,59,60]。本部分主要介绍几种典型的冶金工艺模型。

4.2.1 电弧炉炼钢成本最优配料模型

4.2.1.1 配料模型建立

本模型以最低配料成本为目标，目标函数可以表示为[17,61,62]：

$$W^{\min} = \sum_{i=1}^{p} z_i x_i \tag{4-28}$$

式中，z_i 为第 i 种原料成本，元/t；W 为总成本，元。

约束条件如下：

(1) 成分约束如式（4-29）和式（4-30）所示[63]：

$$M\widetilde{H}_j^L \leqslant \sum_{i=1}^{p} b_{ij} x_i f_j \leqslant M\widetilde{H}_j^N \quad j = 1, 2, \cdots, q \tag{4-29}$$

$$\sum_{i=1}^{p} b_{i\,j} x_i f_j \leqslant M\widetilde{H}_j^N \quad j = q+1, q+2, \cdots, n \tag{4-30}$$

(2) 许用量约束如式（4-31）和式（4-32）所示[63]：

$$\sum_{i=1}^{p} b_{ij} x_i f_j = M\widetilde{H}_j \tag{4-31}$$

$$0 \leqslant x_i \leqslant K_i \quad i = 1, 2, \cdots, m \tag{4-32}$$

式中，K_i 为第 i 种原料的最大许用量，kg；$\widetilde{H}_j$ 为钢水中第 j 种成分的要求；b_{ij} 为第 i 种物料中第 j 种成分的质量分数，%；M 为熔清后的钢水的重量，kg；f_j 为第 i 种原料的 j 元素综合收得率，%。

(3) 总量约束如式（4-33）所示：

$$\sum_{i=1}^{p} \sum_{j=1}^{q} b_{ij} x_i f_j = M \tag{4-33}$$

在本模型中，由于考虑了电弧炉留钢操作，留钢率约为30%，所以在优化配料模型计算过程中，在第二炉钢水冶炼过程中，第一炉钢水的留钢量作为原料参与冶炼，产生迭代冶炼现象，为了解决迭代冶炼造成的非线性求解问题，需重新推导限制条件方程，采用优化算法，进行新一轮计算，并在冶炼炉次大于等于 2 炉时运行使用[17]。

目标函数：

$$W_m^{\min} = \sum_{i=1}^{p} z_i x_{i,\,m} + D^{m-1} W_1 + D^{m-2} W_2 + \cdots + D W_{m-1} \tag{4-34}$$

成分约束：

$$M\widetilde{H}_{kj}^{\top} \leqslant \sum_{i=1}^{p} b_{ij} x_{i,\,m} f_j + D^{m-1} \sum_{i=1}^{p} b_{ij} x_{i,m} f_j^m + D^{m-2} \sum_{i=1}^{p} b_{i\,j} x_{i,m} f_j^{m-1} + \cdots +$$

$$D \sum_{i=1}^{p} b_{i\,j} x_{i,m} f_j^2 \leqslant M\widetilde{H}_{kj}^{\pm} \quad j = 1, 2, \cdots, q \tag{4-35}$$

许用量约束：

$$0 \leqslant x_{i,m} \leqslant k_i - x_{i,1} - x_{i,2} - x_{i,m-1} \quad i = 1, 2, \cdots, p \tag{4-36}$$

总量约束：

$$\sum_{i=1}^{p} \sum_{j=1}^{q} (b_{ij} x_{i,m} f_j) + D^{m-1} \sum_{i=1}^{p} \sum_{j=1}^{q} (b_{ij} x_{i,1} f_j^m) +$$

$$D^{m-2} \sum_{i=1}^{p} \sum_{j=1}^{q} (b_{i\,j} x_{i,2} f_j^{m-1}) + D \sum_{i=1}^{p} \sum_{j=1}^{q} (b_{ij} x_{i,2} f_j) = M \tag{4-37}$$

式中，W_m 为第 m 炉原料成本；$x_{i,m}$ 为第 m 炉原料用量；$\widetilde{H}_{kj}^{\text{下}}$ 为第 k 种目标钢种 j 元素的质量分数下限；$\widetilde{H}_{kj}^{\text{上}}$ 为第 k 种目标钢种 j 元素的质量分数上限；D 为留钢率。

由于优化配料模型中，废钢与铁料的不同元素收得率不同，结合元素收得率对模型再次修正，并在冶炼炉次大于等于 2 炉时运行使用。

目标函数：

$$W_m^{\min} = \sum_{i=1}^{p} z_i x_{i,m} + y_m z_{\text{铁}} + D^{m-1} W_1 \tag{4-38}$$

成分约束：

$$M\widetilde{H}_{kj}^{\text{下}} \leqslant \sum_{i=1}^{p} b_{ij} x_{i,m} f_j + y_m c_j e_j + D^{m-1} f_j^{m-1} \left(\sum_{i=1}^{p} b_{ij} x_{i,1} + y_1 c_j e_j \right) + \cdots +$$

$$Df_j \left(\sum_{i=1}^{p} b_{ij} x_{i,m-1} f_j + y_{m-1} c_j e_j \right) \leqslant M\widetilde{H}_{kj}^{\text{上}} \quad j = 1, 2, \cdots, q \tag{4-39}$$

许用量约束：

$$0 \leqslant x_{i,m} \leqslant k_i - x_{i,1} - x_{i,2} - x_{i,m-1} \quad i = 1, 2, \cdots, q \tag{4-40}$$

$$0 \leqslant y_m \leqslant k_{\text{铁}} - y_{m-1} - \cdots - y_1 \tag{4-41}$$

总量约束：

$$\sum_{i=1}^{p} \sum_{j=1}^{q} (b_{ij} x_{i,m} f_j) + \sum_{j=1}^{q} y_m c_j e_j + D^{m-1} f_j^{m-1} \left(\sum_{i=1}^{p} \sum_{j=1}^{q} b_{ij} x_{i,1} f_j + \right.$$

$$\left. \sum_{j=1}^{q} y_1 c_j e_j \right) + \cdots + Df_j \sum_{i=1}^{p} \sum_{j=1}^{q} (b_{ij} x_{i,m-1} f_j + \sum_{j=1}^{q} y_{m-1} c_j e_j) = M \tag{4-42}$$

式中，y_m 为第 m 炉钢冶炼时铁料用量；c_j 为铁料中 j 元素质量分数；e_j 为铁料中 j 元素收得率。

4.2.1.2 配料模型求解

A 模糊数原理

本模型为多变量非线性求解问题，为保证模型能够顺利进行，采用模糊数原理进行计算优化，如式（4-43）所示[63]。

$$A = [a_{\text{L}}, a_{\text{R}}] = \{x \mid a_{\text{L}} \leqslant x \leqslant a_{\text{R}}, x \in R^l\} \tag{4-43}$$

式中，a_{L} 和 a_{R} 为区间 A 的左界和右界。

不等式约束中模糊数如式（4-44）所示。

$$\widetilde{E}_j^L = [E_j^{L_1}, E_j^{L_2}], \quad \widetilde{E}_j^H = [E_j^{H_1}, E_j^{H_2}] \tag{4-44}$$

引理1：设 A、B 为两个区间数，分别用 $[a_{\text{L}}, a_{\text{R}}]$ 和 $[b_{\text{L}}, b_{\text{R}}]$ 表示，则对任意给定的置信水平 $\eta(0 \leqslant \eta \leqslant 1)$，当且仅当 $\begin{cases} a_{\text{R}} x \leqslant b_{\text{R}} \\ \eta a_{\text{R}} x + (1-\eta) a_{\text{L}} x \leqslant \eta b_{\text{L}} + (1-\eta) b_{\text{R}} \end{cases}$ 时，

有 $Pos(\widetilde{A}x \leqslant \widetilde{B}) \geqslant \eta$ 成立，当且仅当 $\begin{cases} a_{\mathrm{L}}x \leqslant b_{\mathrm{L}} \\ (1-\eta)\,a_{\mathrm{R}}x+\eta a_{\mathrm{L}}x \leqslant \eta b_{\mathrm{R}}+(1-\eta)\,b_{\mathrm{L}} \end{cases}$ 时，有

$Pos(\widetilde{A}x \geqslant \widetilde{B}) \geqslant \eta$ 成立。

不等式约束可化为式（4-45）。

$$\sum_{i=1}^{m} b_{ij}x_i f_i \leqslant \eta_j MH_j^{H_1} + (1-\eta_j) MH_j^{H_2}$$

$$\sum_{i=1}^{m} b_{ij}x_i f_i \geqslant \eta_j MH_j^{L_1} + (1-\eta_j) MH_j^{L_2} \tag{4-45}$$

引理 2：三角模糊数 $\widetilde{A}$ 为 $(A_{\min}, A, A_{\max})$，则对任意给定的置信水平 $\beta(0 \leqslant \beta \leqslant 1)$，当且仅当 $\begin{cases} z \geqslant (1-\beta)A_{\min} + \beta A \\ z \leqslant (1-\beta)A_{\max} + \beta A \end{cases}$ 时，有 $Pos(z = \widetilde{A}) \geqslant a$ 成立。

等式约束可化为式（4-46）。

$$\sum_{i=1}^{m} b_{ij}x_i f_i \geqslant (1-\beta_j) MH_j^{\min_j} + \beta_j MH_j \sum_{i=1}^{m} b_{ij}x_i f_i$$

$$\leqslant (1-\beta_j) MH_j^{\max_j} + \beta_j MH_j \tag{4-46}$$

式中，E_j 被表示为三角模糊数 $(E_j^{\min}, E_j, E_j^{\max})$。

模型等价式：

目标函数如式（4-47）所示。

$$W^{\min} = \sum_{i=1}^{m} z_i x_i \tag{4-47}$$

约束条件如式（4-48）所示。

$$\sum_{i=1}^{m} b_{ij}x_i f_i \leqslant \eta_j QE_j^{H_1} + (1-\eta_j) MH_j^{H_2}$$

$$\sum_{i=1}^{m} b_{ij}x_i f_i \geqslant \eta_j QE_j^{L_1} + (1-\eta_j) MH_j^{H_2}$$

$$\sum_{i=1}^{m} b_{ij}x_i f_i \geqslant (1-\beta_j) MH_j^{\min_j}$$

$$\sum_{i=1}^{m} b_{ij}x_i f_i \geqslant (1-\beta_j) MH_j^{\max_j} \tag{4-48}$$

$$\sum_{i=1}^{m} \sum_{j=1}^{m} b_{ij}x_i f_i = M$$

$$0 \leqslant x_i \leqslant G_i \quad i = 1, 2, 3, \cdots, m$$

B　粒子群优化算法

粒子群算法通过粒子群算来进行优化学习算法（PSO）[64]，在粒子群中的每

个粒子都代表模型的一个可能解，这些粒子通过各自独立的运行状态，群体的数据共享交互技术来满足求解的智能性。粒子群算法因其操作的便捷性，收敛的快速性，被广泛应用于各领域最优化、图像处理等方面。

算法流程如下。

a 参数设置

粒子群优化算法可以解决由迭代带来的无穷量非线性求解问题，本模型结合实际情况，迭代次数设置为150。在求解函数的自变量个数上，本模型包括重废钢、厂内合金废钢、厚板、钢筋头、打包料 A、打包料 B、破碎料、直接还原铁等 7 个求解未知量，故设置为7。粒子群的速度，位置参数设定为全部空间并随机生成初始位置和初始速度，种群规模设置为 M。

b 优化解情况

设置适应度函数，适应度函数可以用来检测计算得到的粒子是否符合要求，如果求出来的结果不符合目标要求，适应度函数会导出一个事先设置过的数量级结果，本模型在成本函数设置方面将不满足要求的适应度结果的数量级设置为 10^9，在所有生成的结果中，程序会寻找其中的极值作为最优解，而寻找极大值还是极小值要根据模型所设计的目标函数进行判断，本模型寻求成本最低值为结果，故本程序粒子的最优解为极小值解，从这些极小值解中寻找全局值，即为本次模拟计算的整体最优解。整体最优解并不是一成不变的，它会根据迭代次数、运行次数不断进行新的筛选，结果适应度好的最优解会不断替换原来的解，直到在规定运算次数结束后输出所有最优解中适应度最好的值。

c 设置公式

$$V_{id} = \omega V_{id}^0 + C_1 random(0, 1)(P_{id} - X_{id}) + C_2 random(0, 1)(P_{gd} - X_{id})$$

$$X_{id} = X_{id}^0 + V_{id} \tag{4-49}$$

式中，ω 为惯性因子，其值的大小会影响整体或局部运算寻求最优解性能的大小；C_1 和 C_2 为加速常数，一般取 $C_1 = C_2 \in [0, 4]$；$random(0, 1)$ 为在区间 $[0, 1]$ 上的随机生成的数字；P_{id} 为第 i 个变量的个体极值的第 d 维；P_{gd} 为整体最优解的第 d 维。X_{id} 为第 i 个变量的适应度好的最优解的第 d 维；X_{id}^0 为上一步第 i 个变量的适应度好的最优解的第 d 维；V_{id} 为第 i 个变量最优解的第 d 维；V_{id}^0 为上一步第 i 个变量最优解的第 d 维。

d 运算结束

在模型运算开始时，系统随机初始化粒子群，随后粒子群经过适应度函数检验，计算出每个粒子的适应值，新计算出的适应值会更新 P_i、P_g 的参数值，并且更新粒子速度和位置，当达到最大迭代次数或满足全局最优位置满足最小界限的时候，程序终止。终止条件流程图如图 4-19 所示。

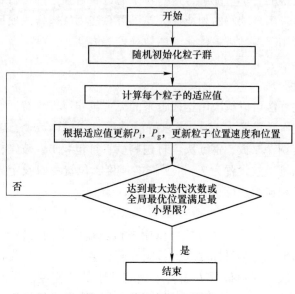

图 4-19　终止条件流程图

4.2.1.3　配料模型验证

由于每次运行程序时的配料成本变化趋势图不唯一，图 4-20 为某一配料过程的成本变化趋势运行实例。可以看出，随着原料搭配的不同，配料过程的成本有显著差异，配料模型可以在满足成分约束等调节下，优化出成本最优配料。

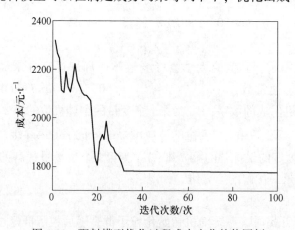

图 4-20　配料模型优化过程成本变化趋势图例

电弧炉生产实践中，结合配料模型的应用，可以有效优化电弧炉企业的工艺并有效降低生产成本[65~68]。

4.2.2 配碳模型

电弧炉在配料过程通常采用高配碳的方法，熔化期吹氧助熔的过程碳会比铁氧化更快，减少铁的烧损；渗碳过程可降低废钢的熔点，从而加快废钢的熔化；冶炼过程的碳氧反应可使熔池搅动，促进渣-钢反应，有利于脱磷、均匀钢液成分与温度、有利于气体与夹杂物的上浮；除此之外，碳氧反应还有利于泡沫渣的形成，提高传热效率。

电弧炉冶炼过程其炉料配碳量一般采用经验模型进行计算，计算过程主要考虑钢种的成分、熔化期碳元素的烧损及氧化期的脱碳量。对于熔化期，碳元素的烧损主要取决于其助熔方式，一般其波动范围是 0.6% 左右，氧化期脱碳量一般大于 0.4%，一般经验配碳量模型为[1,3,10]：

$$
\begin{aligned}
C_T &= C_{熔损} + C_{氧化脱碳} - C_{还原脱碳} + C_{成分下限} \\
&= (0.3\% \sim 0.4\%) + (0.2\% \sim 0.4\%) - (0.2\% \sim 0.5\%) + C_{成分下限} \\
&= (0.5\% \sim 0.8\%) + C_{成分下限}
\end{aligned}
\tag{4-50}
$$

为确保氧化期脱碳量充足，电炉配料常用生铁（铁水）配碳，也有用煤、焦炭、废电极块配碳的。用生铁配碳时，配料过程需保证生铁的配入量合适，生铁配入量可通过式（4-51）进行估算，其中生铁平均含碳量 4%，废钢平均含碳量一般为 0.25%。

$$
m_{生} = \frac{m_{总} \times (\alpha_{配} - w_{废})}{w_{生} - w_{废}}
\tag{4-51}
$$

配碳量过高会使氧耗增加，配碳量过低则影响去气、去夹杂的效果，需在熔清后进行增碳操作。可向炉中加入煤、焦炭、废电极等作为增碳剂，从而达到增碳的作用，具体配入量可通过式（4-52）进行求解[1,3]。

$$
m_{增碳剂} = \frac{m_{废钢} \times \alpha_{增碳}}{w_{增碳剂} \times \eta_C}
\tag{4-52}
$$

式中，$\alpha_{增碳}$ 为所需增碳量，%；$w_{增碳剂}$ 为增碳剂中碳的质量分数，%；η_C 为增碳剂中碳的收得率，%，普通增碳剂一般取 80%。若用废电极块来配碳，电极块中碳含量约为 99%。

4.2.3 供氧模型

冶炼过程吹氧作用为助熔、脱磷脱碳和二次燃烧。建模过程略去空气、炉料等带入的氧气及二次燃烧和铁的氧化物被烟尘带走所损耗的氧气，主要从前期助熔、氧化精炼、钢液熔氧、造泡沫渣耗氧和电极氧化等方面考虑[1,3,10]。

（1）炼钢元素氧化。生产中，吹入的氧气并不是完全参与氧化反应，在计算吹氧量时引入氧气效率参数，设某阶段氧气氧化元素的效率 η_n 为该阶段用于

熔池中的各元素氧化所消耗的氧气与实际供氧量之比,如式(4-53)所示:

$$\eta_n = \frac{Q(n)}{Q} \times 100\% \tag{4-53}$$

式中,$Q(n)$ 为用于氧化氮元素的氧气量,m^3;Q 为实际吸入熔池的氧气量,m^3。

由式(4-53)得到氧气量的计算公式如式(4-54)所示:

$$Q_s = \frac{[w_i(n) \times \beta - w_a(n)] \times \mu}{\eta_s} \times m \tag{4-54}$$

根据式(4-54)提出动态吹氧量计算公式,如公式(4-55)所示:

$$Q_d = \frac{[w_s(n) - w_a(n)] \times \mu}{\eta_d} \times m \tag{4-55}$$

式中,Q_s 为静态模型的总吹氧量,m^3;Q_d 为动态模型吹氧量,m^3;$w_i(n)$ 为铁水中的氮元素的质量分数,%;$w_s(n)$ 为某时刻检测分析得到的氮元素的质量分数,%;$w_a(n)$ 为吹炼终点时的目标氮元素的质量分数,%;m 为总装入量,t;η_s 为静态模型氧气氧化氮元素效率,%;η_d 为动态模型氧气氧化氮元素效率,%;μ 为氧化1kg 的 n 物质时需消耗的氧气量,以碳元素为例,$\mu = 22.4/(2 \times 12) = 0.933$,即氧化1kg 碳时需消耗约 $0.933 m^3$ 氧气;β 为铁水比,即主原料中铁水所占的质量百分比,如式(4-56)所示:

$$\beta = \frac{m_i}{m_i + m_s} \times 100\% \tag{4-56}$$

式中,m_i 为加入铁水质量,t;m_s 为加入废钢的质量,t。

(2)钢中各元素氧化所消耗的氧量如表 4-7 所示。

$$V_{O_1} = \frac{22.4}{32} \left\{ \frac{16}{72} w(\text{FeO}) W_{\text{slag}} + W_{\text{steel}} \left(\frac{16}{28} \Delta w[\text{C}] + \frac{32}{68} \Delta w[\text{Si}] + \frac{16}{55} \Delta w[\text{Mn}] + \frac{80}{62} \Delta w[\text{P}] \right) \right\} \tag{4-57}$$

式中,V_{O_1} 为元素氧化用氧,m^3;W_{slag} 为冶炼渣量,kg;W_{steel} 为冶炼钢水量,kg;$w(\text{FeO})$ 为渣中熔化期和氧化期的(FeO)平均质量分数,一般约为25%。

表 4-7　氧化反应耗氧量

氧 化 反 应	耗氧量/kg
$[\text{Fe}] + \frac{1}{2}\text{O}_2 == (\text{FeO})$	$\frac{12}{76} \cdot W_{\text{slag}}$
$[\text{C}] + \frac{1}{2}\text{O}_2 == (\text{CO})$	$\frac{16}{28} \cdot \Delta w[\text{C}] \cdot W_{\text{steel}}$
$[\text{Si}] + \text{O}_2 == (\text{SiO}_2)$	$\frac{32}{68} \cdot \Delta w[\text{Si}] \cdot W_{\text{steel}}$

氧 化 反 应	耗氧量/kg
$[Mn] + \dfrac{1}{2}O_2 = (MnO)$	$\dfrac{16}{55} \cdot \Delta w[Mn] \cdot W_{steel}$
$2[P] + \dfrac{5}{2}O_2 = (P_2O_5)$	$\dfrac{80}{62} \cdot \Delta w[P] \cdot W_{steel}$

（3）钢液中溶解的氧量如式（4-58）所示。

$$V_{O_2} = \frac{22.4}{32} w[O] \cdot W_{steel} \tag{4-58}$$

其中冶炼终点钢液溶解氧的质量分数，可根据 C-O 平衡关系计算得出：

$$w[O] = \frac{16}{72}\left(\frac{0.0124}{w[C]} + 0.05\right) \tag{4-59}$$

（4）用于造泡沫渣消耗的氧量如式（4-60）所示。

$$V_{O_3} = \frac{22.4}{32}\left[\frac{32}{12} \cdot \eta\% + \frac{16}{12}(1 - \eta\%)\right] \cdot C_{PV} \cdot w(C)_P \cdot t_P \tag{4-60}$$

式中，$\eta\%$ 为泡沫渣中 $w(CO_2)$ 与（$w(CO_2) + w(CO)$）的比值；C_{PV} 为喷碳粉量，kg/s；$w(C)_P$ 为碳粉中碳的质量分数，%；t_P 为喷碳时间，s。

（5）石墨电极氧化所消耗的氧量见式（4-61）。

$$V_{O_4} = \frac{22.4}{32}\left[\frac{32}{12} \cdot \eta\% + \frac{16}{12}(1 - \eta\%)\right] \cdot M_d \cdot W_{steel} \tag{4-61}$$

式中，M_d 为电极每千克钢液所氧化的电极量，kg/kg。

（6）造渣材料供氧。造渣材料石灰中所含的 CaO 与 S 还会发生反应，见式（4-62），从而向熔池中提供少量的氧元素。

$$(CaO) + [S] = (CaS) + [O] \tag{4-62}$$

将石灰的供氧量 V_{O_5} 转化为标准体积的氧气，可表达为：

$$V_{O_5} = \frac{G_{石灰} \times w(O) \times 22.4}{16} \times 0.5 \times 1000 = 700 \times G_{石灰} \tag{4-63}$$

式中，$G_{石灰}$ 为石灰加入量，kg/kg；$w(O)$ 为石灰中氧的质量分数，%。

从图 4-21 供氧模型验证结果可以看出，模型计算的耗氧量与实际耗氧量的计算误差平均值为 $1.1m^3/t$，最大差值为 $3.3m^3/t$。模型计算结果与实际值误差较小，可以用于指导生产实践。

4.2.4　成分预报模型[17,69]

4.2.4.1　BP 神经网络成分预报模型的建立

（1）输入节点的选择。输入层是外界环境与网络连接的纽带，其节点数目

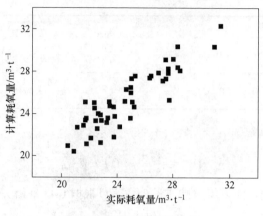

图 4-21　供氧模型验证结果

取决于输入数据的维数和特征向量的选取。输入层的选择将会影响网络的学习和期望输出的结果。因此在网络训练前，应该全面地进行分析，确定输入节点[70]。

通过结合现场统计数据分析，预报模型选择电耗量、氧耗量、生铁量、废钢量、碳粉量、天然气消耗量、石灰耗量和原始碳、磷元素的质量分数 9 个影响因素作为模型的输入节点，输出节点为钢水终点碳和磷元素的质量分数[17]。

（2）数据预处理及归一化。由于实际生产中所采集的数据较为复杂，很多炉次存在数据错误与缺失的情况，若将这些数据代入模型的数据样本中，会导致模型无解，降低模型的预报精度。需要对不完整数据进行预先剔除，如离散度较大及错误的数据，并确定数据合理的波动范围[70,71]。

同时，由于电弧炉冶炼过程中氧耗、电耗等数据的数量级较大，而石灰、生铁等原料的数量级较小，大小相差过多的数据同时作为神经网络的输入节点，会导致数量级较小的数据在网络节点作用的过程被淹没，使网络连接权值调整过程出现问题，从而影响整个训练过程的收敛速度及预报精度[72,73]。本模型采用线性变换法对数据进行归一化变换，将数据转换至 [0，1] 区间范围内，其变换公式如式（4-64）所示[73,74]：

$$\bar{x}_i = \frac{x_i - x_{i\min}}{x_{i\max} - x_{i\min}} \tag{4-64}$$

式中，$\bar{x}_i$ 为数据 i 的归一化结果；x_i 为数据 i 的实际值；$x_{i\min}$ 为数据 i 的最小值；$x_{i\max}$ 为数据 i 的最大值。

归一化处理后的数据，经过合适的神经网络训练后，需要进行反归一化处理，即将网络的输出值按式（4-65）转换为对应数据的原始单位。

$$X_i = (x_{i\max} - x_{i\min}) \times \bar{x}_i + x_{i\min} \tag{4-65}$$

（3）隐含层数与节点数的选择。成分预报模型隐含层可以选单层和多层，层数多适于反映高度非线性的复杂过程，但网络结构变复杂[71]。理论已经证明，对于单隐层的 BP 神经网络，当隐层神经元数目足够多时，可以以任意精度逼近任何一个具有有限间断点的非线性函数。为简化计算，成分预报模型采用单隐含层的网络结构，其输入层节点数为 9，输出层节点数为 2，隐层节点数的范围是 [4，14]，模型结构如图 4-22 所示[17]。

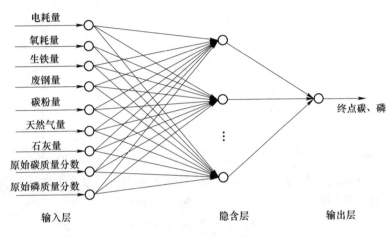

图 4-22 BP 神经网络结构图

4.2.4.2 BP 神经网络成分预报模型的实现

BP 神经网络采用 δ 学习规则按照有教师示教的方式进行学习。设向前网络每层有 n 个神经元，激励函数为 Sigmoid 函数，训练集中有 m 个样本 (X_p, Y_p)，$p=1，2，\cdots，m$。w_{ij} 为神经元 j 到神经元 i 的连接权重，对第 p 个训练样本，神经元 i 的输入总和为 u_{pi}，输出记为 o_{pj}，阈值为 θ_i，取 $w_{ij}=-1$，$o_{pi}=\theta_i$，则：

$$u_{pi} = \sum_{j=0}^{n} w_{ij}o_{pj} \tag{4-66}$$

$$o_{pi} = f(u_{pi}) = \frac{1}{1+e^{-u_{pi}}} \tag{4-67}$$

输入模式 p 的网络误差如式（4-68）所示。

$$E_p = \frac{1}{2} \sum_i (d_{pi} - o_{pi})^2, \ i = 1，2，\cdots，n \tag{4-68}$$

式中，d_{pi} 为神经元 i 的期望输出。

网络总误差如式（4-69）所示。

$$E = \sum_p E_p, \ p = 1，2，\cdots，m \tag{4-69}$$

δ 学习规则的实质是梯度下降法，即权值沿误差函数的负梯度方向改变。记权值 w_{ij} 的变化量为 $\Delta_p w_{ij}$，如式（4-70）所示：

$$\Delta_p w_{ij} \propto -\frac{\partial E_p}{\partial w_{ij}} \tag{4-70}$$

又因为：

$$\frac{\partial E}{\partial w_{ij}} = \frac{\partial E_p}{\partial u_{pi}} \cdot \frac{\partial u_{pi}}{\partial w_{ij}} = \frac{\partial E_p}{\partial u_{pi}} \cdot o_{pi} = -\delta_{pi} o_{pi} \tag{4-71}$$

设：

$$\delta_{pi} = -\frac{\partial E_p}{\partial u_{pi}} \tag{4-72}$$

则：

$$\Delta_p w_{ij} = \varphi \cdot \delta_{pi} \cdot o_{pi}, \quad \varphi > 0 \tag{4-73}$$

式（4-73）即为 δ 学习规则。

BP 神经网络算法流程图如图 4-23 所示，具体计算机实现流程如下[17]：

（1）数据初始化，对模型权值赋以随机小值，设定初始阈值。

（2）输入训练样本对，即录入输入向量 X 与模型的期望输出向量 $\overline{Y}$。

（3）计算模型的实际输出值如式（4-74）所示：

$$Y_i = f\left(\sum W_{ij} X_i\right) \tag{4-74}$$

（4）调整权值，并根据权值修正公式按误差反向传播方向，顺次进行输出层和隐层之间结合权重的调整，及隐层和输入层之间结合权重的调整。

（5）检查系统是否对所有样本完成训练，若有样本没完成训练，则返回步骤（2），若所有样本已完成训练，则执行步骤（6）。

（6）利用式（4-75）检查总误差，若 $E_{总} < E_{\min}$，则训练结束。否则，返回步骤（2）直至误差满足要求为止。

$$E_{总} = \sqrt{\frac{1}{2} \sum_{p=1}^{p} \sum_{k=1}^{l} (d_k^p - o_k^p)^2} \tag{4-75}$$

采用某厂实际生产数据对终点成分预报模型进行离线训练，通过对比其误差与收敛速度，得出最适合本模型的隐层节点数。图 4-24 为不同隐层节点数对终点成分预报模型误差的影响。由图可以看出，当隐层节点数为 13 时，模型误差最小，且收敛速度最快迭代次数最少，因此本模型选择 13 个隐层节点[17]。

4.2.4.3　BP 神经网络成分预报模型的验证

为了检验本模型的预报效果，从国内某钢厂 100t 电炉生产中随机抽取的 50 炉数据进行预报，模型预报的数据与实际数据对比如图 4-25 和图 4-26 所示，误差范围如表 4-8 和表 4-9 所示。从图 4-25 和表 4-8 可以看出，验证结果表明电炉终点成分预报模型终点 C 元素的预报值与实际值的最小误差为 0.0045%，最大误

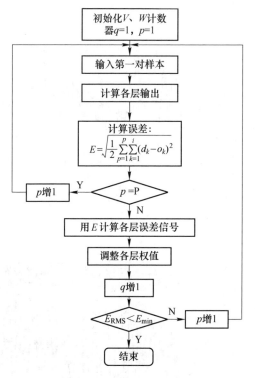

图 4-23 BP 算法的流程图

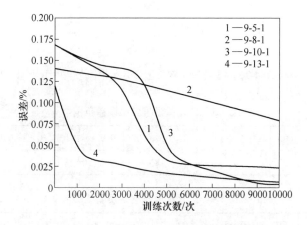

图 4-24 不同隐层节点数模型误差曲线的影响

差小于 0.079%。50 组测试数据中有 3 炉误差值小于 0.005%，误差值小于 0.02%的命中率为 66%，误差值小于 0.05%的命中率为 94%。

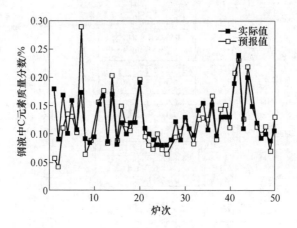

图 4-25　终点 C 的质量分数预报值与实际值

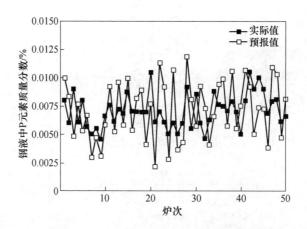

图 4-26　终点 P 元素质量分数预报值与实际值

表 4-8　C 元素预报结果误差范围

误差范围/%	$e<0.005$	$0.005<e<0.01$	$0.01<e<0.02$	$0.02<e<0.03$	$0.03<e<0.05$	$e>0.05$
炉数/炉	3	12	18	10	4	3

表 4-9　P 元素预报结果误差范围

误差范围/%	$e<0.001$	$0.001<e<0.002$	$0.002<e<0.003$	$0.003<e<0.004$	$e>0.004$
炉数/炉	3	20	19	5	3

　　从图 4-26 和表 4-9 可以看出,采用现场数据对本模型训练后,终点 P 的质量分数的均方误差为 0.0033%,预报值与实际值的最小误差为 0.0009%,最大误差

小于 0.0057%。50 组测试数据中有 3 炉误差值小于 0.001%，误差值小于 0.003%的命中率为 84%，误差值小于 0.004%的命中率为 94%。从预报结果可看出，本预报模型的预报精度已达到工业生产的要求，对冶炼生产有一定的指导意义。

4.2.5 温度预报模型

温度是电弧炉炼钢过程的重要技术指标之一，太高则浪费电能；太低，下一工位的生产难以得到保证，因此准确控制钢水终点温度对于节能、降低生产成本和保证生产的有序进行有着重要的意义[1,3,10]。但是电弧炉炼钢过程是一个非常复杂的物理化学变化过程，影响终点温度的因素很多，难以用定量的数学模型描述，而且电弧炉熔池温度高、冶炼条件恶劣，熔池温度不能直接连续检测[75,76]。因此，建立适合电弧炉炼钢过程要求的终点温度预报模型，将对电弧炉终点温度控制有重要作用。电弧炉温度预报主要是以物料平衡、能量平衡和化学平衡为基础，采用机理方法、统计方法、智能方法等进行研究[17,70,75~79]。其中，基于人工智能方法的终点温度预报模型越来越受到人们关注[77~79]。本文着重介绍一种基于 BP 神经网络的电弧炉终点温度预报模型。

4.2.5.1 BP 神经网络温度预报模型的建立[17]

采用 4.2.4 节的 BP 神经网络建模方法，通过对钢水温度影响因素的分析，结合现场实际数据，本模型输入层节点数为 11，分别是电耗、前炉留钢温度、前炉留钢量、生铁量、废钢量、冶炼周期、停电时间、氧耗、喷吹碳粉量、天然气量和石灰量，输出层节点为钢水温度。利用 4.2.4 小节中所述方法对温度预报模型的隐层节点数进行计算，得出隐层节点数的范围是 [4, 14]。

采用相同方法对温度预报模型进行离线训练，从图 4-27 可得出当隐层节点数为 14 时，模型误差最小，且收敛速度最快迭代次数最少。这样既可以从样本中获取足够的信息对训练样本规律进行概括，又有很好的泛化能力。

4.2.5.2 BP 神经网络温度预报模型的验证

利用随机抽取的 50 炉预处理后的样本数据对温度预报模型的精度进行验证，预报值与实际值的比较结果如图 4-28 所示，预报误差结果如表 4-10 所示。可以看出，采用现场数据对本模型训练后，均方误差为 0.0362%，预报值与实际值的最小误差绝对值为 1℃，最大误差绝对值为 19℃。误差绝对值小于 2℃的命中率为 6%，误差绝对值小于 8℃的命中率为 76%，误差绝对值小于 12℃的命中率为 96%，模型的预报精度较高。

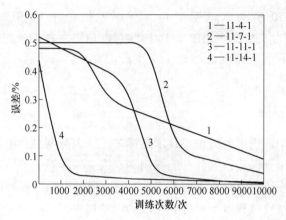

图 4-27　不同隐层节点数对温度预报模型误差曲线的影响效果

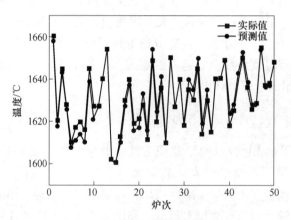

图 4-28　预报值与实际值的比较

表 4-10　温度预报结果误差范围

误差范围/℃	(0, 2)	[2, 4)	[4, 6)	[6, 8)	[8, 10)	[10, 12)	[12, 30)
炉数/炉	3	15	12	8	6	4	2

4.2.6　合金化模型

化学成分对钢质量和性能影响很大,现场根据冶炼钢种、炉内钢液量、炉内成分、合金成分及合金收得率等快速准确地计算合金加入量[1,3,79]。

(1) 合金加入量计算模型[1,3]。根据元素平衡建立 n 元高合金钢的元素平衡方程,推导出计算 n 元高合金钢中某种合金加入量的计算公式(推导过程省略):

$$g_i = \frac{(a_j - b_j)G}{f_j c_{i,j}} + \frac{a_j}{f_j c_{i,j}} \cdot \frac{G \sum \dfrac{a_j - b_j}{f_j c_{i,j}}}{1 - \sum \dfrac{a_j}{f_j c_{i,j}}} \tag{4-76}$$

式中，g_i 为某种合金的加入量，对于某一确定的合金，其合金牌号应优先选择以高碳的低成本合金为主，kg；G 为炉中钢液的重量，要求准确，kg；a_j 为合金微调钢液中元素需达到的含量，%；b_j 为钢水中 j 元素初始含量，%；$c_{i,j}$ 为合金中第 j 种元素合金的含量，%；f_j 为第 j 种元素的收得率，合金加入时间不同，其收得率不同。

上述通过建立 n 元高合金钢的元素平衡方程，推导出的计算 n 元高合金钢中某种合金加入量的计算公式，简称"n 元合金计算公式"。此计算公式在推导过程考虑到合金的收得率及炉中钢水量的变化，因此比传统多元高合金成分的计算方法-比份系数法（或叫补加系数法）科学、准确，它适合所有的钢种及整个炼钢过程（包括电弧炉内、电弧炉出钢过程及LF成分微调等）所加合金的计算。当将"n 元合金计算公式"编成程序用计算机进行计算，有利于实现快速准确地计算，对钢液实现窄成分控制，以及实现自动称量、自动加入，为电弧炉炼钢过程计算机控制打下基础。

应用以上经验模型计算合金的加入量时，在选择追加合金的种类与牌号时应注意以下优先原则[1,3]：

1）优先选择现场有的、价格便宜的合金，但加入后，要保证钢液中磷或/和碳不超标，否则应选择低磷、碳含量的合金。

2）当需要用硅锰合金来调整钢液的硅与锰的含量时，应首先保证钢中锰含量的情况下控制成分。

（2）单元高合金钢合金加入量的计算模型（即单元合金含量 $\sum E > 4\%$）见式（4-77）。

由"n 元合金计算公式"（当 $i=j=1$ 时）：

$$g = \frac{G(a - b)}{f(c - a)} \tag{4-77}$$

由于"$c - a$"故又叫扣本身法，注意 G 是炉内钢液量，还叫钢液量法，若用出钢量，要扣炉内成分。

（3）碳素钢和低合金钢的计算模型（包括单元低合金钢的）（$\sum E < 3\%$）见式（4-78）。

当所炼钢种的合金含量很低，即 $c - a \approx c$ 或 $a < 3\%$，则单元合金计算公式近似成：

$$g = \frac{G(a - b)}{fc} \tag{4-78}$$

即成为"n元合金计算公式"的第一项。

(4) 多元高合金加入量的计算方法很多，而且复杂，近似算法请查阅炼钢操作手册及有关书籍。

参 考 文 献

[1] 钟良才，储满生，战东平，等. 冶金工程专业实习指导书——钢铁冶金 [M]. 北京：冶金工业出版社，2019.

[2] 朱苗勇. 现代冶金工艺学——钢铁冶金卷 [M]. 2版. 北京：冶金工业出版社，2016.

[3] 朱苗勇. 现代冶金工艺学——钢铁冶金卷 [M]. 北京：冶金工业出版社，2011.

[4] 阎立懿. 现代电炉炼钢工艺及装备 [M]. 北京：冶金工业出版社，2011.

[5] 阎立懿. 电炉炼钢及工艺设计 [M]. 沈阳：东北大学出版社，2010.

[6] 阎立懿. 电炉炼钢学 [M]. 沈阳：东北大学出版社，2003.

[7] 沈才芳，孙社成，陈建斌. 电弧炉炼钢工艺与设备 [M]. 北京：冶金工业出版社，1983.

[8] 姜周华，姚聪林，朱红春，等. 电弧炉炼钢技术的发展趋势 [J]. 钢铁，2020，55 (7)：1~12.

[9] 南条敏夫. 炼钢电弧炉设备与高效益运行 [M]. 北京：冶金工业出版社，2000.

[10] 李士琦，李伟立，刘仁刚，等. 现代电弧炉炼钢 [M]. 北京：原子能出版社，1995.

[11] 姜周华. UHP电弧炉兑铁水及LF炉精炼埋弧渣冶炼工艺理论及应用 [D]. 沈阳：东北大学，2000.

[12] 陈家祥. 钢铁冶金学（炼钢部分）[M]. 上海：冶金工业出版社，2006.

[13] 黄希祜. 钢铁冶金原理 [M]. 北京：冶金工业出版社，1990.

[14] 马廷温. 电炉炼钢学 [M]. 北京：冶金工业出版社，1990.

[15] 邱少岐，祝桂华. 电炉炼钢原理及工艺 [M]. 北京：冶金工业出版社，2004：111~112.

[16] 关玉龙. 电炉炼钢技术 [M]. 北京：科学技术出版社，1990：149~154.

[17] 郑瑶. 电弧炉智能冶炼工艺优化模型的研究 [D]. 沈阳：东北大学，2016.

[18] Nakano H, Arita K, Uchda S. New scrap preheating system for electric arc furnace (UL-BA) [P]. Japan：Nippon Steel Corporation, 1999.

[19] Nakano H, 徐行南. UL-BA电弧炉炼钢新型的废钢预热系统 [J]. 上海宝钢工程设计，2002，16 (1)：78~84.

[20] 王怀宇. 电炉用新型废钢预热系统（UL-BA方式）[J]. 宽厚板，2001，7 (1)：43~48.

[21] 丁于. 手指式竖炉电弧炉的应用 [J]. 钢铁研究，2004，32 (2)：22~25.

[22] 费及竟. 竖炉式电弧炉的发展与现状 [J]. 上海金属，2000，22 (2)：51~55.

[23] 钱永辉. 竖式电炉废钢预热工艺 [J]. 现代冶金，2010，38 (6)：34~35.

[24] 徐迎铁，李晶，傅杰，等. 烟道竖炉电弧炉废钢预热特性研究 [J]. 钢铁，2005，40 (12)：31~33.

[25] 刘新成. 多级废钢预热竖炉 [J]. 宽厚板, 2000, 6 (4): 26~27.

[26] Jens A, Hannes B, Achim W. EAF Quantum-新型电弧炉炼钢技术 [J]. 河北冶金, 2018, 274 (10): 11~17.

[27] Dogan, Ertas, Akif, et al. New generation in preheating technology for electric arc furnace steelmaking [J]. Iron & Steel Technology, 2013, 10 (1): 90~98.

[28] 西门子奥钢联冶金技术有限公司. 高效废钢熔炼的未来型方案 [J]. 中国钢铁业, 2012, 10 (9): 31~33.

[29] 肖英龙, 王怀宇. 环保型高效 ECOARC 节能电炉的开发 [J]. 宽厚板, 2001, 7 (3): 30~34.

[30] 刘会林, 朱荣. 电弧炉短流程炼钢设备与技术 [M]. 北京: 冶金工业出版社, 2012.

[31] Nagai T, Sato Y, Kato H. The most advanced power saving technology in EAF introduction to ECOARC™ [P]. Japan: JP Steel Plantech, 2014.

[32] 马登德, 范增顺. 嘉兴钢厂 75t Consteel 超高功率交流电弧炉的设备和工艺特点 [J]. 浙江冶金, 2007, 19 (2): 17~19.

[33] 张文怡. Consteel 电弧炉连续炼钢设备 [J]. 工业加热, 2005, 34 (2): 50.

[34] 汤俊平. Consteel 连续炼钢电弧炉技术的应用 [J]. 钢铁技术, 2001, 22 (2): 29~33.

[35] 卫乾祥. 一种新的电炉连续炼钢法——Consteel 工艺 [J]. 上海金属, 1997, 16 (6): 3~8.

[36] 刘阳春. 电炉铁水热装技术应用探讨 [J]. 炼钢, 2002, 18 (6): 54~57.

[37] Lempa G, Trenkler H. ABB 双壳节能电弧炉 [J]. 钢铁, 1998, 33 (6): 21~24.

[38] 柴毅忠. 双壳电炉特点分析 [J]. 冶金丛刊, 1997, 20 (3): 24~26.

[39] 沈颐身, 肖恒. 氧燃烧嘴助熔技术在电炉上的应用及现状 [J]. 特殊钢, 1993, 32 (5): 1~6.

[40] Lee B, Sohn I. Review of innovative energy savings technology for the electric arc furnace [J]. JOM, 2014, 66 (9): 1581~1594.

[41] 阎立懿. 现代超高功率电弧炉的技术特征 [J]. 特殊钢, 2001, 22 (5): 1~4.

[42] 李士琦, 郁健, 李京社. 电弧炉炼钢技术进展 [J]. 中国冶金, 2010, 20 (4): 1~7.

[43] Ito K, Fruehan R J. Slag foaming in electric furnace steelmaking [J]. Iron and Steelmaker. 1989, 16 (8): 55~60.

[44] 任正德, 杨治明, 庞福如. 熔渣发泡幅度的理论模型 [J]. 四川冶金, 2000 (3): 30~33.

[45] Roth R E, Jiang R, Fruehan R J. Foaming of ladle and BOS-Mn smelting slags [J]. Transactions of the Iron and Steel Society of AIME, 1993, 14: 95~103.

[46] Jiang R, Fruehan R J. Slag foaming in bath smelting [J]. Metallurgical Transactions B, 1991, 22B (4): 481~490.

[47] Skupien D, Gaskell D R. The surface tensions and foaming behavior of melts in the system CaO-FeO-SiO$_2$ [J]. Metallurgical Transactions B, 2000, 31B (4): 921~925.

[48] Ghag S S, Hayes P C, Lee H G. Physical model studies on slag foaming [J]. ISIJ International, 1998, 38 (11): 1201~1207.

[49] Pilon Laurent, Andrei G Fedorovb, Raymond Viskanta. Steady-state thickness of liquid-gas foams [J]. Journal of Colloid and Interface Science, 2001, 242 (2): 425~436.

[50] 姜周华, 马哲元, 芮树森, 等. 直流电弧炉长弧泡沫渣技术 [J]. 宝钢技术, 1996, (4): 26.

[51] 王力军. 电弧炉泡沫渣及其脱磷能力的研究 [D]. 北京: 北京科技大学, 1993.

[52] 朱荣, 何春来, 刘润藻, 等. 电弧炉炼钢装备技术的发展 [J]. 中国冶金, 2010, 20 (4): 8~16.

[53] Toulouevski Y N, Zinurov I Y. Electric arc furnace with flat bath [J]. Berlin Heidelberg: Springer, 2015.

[54] 侯栋. 超高功率电弧炉供电制度的研究 [D]. 沈阳: 东北大学, 2013.

[55] 李晶, 王新江. 我国电弧炉炼钢发展现状 [J]. 世界金属导报, 2018 (2): 1~6.

[56] 朱荣, 魏光升, 董凯. 电弧炉炼钢绿色及智能化技术进展 [J]. 钢铁, 2019, 54 (8): 8~20.

[57] Sahoo M, Sarkar S, Das A C R, et al. Role of scrap recycling for CO_2 emission reduction in steel plant: a model based approach [J]. Steel Research International, 2019, 90: 1900034.

[58] Hay T, Reimann A, Echterhof T. Improving the modeling of slag and steel bath chemistry in an electric arc furnace process model [J]. Metallurgical and Materials Transactions B, 2019, 50B (5): 2377~2388.

[59] Shyamal S, Swartz Christoper L E. Real-time energy management for electric arc furnace operation[J]. Journal of Process Control, 2018, 3: 1~13.

[60] Odenthal H J, Kemminger A, Krause F, et al. Review on modeling and simulation of the electric arc furnace [J]. Steel Research International, 2018, 89 (1): 1700098.

[61] 朱荣. 电弧炉炼钢智能化技术的发展 [J]. 世界金属导报, 2018-03-27 (B03).

[62] 李京社, 武骏, 王雅娜. 智能炼钢电弧炉技术 [J]. 特殊钢, 1999, 20 (6): 31~33.

[63] 朱斌. 智能电弧炉炼钢技术 [J]. 工业加热, 2012, 41 (6): 1~5.

[64] Anon E. Intelligent arc furnace controllers [J]. MPT International, 1998, 22 (3): 116~117.

[65] Hocine L, Yacine D, Kamel B, et al. Improvement of electrical arc furnace operation with an appropriate model [J]. Energy, 2009, 34 (9): 1207~1214.

[66] 黄乔乔, 战东平, 张云飞, 等. 电弧炉智能优化配料模型开发 [C]// 2020 年全国《炼钢-连铸》《棒线材》生产工艺优化、技术创新交流会论文集, 2020, 12: 18~21.

[67] 杨子晏, 战东平, 夏子权, 等. 全废钢电弧炉造渣模型的建立 [C]// 2019 全国炼钢优质高效冶炼、废钢利用及护炉技术交流会论文集, 2019: 145~149.

[68] 周雪刚. 具有模糊系数的多目标模糊正项几何规划的解法 [J]. 重庆师范大学学报 (自然科学版), 2013, 30 (6): 31~35.

[69] 张宇丰. 基于多目标粒子群算法的多约束组合优化问题研究 [D]. 西安: 西安理工大学, 2019.

[70] 安杰, 李涛, 战东平, 等. 优化电弧炉熔炼工艺的生产实践 [J]. 工业加热, 2019, 48

(1)：27~28，31.

[71] 王中丙，李晶，傅杰，等．珠钢 150t 电弧炉炉料模型研究 [J]．南方钢铁，2000（5）：1~6.

[72] 冯国良．基于 NSGA Ⅱ 算法的电弧炉优化配料模型研究 [D]．天津：天津理工大学，2018.

[73] 李展．基于经济指标的电弧炉工艺优化模型研究 [D]．西安：西安电子科技大学，2011.

[74] 刘志明，战东平，葛启桢，等．基于 BP 神经网络的电炉终点碳质量分数预报模型 [J]．工业加热，2018，47（4）：28~31.

[75] 刘锟，刘浏，何平，等．增量神经网络模型预报 100t 电弧炉终点碳、磷和温度的应用 [J]．特殊钢，2004（3）：40~41.

[76] 张慧书，战东平，姜周华，等．基于人工神经网络的钢铁冶炼终点预报模型 [J]．工业加热，2005，34（2）：5~7.

[77] 张慧书，战东平，姜周华．基于改进 BP 神经网络的铁水预处理终点硫含量预报模型 [J]．钢铁，2007，42（3）：30~32.

[78] 张慧书，战东平，姜周华．改进 BP 网络在铁水预脱硫终点硫含量预报中的应用 [J]．东北大学学报（自然科学版），2007，28（8）：1140~1142.

[79] 顾学群，赵青．基于 BP 神经网络的电弧炉炼钢过程的终点预报 [J]．南通职业大学学报，2008（1）：65~68.

[80] 白晶，毛志忠，蒲铁成．多输入多输出 Hammerstein-wiener 交流电弧炉电极系统模型 [J]．仪器仪表学报，2017，38（4）：1024~1030.

[81] 孔辉，孔章情，周俐，等．电弧炉温度预报模型的设计与实现 [J]．安徽工业大学学报（自然科学版），2011，28（4）：345~349.

[82] 刘军．电弧炉钢水终点温度预报研究 [D]．沈阳：东北大学，2013.

[83] 袁平，王福利，毛志忠．基于案例推理的电弧炉终点预报 [J]．东北大学学报（自然科学版），2011，32（12）：1673~1676.

[84] 刘志明．电弧炉内喷吹二氧化碳对钢中氮的影响研究 [D]．沈阳：东北大学，2018.

5 LF 精炼工艺与智能冶金模型

在废钢—电弧炉—LF 精炼—连铸—直接轧制流程中，LF 精炼过程承担着脱硫、脱氧、夹杂物控制、成分调整和温度调整等炼钢任务。LF 的功能实现，冶金效果对电弧炉与连铸间的节奏匹配、钢的质量均有显著影响。同时，生产过程的主要技术经济指标对企业成本和利润也有明显影响，因此，本章重点对此进行阐述。

1971 年，日本特殊钢公司开发了采用碱性合成渣，埋弧加热，吹氩搅拌，在还原气氛下精炼的钢包炉（ladle furnace，LF）[1,2]。随着钢铁流程高效率化的发展，电弧炉和转炉均是仅作为初炼炉，炼钢任务中的脱氧、脱硫、夹杂物去除及温度和节奏调节等功能均转移到炉外精炼过程中完成[3,4]。LF 作为冶金功能较强的设备，除能够提高钢质量外，还可提高生产率 15%～30% 和降低成本。LF 因其具有较好的电弧加热、白渣精炼、氩气搅拌、还原精炼等特点，被配置在转炉—精炼流程、电弧炉—精炼流程、感应炉—精炼流程、AOD（VOD）—精炼流程中，因此其几乎被应用于所有钢种的精炼中，不仅被用于精炼轴承钢、超低硫管线钢、帘线钢等高洁净度钢外，还在不锈钢、超低碳钢 IF 钢（精炼时用于升温）等钢种精炼中得到了应用[5~7]，已成为转炉或电炉流程常备的炉外精炼设备，部分厂家初炼炉与 LF 的数量配比甚至采用了 1 对 2 或者 2 对 3 的匹配模式。国外及国内部分采用感应炉作为初炼炉的特钢或者不锈钢企业，后续也配备了 LF 精炼炉。我国 1981 年上海五钢的第一台 LF 炉投产，目前我国大多数钢厂采用 LF 炉进行生产[8~10]。

5.1 LF 主要技术经济指标

LF 生产技术经济指标主要包括冶炼过程指标和总体消耗指标两类，通常冶炼过程工艺指标主要指与冶炼时间相关的过程所有操作指标，具体记录 LF 冶炼过程某一时刻的主要操作内容或某操作所处的状态[1]。例如，与供电制度相关的指标：当前供电所用的电压档位、电流档位、通电时间、断电时间、电耗等；与吹氩制度有关的指标：吹氩压力、流量、吹氩时间、停氩时间；与脱氧制度有关的指标：某脱氧剂加入量、加入时间；与造渣制度有关的指标：某渣料加入量、加入时间等；与成分微调有关的指标：某合金加入量、加入时间。从冶炼工艺角度讲, 上述参数作为主要的技术参数[1,10]。还有一些标志 LF 所处运行状态的指标: 如炉盖冷却水压力、流量, 除尘风机开启状态等过程运行或辅助设备参数不列入炼钢工艺过程参数中。表 5-1 为 LF 的主要设备参数指标, 表 5-2 为某厂150t LF 的主要设备技术参数指标[11]。

表 5-1　LF 的主要设备参数指标

参　数	LF 公称容量/t				
	40	60	90	100	150
钢包容量/t	35~45	55~65	80~100	80~120	130~170
钢包直径/mm	2900	3150	3300	3500	3900
钢包高度/mm	2300	3000	4300	4800	4850
电极直径/mm	350	350	350	400	450
极心圆直径/mm	650	650	710	750	750
变压器容量/kV·A	6000	10000	15000	16000	25000
加热速率/℃·min^{-1}	3~5	3~5	3~5	3~5	3~5
钢包自由空间/mm	300~700	300~1000	300~1000	300~1000	300~1000
处理周期/min	30~90	30~90	30~90	30~90	30~90
透气砖/块	1	1	1~2	1~2	1~2
最大底吹气体流量/L·min^{-1}	400	400	400	400	400
底吹气体压力/MPa	0.4~1.5	0.4~1.5	0.5~1.5	0.5~1.6	0.6~1.6

表 5-2　某厂 150t LF 主要技术参数指标

序号	项　目	单　位	参　数
1	正常炉子容量	t	150
2	最小钢水处理量	t	125
3	钢包净空高度	mm	300~500
4	电极直径	mm	457±2
5	加热速度	℃/min	4~5
6	变压器容量	MV·A	28
7	最大电极电流	kA	45
8	处理时间	min	25~40
9	炉盖提升速度	m/s	0.04

序号	项　目	单　位	参　数
10	炉盖提升行程	mm	600
11	电极提升速度	m/s	0.15
12	电极提升行程	mm	2900
13	电极响应时间	ms	300
14	极心圆直径	mm	750
15	观察孔尺寸	mm×mm	500×700
16	钢包透气砖数量	块	1
17	变压器二次电压	V	231~380
18	变压器二次电压级数	级	13
19	顶枪提升行程	m	5.5
20	氩气压力	MPa	0.6~1.2
21	顶枪长度	mm	5490

　　LF 总体消耗指标即完成某炉钢精炼全过程的电耗、氩气、合金及造渣材料消耗等，对某一特定钢厂的特定 LF 来说，通常使用冶炼周期内的总耗量。进行数据统计或指标对比时，一般使用吨钢耗量指标，具体主要的统计指标包括[1~3]：通电时间（min）、电耗（kW·h/t）、电极消耗（kg/t）、冶炼周期（min）、吹氩时间（min）、软吹时间（min）、氩气耗量（m³/t）、脱氧剂耗量（kg/t）（如铝耗量、硅铁耗量、锰铁耗量、钙线量等）、造渣材料耗量（kg/t）（如石灰耗量、萤石耗量、精炼渣耗量、碳化硅耗量、发泡剂耗量等）。

5.2　LF 精炼的主要冶金功能

　　LF 钢包精炼炉作为炉外精炼的主要设备之一，作为初炼炉（电炉或转炉）与连铸之间的缓冲设备，可以调节初炼炉（电炉或转炉）与连铸机直接的生产节奏，保证初炼炉与连铸机直接生产节奏的匹配运行，实现多炉连浇。LF 主要可以完成如下炼钢任务：脱氧、脱硫、去除夹杂物、调整成分和调整温度。在 LF 精炼过程中，利用高温电弧将电能转化成热能，加热钢液和熔化炉渣，在良好的底吹氩搅拌和造泡沫渣实现埋弧的条件下实现渣钢间的充分反应，此过程是在强还原气氛条件下实现的白渣精炼过程。

　　LF 的主要功能包括埋弧加热、白渣精炼、氩气搅拌和还原气氛。这四大功能相互影响、相互依存、相互促进。它们四个相互关系如图 5-1 所示[1,2]。

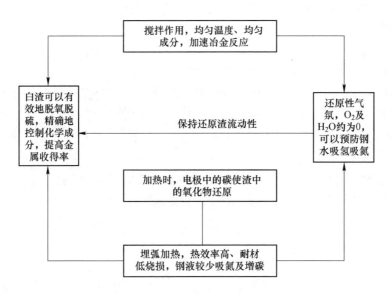

图 5-1　LF 炉四大功能的相互关系

5.2.1　还原气氛

LF 炉本身不具备真空系统，但由于钢包与炉盖密封隔离空气，通过优化设计除尘系统结构减少精炼时炉外空气进入炉内，实现炉内微正压操作。加热时石墨电极、扩散脱氧剂、发泡剂等与渣中 FeO、MnO 和 Cr_2O_3 等化合物反应生成 CO 气体，使 LF 炉内气氛中氧质量分数减至 0.5% 以下，实现强还原气氛下的脱氧、脱硫[7~9]。

$$C + (FeO) \Longrightarrow [Fe] + CO \tag{5-1}$$

$$C + (MnO) \Longrightarrow [Mn] + CO \tag{5-2}$$

$$2C + (WO_2) \Longrightarrow [W] + 2CO \tag{5-3}$$

$$5C + (V_2O_5) \Longrightarrow 2[V] + 5CO \tag{5-4}$$

$$SiC + 3(FeO) \Longrightarrow 3[Fe] + (SiO_2) + CO \tag{5-5}$$

$$CaC_2 + 3(FeO) \Longrightarrow 3[Fe] + (CaO) + 2CO \tag{5-6}$$

5.2.2　氩气搅拌

对反应容器中的金属液（铁水或钢液）进行搅拌，是炉外精炼的最基本、最重要的手段。它是采取某种措施给金属液提供动能，促使钢液在精炼反应器中产生对流运动。金属液搅拌可改善冶金反应动力学条件，强化反应体系的传质和传热，加速冶金反应，均匀钢液成分和温度，有利于夹杂物聚合长大和上浮排除。

　　吹气搅拌是炉外精炼的主要手段之一，气体搅拌所用气体主要是氩气，故又称氩气搅拌。向钢液吹入氩气可以用顶枪插入法，也可以用底部透气砖法。实践证明，从底部通过透气砖吹入氩气，可充分发挥其搅拌作用，氩气利用率高。目前，大多数的吹氩搅拌均采用透气砖底吹法。

　　吹氩搅拌对金属液所做的功包括：氩气在出口处因温度升高产生的体积膨胀功 W_t；氩气在金属液中因浮力所做的功 W_b；氩气从出口前的压力降至出口压力时的膨胀功 W_p；氩气吹入时的动能 W_e。从它们的计算值比较可知，W_t 和 W_b 较大，而 W_p 和 W_e 较小，可忽略。

　　反应器的搅拌强度，可以用单位重量的金属液所得到的搅拌能 ε 衡量，也可用反应器内的均匀混合时间 τ 来确定，τ 与 ε 成反比[1,8]。

　　氩气对钢液的搅拌能可用下式计算：

$$\varepsilon = \frac{6.2Qt_L}{m}\left[1 - \frac{t_G}{t_L} + \ln\left(1 + \frac{H_0}{1.46 \times 10^{-5}P_2}\right)\right] \tag{5-7}$$

式中，Q 为气体流量，m^3/min；m 为钢液重量，t；t_G 为气体温度，℃；t_L 为钢液温度，℃；H_0 为钢液深度，m；P_2 为钢液面压力，Pa。

　　搅拌能 ε 也可用式（5-8）表示：

$$\varepsilon = 28.5Q/m \cdot T\lg(1 + H_0/148) \tag{5-8}$$

　　将不同精炼设备的均匀混合时间与搅拌能建立关系，可知随着比搅拌能增大，混合均匀时间缩短，这种关系回归后得式（5-9）[2,3]：

$$\tau = K\varepsilon^{-0.4} \tag{5-9}$$

式中，K 为常数，一般 $K = 400 \sim 800$。

　　由式（5-7）和式（5-9）可知，增加吹氩流量，增大钢液的深度均可提高氩气对钢液的搅拌能。

　　吹氩搅拌是 LF 炉最主要的精炼手段之一，通过吹氩搅拌钢液可以达到以下目的[8,9]：

　　（1）均匀钢液的成分和温度。通过透气砖喷入的氩气可使钢液产生环流，钢液中的化学成分和温度可以迅速均匀化。搅拌的强度也可以通过喷入的氩气量的大小来调节，因此对钢液的搅拌不仅非常充分而且也可以很方便地控制。

　　（2）脱气和去除夹杂物。吹入的氩气为不参加反应的惰性气体，氩气泡相当于一个个小的"真空室"，其中 H_2、N_2 和 CO 等气体的分压接近于零，因此可以去除钢液中的气体，具有"气洗"的作用；同时吹入的氩气泡可以黏附钢中夹杂物颗粒，从而带动夹杂物的上浮，同时上浮气泡所引起的钢液的搅动，促进夹杂物颗粒的碰撞合并而上浮，实现去除夹杂物的目的。

　　（3）加速脱硫。吹氩可以实现钢液循环，强搅拌时可以促进熔渣乳化成渣滴,大量渣滴卷入到钢液熔池深处,增加了钢渣接触界面,为脱硫创造了良好的动力学条件。

5.2.3 埋弧加热

LF 精炼炉由专用的变压器供电,其整套供电系统、控制系统、监测和保护系统以及燃弧的方式与电弧炉相似。LF 炉加热效率高,对于不同容量的 LF 炉和不同的变压器功率其升温速度不同,一般升温速度为 2~5℃。交流 LF 精炼炉是采用三根石墨电极进行加热的。加热时电极插入渣层中采用埋弧加热法,这种方法的辐射热小,对炉衬有保护作用,与此同时加热的热效率也比较高,热利用率好。

LF 炉的加热功能有以下作用[1,11]:

(1) 奠定白渣精炼奠定基础。目前钢液的深脱硫等任务一般移至 LF 炉进行,因此 LF 炉可以充分利用加热功能进行渣精炼,为脱硫等精炼任务创造良好的热力学和动力学条件。

(2) 精确控制钢液温度。LF 炉的加热功能不仅可以防止钢液冷却,还可以精确控制钢液的温度,其精度可以控制在 $\pm(3\sim5)$℃。这样为精炼后的连铸创造了有利条件。

图 5-2 为 LF 总的能量平衡图。上述图中各变量存在以下关系[12]:

$$P_e = P_r + P_{arc} \tag{5-10}$$

$$P_{arc} = P_{ar} + Q_{ab} \tag{5-11}$$

$$Q_{ab} = Q_{bath} + Q_{ls} + Q_{sl} \tag{5-12}$$

$$Q_{bath} = Q_{ch} + Q_m \tag{5-13}$$

$$Q_{ls} = Q_{ln} + Q_{shell} \tag{5-14}$$

$$Q_{sa} = Q_{sl} + Q_g \tag{5-15}$$

式中,P 为功率,kW;Q 为热流量,kW;P_e 为变压器输出的有功功率;P_r 为线路(短网)损失的电能;P_{arc} 为电弧功率;P_{ar} 为损失的电弧功率;Q_{ab} 为进入渣钢熔池中的电弧热量;Q_{bath} 为滞留在熔池中的热能;Q_{ch} 为用于渣料、合金熔化升温热;Q_m 为钢水、炉渣的升温热;Q_{ls} 为通过炉衬损失的热量;Q_{ln} 为炉衬的蓄热;Q_{sa} 为由渣面损失的热量;Q_g 为炉气带走的热量;Q_{sl} 为由渣面散发出的热量;Q_{shell} 为由包壳与周围大气的热交换而损失的热量。

可以看出,由于 LF 化学反应热效应很小,可以忽略不计,因此为 LF 炉提供的能量只有从变压器输出的电能,即变压器的有功功率 P_e。变压器二次侧输出的电能,一部分功率被线路上存在的电阻消耗掉,称之为线路损失的功率 P_r,另一部分转变为电弧热量即电弧功率 P_{arc}。由电弧产生的热能 P_{arc} 一部分传给熔池(炉渣和钢水),另一部分损失掉,传递给包衬和水冷包盖 P_{ar}。而电弧电能传给熔池的比例主要取决于电弧埋入炉渣的深度[12]。

进入熔池的热量 Q_{ab} 又可分为三大去向[11]。第一部分用于钢水和炉渣的加热升温所需热量 Q_m 以及渣料和合金熔化升温所需热量 Q_{ch}，两者之和即为加热熔池的热量 Q_{bath}。第二部分是指通过包衬损失的热量 Q_{ls}，其中又分成两部分，一部分热量成为包衬耐火材料的蓄热 Q_{ln} 而使包衬温度升高，另一部分是由包壳与周围大气的热交换而损失的热量 Q_{shell}。第三部分热量是通过渣面损失的热量 Q_{sa}，其中一部分是通过渣面的辐射和对流传热的热损 Q_{sl}，另一部分是由熔池内产生的高温气体通过渣面排走的热量 Q_g。

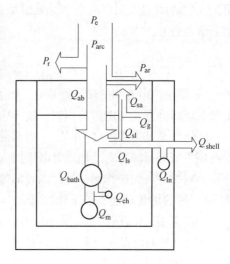

图 5-2　LF 炉能量平衡示意图

上述分析可以清楚地表明 LF 炉能量的输入和输出及其分配关系。在 LF 炉的操作过程中，由于上述因素相互作用、相互影响，因此，其实际的温度控制较为复杂。LF 钢液在进行精炼时有热量损失，造成温度下降。LF 由于具有加热升温功能，可避免高温出钢和保证钢液正常浇注，因此，增加了 LF 精炼工艺的灵活性，在精炼剂用量、钢液处理最终温度和处理时间均可扩大工艺选择的范围，以获得最佳的精炼效果。

LF 的电弧加热原理与电弧炉相似，采用石墨电极，通电后，在电极与钢液间产生电弧，依靠电弧的高温加热钢液。由于电弧温度高，在加热过程中，需控制电弧长度及造好发泡渣进行埋弧加热，以防止电弧对耐火材料产生高温侵蚀。

炉外精炼过程中，根据热平衡计算，有下列关系式[12]：

$$W_I = C_m \Delta t_R + W_S Z + W_A A \tag{5-16}$$

式中，W_I 为每吨钢需供的能量，$kW \cdot h/t$；C_m 为钢液比能耗，$0.23kW \cdot h/(t \cdot ℃)$；$\Delta t_R$ 为从出钢到处理站的温降，℃；W_S 为渣料熔化和过热到 1873K 的比能耗，约 $5.8kW \cdot h/(1\% \cdot t)$；$Z$ 为渣钢比，%；W_A 为加入物熔化和过热到 1873K 的比能耗，$kW \cdot h/(1\% \cdot t)$；A 为加入物的比率，%。

通常以 $Z = 1\% \sim 5\%$，$A = 1\%$，降温为 $50 \sim 80℃$ 计算，求得 W_I 约为 $30kW/t$。若按热效率 $\eta_H = 30\% \sim 40\%$，则输入能量应为 $80 \sim 120kW \cdot h/t$。如前文所述，一般 LF 精炼炉的比功率是 $100 \sim 200kW/t$，平均加热速度为 $3 \sim 5℃/min$[1,2]。LF 钢包精炼过程会部分利用化学反应热，但主要依靠电弧加热。当前有加热手段的炉外精炼装置，大多采用电弧加热。但是电弧加热并不是一种最理想的加热方式。对电极的性能要求太高、电弧距钢包炉内衬的距离太近、包衬寿命短、常压下电弧加热时促进钢液吸气等，都是电弧加热法难以彻底解决的问题。

为了克服 LF 加热方法的部分缺点，人们开发了埋弧加热技术[9,12]。埋弧加热是电弧炉和 LF 减少辐射散热、提高热效率和保护炉衬耐火材料的有效方法之一。通过增加渣量使渣厚增加或添加发泡剂实现渣层厚度增加，实现 LF 精炼过程中的埋弧操作。图 5-3 是埋弧状况对热效率的影响，可以看出，实现 LF 精炼过程全程埋弧时，热效率可以得到显著地提高。

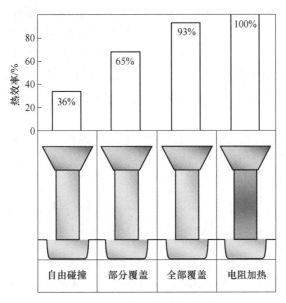

图 5-3 埋弧状况对热效率的影响

5.2.4 白渣精炼

LF 炉是利用白渣进行精炼的，它不同于靠真空脱气的精炼方法。在 LF 精炼过程中，通过沉淀脱氧结合扩散脱氧，将钢水中氧质量分数脱到小于 10×10^{-6}，采用铝粒、碳粉、碳化硅和硅铁粉等扩散脱氧剂将渣中（FeO+MnO）降到小于 1% 甚至 0.5%，此时，炉渣颜色呈白色，通常称为白渣。白渣在 LF 炉内具有很强的还原性，这是 LF 炉内良好的还原性气氛和氩气搅拌相互作用的结果。一般白渣渣量为金属量的 0.8%~2%，通过白渣的精炼作用可以降低钢中氧、硫及夹杂物的含量。部分钢厂 LF 炉精炼时不加沉淀脱氧剂，而是靠扩散脱氧形成白渣对氧化物的吸附而达到脱氧的目的[7,8]。

随着对钢液质量要求的不断提高，目前各钢厂都采用了 LF 炉精炼这项技术来强化脱硫。选择合适的精炼渣及冶炼工艺，可以大大提高脱硫效率、缩短精炼时间、降低生产成本。

LF 炉精炼过程中，精炼渣的作用主要表现在以下两方面[7,11]：

（1）脱硫。这是精炼渣在精炼过程中最主要的任务之一。由于 LF 炉工艺的特殊性，要求脱硫处理时间短，脱硫效率高，尤其对超低硫钢的冶炼对精炼渣提出了更高的要求。一方面要求精炼渣具有相对高的碱度，以达到良好的脱硫效果，另一方面要有良好的流动性，以创造更好的脱硫动力学条件。在此强还原条件下，保持炉渣具有合适的碱度、渣量、流动性等条件后，炉渣具有较强的脱硫能力，可生产出硫质量分数小于 10×10^{-6} 的超低硫管线钢等钢种[11]。

（2）脱氧和吸收非金属夹杂物。某些特殊用途的钢种对钢中非金属夹杂物的要求非常严格，因此，精炼渣的脱氧能力及吸收夹杂物的能力就显得尤为重要。钢液脱氧不仅要考虑降低钢液中的溶解氧，还要考虑去除脱氧产物。精炼渣有脱氧作用，同时还可吸收脱氧产物，使脱氧产物容易从钢液中排除，达到降低钢液中全氧含量的目的。

此外精炼渣具有快速成渣、保护钢液和防止钢液的二次氧化的优势，在 LF 炉的精炼过程中可以起泡埋弧，加快升温速度等作用。因此研究精炼渣对提高钢液的质量，降低 LF 炉电耗等都具有十分重要的意义。

5.3 LF 精炼工艺

各钢厂根据冶炼钢种及工艺需求安排设定不同的 LF 精炼工艺，典型钢厂的 LF 精炼工艺流程如图 5-4 所示[1,3]。通常情况下，盛装钢水的钢包从初炼炉运至 LF 精炼工位完成座包后，接通底吹氩管路，开启吹气阀门，进行底吹氩搅拌，吹氩过程控制吹氩压力和氩气流量。然后进行测温、取样，部分钢厂还进行定氧操作，测定钢中的溶解氧含量。根据钢水成分及氧含量情况，部分钢厂还进行喂线或喷粉操作[13,14]，喂线种类有铝线、碳线、钛线等，根据钢水成分和工艺要求选择包芯线种类、设定喂线速度和喂线量。最后将钢包车开至 LF 加热工位，降电极、通电，开始 LF 供电操作，供电过程通过调整电压和电流档位来调节 LF 过程的输入功率，从而实现对升温速率的有效控制。通电前或通电过程中可根据钢水成分及工艺要求添加渣料（石灰、精炼渣、扩散脱氧剂、发泡剂等）、增碳剂或合金，第一次通电 3～15min 后，抬电极、断电、测温、取样、降电极、通电。重复供电、加料、断电、测温、取样过程通常进行 2～5 次，当钢水成分及温度合格后，取终点样。部分钢厂 LF 精炼结束后会进行钙处理操作，也有钢厂进行钡处理或者镁处理。钙处理是通过喂线机喂纯钙线、硅钙线或者钙铝线等含钙包芯线。钡处理是加入含钡合金或者喂硅钡、硅铝钡或硅钙钡包芯线等。镁处理则是喂铝镁、镍镁、稀土镁或铝钙镁等含镁包芯线。若 LF 精炼后不进行真空处理，则 LF 后进行软吹氩操作，最后停吹底吹氩气，断开吹氩管，吊包送至后工序。

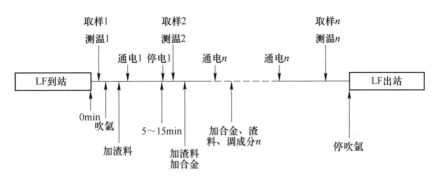

图 5-4　LF 精炼工艺流程图

5.3.1　出钢准备

（1）检查透气砖的透气性。

（2）清理钢包，高洁净钢钢包不得留有残钢、残渣，保证钢包安全。

（3）水口内外残钢、残渣一定清理干净。

（4）钢包烘烤至 1200℃，确保红包出钢。

（5）合理添加钢包引流砂；引流剂使用前最好烘烤，减少水分也有利于提高自然开浇率。采用人工抛袋加入引流剂时，应根据水口直径的大小，确定袋装重量和袋的形状尺寸。一般为 5kg、10kg 或 15kg，过重不利人工操作，抛袋时应准确抛至水口位置，不能随意抛；有条件情况下，尽量设置加料管，用加料管添加。

（6）条件具备时，钢包滑板及水口进行预热，有助于提高自开率。

（7）准备脱氧剂、合金及渣料，合金尽量进行烘烤。

（8）若出钢前往钢包中加合金、铝锭、渣料、废钢等材料时，应防止落在水口座砖上方的引流剂上面，以免影响开浇。

（9）全程加盖钢包摘掉钢包盖，将钢包移至出钢工位，准备出钢。

（10）准备挡渣或无渣出钢。

5.3.2　出钢

（1）根据不同钢种、加入的渣料量和合金量确定出钢温度，出钢温度应当在液相线温度基础上减去渣料、合金料的加入引起的温降，再根据炉容的大小适当增加一定的温度，以备运输过程的温降。

（2）当钢包底部有钢水覆盖或者钢水量达到 1/4~1/3 时，按照初炼炉最后一个钢样成分向钢包内加入合金及脱氧剂，以便进行初步合金化并使钢水初步脱氧。

（3）注意要完全挡渣，控制下渣量小于 5kg/t 钢或钢包顶渣渣层厚度小于 30mm；电弧炉出钢采用留钢操作，转炉特殊品种为防止下渣可以采用留钢操作。

（4）强化出钢渣洗操作，出钢过程中向钢流中加入渣料。

（5）当钢水出至 1/3 时，开始吹氩搅拌。一般 50t 以上的钢包的氩气流量可以控制在 200L/min 左右，使钢水与脱氧剂、合金及渣料充分混合；当钢水出至四分之三时将氩气流量降至 100L/min 左右，以防钢水过度降温。

5.3.3 供电

与电弧炉类似，LF 供电参数的选择不仅影响 LF 的电效率、热效率，还影响埋弧效果、钢包耐火材料寿命、钢水质量等[15~17]。因此，LF 过程应合理供电。

LF 供电过程中，向炉内的热量供给主要是依赖电弧实现的。电弧产生的热能一部分传给熔池（炉渣和钢水），另一部分损失掉，传递给钢包衬和水冷包盖。而电弧电能传给熔池的比例主要取决于电弧埋入炉渣的深度。

在 LF 炉的能量平衡中，电效率和电弧的传热效率是相互关联的[12]。通常采用高电压长弧操作时由于电弧电流相对降低，短网电能损失减少，电效率提高。但随着电弧长度的增加电弧暴露的比例增加，使得由电弧向熔池的传热效率降低。因此，要使综合效果达到最佳，必须使两者效率的乘积达到最大。

当冶炼实现埋弧操作时，渣层将有效地屏蔽和吸收电弧辐射能，并传给熔池，提高了传热效率，缩短了冶炼时间，减少了辐射到炉壁、炉盖的热损失。渣是否埋弧对提高电弧传热效率是十分重要的。在渣埋弧时能量损失最低，即使在长弧（高功率因数）下运行，能量损失也无明显增加，而且长弧运行电流降低，电极消耗量也相应减少。因此，在操作中尽快造成泡沫渣并保持下去这是确保炉子在整个周期内以高电压、最大功率运行和提高功率利用率的关键，而这种运行模式意味着低消耗和高生产率。另外，石墨电极与炉渣接触而受到侵蚀，但在泡沫渣下侵蚀的程度小，电极消耗得到改善。

LF 实际精炼过程中，电压级的确定是根据精炼过程对钢水升温的要求以及不同阶段炉渣的埋弧状况而定。

精炼初期：由于渣料未完全熔化，通常不用最高档电压，而是用稍低的电压供电。精炼中期：当炉渣基本熔化，渣层泡沫化良好时，应采用最高档电压供电，以获得最大的升温速度。精炼后期：当升温不是主要目的，而转入调整成分为主的阶段时，而且通常后期渣层泡沫化减弱，渣层变薄，宜采用相对较低的电压供电。合理的电压级要根据 LF 炉的实际操作情况来确定。

5.3.4 造渣

5.3.4.1 LF 造渣基础渣系

在炉外精炼过程中，通过合理地造渣，可以达到脱硫、脱氧、吸收钢中的夹杂物、控制夹杂物形态的目的，形成的泡沫渣（或称为埋弧渣）可淹没电弧，提高热效率，减少耐火材料侵蚀。因此，在精炼工艺中，要特别重视造渣。钢包进站后，应尽快造渣、通电升温，促进尽快成渣，以加强精炼效果[11,17,18]。

图 5-5 为不同工艺条件下渣中 FeO 含量对 $a_{[O]}$ 的影响[11]。降低渣中 FeO 含量，有利于降低钢水氧活度。对于目前 AHF（化学升温精炼法）的顶渣条件，与之相平衡的钢水氧活度明显高于其他冶炼条件。对于 LF 精炼，当渣中 FeO 含量低于 1%甚至到 0.5%以下时，$a_{[O]}$ 可显著降低。可见，LF 精炼过程实施白渣精炼，可冶炼超低氧钢[18,19]。

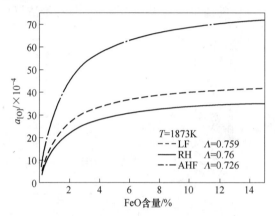

图 5-5 渣中 FeO 含量对 $a_{[O]}$ 的影响

T—钢水温度；Λ—光学碱度

图 5-6 为渣中 FeO 含量对渣-钢间硫的平衡分配比 L_S 的影响[11]。从图中可以看出，渣-钢间硫的平衡分配比的计算值与实测值比较接近，说明由于目前渣中

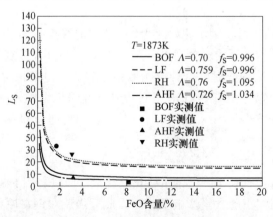

图 5-6 渣中 FeO 含量对渣-钢间硫的分配比的影响

L_S—渣-钢间硫的平衡分配比；T—钢水温度；

Λ—光学碱度；f_S—硫的活度系数

FeO 含量比较高，渣-钢界面氧位主要受渣中 FeO 含量控制。LF 实施白渣精炼条件下（渣中 FeO 含量低于 0.5%），可以使渣-钢间硫的平衡分配比显著提高，实现超低硫钢的冶炼。

图 5-7 为 LF 精炼过程不同硫分配比条件下渣量对终点硫含量 [S] 的影响[11]。从图中可以看出，随着渣量 W_S 占钢水量 W_m 比值的增加，终点硫含量下降，而且在相同渣量情况下，渣-钢间硫的平衡分配比越高，终点硫含量越低。对于渣-钢间硫的平衡分配比小于 50%，仅靠增加渣量很难达到深脱硫目的，因此，应选择具有强脱硫能力的脱硫剂来提高渣-钢间硫的平衡分配比。渣-钢间硫的平衡分配比越低，相应的渣量应越大，必要时可进行换渣操作。

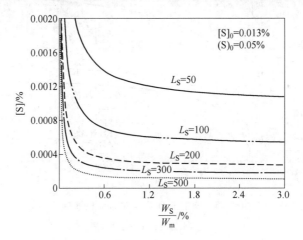

图 5-7　渣量对终点硫含量的影响

L_S—渣-钢间硫的平衡分配比；$[S]_0$—钢水原始硫含量；

$(S)_0$—渣中原始硫含量

图 5-8 为 LF 精炼过程钢水原始硫含量 $[S]_0$ 对终点硫含量的影响[11]。从图中可以看出，随着钢水原始硫含量的降低，冶炼终点硫含量随之下降，而且渣-钢间硫的平衡分配比越低时，这种影响效果越显著。进行成品硫含量小于 10×10^{-6} 的极低硫钢冶炼时，即使 LF 精炼过程具备 80% 以上脱硫率的能力，钢水原始硫含量也应尽量按小于 50×10^{-6} 控制，否则会影响超低硫钢的成品率或者 LF 精炼炉的生产效率。

图 5-9 为渣中原始硫含量对钢水终点硫含量的影响[11,18]。从图中可以看出，降低渣中原始硫含量有利于降低钢水终点硫含量。而且与图 5-8 相比，可以看出钢水原始硫含量对终点硫含量影响更大，因此应强调对钢水原始硫含量的控制，尤其是进行超低硫钢精炼时。

图 5-10 为钢中溶解铝含量对钢水氧活度及渣-钢间硫的分配比的影响[11,18]。

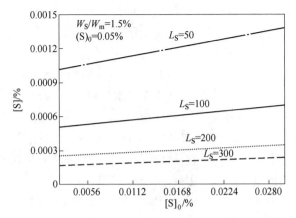

图 5-8　钢水原始硫含量对终点硫含量的影响

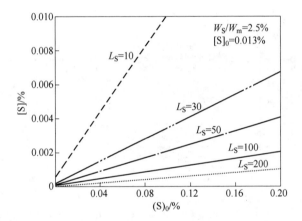

图 5-9　渣中原始硫含量对钢水终点硫含量的影响

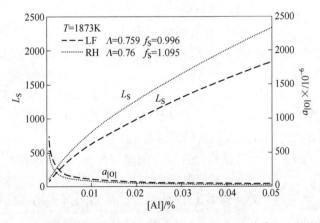

图 5-10　钢中溶解铝含量对钢水氧活度及渣-钢硫的分配比的影响

从图中可以看出，随着钢中溶解铝含量的增加，钢水平衡氧活度降低，而渣-钢间硫的平衡分配比增加。冶炼过程中，采用铝等强脱氧元素对钢水进行脱氧，可以使钢中氧含量迅速下降到 $10×10^{-6}$ 以下，对深脱硫有利。

图 5-11 是炉渣光学碱度和钢水温度对渣-钢间硫的平衡分配比的影响[11]。从图中可以看出，提高炉渣光学碱度和提高钢水温度均对脱硫有利。对 LF 炉，当光学碱度为 0.75 时，将温度从 1873K 提高到 1923K，则 L_S 由 55.33 增加到 82.89，如再将光学碱度增加到 0.8，则 L_S 为 163.86。正常冶炼时，由于各工艺条件下的温度范围变化不大，而且精炼温度太高，对耐火材料消耗及初炼炉的影响较大，因此靠提高温度来获得更高的脱硫效果很难做到，但实际操作中提高炉渣光学碱度是容易做到的。由此可知，除努力提高冶炼温度外，还可以从改变渣系成分入手，提高炉渣碱度，以提高渣系深脱硫能力。

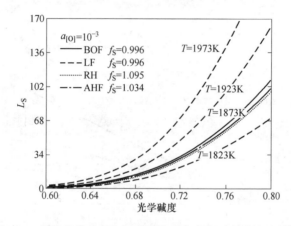

图 5-11　炉渣光学碱度和钢水温度对渣-钢间硫的分配比的影响

综上可以看出，LF 的重要任务是脱氧、脱硫，而要进行超低硫钢精炼，必须做到以下几点[11,18]：

（1）控制炉渣成分，提高炉渣碱度。为此，炉渣中 SiO_2 的含量要控制在 10%以下，最好达到小于 5%的水平。为了对于特殊场合，可以添加 BaO、Na_2O、Li_2O 等碱度更高的组元。

（2）强化对炉渣和钢水的脱氧。向炉渣中加入扩散脱氧剂，使渣中（FeO+MnO）含量达到 1%甚至 0.5%以下。控制钢中酸溶铝含量，降低钢水中氧活度。

（3）确保较高的精炼温度和良好的搅拌工艺。

（4）限制炉渣和钢水的原始硫含量，同时也保证相应的渣量，必要时可进行换渣操作。

目前，LF 采用的主要渣系有 $CaO-CaF_2$、$CaO-Al_2O_3$、$CaO-SiO_2-Al_2O_3-CaF_2$、$CaO-MgO-Al_2O_3-SiO_2-BaO$ 等[11,18,19]。其中，$CaO-CaF_2$ 渣系被广泛应用于炉外深

脱硫处理，该渣系具有较强的脱硫能力，据文献报道，该渣系在1500℃下的硫容量高达0.03。CaO-CaF$_2$渣中，CaO的主要作用是提高碱度，而CaF$_2$的主要作用是降低合成渣的熔化温度，提高炉渣的流动性，这样更有利于脱硫[19,20]。CaO与CaF$_2$应有合适的比例，比值过高，渣中CaO含量过高，流动性差，炉渣熔化温度高，既浪费了能源，精炼效果又不理想；比值过低，渣中CaF$_2$含量过高，碱度不够，对脱硫也不利。国内外常用的CaO/CaF$_2$比值介于6/4和8/2之间，个别的也有达到9/1的。但较高的CaF$_2$含量对钢包耐火材料寿命有较大影响，而且由于对环保要求的越来越严格，氟化物的污染越来越受到重视。因此，近年来针对CaO-Al$_2$O$_3$基少氟或无氟精炼渣的开发较多，而且取得了较好的应用效果。

CaO-Al$_2$O$_3$渣系是目前生产铝镇静钢被广泛采用的渣系。因钙铝酸盐与硅酸盐相比，脱硫速度和硫容更大，因此该渣系也具有较强的脱硫能力。图5-12为采用该渣系时LF精炼过程钢中硫含量的变化情况[18,19]，可以看到，采用该渣系可以实现超低硫钢冶炼。采用该精炼渣系时，渣中CaO/Al$_2$O$_3$多介于1/1与2/1之间。国内外很多钢厂在CaO-Al$_2$O$_3$渣系的基础上加入适量的CaF$_2$，由于实际冶炼时炉衬侵蚀等原因会带入一定的MgO，初炼炉下渣、脱氧产物和加入的造渣材料中都会带入部分SiO$_2$，因而实际渣系为CaO-Al$_2$O$_3$-CaF$_2$-MgO-SiO$_2$五元渣系。该渣系不仅克服了CaO-CaF$_2$渣系对炉衬侵蚀较快的缺点，而且可以通过适当选择CaO、Al$_2$O$_3$的含量，改变nCaO-mAl$_2$O$_3$夹杂的状态，以获得高质量的超低硫钢。

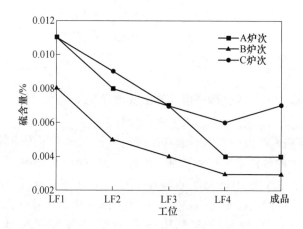

图5-12　冶炼过程钢中硫含量变化情况

含BaO渣系脱硫能力优于CaO-CaF$_2$渣系，但未能实现在工业生产中大规模应用。另外，由于钡矿资源的限制，含BaO渣系的成本会比普通的CaO-CaF$_2$渣系或CaO-Al$_2$O$_3$基渣系高，在实际应用中受到一定限制。

5.3.4.2　泡沫渣埋弧操作

LF 精炼过程要实现造泡沫渣埋弧操作必须具备两个条件，一是要有气源，二是炉渣具有储泡能力，即具有较长的发泡时间，以实现 LF 炉全程埋弧操作[11,12,17]。通常 LF 用于搅拌熔池的底吹氩气可以提供一定的气体，但是由于底吹气体形成气泡直径较大，在熔渣中的停留时间很短，靠底吹气体无法提供足够的气源[21,22]。因此，研制出合适的发泡剂来提供气源并调整炉渣性能使之具有合适的储泡能力成为目前解决该问题的最佳手段[23,24]。

LF 传统工艺中气体来源较少，加入发泡剂的目的是增加气体发生量。发泡剂的选择考虑了要有良好的气源，同时又能促进精炼操作，主要是考虑了以下两类[11,17,21]：

(1) 碳酸盐。

常用的有石灰石、白云石和工业碱，在高温下主要发生以下反应[21,22]：

$$CaCO_3 \rule[0.5ex]{2em}{0.4pt} CaO + CO_2 \qquad (5-17)$$

$$MgCO_3 \rule[0.5ex]{2em}{0.4pt} MgO + CO_2 \qquad (5-18)$$

$$Na_2CO_3 \rule[0.5ex]{2em}{0.4pt} NaO + CO_2 \qquad (5-19)$$

(2) 碳及含碳化合物。

常见的有焦炭、碳化硅和电石。这些物质将与炉渣中（FeO）、（MnO）或（V_2O_5）等发生反应 (5-1)~(5-6) 外，还可能与钢中氧发生下列反应[21,22]：

$$C + [O] \rule[0.5ex]{2em}{0.4pt} CO \qquad (5-20)$$

$$SiC + 3[O] \rule[0.5ex]{2em}{0.4pt} (SiO_2) + CO \qquad (5-21)$$

$$CaC_2 + 3[O] \rule[0.5ex]{2em}{0.4pt} (CaO) + 2CO \qquad (5-22)$$

上述反应一方面产生 CO 气体，另一方面对炉渣进行脱氧，可以促进精炼反应的进行。

碳若与碳酸盐一起加入，碳还能与碳酸盐分解的 CO_2 气体发生反应：

$$C + CO_2 \rule[0.5ex]{2em}{0.4pt} 2CO \qquad (5-23)$$

LF 精炼过程加入渣料或发泡剂通常是按吨钢加入量考察反应效果及成本的，不同发泡剂所产生的气体量有很大差别，因此，相同加入量条件下埋弧发泡效果存在明显差别。表 5-3 为 100g 物质分解或反应产生气体的体积（标准状态下）。由表 5-3 可知，碳和碳化物的气体发生量明显大于碳酸盐。另外，为了使发泡剂加入炉渣泡沫化时间较长，要求其反应速度（即气体发生速度）不能太快[21,22]。

表 5-4 列出了几种碳酸盐开始分解温度（P_{CO_2} = 30Pa）和沸腾温度（P_{CO_2} = 101325Pa）[21,23]。从表中可知，碳酸盐开始分解温度和沸腾温度都比较低。可以预计在炼钢温度下其反应速度将很快，其反应速度主要受 CO_2 气体在颗粒内的

扩散的控制[21,24]。因此，为了减缓气体发生速度，一方面可增加碳酸盐的颗粒尺寸，另一方面选择分解温度较高的碳酸盐[11,12,17]。

由于精炼温度很高，碳或碳化物与渣中（FeO）的反应速度不受界面反应的控制，而主要受渣中反应物和产物组元在渣中扩散的控制。这些反应的气体发生速率要比碳酸盐分解的气体发生速率慢得多，因而有利于延长炉渣泡沫化的持续时间。

表 5-3　100g 物质分解或反应产生气体的体积（标准状态下）

物质名称	$CaCO_3$	$MgCO_3$	Na_2CO_3	SiC	CaC_2	C
气体量/×10^3m^3	20.4	26.7	21.1	56	70	187

表 5-4　碳酸盐的开始分解温度和沸腾温度

碳酸盐	$CaCO_3$	$MgCO_3$	$BaCO_3$	Na_2CO_3
$T_开$/℃	530	320	690	1150
$T_沸$/℃	910	680	1350	—

图 5-13 为不同发泡剂条件下炉渣发泡高度随时间的变化曲线[21,24]。其中炉渣起泡高度（H_f）是指发泡后的炉渣高度减去炉渣原始高度。FA 表示加入发泡剂。可以看出，碳酸盐及碳酸盐为主的复合发泡剂不但炉渣起泡高度小而且发泡时间很短，一般不到 1min，发泡效果差。而碳化硅和电石的发泡效果要比碳酸盐好得多。碳化硅的发泡时间可在 10min 以上，发泡高度可达到 40mm，大约是原始渣厚度的 2 倍（原始渣厚约为 20mm），而电石（CaC_2）的起泡高度虽然稍低于加碳化硅的情况，但炉渣发泡持续时间更长，达到 20min 以上。SiC 和 CaC_2

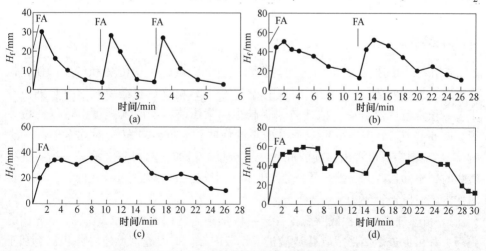

图 5-13　炉渣起泡高度随时间的变化
（a）石灰石发泡剂；（b）SiC 发泡剂；（c）焦炭发泡剂；（d）复合发泡剂

加入渣中不仅可以与（FeO）反应，也可与［O］起反应，因而其反应地点在炉渣内部和渣金界面，这种反应方式产生的气泡直径很小，可以提高炉渣的起泡指数。另外，上述反应由于受到炉渣组元扩散的控制，反应速率较慢（相当于扩散脱氧的反应速度），使得，泡沫渣的持续时间较长。以碳化硅和电石为主的复合发泡剂具有最佳的发泡效果，发泡时间可以持续 25min 以上，发泡高度在 40mm 以上，因此是理想的发泡剂。

图 5-14 为采用发泡剂后 LF 工业试验过程渣层厚度的变化曲线[21~24]。从图中可以看出，添加发泡剂后，LF 精炼过程炉渣持续发泡。采用该发泡剂工艺后，结合供电制度优化，LF 实现全程埋弧操作后，可使 LF 处理的吨钢电耗和电极消耗分别下降 12.5% 和 26.6%，钢包的平均使用寿命可提高 26.8%。

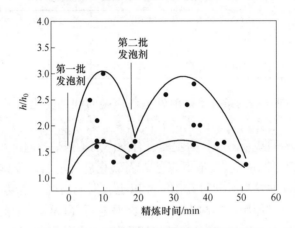

图 5-14　LF 处理过程中渣层厚度的变化曲线

5.3.5　搅拌

LF 精炼期间搅拌的目的是均匀钢水成分和温度，加快传热和传质，强化钢渣反应，加快夹杂物去除。为实现上述目的，LF 精炼过程需要确定合理的搅拌工艺。正常精炼过程中，搅拌效果受较多因素影响，如底吹强度、透气砖位置等。图 5-15 为 LF 钢包采用双透气砖不同底吹位置时和吹气量对均混时间的影响[25]。从图中可以看出，随着底吹气体流量的增加，混匀时间缩短。当吹气量较小时，不同透气砖布置位置的混匀时间差别较大，当吹气量较大时，不同位置时的混匀时间差别不大。

LF 精炼过程中全程底吹氩搅拌，可以加速熔池内物质的传递、渣-钢界面的更新，并可促进熔渣形成乳化渣滴进入钢液内部，扩大渣钢反应界面积，有利于渣-钢间脱氧、脱硫反应的进行，促进钢液成分和温度的快速均匀。同时，吹氩搅拌还可加速夹杂物的碰撞长大、上浮被熔渣吸收，有利于夹杂物的去除。图

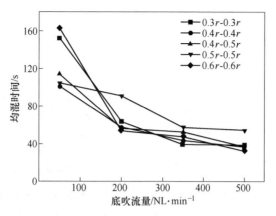

图 5-15　底吹位置和吹气量对均混时间的影响

r—钢包底面半径

5-16为统计某厂 4 炉生产过程中不同软吹时间条件下样品钢中全氧质量分数的变化情况[26]。从图中可以看出，随着软吹时间的延长，钢中全氧质量分数降低，当软吹 30min 以上时，中间包钢水中的全氧质量分数均可降低到小于 10×10^{-6}。表 5-5 为某厂 4 炉不同软吹时间的 GCr15 轴承钢中间包试样中夹杂物的统计结果[26]。从图中可以看出，4 炉样品的，夹杂物尺寸控制范围存在一定波动。随着软吹时间的延长，钢中夹杂物的平均直径逐渐减小，且大于 15μm 的夹杂物比例有明显地降低。软吹 40min 的炉次，GCr15 轴承钢中小于 5μm 的夹杂物尺寸比例可以达到93.1%，平均直径可以达到 1.57μm，大于 15μm 的比例为 0.1%，可见，LF 精炼后期的软吹氩过程对钢中的细小夹杂物去除非常有利。因此大部分炼钢厂都非常重视软吹氩时间及吹氩强度控制，通常在钢液面不裸露的前提下软吹氩 8min 以上，部分特殊钢企业生产轴承钢等高品质特殊钢时软吹氩时间甚至达到 40min 以上，这为超低氧超洁净钢的获得提供了良好的工艺保障。

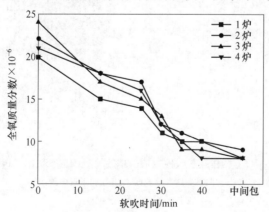

图 5-16　软吹时间对钢包及中间包中全氧质量分数的影响

表 5-5　GCr15 轴承钢夹杂物尺寸分布情况 （500 倍）

炉号	夹杂物尺寸分布比例/%					平均直径 /μm	软吹时间 /min
	$d \leqslant 3\mu m$	$3 < d \leqslant 5\mu m$	$5 < d \leqslant 10\mu m$	$10 < d \leqslant 15\mu m$	$d > 15\mu m$		
1	65.9	17.8	11.3	4.3	0.8	2.41	25
2	57.5	30.4	11.0	0.6	0.5	2.03	30
3	74.9	17.4	6.8	0.7	0.1	1.63	35
4	69.2	23.9	6.6	0.2	0.1	1.57	40

图 5-17 为数值模拟计算得到的底吹气体对钢液面裸露情况的影响[25]。图 5-18 为不同渣层厚度 h （冷态试验） 时钢包底吹气体流量下时的钢液裸露 （或称 "渣眼"） 情况。从图中可以看出，随着底吹气体流量的增加，钢液面的裸露程度增加，这会增加钢液吸氮及二次氧化的几率。因此，在 LF 精炼通电过程及软吹过程中，应合理地控制底吹氩气的供气强度。通常 LF 精炼过程控制的底吹氩供气程度见表 5-6。脱硫期间，为加强钢渣混合和搅拌，扩大渣钢反应界面积，实现快速脱硫，应采用大功率搅拌。LF 通电过程中，为了减少液面波动对起弧、灭弧及电极位置波动的影响，保证电弧稳定，应采用软吹氩模式。尤其是在 LF 精炼初期，一般炉渣熔化不好，不能良好埋弧，此时更应注意软吹氩操作。待炉渣熔化充分实现良好埋弧后，以较大的功率供电的同时，适当增加搅拌强度。合金化后，为了加速合金元素传质、均匀钢液成分，应采用强搅拌操作。然而，若是精炼后期的合金化过程，则采用中等强度搅拌，避免强搅拌造成液面裸露吸气和二次氧化。喂线进行合金化或者钙处理后，需要先进行中等强度的搅拌，然后再软吹。精炼结束后，应采用弱搅拌，以利于去除夹杂物。

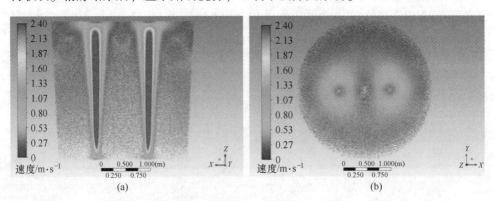

(a)　　　　　　　　　　　　　(b)

图 5-17　钢包底吹气体数值模拟的流场图 （450NL/min）

（a） 两喷嘴所在纵截面；（b） 顶部自由液面

（扫书前二维码看彩图）

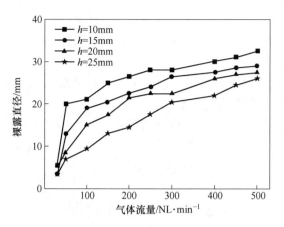

图 5-18 不同气体流量下钢液裸露情况

表 5-6 LF 精炼过程搅拌能控制要求

冶炼时期	加热	脱硫	合金化	喂线后	软吹
搅拌能/W·t^{-1}	30~50	300~500	100~200	100~200	30~50

5.3.6 成分和温度微调

（1）成分的控制和微调。LF 具备合金化的功能，使得钢水中的碳、硅、锰、铬、铝和钛等元素的含量都能得到控制和微调，而且易氧化元素的收得率也比较高[1,2]。LF 控制钢中元素的范围见表 5-7。通常结合喷粉或者喂线操作，LF 可以实现钢水成分的窄成分控制。

表 5-7 LF 精炼过程成分控制范围 （%）

C	Si	Mn	Al	S	Cr	Ti	N
±0.01	±0.02	±0.02	±0.01	±0.01	±0.01	±0.01	±0.005

（2）温度的控制和微调。LF 炉具有电弧加热功能，有较好的温度调节能力，其平均升温速率可以达到 3~5℃/min，因此可以实现较好的温度控制和温度微调[27,28]。LF 的温度可控制在±2.5℃。当温度偏高时，可以通过适当增加造渣材料或改变底吹氩气流量来进行适当调温。

LF 炉提温是在非氧化性气氛下利用电弧加热来提高钢水温度，补偿处理过程钢水温降及造渣、合金化的吸热，便于形成有利于脱硫、脱氧、去除夹杂的钢包渣[29]。此外，还可以精确控制温度，为连铸机提供温度合适的钢水温度。脱硫反应是一个吸热反应，提高温度有利于脱硫反应的进行，同时加热使渣产生较高的温度，较好地提供了脱硫反应的热力学条件。然而，过分提高钢水炉渣温度，不利于钢包包衬使用寿命的提高和电耗成本控制。

一般 LF 实际精炼过程的温度控制原则如下[29~31]：

（1）为保证精炼前期化渣脱硫，适当提高钢水到站温度，从制度上规定钢水进 LF 炉的温度控制。

（2）钢水到站后迅速提温操作，避免加渣料造成的钢水和渣子温降，保持精炼过程钢水温度控制在合理范围内。

（3）LF 精炼过程采用短时间快速提温操作，目的是保持钢水炉渣温度的稳定性，避免温度大幅度波动，保证渣子有效活性，促进炉渣脱硫去夹杂。

（4）出站前将钢水温度提高到规定离站温度。

5.4　LF 精炼效果

除超低碳、氮等超纯钢外，几乎所有的钢种都可以采用 LF 法精炼，特别是轴承钢、合金结构钢、工具钢及弹簧钢等特殊钢的精炼。表 5-8 分别为典型钢种 LF 精炼终点钢中杂质元素含量可以达到的最低水平的控制情况。从表中可以看出，经 LF 精炼后轴承钢的全氧含量可降至 0.0005% 以下，[S] 最低可降至 0.0003% 左右。由于 LF 白渣精炼过程可能出现电极增碳、还原回磷和回硅问题，因此，不同工艺条件下的碳、磷和硅含量控制存在一定差异。同时，精炼过程还可能存在微正压保持不住、埋弧不良等问题，这会造成钢水增氮。另外，LF 喷粉过程由于在非真空条件下进行，液面翻腾和裸露也会造成吸气增氮，因此可知，喷粉工艺虽具有更好的深脱硫能力，但氮含量的控制难度则明显增加。

表 5-8　典型纯净钢 LF 精炼终点钢中杂质元素含量可以达到的最低水平

钢　种	C	Si	P	S	T.O	N	备注
轴承钢	—	—	—	≤0.002	≤0.0005	≤0.008	LF
管线钢	≤0.05	—	—	0.0005	—	≤0.005	LF
管线钢	≤0.05	—	—	0.0003	—	≤0.008	LF 喷粉
低碳铝镇静钢	≤0.03	≤0.03	≤0.01	—	—	≤0.004	LF
综合能力	≤0.03	≤0.03	≤0.01	0.0003	≤0.0005	≤0.004	

另外，对于特殊钢种，如 CrMo 系齿轮钢等，钢中氮含量有一定要求，可以在 LF 精炼过程底吹氮，实现氮含量的有效控制。图 5-19 为某厂 6 炉精炼过程底吹氮过程氮含量的变化情况。从图中可以看出，精炼终点氮的质量分数可以控制在 $130 \times 10^{-6} \sim 180 \times 10^{-6}$，符合冶炼工艺要求[32,33]。

总体来说，LF 精炼可以实现钢水成分的窄成分控制和温度的窄范围控制在 ±2.5℃。

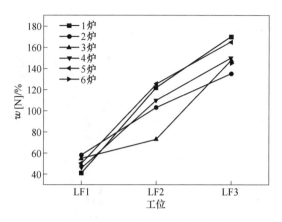

图 5-19　LF 精炼过程底吹氮时钢中氮质量分数的变化情况

5.5　LF 精炼智能冶金模型

5.5.1　合金成分微调模型[34,35]

LF 精炼任务之一是微调合金成分。在良好的还原性气氛和白渣精炼条件下，LF 精炼过程中的合金收得率相对稳定，因此，尽管国内外开发了多种合金成分微调模型[34~37]，但传统经验模型仍为很多企业所采用。本部分介绍一种参考炉次法合金成分微调模型。

5.5.1.1　合金添加量的计算模型

合金添加量计算公式见式（5-24）[34,35]：

$$a_i = \frac{b_i G + f_i c_i g_i}{G + Q} \tag{5-24}$$

其中

$$Q = \sum_{j=1}^{n} g_j \cdot f_j \tag{5-25}$$

则：

$$g_j \cdot f_j = \frac{(a_i - b_i) G}{c_i} + Q \frac{a_i}{c_i} \tag{5-26}$$

把上式（5-24）与式（5-26）左右两端分别加和后[35]，由于：

$$\sum_{i=1}^{n} g_i \cdot f_i = \sum_{j=1}^{n} g_j \cdot f_j \tag{5-27}$$

则：

$$\sum_{i=1}^{n} g_i \cdot f_i = Q = \sum_{i=1}^{n} G \frac{a_i - b_i}{c_i} + Q \sum_{i=1}^{n} \frac{a_i}{c_i} \tag{5-28}$$

$$Q = \frac{\sum_{i=1}^{n} G \frac{a_i - b_i}{c_i}}{1 - \sum_{i=1}^{n} \frac{a_i}{c_i}} = \frac{\sum_{j=1}^{n} G \frac{a_j - b_j}{c_j}}{1 - \sum_{j=1}^{n} \frac{a_j}{c_j}} \tag{5-29}$$

故：

$$g_i = \frac{G(a_i - b_i)}{f_i \cdot c_i} + \frac{a_i}{f_i \cdot c_i} \frac{\sum_{j=1}^{n} G \frac{a_j - b_j}{c_j}}{1 - \sum_{j=1}^{n} \frac{a_j}{c_j}} \tag{5-30}$$

式中，a_i 为某种元素目标含量，%；b_i 为钢水中某种元素的分析含量，%；c_i 为合金中某种元素的含量，%；f_i 为合金中某种元素的收得率，%；G 为炉中钢水重量，kg；g_i 为某种合金加入量，kg。

合金加入量的计算模型流程图如图 5-20 所示[34,35]。

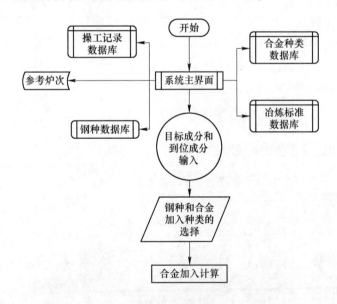

图 5-20　程序流程图

5.5.1.2　参考炉次法合金收得率计算模型

上述合金加入量计算模型中，使用参考炉次法计算合金元素的收得率 f_i，合金收得率的计算公式见式 (5-31)[35]。

$$f_i = \frac{G(a_i - b_i)}{g_i \cdot c_i} + \frac{a_i}{g_i \cdot c_i} \frac{\sum\limits_{j=1}^{n} G \dfrac{a_j - b_j}{c_j}}{1 - \sum\limits_{j=1}^{n} \dfrac{a_j}{c_j}} \qquad (5\text{-}31)$$

式中, a_i、a_j 为某种元素目标含量,%; b_i、b_j 为钢水中某种元素的分析含量,%; c_i、c_j 为合金中某种元素的含量,%; f_i 为合金中某种元素的收得率,%; g_i 为某种合金加入量, kg; G 为炉中钢水重量, kg。

通常要使用参考炉次法预测合金收得率, 必须有以下四个计算步骤[35]:

(1) 通过对一定量的数据进行计算来确定误差和误差变化率;

(2) 把误差和误差变化率的计算值变成模糊状态作为输入量;

(3) 由模糊计算规则 (即合成算法) 计算出模 F 计算量;

(4) 由 (3) 算出的 F 计算量转化为确定的值加到对象上去。

其框图如图 5-21 所示。

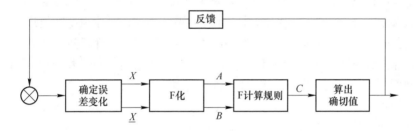

图 5-21 F 计算规则框图

X—误差; $\underline{X}$—误差变化率; A—X 经过 F 化处理的量; B— $\underline{X}$ 经过 F 化处理的量;

C—F 计算量; U—计算量的确切值

下面分别介绍图 5-21 的各个部分[35]:

(1) 确定误差和误差变化量。通过对历史炉次收得率数据的计算, 并观测误差和误差变换量的值, 为了方便可以将它们分成若干离散的等级或者连续的隶属函数, 并对于每个等级和区间赋予代号, 于是就有了误差论域。

(2) 将误差和误差变化率 F 化。对于上面定义的论域, 历史炉次每一炉的相关数据就是一个 F 集合, 它可以由若干向量组成。

(3) F 计算规则 (合成算法)。F 计算规则是复合条件语句的应用, 若输入一个 F 集, 应用条件语句可以得到一个输出的 F 集, 这就是所谓的 F 计算控制量, 记为 C。一般地说, 每一条条件语句 R_i 对应一个 F 关系, F 计算规则可以用以下的符合条件语句表示:

$$R_i = A_i \times B_i \times C_i \qquad (5\text{-}32)$$

总的 F 关系为：

$$R = \bigcup_i R_i$$

（4）决定 F 计算控制量 C 的确切值。F 计算控制量 C 包含各种信息，应该选择哪一个对象或者几个对象，以及如何决定各个对象的数量关系呢？一般来说，有最大隶属度方法、中位数方法和加权平均法等，这几种方法各有优缺点，例如最大隶属原则虽然突出了主要因素，但是缺乏全面考虑。相对来说，加权平均法注意了主要信息，也兼顾其他信息。

所以采用加权平均法进行合金收得率的预测计算，其公式见式（5-33）[35]。

$$f_E = \frac{\sum_1^n c(f_i) \cdot f_i}{\sum_1^n c(f_i) + \alpha} + \alpha \cdot f_a v \tag{5-33}$$

式中，$c(f_i)$ 为参考炉次与计算炉次的隶属度；$f_a v$ 为本钢种该合金元素收得率的基准值，按不同钢种进行分类，并对大量炉次的收得率取代数平均值，即为基准值。随着生产进行，在一定时间后，要进行重新统计，对原来基准值进行更新。

由公式（5-33）可以看出，通过调整参数，就可以对计算进行修正，而且还包含着深刻的物理意义，即参数值的大小直接反映对误差和误差变化率的加权程度，这恰好说明了人们对控制活动的思维特点，揭示了人脑推理过程的连续性、单值性和正则性等特性。这样，还可以克服单凭经验来选取的缺点，避免计算规则定义中的空档或者跳变现象。

由此，采用上述公式计算就要解决以下两个问题[35]：

（1）参考炉次的选择。选择与当前冶炼炉次钢种相同，生产时间距当前炉次最近的 10 个历史正常冶炼炉次。在当前炉次计算结束后，将该炉次作为最新炉次加入到参考炉次中，并将最远的参考炉次排除。然而，根据前面的分析可知，收得率和炉次的远近的关系并不大，所以需要确定新的参考炉次。由于合金元素的收得率和氧含量有着直接的关系，因此首先考虑氧含量，虽然 LF 工位不定氧，但是碳含量与酸溶铝的含量也可以反映 LF 炉的氧含量，所以用下式来选择参考炉次：

$$\Delta\sum = \sum(\Delta C + \Delta Al) \tag{5-34}$$

式中，ΔC 为参考炉次和计算炉次的 C 含量差值；ΔAl 为参考炉次和计算炉次的 Al 含量差值。

其中，

$$\Delta C = |C_1 - C_2| \tag{5-35}$$

$$\Delta Al = |Al_1 - Al_2| \tag{5-36}$$

式中，C_1 为参考炉次的 C 含量；C_2 为计算炉次的 C 含量；Al_1 为参考炉次的 Al 含量；Al_2 为计算炉次的 Al 含量。

选择 $\Delta\Sigma$ 最小的十个炉次，即与计算炉次的碳和铝含量的成分差最接近的十个炉次，间接反映出和计算炉次的氧含量是接近的。

（2）系数 $c(f_i)$ 的确定。由于本炉次与参考炉次在炉况和冶炼强度等一些外部条件方面非常相似，尤其是 $\Delta\Sigma$ 越接近的炉次与本炉次相近度越大[34,35]。此外，还要考虑钢水温度、钢水量、渣量和操作时间等因素[34,35]。采用的方法是 Fuzzy 模式识别。首先对于十个参考炉次建立 Fuzzy 集合，设 $U=\{u_1,u_2,u_3,\cdots,u_n\}$ 为参考炉次的全体，其中每一个参考炉次对象有一组数据表征 $u_i=(x_{i1},x_{i2},\cdots,x_{in})$ $(i=1,2,\cdots,n)$，这里选择钢水温度、钢水量、元素加入量、渣量和操作时间作为参考因素，所以 $n=5$，其特征矩阵为：

$$\boldsymbol{U}_{5,10}=\begin{pmatrix} x_{1,1} & x_{1,2} & \cdots & x^{1,10} \\ x_{2,1} & x_{2,2} & \cdots & x_{2,10} \\ \vdots & \vdots & & \vdots \\ x_{10,1} & x_{10,2} & \cdots & x_{10,10} \end{pmatrix} \tag{5-37}$$

相应的 x_i 为参考炉次与计算炉次相应的参数比值，然后进行加和取平均，使其归一化。再将集合的每个元素运用格贴近度计算公式，计算贴近度。主要的问题是如何建立 u_i 与 u_j 的相似关系，方法有很多种，例如最大最小法、算术平均法和数量积法等，此处选择的是相似关系法。则每一个贴近度 $N(i,j)$ 的计算公式见式（5-38）。

$$N(i,j)=\frac{\sum\limits_{k=1}^{n}|x_{ik}-\overline{x}_j||x_{jk}-\overline{x}_j|}{\sqrt{\sum\limits_{k=1}^{n}(x_{ik}-\overline{x}_i)^2}\cdot\sqrt{\sum\limits_{k=1}^{n}(x_{jk}-\overline{x}_j)^2}} \tag{5-38}$$

式中，$\overline{x}_i$、$\overline{x}_j$ 为计算炉次的相应数据。

由此，就可以计算 $c(f_i)$ 了，计算公式见式（5-39）。

$$c(f_i)=\frac{N_i(j,k)}{\sum\limits_{i=1}^{10}N_i(j,k)} \tag{5-39}$$

综上，可求得预测炉次 x 与参考炉次的相似程度描述矩阵-隶属矩阵 $C_{5\times10}$。

$$C = \begin{pmatrix} c_{1,1} & c_{1,2} & \cdots & c_{1,10} \\ c_{2,1} & c_{2,2} & \cdots & c_{2,10} \\ \vdots & \vdots & & \vdots \\ c_{5,1} & c_{5,2} & \cdots & c_{5,10} \end{pmatrix} = c \times c\boldsymbol{U}^{\mathrm{T}} = (c_1, c_2, \cdots, c_5) \begin{pmatrix} u_{1,1} & u_{1,2} & \cdots & u_{1,10} \\ u_{2,1} & u_{2,2} & \cdots & u_{2,10} \\ \vdots & \vdots & & \vdots \\ u_{5,1} & u_{5,2} & \cdots & u_{5,10} \end{pmatrix}$$

$$(5-40)$$

　　本模型组主要对冶炼过程历史数据进行分析和测算，用模拟仿真的方法提供用户所需的分析和预测结果。分析测算模块程序流程图如图 5-22 所示[35]。在每炉冶炼结束后存盘过程中，如果该炉次为正常炉次，则将其作为历史数据存入参考炉次数据库，同时该炉也将参加合金收得率重新计算，从而完成模型的学习。

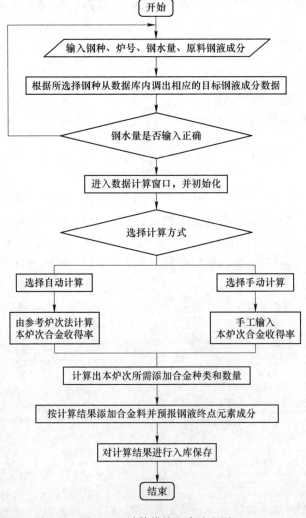

图 5-22　计算模块程序流程图

5.5.2　造渣模型

造渣是 LF 完成精炼脱氧、脱硫及夹杂物吸附等炼钢任务的重要手段，合理的造渣对 LF 冶炼效率影响显著。为了实现良好造渣控制，前人对 LF 造渣过程及渣成分预测进行了一系列研究[38~43]。下面针对铝脱氧钢，结合某厂生产实践，建立基于铝脱氧工艺的 LF 精炼造渣模型[38]。

5.5.2.1　模型的建立

先根据添加的脱氧合金量计算出脱氧生成的 Al_2O_3 量。脱氧生成的与下渣中的 Al_2O_3 之和为总的 Al_2O_3 质量，根据目标渣系中 Al_2O_3 质量分数可计算渣量，再由渣量和目标渣系中各物质质量分数确定各物质加入量[38,39]。

转炉或电弧炉终渣成分为 $CaO\text{-}SiO_2\text{-}MgO\text{-}Al_2O_3\text{-}FeO\text{-}MnO$，各成分的质量分数分别为 $w(CaO)_{下渣}$、$w(SiO_2)_{下渣}$、$w(MgO)_{下渣}$、$w(Al_2O_3)_{下渣}$、$w(FeO)_{下渣}$ 和 $w(MnO)_{下渣}$。钢水带渣量 $w_{下渣}$，单位 kg/t；钢水量 $m_{钢水}$，单位 t；钢水氧质量分数 $w[O]$。目标渣系为 $CaO\text{-}SiO_2\text{-}MgO\text{-}Al_2O_3\text{-}CaF_2$ 五元渣系，各物质质量分数分别为 $w(CaO)_{目标}$、$w(SiO_2)_{目标}$、$w(MgO)_{目标}$、$w(Al_2O_3)_{目标}$ 和 $w(CaF_2)_{目标}$。另外，为保证白渣精炼，控制终渣中 FeO、MnO 的量之和小于 1%，二者质量分数分别用 $w(FeO)_{目标}$、$w(MnO)_{目标}$ 表示，酸溶铝含量控制为 0.03%~0.05%，用 $S_{目标}$ 表示。造渣过程加入的物料分别为铝锰铁、预熔渣、石灰、萤石、碳化钙、铝粒和铝线等。

（1）加入铝锰铁沉淀脱氧。

由于铝脱氧反应剧烈，且铝的脱氧能力远超锰的脱氧能力，因此锰的氧化不计入计算。加入的铝共发生以下三种反应：去除钢水中游离的氧、增加钢水酸溶铝和被氧化烧损，三种反应中除酸溶铝消耗的铝未生成 Al_2O_3，其余均生成了 Al_2O_3，设 LF 进站测得的酸溶铝质量分数为 $S_{进站}$，则消耗的铝为 $1000m_{钢水}S_{进站}$，若生成的总量为 $m(Al_2O_3)_{生成}$，则值如公式（5-41）所示：

$$m(Al_2O_3)_{生成} = 1.889(m_{AlMnFe}w(Al)_{AlMnFe} - 1000m_{钢水}S_{进站}) \tag{5-41}$$

（2）加入碳化钙进行扩散脱氧。

加入 CaC_2 发生式（5-42）和式（5-43）反应：

$$CaC_2 + 3(FeO) = (CaO) + 3[Fe] + 2CO \tag{5-42}$$

$$CaC_2 + 3(MnO) = (CaO) + 3[Mn] + 2CO \tag{5-43}$$

因 MnO 与 FeO 的质量分数接近，二者可合并计算。根据工厂实际情况，设 CaC_2 有效利用系数为 0.5，则共需加入 CaC_2 质量为：

$$\Delta m(CaC_2) = 0.7902 m_{钢水} w_{下渣}(w(FeO)_{下渣} + w(MnO)_{下渣}) \tag{5-44}$$

共生成 CaO 质量为：

$$m(CaO)_{生成} = 0.3457 m_{钢水} w_{下渣}(w(FeO)_{下渣} + w(MnO)_{下渣}) \tag{5-45}$$

（3）已加入预熔渣的量。

设已经加入合成渣的质量为 $m_{合成渣}$，合成渣中 CaO、SiO_2、MgO、CaF_2 质量分数分别为 $w(CaO)_{预熔渣}$、$w(SiO_2)_{预熔渣}$、$w(MgO)_{预熔渣}$、$w(CaF_2)_{预熔渣}$。

（4）根据氧化铝量计算渣量。

根据原始下渣情况和脱氧可计算得到终渣中 Al_2O_3 质量为：

$$m_{终渣中Al_2O_3} = m_{钢水} w_{下渣} w(Al_2O_3)_{下渣} + m(Al_2O_3)_{生成} \tag{5-46}$$

依据现场生产经验，其他合金带入 Al_2O_3 约 5%，耐材冲刷进渣的 5%，则总渣量 $m_{总渣量}$（kg/t）为：

$$m_{总渣量} = \frac{1.05 m_{终渣中Al_2O_3}}{(w(Al_2O_3)_{目标} - 0.05) \times m_{钢水}} \tag{5-47}$$

（5）计算各种成分加入量。

需加入 CaO 的质量为：

$$\Delta m(CaO) = m_{钢水} m_{总渣量} w(CaO)_{目标} - m_{钢水} w_{下渣} w(CaO)_{下渣} - m(CaO)_{生成} - m_{预熔渣} w(CaO)_{预熔渣} \tag{5-48}$$

需要加入 SiO_2 的质量为：

$$\Delta m(SiO_2) = m_{钢水} m_{总渣量} w(SiO_2)_{目标} - m_{钢水} w_{下渣} w(SiO_2)_{下渣} - m_{预熔渣} w(SiO_2)_{预熔渣} \tag{5-49}$$

需要加入 MgO 的质量为：

$$\Delta m(MgO) = m_{钢水} m_{总渣量} w(MgO)_{目标} - m_{钢水} w_{下渣} w(MgO)_{下渣} - m_{预熔渣} w(MgO)_{预熔渣} \tag{5-50}$$

需要加入 CaF_2 的质量为：

$$\Delta m(CaF_2) = m_{钢水} m_{总渣量} w(CaF_2)_{目标} - m_{合成渣} w(CaF_2)_{预熔渣} \tag{5-51}$$

需要加入 CaC_2 质量为：

$$\Delta m(CaC_2) = 0.7902 m_{钢水} w_{下渣}(w(FeO)_{下渣} + w(MnO)_{下渣}) \tag{5-52}$$

需要加入 Al 线的量按酸溶铝质量分数计算为：

$$\Delta m(Al) = 1000 m_{钢水} S_{目标} - 10 m_{钢水} S_{进站} \tag{5-53}$$

（6）实际物料加入量。

由于加入的物料并不是纯物质，因此需要进行换算，根据主原料优先原则[38,39]，按照石灰、碳化钙、萤石、铝线的顺序进行换算。SiO_2、Al_2O_3、MgO 不再额外加入。石灰中 CaO 质量分数分别为 $w(CaO)_{石灰}$；碳化钙中 CaC_2 的质量

分数 $w(CaO)_{碳化钙}$；萤石中 CaF_2 的质量分数 $w(CaF_2)_{萤石}$；铝线规格为 L（kg/m）；则需要加入的造渣料量如式（5-54）~式（5-57）所示：

$$M_{石灰} = \frac{\Delta m(CaO)}{w(CaO)_{石灰}} \tag{5-54}$$

$$M_{碳化钙} = \frac{\Delta m(CaC_2)}{w(CaC_2)_{碳化钙}} \tag{5-55}$$

$$M_{萤石} = \frac{\Delta m(CaF_2)}{w(CaF_2)_{萤石}} \tag{5-56}$$

$$L_{铝线} = \frac{\Delta m(Al)}{L} \tag{5-57}$$

5.5.2.2　模型验证

为验证计算方法的合理性，作者将数学模型采用 Visual Basic 6.0 语言开发了 LF 造渣模型离线软件。将现场采集的生产数据带入软件进行了验证分析。转炉下渣量、物料信息、对应炉次数据等读入模型，将表 5-9 设定的目标渣系输入模型进行计算，可得到一系列造渣数据。

表 5-9　验证钢种的目标渣系

组　分	CaO	Al$_2$O$_3$	MgO	SiO$_2$	CaF$_2$
目标渣系取值范围	52~63	20~27	<8	<10	0~5
模型计算取值	55	25	8	10	5

图 5-23 是计算的物料加入量。可以看出，加入物料的波动较小，计算的石

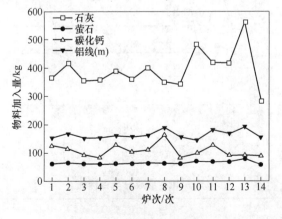

图 5-23　计算的加料数据

灰加入量的浮动在 300kg 以内。图 5-23 中碳化钙的加入量与电炉下渣中 TFe 的量有直接关系，平均值为 108.08kg；萤石和铝线的加入量基本稳定。图 5-24 是计算得到的终渣成分。可以看出，计算的终渣成分稳定性得到明显提升。

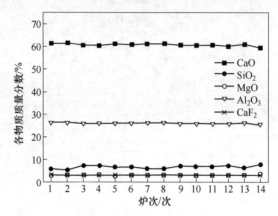

图 5-24　计算的终渣成分

　　表 5-10 是图 5-25 中渣成分的平均值与设定的目标含量和工厂检测值的对比结果。图 5-25 是渣量计算值与工厂实际值对比图。从表中可以看出，计算值各种成分均在设定目标范围内。计算值 14 组数据的均方差小于 1，终渣成分波动不大。经过造渣软件计算得出的造渣数据，无论是物料加入量还是终渣成分，稳定性都得到了很大提升，精炼操作的稳定性和钢液质量得到了保障。

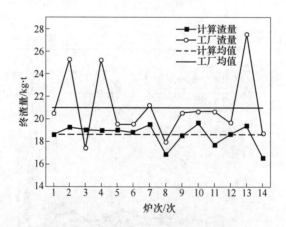

图 5-25　计算渣量与工厂渣量对比图

表 5-10　渣成分与目标值

组　分	CaO	Al₂O₃	MgO	SiO₂	CaF₂
目标渣系取值范围/%	52~63	20~27	<8	<10	0~5

组 分	CaO	Al_2O_3	MgO	SiO_2	CaF_2
计算值均值/%	60.76	26.04	3.24	6.71	3.25
工厂均值/%	59.14	24.84	5.26	8.80	—
计算值均方差	0.55	0.24	0.22	0.69	0.03
工厂均方差	2.56	2.16	1.50	1.14	—

5.5.3 成分预报模型

5.5.3.1 成分预报模型建立

如前所述，通常 LF 精炼过程比较稳定，在稳定的工艺条件下，合金收得率较高且稳定，LF 过程中加入合金进行成分微调后，钢的成分也相对比较稳定[44,45]。因此，应用式（5-58）的传统经验模型可以对钢的成分进行预报[34,35]。

$$a'_i = \frac{Gb_i + f_i c_i g_i}{G + \sum\limits_{j=1}^{n} g_j \cdot f_j} \quad (5-58)$$

式中，a'_i 为某种元素预测含量，%；b_i 为合金加入前钢水中某种元素的分析含量，%；c_i 为加入的合金中某种元素的含量，%；f_i 为加入的合金中某种元素的收得率，%；G 为炉中钢水重量，kg；g_i 为某种合金加入量，kg。

5.5.3.2 成分预报模型实现

成分预报模型主要由三个主要模块构成[35,46,47]：

（1）输入输出模块。将冶炼的主要工艺参数，包括钢种、选择加入的合金种类、到位的成分等输入，并将计算结果即加入量输出。进行离线计算，数据可从界面直接输入或从数据库调入数据完成数据的输入和输出。

（2）各钢种数据库模块。包括合金数据库（成分等）；分钢种冶炼数据库（钢种冶炼过程成分上下限等）；冶炼历史炉次数据库（各炉次操作参数：出钢量、钢水成分、温度等）；冶炼参考炉次数据库等。

（3）元素收得率学习模块。根据冶炼炉次的历史数据，对模型中的系数进行自学习以便获得更符合实际的合金元素收得率。

各种合金元素的收得率对于合金添加量的计算是一项非常重要的参数，于是合金元素收得率的计算方法对于整个成分预报模型就显得非常重要了。传统经验方法采用给定经验收得率数据的方法进行计算。本模型的合金收率采用参考炉次法计算，具体计算方法同 5.6.1 节，计算模块程序流程图见图 5-22[35,46,47]。

5.5.3.3　成分预报模型验证

表 5-11 和表 5-12 为采用某厂 150t LF 连续生产的某钢种 40 炉生产数据的验证结果。可以看出,不同元素的预测精度波动范围明显不同。这是采用传统经验方法进行成分预报的一项难题。出现这种问题的主要原因较多,例如[35,45~47]:

(1) 合金成分稳定性及称量系统准确性问题。工厂各批次合金或者同一合金不同供货厂家成分存在差异,但进入合金料仓后很难就合金成分与入炉数据进行精确地一一对应。同时,称量系统的偏差和下料顺畅与否也会影响合金向炉内的准确添加。

(2) 生产工艺参数对收得率准确计算的影响问题。模型合金收得率采用参考炉次法计算,即使冶炼钢种、合金成分、加入量完全相同,但是实际生产过程由于冶炼工艺存在一定差别,也很难获得一致的合金收得率。工艺差别包括成分、温度、下渣量、渣矿、供电状况、搅拌工艺、合金加入顺序及时机等很多操作因素的影响。其中很多影响因素是目前模型存储数据或者输入参数中无法表达和标定的,但这些因素却会显著影响合金的收得率及计算的准确性。

(3) 同一元素多种合金添加时收得率的相互干扰问题。同一合金元素,加入不同种类合金或者加入顺序、加入时机不同,其收得率也会存在差别,冶炼过程中,结合工艺情况,常常同一元素添加不同种类合金,这样各合金中同一元素的收得率交互影响。实际计算该元素收得率时要准确计算则难度较大,同时,部分元素同时还受渣料种类及渣矿的影响,这些因素在参考炉次数据中无相关数据表达。如铝元素问题,该厂此钢中加入的含 Al 的合金种类较多,分别是 FeAl 中含 40%Al,FeSi 中含 1.43% Al,Ti40 中含 7.7% Al,Si16 含 1.82%Al,Ti16 含 8%Al,而且造渣材料 AL-D 中含 40%Al,尽管该渣料主要是用于炉渣扩散脱氧,但是其中的 Al 仍会对钢中的 Al 含量产生一定的影响,因此 Al 合金收得率受相互干扰很大。

表 5-11　某厂 150t LF 生产数据的验证结果

元素	误差范围及所在范围预测比例/%				
	0~0.002	0.002~0.004	0.004~0.006	0.006~0.008	0.01~0.015
C	34.1	22.0	22.0	14.6	7.3
P	77.5	17.5	7.5	0.0	0.0
S	95.0	5.0			
Al	72.5	17.5	12.5		
Cu	82.5	17.5			

表 5-12　某厂 150t LF 生产数据的 Si、Mn 元素验证结果

元　素	误差范围及所在范围预测比例/%			
	0~0.01	0.01~0.02	0.02~0.03	0.03~0.04
Si	40	27.5	25	7.5
Mn	30	40	20	10

（4）钢-渣-耐材-电极等反应的影响问题。LF 精炼过程中，钢水始终与炉渣、耐火材料接触，同时，通电过程中，石墨电极也与钢渣存在接触，在这些接触区域存在化学反应，直接会影响到钢中元素含量的变化[45,48]。如碳元素的预测，除了考虑合金和增碳剂中碳的收得率问题，计算过程还考虑到了通电过程的电极增碳，但是这种增碳过程难以定量，只能根据现场石墨电极消耗的经验数据选取，通电过程每小时的增碳量按钢水重量的 0.02% 计算，故而存在一定误差[49~51]。再比如硅元素，现场使用的含硅元素的合金及渣料种类较多，还要考虑到渣料中铝与合金及渣料中二氧化硅的反应[52,53]，给预测带来一定难度。磷、硫元素则渣钢间反应的影响更明显，磷元素会受部分合金的影响造成回磷，但在 LF 的强还原条件下，渣-钢反应的影响对磷和硫元素含量的影响则更显著[52,53]。

5.5.4　温度预报模型

LF 炉精炼过程钢液温度预报及控制是炼钢工艺过程优化的主要内容，它不但影响能否为连铸提供温度合格的钢液，能否实现节奏调整及多炉连浇，而且对整个炼钢过程的节能降耗以及现场的操作影响很大[54,55]。

围绕 LF 炉精炼过程钢液温度预报，国内外进行了多方面的研究，有从 LF 炉能量平衡角度出发，研究影响热效率的因素及提高热效率的措施；有通过 LF 炉温度行为研究，得到钢包在不同状态下钢水温降速率、钢水浸泡时间及钢水温度的回归关系；有考察不同钢包热状态及预热制度下的钢包吸热情况，计算钢包吸热所导致的出钢温度，钢水在 LF 炉处理期间的温升速率；有利用 LF 炉整体热平衡的方法进行钢水温度预报模型研究。针对 LF 炉精炼过程钢液温度预报与控制方面，尽管国内外进行了许多研究。本部分介绍一种用遗传算法与 BP 神经网络相结合 LF 炉温度预报模型[35,46,47]。

5.5.4.1　BP 网络及算法

BP 神经网络是人工神经网络中应用最广泛的算法。BP 网络按有教师示教的方式进行学习和训练，当学习模式提供给网络后，其神经元的激活值将从输入层经各中间层向输出层传播，在输出层的各神经元对应于输入模式的网络响应。然后，按减少希望输出与实际输出误差的原则，从输出层各中间层，最后回到输入

层逐层修正各连接权。由于这种修正过程是从输出到输入层进行的，所以称它为"误差逆传播算法"。BP 网络的学习过程主要由四部分组成：输入模式顺传播、输出误差逆传播、循环记忆训练以及学习结果判别[56,57]。

BP 网络的整个学习过程的具体步骤如下[57]：

（1）初始化，给各连接权 W_{ij}、V_{jt} 及阈值 θ_j，γ_t 赋予 [-1, +1] 之间的随机值。其中：$i = 1, 2, \cdots, n$；$j = 1, 2, \cdots, p$；$t = 1, 2, \cdots, q$；$k = 1, 2, \cdots, m$。

（2）随机选取一模式对 $A_k = [a_1^k, a_2^k, \cdots, a_n^k]$，$Y_k = [y_1^k, y_2^k, \cdots, y_q^k]$ 提供给网络。

（3）用输入模式 $A_k = [a_1^k, a_2^k, \cdots, a_n^k]$，连接权 W_{ij} 和阈值 θ_j 计算隐含层各神经元的输入 s_j（激活值），然后用 s_j 激活函数 $f(x) = \dfrac{1}{1 + e^{-x}}$ 计算隐含层各单元的输出 b_j：

$$b_j = f(s_j)$$

其中，

$$s_j = \sum_{i=1}^{n} W_{ij} \cdot a_i - \theta_j \tag{5-59}$$

（4）用隐含层的输出 b_j、连接权 V_{jt} 和阈值 γ_t 计算输出层各单元的输入 l_t（激活值），然后用 l_t 通过激活函数计算输出层各单元的响应

$$c_t = f(l_t)$$

其中，

$$l_t = \sum_{j=1}^{p} V_{jt} \cdot b_j - \gamma_t \quad (t = 1, 2, \cdots, q) \tag{5-60}$$

（5）用网络实际输出 c_t，希望输出模式 $Y_k = [y_1^k, y_2^k, \cdots, y_q^k]$ 计算输出层各单元的校正误差 d_t^k：

$$d_t^k = (y_t^k - c_t) \cdot c_t(1 - c_t) \quad (t = 1, 2, \cdots, q)$$

（6）用 V_{jt}、d_t^k、b_j 计算隐含层的校正误差 e_j^k：

$$e_j^k = \left[\sum_{t=1}^{q} d_t^k \cdot V_{jt} \right] b_j(1 - b_j) \quad (j = 1, 2, \cdots, p) \tag{5-61}$$

（7）用 V_{jt}、d_t^k、b_j 和 γ_t 计算下一次的隐含层和输出层之间的新连接权：

$$V_{jt}(N + 1) = V_{jt}(N) + \alpha \cdot d_t^k \cdot b_j \tag{5-62}$$

$$\gamma_t(N + 1) = \gamma_t(N) + \alpha \cdot d_t^k \tag{5-63}$$

式中，N 为学习次数。

（8）由 e_j^k、a_i^k、W_{ij} 和 θ_j 计算下一次的输入层和隐含层之间的新连接权：

$$W_{jt}(N+1) = W_{jt}(N) + \beta \cdot e_j^k \cdot a_i^k \tag{5-64}$$

$$\theta_j(N+1) = \theta_j(N) + \beta \cdot e_j^k \tag{5-65}$$

（9）随即选取下一个学习模式对提供给网络，返回到第（3）步，直至全部 m 个模式对训练完。

（10）重新从 m 个学习模式对中随机选取一个模式对，返回到第（3）步，直至网络全局误差函数 E 小于预先设定的限定值或学习回数大于预先设定的数值。

（11）学习结束。传统的 BP 算法采用梯度下降法，当误差曲面为窄长时，该算法在谷底的两边跳来跳去，影响了网络的收敛速度且容易陷入局部极小。增加动量项的方法可以缓解这种情况。它是使网络在修正连接权时，不仅考虑误差在梯度上的作用，而且考虑在误差曲面上的变化趋势的影响。利用附加的动量项可以起到平滑梯度方向的剧烈变化。

$$\Delta W_{ij}(t+1) = \eta \delta X_i + \alpha \Delta W_{ij}(t) \tag{5-66}$$

式中，X_i 为沿此权值连接传来的输入值；η 为学习速率；α 为动量因子，其值一般在 $0\sim1$ 之间。

由上式可以看出，一旦式中等号右边第一项变为零，权值依然有变化，相当于动量项乘以原来的权值变化。也就是说，这时权值矢量仍然继续沿上次改变的方向移动。这种情况下，权值矢量就容易摆脱陷在局部误差最小的位置。

5.5.4.2　遗传算法

遗传算法（genetic algorithm，GA）是一类建立在自然选择和群体遗传学机理上的通用问题求解算法，具有广泛的实用性。遗传算法的基本思想是：基于达尔文进化论中的适者生存、优胜劣汰的基本原理，按生物学方法将问题的求解表示成"种群"，从而构造出一群包括 N 个可行解的种群，将它们置于问题的"环境"中，根据适者生存原则，对该种群按照遗传学的基本操作，不断优化生成新的种群，这样一代代地不断进化，最后收敛到一个最适应环境的最优个体上，求得问题的最优解。

遗传算法的运行过程为一个典型的迭代过程，其必须完成的工作内容和基本步骤如下[46,55]：

（1）选择编码策略，把参数集合 X 和域转换为位串结构空间 S；

（2）定义适应值函数 $f(X)$；

（3）确定遗传策略，包括选择群体大小 n，选择、交叉、变异方法，以及确定交叉概率 p_c、变异概率 p_m 等遗传参数；

（4）随机初始化生成群体 P；

（5）计算群体中个体位串解码后的适应值 $f(X)$；

（6）按照遗传策略，运用选择、交叉和变异算子作用于群体，形成下一代群体；

（7）判断群体性能是否满足某一指标，或者已完成预定迭代次数，不满足则返回步骤（6），或者修改遗传策略再返回步骤（6）。

A　编码

神经网络的权值学习是一个庞大而复杂的参数体系优化过程，如果采用二进制编码，会造成编码过长，而且需要解码为实数，影响网络精度，再加上二进制编码 GA 的稳定性不如实数编码，因此这里采用实数编码。

B　适应度函数的设计

由于适应值是群体中个体生存机会选择的唯一确定性指标，随意适应度函数的形式直接决定着群体的进化行为。本文选取误差平方和作为遗传算法的个体适应度：

$$f = \frac{1}{E} \tag{5-67}$$

$$E = \frac{1}{2} \sum_{k=1}^{N} \left(Y_k - \hat{y}_k \right)^2 \tag{5-68}$$

式中，$\hat{y}_k$ 为网络的实际输出。

C　遗传算子

标准遗传算法的操作算子一般都包括选择、交叉（或重组）和变异三种基本形式，它们构成了遗传算法具备强大搜索能力的核心，是模拟自然选择以及遗传过程中发生的繁殖、杂交和突变现象的主要载体。

a　选择

选择即从当前群体中选择适应值高的个体以生成交配池的过程。本文采用适应值比例选择，这种方式首先计算每个个体的适应值，然后计算出此适应值在群体适应值总和中所占的比例，表示该个体在选择过程中被选中的概率[58]。

对于给定的规模为 n 的群体 $P = \{a_1, a_2, \cdots, a_n\}$，个体 $a_j \in P$ 的适应值为 $f(a_j)$，其选择概率为：

$$p_s(a_j) = \frac{f(a_j)}{\sum\limits_{i=1}^{n} f(a_i)} \quad (j = 1, 2, \cdots, n) \tag{5-69}$$

该式决定后代种群中个体的概率分布。经过选择操作生成用于繁殖的交配池，其中父代种群中个体生存的期望数目为：

$$P(a_j) = n \cdot p_s(a_j) \quad (j = 1, 2, \cdots, n) \tag{5-70}$$

b　交叉

交叉操作在 GA 中起全局搜索的作用，是核心的遗传操作。交叉操作一般分

为以下几个步骤:

(1) 从交配池中随机取出要交配的一对个体。

(2) 根据位串长度 L，对要交配的一对个体，随机选取 $[1, L-1]$ 中一个或多个的整数 k 作为交叉位置。

(3) 根据交叉概率 $p_c(0 < p_c \leqslant 1)$ 实施交叉操作，配对个体在交叉位置处，相互交换各自的部分内容，从而形成新的一对个体。

由于本研究的是实数编码，因此交叉操作采用的是随机交叉。

c　变异

变异操作作用于个体位串的等位基因上，由于变异概率比较小，在实施过程中一些个体可能根本不发生一次变异，造成大量计算资源的浪费。可以采用一种变通措施，首先进行个体层次的变异发生的概率判断，然后再实施基因层次上的变异操作。一般包括两个基本步骤:

(1) 计算个体发生变异的概率。以原始的变异概率 p_m 为基础，可以计算出群体中个体发生变异的概率:

$$p_m(a_j) = 1 - (1 - p_m)^L \quad (j = 1, 2, \cdots, n) \tag{5-71}$$

给定均匀随机变量 $x \in [0, 1]$，若 $x \leqslant p_m(a_j)$，则对该个体进行变异，否则表示不发生变异。

(2) 计算发生变异的个体上基因变异的概率。传统变异方式下整个群体基因变异的期望次数为 $n \times L \times p_m$。设新的基因变异概率为 p'_m，新的变异方式下整个群体基因变异的期望次数为: $[n \times p_m(a_j)] \times (L \times p'_m)$。要求两者相等，即:

$$n \times L \times p_m = [n \times p_m(a_j)] \times (L \times p'_m) \tag{5-72}$$

可以导出:

$$p'_m = \frac{p_m}{p_m(a_j)} = \frac{p_m}{1 - (1 - p_m)^L} \tag{5-73}$$

传统变异方式下的计算量为 $n \times L$，新的变异方式下的计算量 $n \times p_m(a_j) \times L$，计算量差异为:

$$n \times L \times [1 - p_m(a_j)] \tag{5-74}$$

显然新的变异方式比传统方式计算量降低了，且随着位串长度的增大而下降。

5.5.4.3　遗传算法与 BP 神经网络相结合

BP 算法具有寻优精确的特点，但它也有易陷入局部极小、收敛速度慢等缺点。而遗传算法具有很强的宏观搜索能力和良好的全局优化性能。因此将遗传算法与 BP 网络相结合，训练时先用遗传算法进行寻优，将搜索范围缩小后，再利用 BP 网络来进行精确求解，可以达到全局寻优和快速高效的目的。

遗传算法在初始化阶段产生大量个体（即群体），根据个体适应度值来选出优良个体，将它们作为父代产生后代个体。当个体适应度值小于目标值时，转入 BP 网络继续训练；否则进行遗传进化，直到达到目标为止，详见图 5-26[46,54,55]。

遗传 BP 算法主要有以下几个步骤：

（1）参数初始化，包括 BP 神经网络（学习率、动量因子等）和遗传算法（交叉概率、变异概率等）各个参数，输入样本数据；

（2）个体适应值计算；

（3）适应度满足条件进行第（5）步，否则进行第（4）步；

（4）用遗传算子进行遗传操作；

（5）用 BP 神经网络进行训练，满足终止条件结束训练，否则返回第（2）步。

在 LF 炉冶炼过程中，对钢水温度的影响因素比较多，具有一定的非线性，因此采用合理的神经

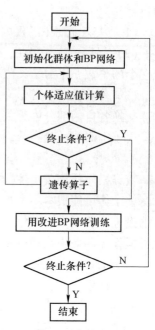

图 5-26　GA-BP 网络流程图

网络对系统进行自我学习，能够得到精确的预测[58]。但是如果单纯使用 BP 算法，要达到较高精度需要很长的收敛时间，并且如果初值选择不当还很可能陷入局部极小值。鉴于遗传算法具有宏观寻优特点，用来克服 BP 网络的缺点，二者结合起来相得益彰。该算法不仅具有全局搜索能力并提高了局部搜索能力，从而增强了在搜索过程中自动获取和积累搜索空间的知识及自适应地控制搜索过程的能力，使解的性质得以改善。

对 LF 炉钢水温度进行预测时，首先确定对钢水温度影响的主要因素为输入量。采用适应性强的三层 BP 网络，输入层节点数为 8，隐含层节点数为 16，输出层节点数为 1（温度），取动量因子 $\alpha = 0.9$，学习速率 $\eta = 0.01$，$E = 0.01$。遗传算法中选择概率 p_s 为 0.05，交叉概率 p_c 为 0.9，变异概率 p_m 为 0.02。

5.5.4.4　LF 炉温度预报模型验证

本模型选择某厂 150t LF 的 350 个炉次的有效数据进行 GA-BP 训练，对另 50 个炉次进行验证。图 5-27 所示为预测值与实际值的误差范围。由预测结果可以看出，预测误差在 ±5℃ 的炉次占总炉次 80%，预测误差在 ±7℃ 的炉次占总炉次 90%。

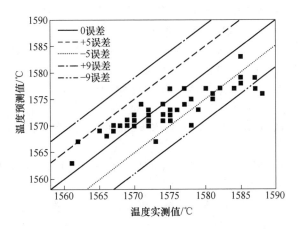

图 5-27　温度的预测结果

参 考 文 献

[1] 钟良才，储满生，战东平，等. 冶金工程专业实习指导书——钢铁冶金 [M]. 北京：冶金工业出版社，2019.

[2] 朱苗勇. 现代冶金工艺学——钢铁冶金卷[M]. 2版. 北京：冶金工业出版社，2016.

[3] 朱苗勇. 现代冶金工艺学——钢铁冶金卷 [M]. 北京：冶金工业出版社，2011.

[4] 蒋国昌. 纯净钢与二次精炼 [M]. 上海：上海科学技术出版社，1996：25~35.

[5] 刘汉川. 国内 LF 炉发展现状 [J]. 钢铁技术，2000 (3)：17~20.

[6] 战东平，姜周华，王文忠，等. 高洁净度管线钢中元素的作用与控制 [J]. 钢铁，2001，36 (6)：67~70.

[7] 徐增启. 炉外精炼 [M]. 北京：冶金工业出版社：1998：1~12.

[8] 张鉴. 炉外精炼的理论与实践 [M]. 北京：冶金工业出版社，1993：316~516.

[9] 知水，王平，侯树庭. 特殊钢炉外精炼 [M]. 北京：原子能出版社，1996：10~20.

[10] 梶冈博幸，李宏. 炉外精炼 [M]. 北京：冶金工业出版社，2002，119.

[11] 战东平. 钢的二次精炼过程预熔渣深脱硫理论与工艺研究 [D]. 沈阳：东北大学，2002.

[12] 唐东. LF 炉热效率和电极消耗的研究 [D]. 沈阳：东北大学，2002.

[13] 巫瑞智，吴玉彬，吴荷生，等. 喂线技术的现状与发展 [J]. 铸造，2003 (1)：7~9.

[14] 廉馥生. 新型 IR-UT 炉外精炼技术 [J]. 柳钢科技，1998 (1)：81.

[15] 汤雪松. LF 钢包精炼炉在炼钢工艺中的应用 [J]. 现代冶金，2014，42 (3)：50~52.

[16] 朱跃和，耿恒亮，于学斌. 100t 单臂 LF 生产实践 [J]. 钢铁研究，2007，35 (5)：54~56.

[17] 李军辉，赵文勇，沈桂根. LF 精炼炉造白渣操作实践 [J]. 浙江冶金，2007，1：34~35.

[18] 姜周华, 张贺艳, 战东平, 等. LF 炉冶炼超低硫钢的工艺条件 [J]. 东北大学学报 (自然科学版), 2002, 23 (10): 952~955.

[19] 战东平, 姜周华, 王文忠, 等. 150t EAF-LF 预熔精炼渣脱硫试验研究 [J]. 炼钢, 2003, 19 (2): 48~51.

[20] 张慧书. 中空电极喷吹气体的新型 LF 炉内冶金行为的基础研究 [D]. 沈阳: 东北大学, 2010.

[21] 姜周华. UHP 电弧炉兑铁水及 LF 炉精炼埋弧渣冶炼工艺理论及应用 [D]. 沈阳: 东北大学, 2000.

[22] 刘润藻, 战东平, 姜周华, 等. 精炼埋弧渣系对 60t 钢包炉 (LF) 钢水升温速度的影响 [J]. 特殊钢, 2005, 26 (1): 57~59.

[23] 刘润藻, 战东平, 姜周华, 等. LF 精炼用发泡剂的发泡效果 [J]. 材料与冶金学报, 2004, 3 (4): 250~254.

[24] 兰杰. LF 炉埋弧精炼渣起泡性能的实验研究 [D]. 沈阳: 东北大学, 1997.

[25] 韩文习, 李丰功, 战东平, 等. 60t LF 钢包底吹氩行为的物理模拟 [J]. 山东冶金, 2012, 34 (3): 29~31.

[26] 杨锋功, 杨华峰, 战东平, 等. 钢包软吹氩时间对 GCr15 轴承钢中夹杂物的影响 [J]. 材料与冶金学报, 2017, 16 (4): 246~249.

[27] 阎立懿, 战东平, 曹鸿涛. LF 炉精炼过程钢液温度预报及控制 [J]. 工业加热, 2010, 39 (2): 16~19.

[28] 张慧书, 战东平, 姜周华, 等. 直流钢包炉中空电极喷吹 $Ar-H_2$ 混合气体对钢水温度的影响 [J]. 工业加热, 2009, 38 (5): 10~12.

[29] 张慧书, 战东平, 姜周华. 直流钢包炉中空电极喷吹 $Ar-CO_2$ 对钢水温度的影响 [J]. 工业炉, 2009, 31 (5): 1~4.

[30] 刘杰. LF 炉国内外温度控制研究 [J]. 科学技术创新, 2019 (11): 52~53.

[31] 武拥军, 姜周华, 姜茂发, 等. LF 精炼过程钢水温度预报模型 [J]. 钢铁研究学报, 2002, 14 (1): 9~12.

[32] 邱国兴, 战东平, 姜周华, 等. SG45VCM 钢 LF+VD 精炼吹氮合金化研究 [J]. 上海金属, 2016, 38 (2): 41~45.

[33] 董大西, 杨峰功, 胡云生, 等. MnCr/CrMo 钢 LF 底吹氮气合金化工艺研究 [J]. 炼钢, 2015, 31 (6): 62~66.

[34] 阎立懿, 龚哲豪. LF 炉钢液成分微调合金计算公式推导与解析 [J]. 北京科技大学学报, 2011, 33 (S1): 38~41.

[35] 李大亮. LF 炉精炼终点成分预报模型开发 [D]. 沈阳: 东北大学, 2005.

[36] 曹鸿涛. LF 工艺过程优化: 合金微调及温度在线预报模型的建立 [D]. 沈阳: 东北大学, 2001.

[37] 李晶, 傅杰. 钢包精炼过程中钢水成分微调及温度预报 [J]. 钢铁研究学报, 1999, 7 (4): 6~9.

[38] 张洋鹏, 战东平, 齐西伟, 等. 基于铝脱氧工艺的 SPHC 钢 LF 造渣离线模型 [J]. 炼

钢，2016，32（1）：30~34.

[39] 徐辉．钢水精炼配渣模型 [J]. 材料与冶金学报，2005，4（4）：256~261.

[40] 曹磊．LF 精炼过程脱硫预报模型的研究 [D]. 沈阳：东北大学，2010.

[41] 尹华盛，陈志敏．天铁 180t LF 炉造还原渣模型计算及实践 [J]. 天津冶金，2011，
　　（3）：1~3.

[42] 张慧书，陈韧，战东平，等．基于联级小波神经网络的 LF 精炼渣成分预报 [J]. 上海金
　　属，2019，41（4）：80~84.

[43] 谷峰．LF 炉精炼造渣制度研究与模型的建立 [D]. 沈阳：东北大学，2012.

[44] 董凯．基于反应机理的 LF 炉加料控制模型基础研究 [J]. 过程工程学报，2009，9
　　（S1）：384~389.

[45] 胡井涛．LF 精炼脱氧合金化模型开发与在线应用 [D]. 沈阳：东北大学，2011.

[46] 于鹏．LF 炉精炼终点钢液成分和温度预测模型开发 [D]. 沈阳：东北大学，2002.

[47] 于鹏，战东平，姜周华，等．LF 精炼终点成分预报模型开发 [J]. 材料与冶金学报，
　　2006，5（1）：20~22.

[48] 杨州．LF 炉中空吹气电极损耗行为研究 [D]. 沈阳：东北大学．2007.

[49] 闫小平，朱占文，段永卿，等．LF 精炼炉电极消耗原因及对策 [J]. 河北冶金，2000
　　（3）：38.

[50] 郑颖，乔光，赵鑫．包钢炼钢厂 3# LF 炉降低电耗及电极消耗实践 [J]. 包钢科技，
　　2004，30（4）：28~29.

[51] 殷宝言．电炉电极消耗的机理及控制措施 [J]. 上海金属，1991，13（4）：8~12.

[52] 陈家祥．炼钢常用图表数据手册 [M]. 北京：冶金工业出版社，1984：519~520.

[53] 梁连科，车荫昌，杨怀，等．冶金热力学及动力学 [M]. 沈阳：东北工学院出版社，
　　1990：76~77.

[54] 王安娜，田慧欣，姜茂发，等．基于 PSO 和 BP 网络的 LF 炉钢水温度铝能预测 [J]. 控
　　制与决策，2006，21（7）：814，816，820.

[55] 王安娜，田慧欣，姜周华，等．基于信息融合算法的 LF 炉钢水温度预测 [J]. 钢铁研究
　　学报，2005，17（6）：71~74.

[56] 张慧书，战东平，姜周华，等．基于人工神经网络的钢铁冶炼终点预报模型 [J]. 工业
　　加热，2005，34（2）：5~7.

[57] 张慧书，战东平，姜周华．基于改进 BP 神经网络的铁水预处理终点硫含量预报模型
　　[J]. 钢铁，2007，42（3）：30~32.

[58] 崔俊．LF 炉精炼钢水温度预报模型的研究与应用 [D]. 沈阳：东北大学，2012.

6 直接轧制工艺中的连铸技术与智能模型

6.1 引　言

热轧带肋钢筋和热轧光圆钢筋，属于钢筋混凝土用钢，是量大面广的钢铁产品。这些钢筋的公称直径范围为 6~50mm，屈服强度分别为 300MPa、400MPa、500MPa 或 600MPa[1,2]。热轧钢筋的主要生产流程如图 6-1 所示[3]。通过转炉或电弧炉冶炼，必要时可采用炉外精炼，获得合格钢水；将钢水通过连铸机浇铸成小方坯；将小方坯运送到加热炉进行加热；加热后的小方坯通过轧制生产线加工，获得合格的成品。

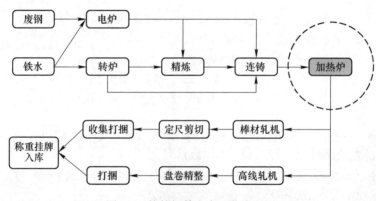

图 6-1　热轧钢筋生产工艺流程图

在图 6-1 所示的生产流程中，连铸小方坯在加热炉中进行加热的工序是整个生产线中的重要环节。在经典的热轧钢筋生产线中，加热炉工序具有如下作用：

（1）加热或补热。从连铸车间运送过来的小方坯，或者是冷坯，或者是高温坯。即使是高温坯，其温度也无法达到轧制生产线要求的开轧温度（通常要求1000℃以上）。对于这些小方坯，自然需要加热炉对其进行加热和补热，使其达到开轧温度。

（2）均热和组织调整。连铸小方坯在进入加热炉前，经历强制水冷、辐射散热和自然空冷过程。由于铸坯棱边处受到两个互相垂直的散热面的影响，故而棱边处温度总是最低。相比铸坯表面中点位置，棱边处的温度可低 100~200℃。

如此大的温差，容易造成铸坯的棱边出现裂纹，在合金含量较高时，还会造成组织不均匀。为保证成品质量均匀性和生产工序连续性，需要将小方坯送入加热炉进行均热和适度组织调整。

（3）连铸和轧制的柔性连接。连铸坯的生产受钢水供给和连铸设备影响，轧制的生产则由合格铸坯及轧制设备决定。在我国现存的生产线中，为了保证产量，轧制生产线的产能通常高于连铸生产线的产能。加热炉作为缓冲用的"存储器"，可以调整连铸工序和轧钢工序之间的产能匹配，实现两个工序之间的柔性连接，并便于连铸和轧钢车间分别组织生产和维护。

我国钢铁工业经过最近20年的快速发展，产能迅速增长，规模扩张。为了保证钢铁工业的可持续发展，通过创新驱动我国钢铁行业的转型发展、结构调整，实现钢铁行业绿色制造势在必行[4]。为了实现绿色化理念，要采用节省资源和能源、减少排放、环境友好的减量化加工工艺方法。传统的冶金流程中，从原料加工到最终产品，要经历几"火"，即几次升温和降温。火次增加，必然增加能源消耗，加剧环境污染，加重物流负担，抬高生产成本[5]。虽然加热炉在生产线中起到了前述的重要作用，但也带来了很多不良后果：（1）重新加热，造成能耗提高，发生烧损，浪费资源，增加排放；（2）重新加热后连铸坯的温度分布为"外热内冷"，与连铸后的"外冷内热"状态恰好相反，无法利用变形改善坯料内部质量。

实际上，从连铸车间出来的小方坯本来就具有很高的温度，如果能充分利用连铸坯的温度，无需加热炉，实施直接轧制工艺，是节能减排、绿色化制造的重要措施。早在20世纪90年代，我国一批学者即开展连铸坯直接轧制带肋钢筋技术的研究，但受到当时技术水平和企业条件的限制，未能成功应用。近年，为降低成本、改善环境，一些企业积极开展研究和工业实施[6]。近年有鞍山、广东、陕西等一批企业针对直接轧制工艺存在的问题，例如长度方向的温度不均、晶粒组织粗大、炼钢和轧钢衔接问题、工艺设备的强度及负荷较大、辊道运送钢坯线速度要求升速改造、提高连铸拉速与弱化二冷等，积极加强研究、改造、试验与试产，在全连轧棒材生产线上生产钢筋，直轧率达到95%以上，成材率提高1.35%，钢材性能提高约30MPa，无二次氧化烧损，氮氧化物、二氧化碳、二氧化硫排放为零，节能减排、降低成本、提高质量效果明显[7]。

棒线材直接轧制工艺的要点是：合理提高铸坯温度，把高温铸坯切断后，经专门铺设的快速辊道直接送入轧线进行轧制[7]。在实施直接轧制工艺时，连铸车间必须能够生产出质量合格、温度符合要求的连铸坯，使其适应于无轧钢加热炉的生产过程。为此，需要对现有连铸技术进行改造，本章即对这些技术改造内容进行讨论。

6.2　连铸过程的计算模拟与验证

连铸过程是钢水从液态逐渐冷却凝固至固态的过程。在连铸的生产过程中，铸坯一直处于高温、连续变化的过程，可直接连续监测的参数包括浇铸温度、拉坯速度、铸坯表面温度等，但铸坯内部液态固态转变、内部热量向表面的传递等无法直接监测，只能通过数值模拟的方法进行计算分析。此外，铸坯的坯壳厚度也是连铸过程中的重要参数，可以用射钉枪进行监测。但在实际生产中，由于射钉枪的操作繁复、后续分析时间长，无法做到常规化，而通过数值模拟的方法计算得出铸坯坯壳厚度则更为方便高效。

本文针对某钢铁企业的连铸过程进行了有限元建模和计算分析，所采用的设备参数和工艺参数都使用现场生产的实际数据[8]。该企业采用全废钢电炉炼钢，钢水由中间包进入结晶器实现强制冷却，生成初生凝固坯壳。继而进入二冷区继续冷却，此时凝固坯壳逐渐增厚。随后在空冷区进一步冷却和凝固，并通过液压切割机进行定尺切割。生产线的结晶器工艺参数和连铸过程工艺参数如表 6-1 所示。所使用的模拟软件为 ProCast 软件，并根据对称性取四分之一截面建立有限元模型。通过计算模拟，获得了连铸各阶段的温度场和凝固场分布，其中在拉坯速度为 2.4m/min、浇铸温度为 1540℃时结晶器出口处的铸坯温度场和凝固场如图 6-2 所示。

表 6-1　结晶器和连铸过程工艺参数

工艺参数	数　据	工艺参数	数　据
钢种	HRB400	环境温度/℃	30
方坯规格/mm^3	150 ×150 ×12000	结晶器长度/mm	900
浇铸温度/℃	1530~1560	结晶器有效长度/mm	800
拉坯速度/m·min^{-1}	2.3~2.5	二冷区 0 段/mm	222
结晶器断面规格/mm^2	150 ×150	二冷区 1 段/mm	1936
结晶器冷却水流量/m^3·h^{-1}	138.9~180	二冷区 2 段/mm	2490
结晶器进出口水温差/℃	4~6	连铸机组空冷段/mm	10400
冷却水温度/℃	30		

由图 6-2 可知，经过结晶器的强制冷却作用，钢水表面凝固形成初生坯壳，而心部尚未凝固，还处于高温液态状态。心部温度高、表面温度低、棱边处温度最低，温度呈现梯度分布状态。所形成的初生坯壳需满足一定的厚度要求，以保证铸坯可以平稳地进入二冷区继续冷却，而不会因为静水压力等因素发生漏钢事

故。对于所研究的设备和工艺条件，最小初生坯壳厚度大于9mm才能保证连铸过程的稳定生产。

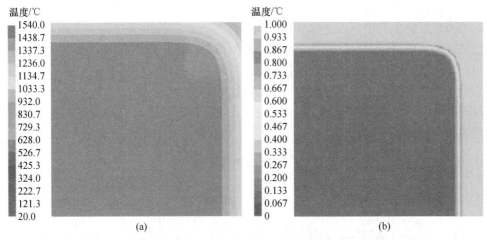

图 6-2 连铸坯在结晶器出口处的温度场及凝固场分布[8]

(a) 结晶器出口处的温度场；(b) 结晶器出口处的固相分率分布

(扫书前二维码看彩图)

铸坯离开结晶器后进入二冷区，此时铸坯中心仍为高温钢水。铸坯带着液芯进入二冷区，受到二冷水的喷淋冷却，目的是使铸坯继续凝固。图 6-3 为铸坯在二冷区的温度场和固相分率分布分布。由图 6-3 可知，在二冷区时铸坯仍旧由心部液相区、固-液共存的过渡区及外部固相区组成，温度呈现梯度分布状态，凝固坯壳厚度增大。

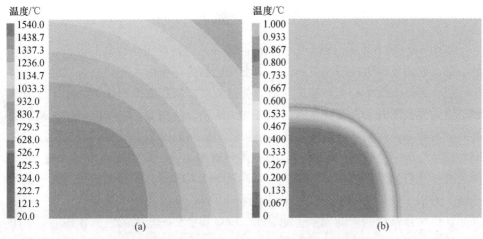

图 6-3 连铸坯在二冷区处的温度场及凝固场分布[8]

(a) 二冷区处的温度场；(b) 二冷区处的固相分率分布

(扫书前二维码看彩图)

　　铸坯经过二冷区的冷却，坯壳增厚，保证其经过矫直机时不会发生坯壳破裂事故。铸坯在空冷区通过辐射和空气对流散热进行冷却，此时铸坯表面温度和心部温度降低，铸坯心部液相区逐渐减小，直至完全凝固，如图 6-4 所示。在常规的小方坯连铸生产中，为了保证生产安全，往往在二冷区采用较大的冷却强度，使铸坯进入矫直区时就已经完全凝固，在后续的空冷中铸坯温度继续降低。实际上，带液芯进行矫直也是常规工艺，对大方坯和大板坯往往需要采用带液芯的多点连续矫直。带液芯矫直时，铸坯内的应力和应变分散，改善了铸坯内部的受力状态，有利于提高铸坯质量。同时，进行带液芯矫直，也是提高铸坯温度进而实现直接轧制的必要工艺。

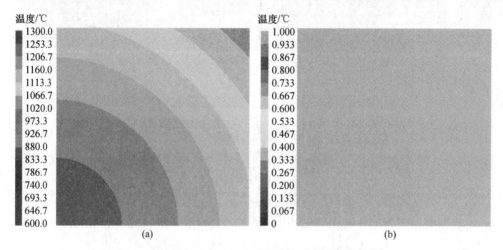

图 6-4　连铸坯在空冷区处的温度场及凝固场分布[8]
(a) 空冷区处的温度场；(b) 空冷区处的凝固场
(扫书前二维码看彩图)

　　由图 6-2~图 6-4 还可以看出，从结晶器开始到铸坯完全冷却的过程中，铸坯的心部、表面及棱边冷却速度不同，温度变化趋势存在很大差异。选取铸坯心部中心点、铸坯表面中心点和棱边角点为关键节点，从数值模拟计算结果中提取关键节点的温度随时间的变化规律绘制于图 6-5 中。从图 6-5 中可以看出，初期铸坯心部为液态，向铸坯表面的传热效率较低，故而温度下降缓慢；到达某一时刻时，铸坯心部完全凝固，心部向表面的传热效率提高，故而温度开始迅速下降；随着心部与表面温差的减小，传热效率逐渐降低，故而心部降温趋缓。对于铸坯表面，最初在结晶器的强冷作用下温度迅速下降；在铸坯出结晶器进入二冷 0 段期间，有一定幅度的回温现象，随后在二冷 0 段受到冷却水的喷淋作用，温度下降；铸坯继续经历二冷 1 段，也表现出回温和温度下降的变化形式；铸坯经历二冷 2 段，也表现出先回温再温度下降的形式，并与随后的空冷阶段衔接在一起；

在进行液压剪切断时，出现瞬时的小幅温度下降，切断后继续进行空冷。棱边角点的温度变化规律与表面一致，但由于棱边受到两个表面的影响，故而温度更低。

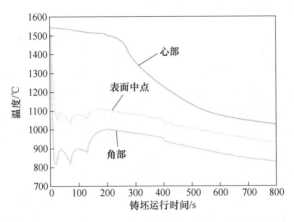

图 6-5　铸坯心部、表面中点和角部的温度变化曲线[8]

在生产线现场，用 Raytek 3i Plus 手持式测温仪测试铸坯表面中点温度。测试温度时需要清除铸坯表面的氧化皮，在保证安全的情况下进行近距离、多批次测温，以保证测量数据的准确性。对液压切割点前 2m、液压切割点后 3m、轧机入口处进行了测温并记录，求得平均值，与数值模拟结果进行对比，如表 6-2 所示。从表 6-2 可以看出，测温点处的数值计算结果均处于实际测温结果区间，表明所进行的数值模拟是合理的。

表 6-2　铸坯表面中心温度的计算和实测数据对比[8]

温　度	液压切割点前 2m	液压切割点后 3m	轧机入口处
计算模拟温度/℃	1065	1027	931
实测温度/℃	1054~1082	1004~1037	921~940

6.3　铸坯提温技术

保证铸坯温度能够满足开轧温度要求，是直接轧制工艺有效实施的关键。为了保证铸坯开轧温度，必须在连铸阶段实施高温出坯工艺，使凝固过程中连铸坯内部的热量得到充分利用[9]。在实施高温出坯工艺时，要协调高温铸坯与铸坯质量、安全生产之间的矛盾。铸坯的温度越高，对实施直接轧制工艺越有利，但同时过高的铸坯温度，会使铸坯坯壳厚度过薄，存在漏钢风险。同时，过高的铸坏温度，使铸坯抗变形能力变差，容易出现脱方等质量问题，进而引起角部裂纹或造成轧制时咬入困难。

本节针对铸坯在定尺切断前的阶段，分析影响铸坯温度的因素，探讨提高铸坯切断温度的措施，以便实现高温出坯工艺。

6.3.1 浇铸温度

中间包浇铸温度是决定连铸是否能顺利进行的重要因素，在很大程度上决定了连铸坯的质量。钢种的冶金特性和连铸工艺决定了浇铸时所需的钢水温度，在操作时钢水温度的波动范围一般应小于 $10\sim20℃$[10]。但在实际生产中，由于影响因素较多，钢水温度往往会偏离预定的目标温度，此时的钢水温度会对后续铸坯温度产生一定的影响。

基于某钢企的实际生产工艺，在前述数值模拟的基础上，建立了研究浇铸温度影响的模型，模拟计算了拉坯速度为 2.4m/min 时，浇铸温度为 1530℃、1540℃、1550℃和1560℃时对铸坯温度场的影响。分析模拟计算结果可知，随着浇铸温度的提高，铸坯的整体温度及开轧温度都有所提高。

将浇铸温度与待轧区铸坯各位置温度绘制于图 6-6 中，并对曲线进行拟合，可以得出描述浇铸温度与开轧温度的定量关系式。从图 6-6 可知，浇铸温度为1530℃时，待轧区铸坯头部表面温度仅为918℃，心部温度为1008℃；浇铸温度提高到 1560℃时，待轧区铸坯头部表面温度提高到 954℃，心部温度提高到1050℃，表面温度提高了 36℃。

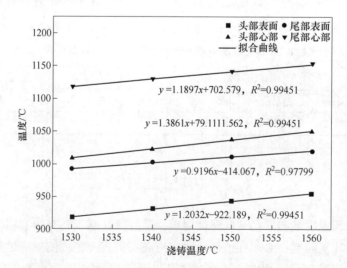

图 6-6　浇铸温度与铸坯开轧温度的关系曲线[8]

基于数值模拟计算结果，对于待轧区铸坯的头部表面温度和尾部表面温度进行分析，可以得出铸坯头尾温差，如图 6-7 所示。从图 6-7 可知，当浇铸温度为 1530℃时，铸坯表面头尾温差 74℃；浇铸温度提高到 1560℃时，铸坯头尾温差减少到 65℃。此过程中，铸坯头尾表面温差减少了 11.3%，提高浇铸温度在整体提高铸坯开轧温度的同时可以小幅度降低铸坯头尾温差。

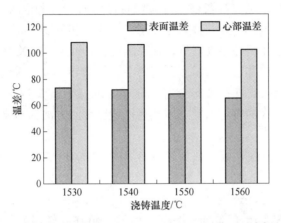

图 6-7　浇铸温度对待轧区铸坯头尾温差的影响[8]

浇铸温度对结晶器内钢水的凝固过程有重要影响，也对结晶器出口处的凝固坯壳有重要影响。为了保证生产安全，小方坯连铸过程结晶器出口凝固坯壳厚度应处于 9~12mm，过薄则会发生漏钢，过厚易产生热裂等缺陷。基于温度场模拟结果及凝固分布情况分析，得出不同浇铸温度时结晶器出口凝固坯壳厚度如图 6-8所示。由图 6-8 可知，结晶器出口处凝固坯壳厚度随着浇铸温度的提高而减小。在拉坯速度为 2.4m/min、浇铸温度为 1530℃时，凝固坯壳厚度为 10.3mm；而在拉坯速度为 2.4m/min、浇铸温度为 1560℃时，凝固坯壳厚度降低到 9.0mm，达到极限值。

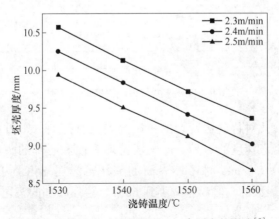

图 6-8　浇铸温度对结晶器出口坯壳厚度的影响[8]

6.3.2　拉坯速度

拉坯速度对铸坯温度有重要影响。一般来说，提高拉坯速度，铸坯的温度提高，降低拉坯速度，铸坯的温度降低。拉坯速度变化时，铸坯中的液芯位置发生变化，二冷区冷却水也进行调整，铸坯切断时的温度，由这两个因素共同决定。拉坯速度提高时，液芯位置前移靠近切割点，使铸坯温度提高；此时二冷区冷却水流量相应加大，使铸坯温度降低。在一般的生产线中，二冷水加大造成的温度降低相比液芯位置前移造成的温度提高要小，故而导致拉坯速度提高，铸坯温度也提高。从本质上说，在保证安全生产的前提下，铸坯切割点刚好位于铸坯液芯凝固点时可获得最大的铸坯温度。用提高拉坯速度的方法提高铸坯温度，就是希望达到这种状态。

针对某钢企实际生产线，研究了浇铸温度为1540℃时拉坯速度对铸坯温度的影响，计算结果如图6-9所示。从图6-9可知，随着拉坯速度的提高，铸坯温度呈现线性提高。当拉坯速度从1.8m/min提高到2.4m/min时，待轧区铸坯头部表面温度提高了87℃、心部温度提高了92℃。铸坯开轧温度的提高使得现场生产时的直轧率提高了9.0%。

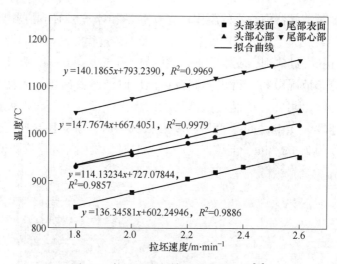

图 6-9　拉坯速度与铸坯温度的关系[8]

拉坯速度的变化对待轧区铸坯的头尾温差也有影响，如图6-10所示。从图6-10可知，随着拉坯速度的提高，待轧区铸坯表面和心部的头尾温差都有所下降。拉坯速度为1.8m/min时铸坯表面的头尾温差为86℃，拉坯速度增大到2.6m/min时铸坯表面的头尾温差减小到68℃。铸坯心部的头尾温差降低幅度低于铸坯表面，但也有所降低。

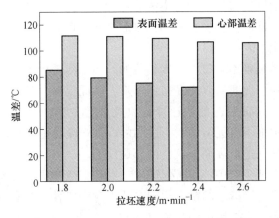

图 6-10 拉坯速度与铸坯头尾温差的关系[8]

拉坯速度的提高，使得铸坯在结晶器中停留的时间减少，结晶器对铸坯的强冷作用时间减少，铸坯出结晶器时的坯壳厚度相应减薄。为此，提高拉坯速度时，要考虑最小凝固坯壳厚度，避免产生漏钢等安全事故。通过模拟得出拉坯速度与结晶器出口凝固坯壳厚度的关系，如图 6-11 所示。由图 6-11 可知，浇铸温度 1540℃时，拉坯速度 1.8m/min 时结晶器出口凝固坯壳厚度为 11.7mm，拉坯速度 2.4m/min 时坯壳厚度减小到 9.9mm，拉坯速度 2.6m/min 时坯壳厚度降低到 9.2mm，而拉坯速度 2.7m/min 时坯壳厚度小于 9mm。为了保证安全生产，目前工艺条件下所支持的最大拉坯速度为 2.6m/min。

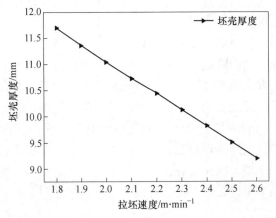

图 6-11 拉坯速度与结晶器出口凝固坯壳厚度的关系[8]

6.3.3 二冷水

从结晶器出来的铸坯凝固成一个薄的外壳，而中心仍为高温钢水。由于铸坯凝固速度比拉坯速度慢得多,随着浇铸的进行,铸坯内形成一个很长的液芯。铸坯带着液芯进入二冷区接受喷水冷却,目的是使铸坯完全凝固。铸坯在二冷区要全部凝固还需散出 210~298kJ/kg 的热量[11]。

二冷区的冷却强度是与拉坯速度相关的。当二冷区冷却强度增加时,铸坯液芯的凝固速度加快,此时可以提高拉坯速度,从而提高生产效率。反之,当拉坯速度提高时,为了保证液芯的快速冷却,应该增大喷水量,提高二冷区冷却强度。二冷区冷却强度不宜无限增大,过高的冷却强度使铸坯角部、表面和心部的温度梯度过大,从而造成表面裂纹、内部裂纹等。

在常规的小方坯生产中,为了保证生产安全,通常要求铸坯在矫直前尽可能完全凝固,不要进行带液芯的矫直,同时矫直时铸坯表面温度也不宜过低,至少要大于 900℃。因此,在常规的小方坯生产中,希望通过较大的二冷区冷却强度,获得较高的拉坯速度,进而在保证安全生产的前提下提高生产效率。而在实施直接轧制工艺时,希望在切断处有尽可能高的铸坯温度。如前所述,最高的切断铸坯温度为液芯刚好完全凝固时的温度。为此,需要降低二冷区的冷却强度,在保证安全生产的前提下,使铸坯的液芯能够前伸到切断点处。

在二冷区内,水滴与铸坯表面之间的传热是一个复杂的过程,受到喷水强度、铸坯表面状态(表面温度、氧化铁皮)、冷却水温度和水滴运动速度等多种因素的影响。由于这些影响因素很难定量化,所以在采用对流传热方程描述二冷区传热过程时,用传热系数来综合考虑这些因素的影响。在前文对铸坯温度和拉坯速度的研究中,已经用这种方法考虑了二冷水冷却强度的变化。

一般来说,在实施直接轧制工艺时,通常采用提高拉坯速度并降低二冷强度的方法来提高铸坯温度,这主要是为了在保证安全生产的同时提高生产效率。在工程实践过程中,对某企业的小方坯连铸机进行了提高拉坯速度、降低二冷水冷却强度的改造工作。其中降低二冷水冷却强度的方法为:(1)将原 4 段二冷水改造为 3 段二冷水,即取消了最后一段二冷水的喷淋;(2)重新制定了拉坯速度与二冷水的匹配关系,保证安全生产。通过改造,使切断点处的铸坯表面温度提高到 1050℃,进入矫直机时的铸坯表面温度为 1160℃,满足直接轧制工艺的要求并能保证安全生产,生产线运行 2 个月基本正常[12]。还对其他企业的生产线进行了改造及调研,结果表明大部分连铸生产线的二冷水冷却强度都偏于保守,可以通过减小冷却强度来提高铸坯温度,以便进行直接轧制工艺的实施。

6.3.4　铸坯的切割方式

在小方坯连铸生产过程中,通常采用火焰切割机进行定尺切断[13]。火焰切割机是利用丙烷、氧气混合气体燃烧获得超高温度,对钢坯进行熔化,同时利用高压气体吹扫,从而实现切割。火焰切割时会产生 4~5mm 宽的割缝,按照

150mm ×150mm 方坯估算，一个割缝约消耗 0.9~1.1kg 钢。另一种定尺切断方式为液压剪，通常为 45°液压剪沿铸坯对角线进行切割。液压剪切割速度快，不产生切屑，但断口没有火焰切割时规整。

在实施直接轧制工艺时，为了提高铸坯温度，也应该考虑铸坯切割方式的影响。用火焰切割机进行切割时，切割时间较长，剪切时间约为 40s[9]。而用液压剪切割时，剪切时间约为 4s。由于剪切过程中，切割机随铸坯以拉坯速度运行，而剪切后切断下来的铸坯可以提高运行速度，因此用液压剪代替火焰切割机以缩短剪切时间，可以减少铸坯的空冷时间，从而减少铸坯的温降，有利于提高铸坯温度。

为了减少铸坯的空冷时间，还可以采用切割机前移的方法。根据现场条件，将液压剪或火焰切割机前移至矫直机出口附近，实现矫直完成后立即切割，而切割后的铸坯立即提速直接送往轧制生产线。由于拉坯速度比送坯速度低得多，故而切割机前移使铸坯的空冷时间减少，铸坯温度得到保留。在某钢企实施液压剪代替火焰切割机，并将液压剪前移的改造，切割点前移 4~6m，可以提高铸坯温度 50℃左右[9,14]。

6.4　铸坯保温技术

在连铸生产中，小方坯通过矫直机矫直后，以拉坯速度在各流的切前辊道和切后辊道中运行，直到完成定尺并进行定尺切割。通常的切后辊道如图 6-12 所示，为两侧有挡板的敞开式辊道，切前辊道与其类似。铸坯在切前辊道和切后辊道上运行的时间很长，因此由于辐射和空冷而散失的热量很大。为了合理保留铸坯的热量，需要对其实施保温措施。

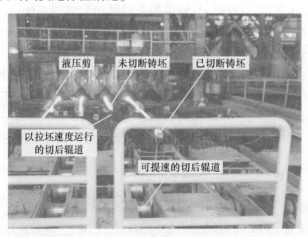

图 6-12　连铸车间切断点及切后辊道视图

　　通常的生产线布置中，矫直机和切断点之间有一段距离，即为切前辊道。在切前辊道中运行的铸坯表面温度高，辐射和空冷散热强度大，因此切前辊道的侧挡板和辊子往往需要进行通水冷却。在实施直接轧制工艺时，希望切断点与铸坯的液芯凝固终点相重合（或者留出一定的安全距离），因此需要使用前述的各种方法提高铸坯温度。实际上，如果生产线布置时，切前辊道较长，也可以通过对切前辊道进行保温来提高铸坯温度。保温的主要措施是在辊道上方加盖保温罩、在辊道下方放置反射挡板。通过这种方法，可以减少辊道内的空气对流，并把辐射反射回去，从而提高铸坯的温度。实践表明，在切前辊道为 5m 时，仅加盖 3.5m 的辊道上方挡板，即可有效提高铸坯温度 15~25℃。如果使用更好的上方、下方保温罩和挡板，则提温效果更明显。但需要注意的是，切前辊道铸坯的温度较高，辊道的机械部件工作条件恶劣，安装保温罩和挡板后使机械部件工作条件更加恶化，有造成其局部提前失效的可能。

　　铸坯在经过切断点后，要在切后辊道上运行很长时间，如对于定尺 10m 的铸坯、拉坯速度为 2.5m/min 时，铸坯的头部需要在切后辊道上运行 4min，这段时间内一直进行辐射和空冷散热，从而导致铸坯头部温度较低。为了实施直接轧制工艺，需要对切后辊道上的铸坯进行保温。文献［15］对保温罩的形式和效果进行了详细论述，表明加盖保温罩，不仅可以保持铸坯温度，还可以减小铸坯的头尾温差。对于 150mm ×150mm ×6000mm 的铸坯、拉坯速度 2.4m/min 时，加盖 3m 和 6m 保温罩及不加盖保温罩的条件进行有限元计算和实测对比，结果表明保温罩对铸坯心部的温度影响不大，但明显提高表面温度，特别是铸坯头部的表面温度。加盖保温罩后，表面中心头尾温差分别比不加盖保温罩减小 13.3℃和 24.3℃[16]。

　　在铸坯完全切断后，还要在切后辊道运行一段时间。在通常的生产线设计中，这段辊道或是用于收集铸坯吊入运输车内，或是用作热送加热炉的等待区。在实施直接轧制工艺时，这段切后辊道的作用则变为"预送坯辊道"，主要有两个功能：（1）各流的铸坯在此排队、测温，并根据各铸坯的实际温度和设定的优化规则，送往轧制生产线；（2）对于不满足直接轧制工艺条件的铸坯，实施剔坯下线处理。在预送坯辊道中，铸坯往往需要等待一段时间，自然也会因为辐射和对流散热，故而也需要在此加盖保温罩。而对于可以直接送往轧制生产线的铸坯，则应该对辊道提速，以便将铸坯迅速送往轧制生产线，减少散热时间[9]。在实践中，对于预送坯辊道，可以进行提速改造，使其运行速度达到拉坯速度的 2~3 倍甚至更高。

6.5　控　制　模　型

　　在实施直接轧制工艺时，需要综合使用前述的铸坯提温技术和铸坯保温技术，在保证安全生产的前提下，尽可能提高铸坯的温度，以便保证能够顺利进行轧制生产。浇铸温度对铸坯温度有影响，但一般浇铸温度由冶金工艺决定，故而不能作为提高铸坯温度的手段。切割方式和切割点前移、加盖保温罩都属于被动提温方法，需要根据现场条件决定是否实施。只有对拉坯速度、二冷水可以进行主动控制，以便提高铸坯温度。

6.5.1 拉坯速度的控制

如前所述，提高拉坯速度可以提高铸坯温度。目前国内现有棒线材生产线中，连铸机的最高设计拉坯速度一般为 3.5m/min 左右，但运行时往往低于 3m/min 甚至低至 2m/min。较低的拉坯速度有利于保证生产安全及生产的连续性，且客观上为实施直接轧制工艺改造时提高拉坯速度创造了条件。

在实施直接轧制工艺时需要提高拉坯速度，但拉坯速度受到钢水供应量的限制。为了在现有钢水供应量下提高拉坯速度，则可以通过减少铸坯的流数来提高每流的拉坯速度[9,14,17]。假设提速前拉坯速度为 v_1，提速后的拉坯速度为 v_2，提速前铸坯为 n 流，提速后铸坯为 $n-1$ 流。由质量守恒定律可知：

$$v_1 \times n = v_2 \times (n - 1)$$

故提速后拉坯速度为[9,14]

$$v_2 = v_1 \times n/(n - 1)$$

对于原拉坯速度为 2.0m/min 的 5 流铸坯，减少为 4 流后，每流拉坯速度可以提高至 2.5m/min；继续将其减少为 3 流，则每流拉坯速度可以提高至 3.33m/min，接近连铸机的设计极限。这种不改变原钢水供应量及连铸机硬件设施的提高拉坯速度方法，可以用最小的代价实现直接轧制工艺，并且为后续铸坯排序和送坯创造了便利条件。

6.5.2 二冷水的控制

在现场生产过程中，各流的实际拉坯速度是在平均拉坯速度的基础上不断波动的，为了保证安全生产需要实时调整二冷水配水量。此外，从前述分析可知，大多数现有生产线对二冷配水的设置都趋于保守，为提高铸坯温度以实施直接轧制工艺，可通过模型设置减少二冷配水量。

与二冷水控制相关的模型主要是"铸坯温度模型"，即基于凝固传热计算预测铸坯温度，通过将计算值、目标值和实测值进行对比，确定实时的二冷水配水量。在铸坯温度模型的基础上，衍生出"坯壳厚度子模型"和"凝固终点子模型"。坯壳厚度子模型用于计算出结晶器的铸坯坯壳厚度，以确定是否会发生漏钢等事故；凝固终点子模型用于计算铸坯心部凝固的位置，以便于调整凝固终点，使其尽量接近切断点。

二冷水和铸坯温度的闭环控制原理如图 6-13 所示。其要点如下：

（1）利用数值模拟方法，对铸坯凝固过程进行离线计算。计算的范围应涵盖现场生产所用连铸机的主要参数范围，并且注意不同连铸机之间的差异。通过大量计算，回归出拉坯速度、浇铸温度、二冷水总量、各段二冷水量、水温、环境温度等因素对铸坯表面温度和心部温度的影响，通过与实际生产数据进行比对和校正，获得铸坯温度模型。

（2）基于铸坯温度模型，结合现场实施的射钉枪实验，得出凝固终点子模型。通过此模型，可以预测出铸坯液芯的位置随工艺参数的变化，包括二冷水总量和分量等工艺参数对铸坯液芯位置和液芯凝固终点的影响。

（3）基于铸坯温度模型，计算出结晶器后铸坯的坯壳厚度，结合现场实施的射钉枪实验，得出坯壳厚度子模型。通过此模型，可以预测铸坯的坯壳厚度与工艺参数的关系，并由此判断是否会发生漏钢等安全事故。

（4）设定铸坯切断点与铸坯凝固终点的距离。铸坯切断点与铸坯凝固终点重合时，可以获得最大的铸坯温度。但为保证安全生产，可以如图 6-13 所示，设置一个安全距离，一般要求安全距离大于 0.5m。

（5）基于安全距离设定值和铸坯温度模型，由工控机根据当前的实际拉坯速度、浇铸温度等工艺参数，设定二冷水各段水量。

（6）以前述设定的二冷水各段水量及当前工艺参数，计算出结晶器后的铸坯坯壳厚度，判断是否会发生漏钢等安全事故。如果预判会发生漏钢等安全事故，返回上一步调整二冷水设定值。

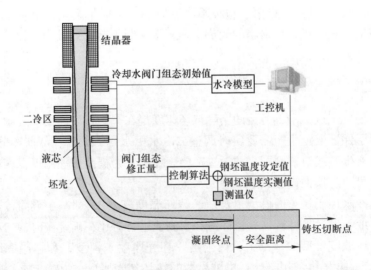

图 6-13　二冷水和铸坯温度闭环控制原理图[14]

（7）实时监测铸坯表面温度，并根据铸坯表面温度的实测值与铸坯温度模型计算值、铸坯温度目标值的对比，实时反馈调整二冷水各段水量，保证获得稳定的铸坯温度。

6.6 高效连铸技术

在前文的论述中，一直强调提高拉坯速度的重要性。实践也表明，通过提高拉坯速度来提高铸坯温度，是实现直接轧制工艺的有效途径。

目前业内的小方坯连铸机可分为 3 类[18]。一类是已经获得广泛装备应用的国产小方坯连铸机，其最高稳定工作拉坯速度范围一般在 3.0~3.5m/min；第二类是以达涅利和普瑞特为代表的第一代高速连铸机，其典型工作断面为 160mm × 160mm，稳定工作拉坯速度为 6.0~7.0m/min；第三类为最新一代的高效连铸机，其可以实现铸坯断面 220~260mm 方坯，稳定拉坯速度在 7m/min 以上。将第二类或第三类高拉速连铸机应用于取消了加热炉且需要定尺剪切铸坯的直接轧制生产线中，其积极作用明显[18]：

（1）当拉坯速度从 2.5m/min 提升到 7.5m/min 时，在产能不变的前提下，可以减少铸坯的流数，有利于降低异流铸坯之间的温度差，简化铸坯的调度。

（2）提高拉坯速度有利于保证切断点与铸坯凝固终点重合（或有一定的安全距离），从而获得稳定的高温铸坯。

（3）提高拉坯速度，减少了铸坯头部的辐射和空冷散热，从而降低铸坯的头尾温差，有利于保证成品性能的稳定性。

（4）拉坯速度提升为原来的 3 倍时，在铸坯头尾温差不增加的前提下，铸坯定尺长度可以增加为原来的 3 倍，从而可以大幅度降低中间轧件切头尾、成品短尺切损和设备咬入冲击。

高效连铸技术更主要的应用领域是实现全连续的连铸连轧工艺，即正常生产时铸坯不进行切断，直接经过除磷机、感应补热装置后进入轧机进行轧制，只有在下游轧制工序发生事故停机时，临时将铸坯切断并收集[18]。小方坯连铸连轧工艺布局可以有单流单轧工艺、双机双流工艺、单流连铸双线切分工艺等。为了实现连铸连轧，不但要配置高效连铸机，还需有高效轧制技术的配合。小方坯连铸连轧工艺实现了连铸与轧钢工序之间物质流和能量流运行网络的高效、高速，消除了铸坯在开放空间中等待、停留导致的能量耗散，对于降低生产成本、减少污染物排放有积极作用。特别是随着我国废钢累积量的逐渐上升，对于以废钢为原料、采用电炉短流程紧凑式布局的工厂中，小方坯连铸连轧工艺必然会得到日益广泛的应用[18]。

参 考 文 献

[1] 中国钢铁工业协会. GB/T 1499.1—2017　钢筋混凝土用钢　第 1 部分：热轧光圆钢筋 [S]. 北京：中国标准出版社，2017.

[2] 中国钢铁工业协会. GB/T 1499.2—2018　钢筋混凝土用钢　第 2 部分：热轧带肋钢筋 [S]. 北京：中国标准出版社，2018.

[3] 王子亮. 螺纹钢生产工艺与技术 [M]. 北京：冶金工业出版社，2008.

[4] 王国栋. 钢铁行业技术创新和发展方向 [J]. 钢铁，2015，50 (9)：1~10.

[5] 王国栋. 钢铁全流程和一体化工艺技术创新方向的探讨 [J]. 钢铁研究学报，2018，30 (1)：1~7.

[6] 王国栋. 近年我国轧制技术的发展、现状和前景 [J]. 轧钢，2017，34 (1)：1~8.

[7] 刘相华，刘鑫，陈庆安，等. 棒线材免加热直接轧制的特点和关键技术 [J]. 轧钢，2016，33 (1)：1~4.

[8] 党泽民. 棒线材直接轧制中的温度场模拟和热变形行为研究 [D]. 沈阳：东北大学，2019.

[9] 刘相华，曹燕，刘鑫，等. 棒线材免加热工艺中的铸坯提温与保温技术 [J]. 轧钢，2016，33 (3)：8~11.

[10] 贺道中. 连续铸钢 [M]. 北京：冶金工业出版社，2013.

[11] 张芳，杨吉春. 连续铸钢 [M]. 北京：化学工业出版社，2013.

[12] 刘鑫. DROF 新工艺下铸坯提温的研究与应用 [D]. 沈阳：东北大学，2016.

[13] 孙平，董伦旭. 论钢坯液压剪在连铸技术中的应用 [C]//2019 全国高效连铸应用技术及铸坯质量控制研讨会，河北省金属学会，2019：207~209.

[14] 陈庆安. 棒线材免加热直接轧制工艺与控制技术开发 [D]. 沈阳：东北大学，2016.

[15] 靳书岩. 直接轧制输送过程保温罩对铸坯头尾温差的影响 [D]. 北京：钢铁研究总院，2018.

[16] 靳书岩，冯光宏，张宏亮，等. 在连铸坯直接轧制输送过程中的温度均匀性研究 [J]. 热加工工艺，2019，48 (15)：60~63.

[17] 李杰，常金宝，郭子强，等. 棒材直接轧制工艺改造实践 [J]. 轧钢，2019，36 (3)：47~50.

[18] 李杰，郭子强. 小方坯连铸连轧技术的发展和应用 [J]. 河北冶金，2020，299 (11)：24~27.

7 直接轧制中的切坯运坯与保温补热技术

7.1 引　言

实施直接轧制工艺具有节能减排降本等诸多优势，但随之带来的技术难点也非常明显，其中一个技术难点就是连铸工序和轧制工序的连接刚性增大。因为没有加热炉作为缓冲器，连铸机出来的高温铸坯必须限时送至轧制生产线，否则铸坯温度降低，只能将其剔除下线。当连铸机出现故障或者需要检修时，无法生产高温铸坯，则轧制生产线也只能停产；当轧制生产线出现故障或者需要检修时，连铸机虽然可以继续生产，但所生产的铸坯只能全部下线，要再对这些下线铸坯进行轧制，则需加热炉加热，从而降低了直接轧制工艺的效能。

为了有效实施直接轧制工艺，则需要弥补取消加热炉导致的连接刚性。为此，本章从切坯与运坯技术、运坯中的保温和补热技术、工艺布置等三个方面进行讨论。

7.2　切坯与运坯技术

在实施直接轧制工艺时，切断后的高温铸坯应限时送往轧制生产线。连铸工序是多机多流同时浇铸生产的并联生产方式，轧钢工序是多机架同时轧制单根钢坯的串联生产方式[1]。将并联生产出来的多根高温铸坯有序、高效地送往轧制生产线进行轧制，是保证直接轧制工艺顺利实施的关键环节之一，为此必须解决连铸坯的切坯和运坯节奏问题[2,3]。

以五流连铸机为例分析切坯和运坯节奏。如图 7-1 所示，对于直接轧制工艺，切断点附近连铸坯的理想位置分布为级进位置分布状态[2,3]。图 7-1 中，L 为铸坯定尺长度，ΔL 为级进距离，$L=5\Delta L$。对于图 7-1（a），5 号铸坯头部与定尺长度相差 ΔL，4 号铸坯头部与定尺长度相差 $2\Delta L$，依此类推。如果图 7-1（a）各流的拉坯速度恒定且完全相等，则按照 1 号—5 号—4 号—3 号—2 号—1 号铸坯的顺序循环切断，切断后的铸坯不经停留即可送往轧制生产线，可以保证直接轧制工艺的高效运行。对于图 7-1（b），3 号铸坯头部与定尺长度相差 ΔL，1 号铸坯头部与定尺长度相差 $2\Delta L$，按照 4 号—3 号—1 号—5 号—2 号—4 号的顺序循环切断铸坯和送坯，可以保证直接轧制工艺的高效运行。事实上，只要各流铸坯能够形成级进位置分布，则可实现循环切坯和送坯，从而实现直接轧制工艺的高效运行。

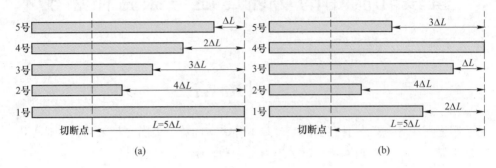

图 7-1　切断点附近连铸坯的理想级进位置
(a) 按照 1 号、5 号、4 号、3 号、2 号级进；(b) 按照 4 号、3 号、1 号、5 号、2 号级进

　　在小方坯的现场生产中，异流铸坯的拉坯速度不能保证绝对相同，某一单流的拉坯速度也不能保证长时间不发生波动。对于以生产螺纹钢筋为最终产品的小方坯连铸生产线，为了降低生产成本，往往没有实时拉坯速度控制系统。因此，即使在最初将各铸坯头部的位置调整为图 7-1 所示的理想级进位置，但经过一段时间的运行，铸坯头部位置也会偏离。可能出现两流铸坯头部相距很近或平行，甚至三流铸坯头部相距很近或平行的状态，此时预送坯辊道上会同时存在两根或三根高温铸坯需要送往轧制生产线。在最极端情况下，可能出现五流铸坯同时切断、五流铸坯同时存在于预送坯辊道上、五流铸坯都需要送往轧制生产线的状态。对于这类非理想状态，则需要探讨如何切断铸坯、如何运送铸坯。

7.2.1　倍尺切断策略

　　在常规生产流程中，针对一种产品只切出一种定尺长度的铸坯。铸坯定尺的原则是保证铸坯长度是长尺剪切轧件长度的 n 倍。实际上，也可以切出 $n-1$、$n+1$ 甚至 $n-2$、$n+2$ 倍尺的铸坯长度，而不会影响产品定尺率。表 7-1 给出了在保证产品定尺率前提下允许切坯长度的算例。

表 7-1　保证产品定尺率前提下的允许切坯长度算例[2]

条　件	定尺坯长 8m		定尺坯长 10m		定尺坯长 12m	
	$n-1$	$n+1$	$n-1$	$n+1$	$n-1$	$n+1$
$n=20$	7.60	8.40	9.50	10.50	11.40	12.60
$n=16$	7.50	8.50	9.37	10.62	11.25	12.75

条 件	定尺坯长 8m		定尺坯长 10m		定尺坯长 12m	
	$n-1$	$n+1$	$n-1$	$n+1$	$n-1$	$n+1$
$n=10$	7.20	8.80	9.00	11.00	10.80	13.20
$n=8$	7.00	9.00	8.75	11.25	10.50	13.50

为满足直接轧制工艺的要求，当铸坯的头部位置不满足图 7-1 所示的理想位置和间距时，可以选择将拉坯速度较慢的铸坯切出 $n-1$ 甚至 $n-2$ 倍尺的坯长，或者将拉坯速度较快的铸坯切出 $n+1$ 甚至 $n+2$ 倍尺的坯长。实际生产中，在水口直径相同的情况下，各流的拉坯速度呈一定规律分布，即中间流的拉坯速度比边部流的拉坯速度要略快一些。根据各流拉坯速度的平均水平及稳定性，可将上述策略概括为"稳流准切""快流长切""慢流短切"[2]。

（1）稳流准切。当第 i 流的拉坯速度波动较小，能够保证其铸坯头部位置在允许范围内，按照定尺长度切断。

（2）快流长切。当第 j 流的拉坯速度比设定值大且波动较大，铸坯头部位置超出允许范围上限，可按定尺长度切断数根 n 倍尺铸坯之后，切出一根 $n+1$ 倍尺的长坯。

（3）慢流短切。当第 k 流的拉坯速度比设定值小且波动较大，铸坯头部位置超出允许范围下限，可按照定尺长度切断数根 n 倍尺铸坯之后，切出一根 $n-1$ 倍尺的短坯。

采用这种切坯策略可以有效避免两根或两根以上的铸坯同时切断的不利情况。在实际应用中为了进一步简化切坯策略，允许出现两根铸坯头部间距小于最小允许值，但当两根以上的铸坯头部间距小于最小允许值时，就必须切出一根或两根倍尺铸坯。

7.2.2 保温和补热策略

在直接轧制工艺中，如果铸坯切断后不能及时送往轧制生产线，铸坯温度不断降低，最后只能进行剔坯下线，导致直轧率降低。对于五流铸坯，在最极端条件下五流同时达到定尺并同时切断，切断后只有其中某一流铸坯被送往轧制生产线，而其他四流铸坯必须等待。对于普通螺纹钢筋的轧制生产线，轧制一根铸坯约需要 40~60s 的时间，那么第一根铸坯正常轧制，第五根铸坯则要等待 160~240s 才能送往轧制生产线进行轧制，此时铸坯头部表面温度约下降 200℃，肯定无法满足开轧要求。

为了保证等待送往轧制生产线的铸坯不降温，可以采用保温策略和补热策略。简单地说，就是在送坯辊道的适当位置设置保温区，将暂时不能轧制的铸坯放入保温区，使铸坯温度不降低。同时，在送坯辊道的适当位置设置补热区，利用小型均热炉或者电磁感应装置，对有温降的铸坯进行补热，使其达到开轧要求。实践表明，用设置保温区和补热区的策略，可以有效提高直轧率。关于保温和补热技术将在后续文中讨论。

7.2.3　减流提速策略

减少铸坯的流数，有利于保持理想的切坯和送坯节奏。将五流铸坯减少为四流，则在最极端时只有三流铸坯在等待，最长等待时间约为180s；将四流铸坯减少为三流，则极端情况下只有两流铸坯在等待，最长等待时间约为120s。等待时间越短，铸坯的温降越少，则越有可能继续进行直接轧制。

对于普通小方坯连铸生产线，在保证钢水供应不变的前提下，减小流数则必然提高拉坯速度。如前文所述，提高拉坯速度可以提高铸坯温度，并适度减小铸坯头部和尾部的温差。对于原拉坯速度为2.0m/min的五流铸坯，减少为四流后，每流拉坯速度可以提高至2.5m/min；继续将其减少为三流，则每流拉坯速度可以提高至3.33m/min。通过减少铸坯的流数，不仅提高了铸坯温度，还减少了铸坯的等待时间，因此有利于实施直接轧制工艺。

在实践中，针对现有生产线的场地、设备和工艺条件，需要综合使用倍尺切断策略、保温和补热策略、减流提速策略，以便实现铸坯的合理切断和送坯，高效地实施直接轧制工艺。

7.3　运坯中的保温和补热技术

铸坯切断后，经过预送坯辊道、运坯辊道到达轧机入口进行轧制。在运送过程中，主要通过辐射和空冷散热。切断后的铸坯在空气中等待的时间越长，散失的热量就越多，原则上希望切断后的定尺铸坯立即送往轧制生产线进行轧制。但如前面章节所述，由于各种原因切断后的铸坯往往需要等待很长时间。为了保证直接轧制工艺的顺利实施，需要对切断后的铸坯进行保温，有时还需要进行补热。

7.3.1　加盖保温罩

在铸坯运送的辊道上加盖保温罩是最简单有效的保温方法[4~6]。保温罩一般由结构层、保温层和反射层组成，如图7-2所示。结构层提供结构强度和刚度，可使用配置加强筋的普通钢板制作；保温层用于隔绝热传导，使反射层的热量不会快速散失，可用工业石棉等材料制作；反射层用于将铸坯的辐射热反射回去，可使用不锈钢板制作。原则上，保温罩的尺寸恰好能盖住铸坯为好，此时铸坯在半密封空间内，不会产生空气对流散热，保温效果更好。此外，辊道之间的间隔也宜用反射板挡住，以便反射辐射和减少空气流动。在现场操作时，可根据辊道的具体形式、尺寸确定合适的保温罩，且要充分考虑保温罩的可拆卸性，以便于辊道出现故障时进行维修。

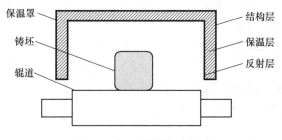

图 7-2 保温罩结构示意图

实践表明，采用保温罩是一项投入少、效果确切的铸坯保温措施。通过合理布置保温罩，可以使铸坯表面温度提高 50~70℃。在某条生产线上使用保温罩的效果如表 7-2 所示。

表 7-2 使用保温罩后不同位置处的保温效果[4]

条　件	切断后铸坯温度/℃	运送中铸坯温度/℃	到轧机前铸坯温度/℃
有保温罩	1031	986	957
无保温罩	966	930	882
保温效果	65	56	75（全程扣罩）

7.3.2 设置保温炉

当两流或多流连铸坯同时切断时，只有一流铸坯可以立刻送往轧制生产线进行轧制，其他铸坯必须等待前一铸坯轧制完成后，再送往轧制生产线。铸坯在等待的过程中，会因空冷作用而持续降温。为了保证轧制时所有铸坯都具有合理的温度，有必要在送坯辊道的适当位置设置保温炉。无法立即送往轧制生产线的铸坯放入保温炉内进行保温，以便在适当时机送往轧制生产线。

对于前述极端情况下五流同时切断时，只有一流高温铸坯立即送往轧制生产线，而其他四流铸坯可以放入保温炉；当轧制生产线短时不能运行时，连铸机生产的铸坯也可以放入保温炉中暂存。

保温炉最好独立于辊道设置。如果将高温铸坯长期停留于辊道上，会导致辊道烧蚀或损坏，且辊道上的保温效果较差。将保温炉与下线区布置在一起是一种很好的选择。采用这种布置时，同时切断的高温铸坯除一流直接送往轧制生产线外，其他铸坯用推钢机送入保温炉。监测保温炉中每根铸坯的温度，待轧制生产线允许送钢时，用推钢机把铸坯重新推上辊道，用辊道送往轧制生产线。

保温炉的结构可参照推钢式加热炉设计，但所需要的容积要小得多，设备成本和运行成本也小得多。根据现场需要，设置可以容纳 4~5 根铸坯的保温炉，在保温炉的两侧都设置推钢机，便于铸坯的调配。在保温炉中，可以不设置烧嘴，只靠六面的隔热材料进行保温，其作用类似于高档的保温罩。由于保温炉中一般会存在多根紧密接触的铸坯，因此保温效果比单根铸坯要好得多。

保温炉中还可以设置独立可调的烧嘴，以便根据铸坯实际温度对其进行补热。对于切断后温度略低的铸坯，可以通过此处的补热使其满足轧制生产线的要求。此外，由于切断后的铸坯必然存在头尾温差，此处可以根据头尾温差程度调整烧嘴，从而减少甚至消除头尾温差。

7.3.3　电磁感应补热

为了提高直轧率、消除头尾温差，还可以采用电磁感应补热的方式对铸坯进行补热。电磁感应补热装置一般设置在进轧机前的直线辊道，使补热后的铸坯能够直接进行轧制[1]。

切断后的铸坯角部温度最低、表面温度次之、心部温度最高。为了满足直接轧制工艺的要求，需要使角部和表面的温度提高到适宜的程度。电磁感应加热由于集肤效应的存在，对于提高铸坯的角部和表面温度特别有效。相比其他补热方法，电磁感应补热升温速度快、占地面积小、易于实现自动化操作[7]。对电磁感应补热的过程进行数值模拟，得出各种工艺参数的影响[8]：感应线圈的边缘效应和邻近效应不可忽视，需要根据现场条件调整线圈长度和线圈各匝间距；感应线圈与铸坯之间的间隙越小，加热效率越高；线圈与铸坯的形状会对铸坯的温度分布造成影响。针对某棒材厂的实际工艺布置进行了电磁感应补热的数值模拟和实验研究，铸坯表面中部温度由 820℃ 升至 1020℃，心部升温幅度较小，基本达到预期目标[9]。

电磁感应补热也是减少铸坯头尾温差的重要手段。在铸坯运行速度不变的条件下，通过改变各线圈的功率，实现铸坯头部多补热、尾部少补热，使铸坯头尾温差减小或消除[10]。对某钢厂进行直接轧制工艺改造，定尺长度 12m、截面尺寸 165mm ×165mm 的方坯通过辊道直送轧机入口，在生产现场对拉矫机出口、火焰切割开始点、钢坯经辊道到达补热模块进口位置、补热后 1 号轧机前位置测量铸坯表面温度，如表 7-3 所示[11]。从表 7-3 可以看出，火焰切割后铸坯头尾温差约为 110℃。经过辊道运送到电磁感应补热进口位置时，铸坯头部由于回温效应显著，温降较小，而尾部回温效果不明显，降温 20~50℃。电磁感应对铸坯头部进行高补热，提温 80~90℃，对铸坯尾部低补热，提温 10~20℃，从而使铸坯头尾温差减低到工艺允许范围。

表 7-3　铸坯表面温度测量数据[11]

位　置	铸坯温度/℃	
	头　部	尾　部
拉矫机出口	1100~1140	—
火焰切割后	920~960	1030~1080
补热前	900~980	970~1030
1 号轧机前	980~1070	990~1080

7.4　直接轧制的工艺布置

对现有生产线进行改造以实现直接轧制工艺，需综合考虑生产线的平面布置问题。一般来说，应该遵循以下几个原则[2,12]：

（1）应将铸坯切后辊道适当提速，且在连铸机和连轧机之间增设快速辊道，以减少送坯时间。

（2）优先采用宽辊道收窄的方式将各流铸坯并轨，尽量避免采用横移方式并轨。

（3）应尽量避免送坯过程中高速运行的铸坯停下来横移。

（4）当连铸出坯辊道与轧制辊道不在同一水平面时，优先采用爬坡辊道代替链式提升机。

（5）应在铸坯切断后设置送坯节奏控制缓冲区，以应对多流铸坯被同时切断时送坯干涉问题。

现有的棒线材生产线中连铸机与连轧机距离较远，通常铸坯通过辊道、天车或运坯小车等方式送入加热炉中，实现热送热装工艺。在进行直接轧制工艺改造时，由于挪动连铸机或连轧机的位置都比较困难，因此应增设专用快速辊道将高温铸坯直接送到粗轧机组。即使连铸机与连轧机之间距离为 100 多米，将快速辊道速度提高到 3~5m/s 后，30s 左右即可完成送坯。而铸坯在切断前以 2~3m/min 的拉坯速度缓慢前行的时间一般大于 5min，与切断前相比，送坯过程的温降要小得多。

根据现有生产线的布置，改造后连铸机与连轧机的连接方式一般可以有以下三种情形：

（1）Z 型布置。当现有生产线的连铸出坯方向与轧制方向相同，但不在同一条直线上时，改造后可采用 Z 型布置。Z 型布置有两种方式：一是移坯机方式，如图 7-3（a）所示，采用移坯机将各流切断后的铸坯横移到轧制中心线上，然后由快速辊道送到粗轧机组，同时移坯机也可将低温坯横移到剔坯区；二是并轨转弯辊道方式, 如图7-3 (b) 所示, 这种方式可在铸坯快速运动过程中实现横向移动, 通常比铸坯停下来横移节省送坯时间。一般情况下, 送坯缓冲区 (预送坯辊道) 要设置在并轨辊道之前, 一方面需要在缓冲区对各流铸坯的送坯节奏进行控制, 另一方面可避免快速运行的铸坯停下来横移。

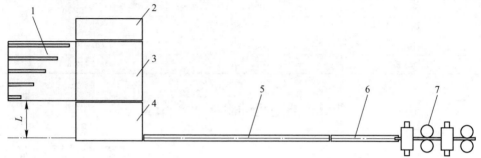

1—切割后料台; 2—剔坯台架; 3—送坯缓冲区; 4—移坯机; 5—快速辊道; 6—机前辊道; 7—粗轧机组
(a)

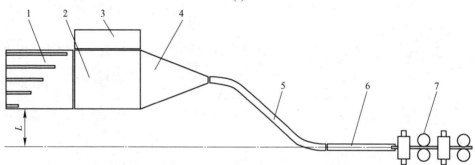

1—切割后料台; 2—送坯缓冲区; 3—剔坯台架; 4—并轨辊道; 5—快速辊道; 6—机前辊道; 7—粗轧机组
(b)

图 7-3　Z 型平面布置
(a) 移坯机方式; (b) 并轨转弯辊道方式

(2) L 型布置。当现有生产线的连铸出坯方向与轧制方向呈 90°夹角时, 改造后可采用 L 型布置。与 Z 型布置类似, L 型布置也有两种方式。一是采用十字旋转辊道, 如图7-4 (a) 所示, 将并轨后的铸坯旋转 90°, 然后经快速辊道运送到粗轧机组。二是采用转弯辊道, 如图7-4 (b) 所示, 在铸坯运行过程中将其运动方向旋转 90°。

(3) U 型布置。对于个别生产线连铸出坯方向与轧制方向呈 180°夹角的情况, 进行直接轧制工艺改造的难度较大, 需要采用 U 型布置, 如图7-5 所示。U 型布置也可以选用转弯辊道方式或移坯机方式, 但当连铸机与轧制中心线之间距离 L 较小, 且连铸跨到轧钢跨之间没有立柱、建筑物等不可逾越的障碍时, 优先选用移坯机方式。

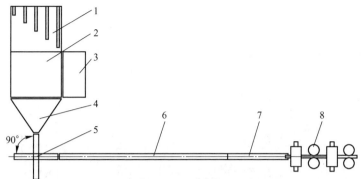

1—切割后料台；2—送坯缓冲区；3—剔坯台架；4—并轨辊道；5—十字旋转辊道；
6—快速辊道；7—机前辊道；8—粗轧机组

(a)

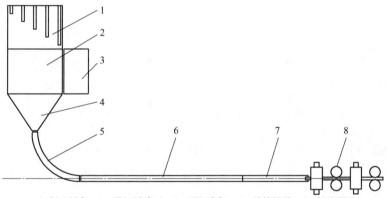

1—切割后料台；2—送坯缓冲区；3—剔坯台架；4—并轨辊道；5—转弯辊道；
6—快速辊道；7—机前辊道；8—粗轧机组

(b)

图 7-4　L 型平面布置

（a）转钢机方式；（b）并轨转弯辊道方式

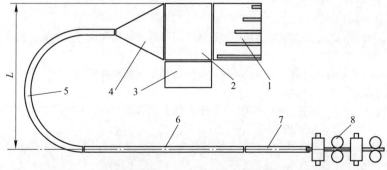

1—切割后料台；2—送坯缓冲区；3—剔坯台架；4—并轨辊道；5—转弯辊道；
6—快速辊道；7—机前辊道；8—粗轧机组

(a)

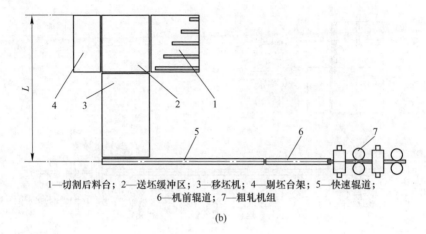

1—切割后料台；2—送坯缓冲区；3—移坯机；4—剔坯台架；5—快速辊道；
6—机前辊道；7—粗轧机组

(b)

图 7-5　U 型平面布置
（a）并轨转弯辊道方式；（b）移坯机方式

参 考 文 献

[1] 王新东，常金宝，李杰. 小方坯连铸—轧钢"界面"技术的发展与应用 [J]. 钢铁，2020，55（9）：125~131.

[2] 陈庆安. 棒线材免加热直接轧制工艺与控制技术开发 [D]. 沈阳：东北大学，2016.

[3] 刘相华，马宝国，吴志强，等. 棒线材免加热工艺中的切坯送坯节奏控制 [J]. 轧钢，2016，33（4）：1~5.

[4] 刘相华，曹燕，刘鑫，等. 棒线材免加热工艺中的铸坯提温与保温技术 [J]. 轧钢，2016，33（3）：8~11.

[5] 靳书岩. 直接轧制输送过程保温罩对铸坯头尾温差的影响 [D]. 北京：钢铁研究总院，2018.

[6] 刘鑫. DROF 新工艺下铸坯提温的研究与应用 [D]. 沈阳：东北大学，2016.

[7] 王玉会. 连铸方坯热送直轧过程的有限元模拟及感应补热参数选择 [D]. 唐山：河北理工学院，2004.

[8] 刘浩. 连铸直轧电磁感应补偿加热过程数值模拟技术的研究与开发 [D]. 武汉：华中科技大学，2007.

[9] 董欣欣. 连铸方坯热送直轧温度场的计算机仿真及工业软件开发 [D]. 唐山：河北理工学院，2004.

[10] 刘相华，王赛，王吉，等. DROF 工艺中轧件头尾温差与组织性能均匀性控制 [J]. 轧钢，2016，33（5）：1~5.

[11] 李杰，常金宝，郭子强，等. 棒材直接轧制工艺改造实践 [J]. 轧钢，2019，36（3）：47~50.

[12] 刘相华，陈庆安，刘鑫，等. 棒线材免加热直接轧制工艺的平面布置 [J]. 轧钢，2016，33（2）：1~4.

8 直接轧制对轧制设备与产品的影响与智能调控

8.1 引 言

与实施加热炉工艺相比，在实施直接轧制工艺时，高温铸坯具有心部温度高、表面温度低的特点。对这种外硬内软的高温铸坯进行轧制时，变形渗透到心部，有利于压合铸坯心部缺陷，提高产品质量[1]。

然而，相比具有加热炉的工艺，直接轧制工艺时铸坯的开轧温度较低，使粗轧机组的轧制力升高，因此需要对粗轧机组进行负荷分配。此外，直接轧制工艺的铸坯头部温度低、尾部温度高，对最终产品的力学性能会造成一定影响，因此需要关注。

本章针对实施直接轧制工艺时的粗轧机组负荷分配、头尾温差特征和调控、产品组织与性能等问题进行讨论。

8.2 粗轧机组负荷分配[1,2]

实施直接轧制工艺后，由于开轧温度比常规轧制有所降低，导致铸坯的变形抗力增加，这样会使各机架的轧制负荷相应增加，尤其是粗轧机组，甚至会出现粗轧机组个别机架负荷超限的现象。因此，需要对粗轧机组进行负荷分配，其要点如下：

(1) 根据粗轧机组的轧制特点建立计算各机架轧制负荷的数学模型，按照直接轧制工艺参数对各个道次的轧制负荷进行计算。

(2) 由计算结果，找出负荷率较高或已经超限的危险道次。

(3) 根据负荷分配算法重新分配各道次压下量，减轻危险道次的轧制负荷，分配到低负荷道次，减小其超限的可能性。

(4) 合理设定主电机的过载系数和超限报警条件，允许在钢坯头部咬入瞬间主电机瞬时电流超过其额定电流，避免频繁虚假报警。

8.2.1 开轧温度对轧机负荷的影响

为了研究直接轧制工艺对轧机负荷的影响，在国内某棒线材直轧生产线进行轧制实验。该生产线以 160mm×160mm 或 150mm×150mm 的小方坯生产 φ16~32mm 的 HRB400 热轧螺纹钢筋。连轧线由 16 架轧机组成，布置情况为粗轧机组 6 机架、中轧机组 4 机架、精轧机组 6 机架，全线轧机采用平辊和立辊交替布置，其中粗轧机组采用无孔型轧制，中轧和精轧机组采用椭圆-圆孔型轧制，精轧机组采用二切分轧制技术。

轧制实验采用 160mm×160mm 小方坯轧制成 φ18 螺纹钢，末机架轧制速度为 12m/s。实验过程为先进行常规轧制，然后以不同的开轧温度进行直接轧制，各工艺的开轧温度如表 8-1 所示。在进行直接轧制实验时，按照开轧温度由高到低的顺序依次进行。需要指出的是，直接轧制工艺的开轧温度是铸坯到达粗轧机组时其头部表面的实测温度。

表 8-1 各工艺的开轧温度

轧制工艺	常规轧制工艺	1 号免加热工艺	2 号免加热工艺	3 号免加热工艺
开轧温度/℃	1050	1000	980	960

在轧制实验过程中，从自动化系统中提取各机架电流趋势数据并做简单处理，获得各机架的电流及负荷情况，如图 8-1 和图 8-2 所示。随着开轧温度的降低，各机架的负荷和电流必然有升高的趋势。由图 8-1 可以看出大部分机架负荷率都随开轧温度降低而升高，开轧温度由 1050℃ 降到 960℃ 时，各机架负荷率增幅在 5%~15%。粗轧道次负荷率的增幅明显大于中轧及精轧道次负荷率的增幅，其原因在于轧制过程的塑性变形热使各工艺条件下的轧件温差逐渐缩小，终轧温度相差不大。由图 8-2 可以看出，前部有 4 个道次瞬时峰值电流超过了额定电

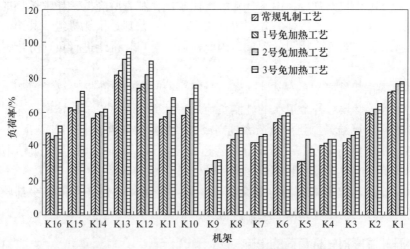

图 8-1 开轧温度对各机架负荷率的影响

流, 最高超限约 20%。为避免超限瞬时电流对电机的冲击, 需要对粗轧机组的负荷分配进行优化。

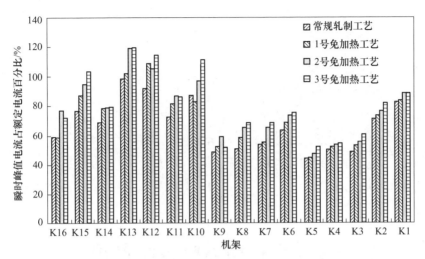

图 8-2 开轧温度对各机架瞬时峰值电流的影响

8.2.2 负荷分配的基本思路

负荷分配是轧制过程设定计算的一个基本问题, 其核心是合理分配各个道次的压下量。在相同的工艺条件下合理的负荷分配能更有效地利用设备能力, 降低轧制能耗。从优化算法角度来看, 负荷分配问题是一个多目标优化问题, 即在考虑多个工艺和设备的约束条件下建立综合负荷目标函数, 并通过相应的寻优方法得到负荷分配的结果。

负荷分配优化算法基于综合等负荷函数法进行改进, 其基本思路为: 减轻危险道次负荷, 分配到低负荷道次, 使各道次的负荷尽可能接近均匀。假设轧制道次为 n , 各道次的出口厚度为 h_1, h_2, h_3, $\cdots$, h_n。根据轧制工艺有以下关系式:

$$N_i = N_i(h_{i-1}, h_i) \tag{8-1}$$

$$\varepsilon_i = \varepsilon_i(h_{i-1}, h_i) \tag{8-2}$$

式中, N_i 为第 i 道次轧制功率; h_{i-1} 为第 i 道次轧件入口厚度; h_i 为第 i 道次轧件出口厚度; ε_i 为第 i 道次压下率。

就一般的轧制过程而言, 第 i 道次的轧制功率 N_i、压下率 ε_i 等参数都是轧件入口厚度 h_{i-1} 和轧件出口厚度 h_i 的单调函数, 称为负荷函数。棒线材轧制的原始坯料为方坯, 其断面尺寸一般采用高度和宽度来表征。棒线材粗轧机组为平辊和立辊交替布置, 平辊轧制直接决定轧件的出口高度, 立辊轧制直接决定轧件出口宽度。和平辊轧制相似，立辊轧制第 j 道次的轧制功率 N_j、压下率 ε_j 等参数都是轧件入口宽度 b_{j-1} 和轧件出口宽度 b_j 的单调函数。将粗轧机组各轧机按序号分为奇数组（平辊）和偶数组（立辊），分别对奇数组和偶数组取综合负荷函数 $f_i(h_{i-1},\ h_i)$，$f_j(b_{j-1},\ b_j)$，其中 $i = 1、3、5、\cdots$，$j = 2、4、6、\cdots$，综合负荷函数的表达式如下：

$$f_i(h_{i-1},\ h_i) = \min\left(\alpha_{N_i} \cdot \frac{N_{i\max} - N_i}{N_{i\max}},\ \alpha_{\varepsilon_i} \cdot \frac{\varepsilon_{i\max} - \varepsilon_i}{\varepsilon_{i\max}}\right) \tag{8-3}$$

$$f_j(b_{j-1},\ b_j) = \min\left(\alpha_{N_j} \cdot \frac{N_{j\max} - N_j}{N_{j\max}},\ \alpha_{\varepsilon_j} \cdot \frac{\varepsilon_{j\max} - \varepsilon_j}{\varepsilon_{j\max}}\right) \tag{8-4}$$

式中，α_{N_i}、α_{ε_i} 分别为奇数组各机架权系数；N_i、$N_{i\max}$ 分别为奇数组各机架的轧制功率和允许最大功率；ε_i、$\varepsilon_{i\max}$ 分别为奇数组各机架的压下率和允许最大压下率。

8.3　头尾温差的特征与智能调控

8.3.1　头尾温差的特征

在连铸机的拉坯过程中，由于在铸坯切断时头部、尾部的冷却时间相差 3~5min，必然会导致铸坯出现头尾温差。如果不对其采取补救措施，铸坯的头尾温差将在轧制、冷却等工艺环节中一直遗留并传递下去，对产品尺寸精度和组织性能均匀性产生一定影响[2,3]。

对于截面尺寸为 150mm×150mm 的小方坯，在拉坯速度为 2.5m/min 的条件下，当铸坯定尺长度为 10m 时，铸坯头部比尾部多冷却 4min，此时头尾温差约为 90~100℃；当铸坯定尺长度为 6m 时，铸坯头部比尾部多冷却 2.4min，此时头尾温差约为 40~50℃[3,4]。铸坯切断后，经过辊道运送到轧机入口处，运送加上等待时间约需 1~3min，此期间铸坯表面会有 30~90℃ 的温降，且因为头部返温快，故头尾温差也有所降低。在铸坯开始轧制时，头部进入轧机，而尾部要在40s 以后才能进入轧机，此过程也使铸坯头尾温差有所降低。经过轧制过程，轧件的头尾温差不能消除，实践表明将 10m 铸坯轧制成最终成品，上冷床前第一根轧件的头部温度与最后一根轧件的尾部温度相差约 50℃。

8.3.2　头尾温差的调控方法

如果对产品组织性能均匀性要求较高，则需要对轧件的头尾温差进行控制。调控头尾温差的方法主要包括提高拉坯速度、加盖保温罩、使用小型均热炉、使用电磁感应补热、轧件的梯度冷却等。

提高拉坯速度相当于缩短铸坯头部的冷却时间，故而可以减少头尾温差，在前文中已有叙述。加盖保温罩减少了铸坯头部的热量散失，故而也可以减少头尾温差。对定尺长度为 6m、截面尺寸 150mm×150mm 的小方坯进行研究，拉坯速度为 2.5m/min 时，在切断点后的辊道上加盖 6m 保温罩，头尾温差由 50℃ 降低为 28℃，效果明显[4]。使用小型均热炉和电磁感应补热，可以根据铸坯头尾温度差异进行梯度变化的补热，也可以减小头尾温差。

在轧制过程中，对轧件进行梯度水冷，也可以减小头尾温差。一般的棒线材轧制生产线由粗轧机组—中轧机组—精轧机组或者粗轧机组—中轧机组—预精轧机组—精轧机组组成，在各机组之间预留较大距离，用于安装飞剪、穿水冷却装置等。基于轧制生产线的这种特点，可以在各机组之间设置可以变水量喷水的穿水装置，实现轧件头部少喷水、尾部多喷水的梯度冷却，以减少甚至消除头尾温差。

在不同机组后设置变水量穿水装置，各自有其特点。在粗轧机组后设置变水量穿水装置时，轧件运行速度较低，对水量调节控制要求不高，但此时轧件截面较大，表面温度和心部温度不容易均匀；在中轧机组后设置变水量穿水装置时，容易使轧件表面温度和心部温度一致，但此时轧件运行速度快，对水量的调节控制要求高，同时会使轧件的精轧温度降低，影响精轧机组的运行；在精轧机组后设置变水量穿水装置时，可以与原有穿水装置合并，保证轧件各段温度一致，但精轧后穿水冷却容易使成品表面形成马氏体组织。此处对在粗轧机组后设置变水量穿水装置的工况进行讨论，其他工况类似，不再赘述。

对国内某钢企的直接轧制生产线进行数值模拟分析[5]。铸坯规格为 150mm×150mm×12000mm，铸坯运送到粗轧机入口时头部表面温度 931℃、尾部表面温度 1003℃，头尾温差 72℃。由于轧制时头部先进入轧机、尾部后进入轧机，导致尾部实际开轧温度 987℃，实际入轧机的头尾温差 56℃。铸坯经过 24 道次连续轧制，其中粗轧机组 6 架、中轧机组 6 架、预精轧机组 6 架、精轧机组 6 架。

对粗轧阶段轧件的温度场进行数值模拟。从连铸区运送过来的铸坯的温度场为轧件的初始温度场，如图 8-3 所示，呈现心部温度高、表面温度低和头部温度高、尾部温度低的分布特征。在轧制过程中，发生轧件与轧辊的接触传热、轧件在空气中的辐射和空冷散热、轧件的塑性变形功转化成热量等，使轧件的温度变化曲线如图 8-4 所示。从图 8-4 可以看出，轧件心部温度升高，而轧件表面在机架间会出现温度陡降，但总体趋势也是升高的。同时，头尾温差现象仍然存在。完成粗轧过程后，在第 6 架粗轧机出口处轧件的温度分布如图 8-5 所示，仍然存在头尾温差。

粗轧机组后的梯度冷却方案如图 8-6 所示。轧件离开粗轧机组后，仍然存在头尾温差，于是进入水冷装置进行梯度冷却，即从头部到尾部逐渐增加喷水量。

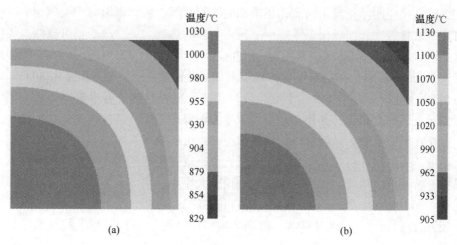

图 8-3　轧件横截面初始温度分布[5]

(a) 轧件头部；(b) 轧件尾部

(扫书前二维码看彩图)

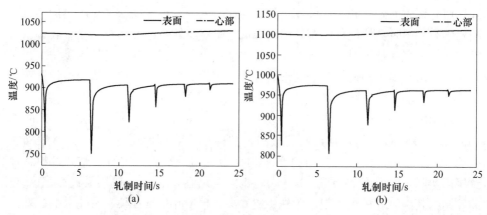

图 8-4　粗轧过程中轧件的温度变化曲线[5]

(a) 轧件头部；(b) 轧件尾部

梯度喷水冷却后，进入空冷阶段，使轧件心部温度向轧件表面传导，以尽量使轧件横截面温度均匀。

对水冷装置长度 1.8m、空冷阶段长度 4.2m 的梯度冷却方案进行了数值模拟，此时轧件线速度为 0.6m/s、冷却水温度 35℃、环境温度 25℃，轧件初始温度分布为前述计算得出的粗轧机组出口处轧件温度分布。以轧件头尾平均温差绝对值小于 3℃ 为目标进行了优化计算，得出轧件纵向五个位置处的温度变化曲线以及对应水流密度，如图 8-7 所示。图 8-7 (a) 表明轧件表面温度在水冷装置中

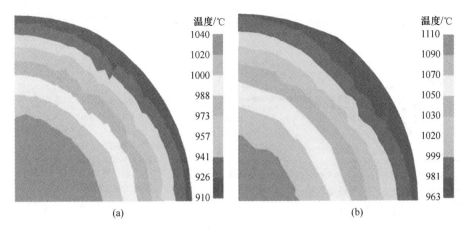

图 8-5　粗轧出口处轧件横截面温度分布[5]

（a）轧件头部；（b）轧件尾部

（扫书前二维码看彩图）

图 8-6　粗轧机组后的梯度冷却方案示意图[5]

降低，然后在空冷阶段升高；图 8-7（b）表明轧件心部温度在水冷和空冷阶段都是逐渐下降的；图 8-7（c）表明经过梯度冷却后轧件的平均温度趋于一致；图 8-7（d）为所需的水流密度曲线及其拟合关系式。研究结果表明，采用梯度冷却方案可以消除轧件的头尾温差问题，使轧件以均匀一致的温度进入中轧机组，保证后续轧制过程顺利进行和最终产品质量稳定。

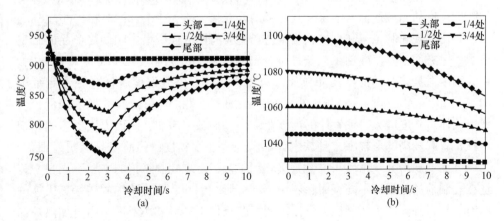

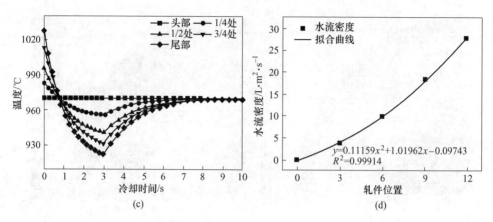

图 8-7 梯度冷却时轧件温度变化曲线及所需水流密度[5]
（a）表面温度；（b）心部温度；（c）平均温度；（d）水流密度

8.4 产品组织与性能[2]

实施直接轧制工艺后，由于开轧温度比常规轧制略有降低，且铸坯头尾存在一定的温差，从而对产品的组织和性能产生一定的影响。即使通过前述手段消除了头尾温差，也要仔细论证工艺对最终成品性能的影响。

在某钢企实施直接轧制工艺时，对不同工艺条件下轧制实验的 HRB400 螺纹钢产品进行取样，制得金相试样和拉伸试样。将各金相试样在光学显微镜下观察，不同轧制工艺条件下螺纹钢头部和尾部的金相组织均为铁素体+珠光体，符合国标要求。按照 GB/T 6394—2002《金属平均晶粒度测定方法》中晶粒度标准评级图对各轧制工艺条件下的微观组织进行了晶粒度评定。评定结果表明，与常规轧制工艺相比，直接轧制工艺对产品的晶粒有一定的细化作用。随着开轧温度的降低，产品晶粒逐渐变细小，且尾部的晶粒尺寸略大于头部的晶粒尺寸。

对比常规轧制工艺和直接轧制工艺，主要有两方面因素影响最终产品的微观组织。一方面，直接轧制工艺条件下，开轧温度和终轧温度都略低于常规轧制。终轧温度对最终产品的平均晶粒尺寸有很大影响，终轧温度越低（在一定范围内），先共析铁素体的晶粒越细小，则产品的力学性能越好。终轧温度降低，会使奥氏体过冷度增大，铁素体的形核驱动力、形核率增加，从而提供更多的相变形核位置和较高的形核率，且铁素体晶粒长大速度较慢，因而使晶粒明显细化。另一方面，从冶金学角度来讲，直接轧制工艺与常规轧制工艺的主要不同在于铸坯在轧制前的热履历不同，而热履历不同会影响到开轧前连铸坯内初始奥氏体的状态。与常规轧制工艺相比，直接轧制工艺条件下铸坯被切断后不经过加热炉加热，而是直接送入轧线进行轧制。在这种状态下，铸坯在开轧前依然保持着铸态组织，而铸态组织中一般存在较大的热应力，这就为变形过程中奥氏体的动态再结晶提供了更多的形核位置和驱动力，最终使产品的晶粒得以细化。

对各轧制工艺条件下产品的力学性能进行了测试分析。测试结果表明，在直接轧制工艺条件下，产品的屈服强度和抗拉强度比常规轧制都略有提高，其中产品头部的屈服强度提高较为明显，提高了 10~30MPa，并且随着开轧温度的降低，屈服强度提升幅度增大。产品的断后延伸率略有降低，降低 1%~2%，但仍可满足国标要求。另外，直接轧制条件下产品头部和尾部的力学性能存在一定的差异，其中产品头部屈服强度比尾部高 10~20MPa。

金属材料的微观组织决定其力学性能。晶粒细化是提高力学性能的有效方法之一，其实质是通过细化晶粒来增加晶界数量和增大晶界阻力，有效阻碍微裂纹的扩展。直接轧制工艺对产品的晶粒有一定的细化作用，因此在一定程度上提高了其力学性能。由于在该工艺条件下铸坯存在头尾温差，导致产品头尾的力学性能存在一定的差异，在生产对性能均匀性要求较为严格的产品时，需要消除或改善头尾温差问题。

8.5 现场应用及经济性分析

直接轧制技术已经在国内某棒线材生产线得到应用。该生产线原为带加热炉的生产线，连铸机拉坯方向与轧制生产线布置方向相同，但横向错开一定距离，以便布置加热炉。经过改造后的直接轧制工艺布置如图 8-8 所示。

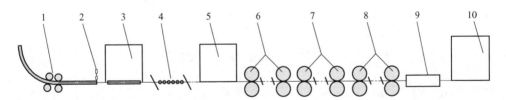

图 8-8 某生产线直接轧制工艺布置示意图[2]

1—拉矫机；2—火焰切割；3—连铸剔坯区；4—快速辊道；5—轧前易坯区；
6—粗轧机组；7—中轧机组；8—精轧机组；9—穿水冷却；10—冷床

在图 8-8 所示的直接轧制生产线中，连铸机为 5 机 5 流弧形连铸机（弧形半径 8m）。连铸坯断面尺寸为 150mm×150mm 或 160mm×160mm，坯长为 10m 或 12m。二冷区分为四段喷水冷却，具有独立可调的水流量阀门。在火焰切割机切断处设有测温枪，实时测量铸坯的表面温度并反馈给控制系统。为了将切断后的铸坯快速运送到轧机入口，在连铸车间的末段辊道实现提速，并铺设了从连铸区到轧机入口的快速送坯辊道，辊道上加盖保温罩。为了绕过车间的立柱和加热炉，辊道呈现 S 形走向，全长约为 130m，连铸坯在快速辊道上的运行速度为 3~5m/s。轧制生产线为 6 架粗轧机、4 架中轧机、6 架精轧机。轧机采用平立交替布置，粗轧机组采用无孔型轧制，中轧和精轧机组采用椭圆-圆孔型轧制，同时精轧机组采用二切分技术。

图 8-9 为该生产线直接轧制生产工艺流程。合格的钢水注入中间包，中间包钢水进入结晶器，在结晶器内受到强制冷却，形成具有一定坯壳厚度的连铸坯。连铸坯在二冷区受到喷水冷却，温度逐渐降低、坯壳厚度逐渐增加。在二冷区出口，连铸坯已经具有足够的坯壳，可以进行矫直。随后通过定尺，由火焰切割机切成所需长度的铸坯。在铸坯切断处设有测温装置，检测切断后铸坯头尾温度，并反馈回控制系统，由控制系统判断是否满足最低送坯温度限制。温度判定不合格的铸坯剔除下线，温度判定合格的铸坯进入快速辊道，送往轧机入口。在轧机入口再次测量铸坯的头部温度，由控制系统判断是否可以进行轧制。温度判定不合格的铸坯剔除下线，温度判定合格的铸坯进入轧制生产线进行轧制，轧制完成后进入冷床冷却。

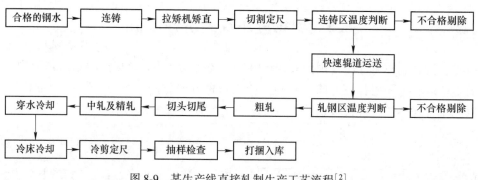

图 8-9　某生产线直接轧制生产工艺流程[2]

在图 8-9 所示的直接轧制生产工艺流程中，连铸区设有铸坯温度控制系统。根据中包温度、结晶器水流量、二冷水水流量、拉坯速度等工艺参数，考虑坯壳厚度、凝固终点位置等限制条件，通过有限元离线计算获得铸坯温度预测模型。通过此铸坯温度预测模型，可以设定拉坯速度、二冷水水流量等运行参数，保证铸坯温度满足直接轧制工艺要求。为了保证实际运行时的可靠性，分别在火焰切割机处和轧件入口处设置了铸坯温度检测和剔坯区，用测温装置测试铸坯表面温度，对不满足轧制最低温度要求的铸坯进行剔坯下线。从连铸区出口到轧机入口铺设运坯辊道，以便快速运送铸坯，减少铸坯的热量散失。同时，对粗轧机组进行负荷分配计算，在必要时优化分配各机架的载荷，保证轧制过程的顺利进行。在实际应用过程中，通过前述的综合手段，使铸坯头部表面的开轧温度控制在

950~1000℃，粗轧机组负荷均为70%左右，直接轧制工艺得以顺利实施。

企业对该生产线的直接轧制工艺实践过程进行了成本统计分析。由于取消了加热炉，故无加热炉煤气消耗和氧化烧损，降低煤气成本32.5元/t，减少氧化铁皮损失2.5元/t；由于实施直接轧制工艺，使固定成本增加，可计为2.3元/t。同时，成材率降低使成本增加2元/t，电耗增加成本4.32元/t，轧辊和导卫消耗成本1元/t。综合效益和成本，可知在实践直接轧制工艺期间，该生产线综合成本降低约25元/t。

参 考 文 献

[1] 刘相华，刘鑫，陈庆安，等．棒线材免加热直接轧制的特点和关键技术 [J].轧钢，2016，33（1）：1~4.

[2] 陈庆安．棒线材免加热直接轧制工艺与控制技术开发 [D].沈阳：东北大学，2016.

[3] 刘相华，王赛，王吉，等．DROF工艺中轧件头尾温差与组织性能均匀性控制 [J].轧钢，2016，33（5）：1~5.

[4] 靳书岩．直接轧制输送过程保温罩对铸坯头尾温差的影响 [D].北京：钢铁研究总院，2018.

[5] 党泽民．棒线材直接轧制中的温度场模拟和热变形行为研究 [D].沈阳：东北大学，2019.

9 电弧炉炼钢短流程直接轧制智能化控制系统的设计与应用

9.1 钢铁工业发展需求及其智能制造目标

9.1.1 钢铁工业发展需求

钢铁制造业作为主要的原材料工业，根本任务就是以低的资源能源消耗，以低的环境生态负荷，以高的效率和劳动生产率向社会提供足够数量且质量优良的高性能钢铁产品，满足社会发展、国家安全、人民生活的需求。

目前，钢铁工业市场环境、技术环境和社会环境发生了巨大的变化，其主要发展需求可归结为以下几点[1]：

（1）品牌化。市场需求的发展变化和多样性，导致对钢铁产品新品种规格的需求越来越多，对产品质量的要求越来越高。钢铁企业必须迅速适应市场的变化，提高劳动生产率，降低人工成本，提高生产过程和产品质量的稳定性、均匀性、一致性，缩短新产品研发周期，提供高质量产品和个性化服务。钢铁工业是典型的流程工业，最终产品质量的优劣是由全流程的各个环节共同确定的。要想获得稳定、优良的产品质量，必须针对每一个工艺环节，消除各环节间的信息孤岛问题，全局优化协调，进行全流程、一体化管控。

（2）绿色化。随着社会的进步，政府和民众的环保意识以及对环境保护的要求大大提升。对具有高能耗、高污染特点的传统的钢铁制造业提出了挑战，降产能和污染治理是目前国家针对钢铁行业的重点抓手。钢铁企业不仅要为社会提供适用的高质量产品，还要承担社会可持续发展责任。

（3）智能化。信息化进程不断深入，云计算、大数据、物联网、移动计算等新兴信息技术应运而生，人工智能技术飞速发展并广泛应用于经济社会各个领域，许多新的业态、新的模式和新的理念不断产生，智能制造等先进制造理念不断推进。一方面对钢铁企业经营管理和运作模式提出了新的课题，另一方面也为钢铁企业降耗增效，提升企业科技水平和竞争力提供了技术手段。钢铁企业面临的激烈市场竞争不仅体现在产品的品种规格、产品价格和产品质量方面的竞争，产品交货期、满足用户特殊需求的产品定制化、企业技术和管理的先进性以及企业社会责任等其他因素也越来越成为决定竞争胜负的关键因素，因此需要通过精细化集成管控实现多目标综合优化。

9.1.2 智能制造的基本概念

智能制造是伴随信息技术的不断普及而逐步发展起来的。1988 年，美国纽约大学的怀特教授（P. K. Wright）和卡内基梅隆大学的布恩教授（D. A. Bourne）出版的《智能制造》一书，首次提出了智能制造的概念：智能制造是一种由智能机器和人类专家共同组成的人机一体化智能系统，它在制造过程中能进行智能活动，诸如分析、推理、判断、构思和决策等[2]。通过人与智能机器的合作共事，去扩大、延伸和部分地取代人类专家在制造过程中的脑力劳动。

中国工业和信息化部、财政部联合制定的《智能制造发展规划（2016～2020 年）》给出了一个比较全面的描述性定义[3]：智能制造是基于新一代信息通信技术与先进制造技术深度融合，贯穿于设计、生产、管理、服务等制造活动的各个环节，具有自感知、自学习、自决策、自执行、自适应等功能的新型生产方式。中国工程院周济院士在《新一代智能制造》一文中[4]，详解了智能制造的三个基本范式，并指出新一代的智能制造核心特征是具备认知与学习功能的人工智能技术的广泛应用。推动智能制造，能够有效缩短产品研制周期、提高生产效率和产品质量、降低运营成本和资源能源消耗，促进基于互联网的众创、众包、众筹等新业态、新模式的孕育发展。智能制造具有以智能工厂为载体，以关键制造环节智能化为核心，以端到端数据流为基础、以网络互联为支撑等特征，这实际上指出了智能制造的核心技术、管理要求、主要功能和经济目标。

9.1.3 钢铁工业智能制造目标

钢铁制造业作为主要的原材料工业，根本任务就是以低的资源能源消耗，以低的环境生态负荷，以高的效率和劳动生产率向社会提供足够数量且质量优良的高性能钢铁产品，满足社会发展、国家安全、人民生活的需求。

为满足钢铁工业发展需求，钢铁工业智能制造需要达成以下目标[1]：

（1）流程数字化设计。以冶金流程工程学为指导，从流程工序功能集解析—优化、工序关系集协调—优化、流程系统工序集重构—优化多个层次，基于流程机理建立物理系统模型和数字化"虚拟工厂"模型，通过人机交互和仿真模拟，动态模拟钢铁生产全过程，支持新产品开发、新生产流程动态精准设计和现有产线优化改造，实现生产流程物质流、能量流网络本身的结构优化。

（2）生产智能化管控。工艺变量实时在线监控、工艺过程闭环控制、工序界面协同优化、全流程产品质量窄窗口控制、物质流能量流协同调配等关键技术取得突破，形成全流程动态有序—连续运行的高效低"耗散"运行生产模式，并大幅提高产品品质稳定性、适用性、可靠性。

（3）企业精益化运营。建立产品全生命周期质量管控、产供销一体化、供应链全局优化、业务财务一体化系统，形成纵向—横向集成优化的钢铁智能工厂运营支撑保障体系，企业品牌化、绿色化水平和综合效益显著提升。

（4）系统开放性架构。以工厂数据中心为基础，融合来自物理系统的自组织信息、来自背景和环境的信息、人工输入的其他组织的控制信息，实现跨系统、跨平台的互联、互通和互操作；通过机理解析、经验分享和数据挖掘，建立融合物理系统建模、数学模型和规则建模的知识管理体系；以数字孪生为途径，从现有五级架构信息化系统，按本体、控制、管理三大部分向未来智能制造系统进行功能映射，形成开放、可扩展、自生长的钢厂智能化系统架构。

对于电弧炉短流程直接轧制新工艺，其智能制造的核心技术是生产智能化管控技术[5]。在流程数字化设计、企业精益化运营、系统开放性架构方面可以采取统一的设计理论和方法，但在生产智能化管控方面，需要通过实时在线监控、过程闭环控制、工序协同优化，实现电弧炉短流程直接轧制全流程产品的高质量控制。其中，废钢预处理—连续加料技术，提高连续预热系统的废钢适应性和热效率。综合分析供电、供氧、辅助能源输入、造渣、搅拌等冶炼过程工艺操作对成分、温度及技术经济指标的影响，建立基于配料、供电、供氧、辅助能源输入、造渣、搅拌及成本等多策略、多约束的智能电弧炉冶炼工艺模型，是实现电弧炉短流程直接轧制智能制造的核心。

9.2　智能制造的核心技术

智能制造是指由智能机器和人类专家共同组成的人机一体化智能系统，它在制造过程中能进行智能活动，诸如分析、推理、判断、构思和决策等，通过人与人、人与机器、机器与机器之间的协同，去扩大、延伸和部分地取代人类专家在制造过程中的脑力劳动[6~8]。新一轮工业革命的核心是智能制造。"德国工业4.0""美国工业互联网"和"中国制造2025"，这三大国家战略虽在表述上不一样，但本质上异曲同工，同属智能制造。新一轮工业革命的本质是未来全球新工业革命的标准之争，各个国家都在构建自己的智能制造体系。而其背后是技术体系、标准体系和产业体系。未来智能制造领域最值得关注的核心技术，包括智能数据中心、支撑智能制造的网络系统、人工智能技术、状态感知技术、先进控制技术、科学决策技术和虚拟制造与数字孪生技术等。在这里，围绕生产智能化管控技术，简单介绍一下支撑智能制造的工业互联网、人工智能技术、智能感知技术、优化控制技术和故障诊断技术。

9.2.1　工业互联网

工业互联网不同于传统的商业互联网，工业互联网是互联网发展的新领域，是在互联网基础之上、面向实体经济应用的演进升级。工业互联网网络连接对象从只连接人发展到连接人、机、物。连接数量更多，场景更复杂，网络技术要求更高。工业互联网具有高度的复杂性，仍有诸多问题需要我们在实践中解决。

工业互联网的发展模式也更复杂。商业互联网应用门槛较低，发展模式可复制性强，由传统的互联网企业如谷歌、脸书、亚马逊、阿里、腾讯等驱动其发展。而工业互联网涉及行业多、标准杂，专业化要求高，难有统一的发展模式，由制造业如通用电气、西门子、航天科工等企业来推动。

根据中国信息通信研究院和工业互联网产业联盟（AII）给出的定义[9]，工业互联网是互联网和新一代信息技术与工业系统全方位深度融合所形成的产业和应用生态，是工业智能化发展的关键综合信息基础设施。工业互联网的本质是以机器、原材料、控制系统、信息系统、产品及人的网络互联为基础，通过对工业数据的深度感知，实时传输交换，快速计算处理及高级建模分析，实现智能控制、运营优化和生产组织方式的变革。

工业互联网包含网络、平台、安全等三大基本要素，其中网络是基础、平台是核心、安全是保障。工业互联网涉及六大重点领域，即工业互联网网络与标识解析、工业传感与控制、工业互联网平台、工业软件、安全保障、系统集成。

工业互联网的实质是人、机、物互联，是依靠对制造业不同环节植入不同传感器，进而不断进行实时感知和数据收集，然后借助于数据陆续对工业环节进行准确化、有效地控制，最终实现效率提高的目的。时至今日，工业互联网的基础已经逐步落实，包括工业连接、高级分析、基于条件的监控、预测维护、机器学习和增强现实等，世界上许多国家和企业都在大力投资工业互联网。毫无疑问，在改革开放、中国的工业生产环境也发生了巨大变化时，工业互联网平台发展迅猛，前景可期。

工业互联网平台作为工业互联网的核心，是在传统云平台的基础上叠加物联网、大数据、人工智能等新兴技术，实现海量异构数据汇聚与建模分析、工业经验知识软件化与模块化、工业创新应用开发与运行，从而支撑生产智能决策、业务模式创新、资源优化配置和产业生态培育的载体。

9.2.2 人工智能技术

人工智能（artificial intelligence，AI）技术自20世纪50年代提出以来，人类一直致力于让计算机技术朝着越来越智能的方向发展。这是一门涉及计算机、控制学、语言学、神经学、心理学及哲学的综合性学科。同时，人工智能也是一门有强大生命力的学科，它试图改变人类的思维和生活习惯，延伸和解放人类智能，也必将带领人类走向科技发展新的纪元。

人工智能是对人的意识、思维的信息过程的模拟。人工智能不是人类智能，但能像人那样思考，更有可能超过人类智能。人工智能是一门极富挑战性的科学，从事这项工作的人必须懂得计算机知识、心理学和哲学。总的说来，人工智能研究的一个主要目标是使机器能够胜任一些通常需要人类智能才能完成的复杂工作。

人工智能技术是一门研究和开发用于模拟和拓展人类智能的理论方法和技术手段的新兴科学技术，是在计算机科学、控制论、信息论、心理学、语言学及哲学等多种学科相互渗透的基础上发展起来的一门新型边缘学科，主要用于研究用机器（主要是计算机）来规范和实现人类的智能行为，包括智能感知、智能推理、智能学习和智能行动[10]。

（1）智能感知。智能感知包括模式识别和自然语言理解。人工智能所研究的模式识别是指用计算机代替人类或帮助人类感知的模式，是对人类感知外界功能的模拟，研究的是计算机模式识别系统，也就是使一个计算机系统具有模拟人类通过感官接收外界信息、识别和理解周围环境的感知能力。而自然语言理解，就是让计算机通过阅读文本资料建立内部数据库，可以将句子从一种语言转换为另一种语言，实现对给定的指令获取知识等。此类系统的目的就是建立一个可以生成和理解语言的软件环境。

（2）智能推理。智能推理包括问题求解、逻辑推理与定理证明、专家系统、自动程序设计。人工智能的第一个主要成果是一个可以解决问题的国际象棋程序的发展。在象棋应用中的某些技术，如果再往前看几步，可以将很难的问题分为一些比较容易的问题，开发问题搜索和问题还原等人工智能技术。而基于此的逻辑推理也是人工智能研究中最持久的子领域之一。这就需要人工智能不仅需要具备解决问题的能力，更要有一些假设推理和直觉技巧。在此两者的基础上出现的专家系统就是一个相对完整的智能计算机程序系统，应用大量的专家知识，解决相关领域的难题，经常要在不完全、不精确或不确定的信息基础上作出结论。而所有这三个功能的实现都是最终实现自动程序的基础，让计算机学会人类的编程理论并自行进行程序设计，而这一功能目前最大的贡献之一就是作为问题求解策略的调整概念。

（3）智能学习。学习能力无疑是人工智能研究中最突出和最重要的方面之一。学习更是人类智力的主要标志，是获取知识的基本手段。近年来，人工智能技术在这方面的研究取得了一定的进展，包括机器学习、神经网络、计算智能和进化计算。而智能学习正是计算机获得智能的根本途径。此外，机器学习将有助于发现人类学习的机制，揭示人类大脑皮层的奥秘。所以这是一个一直受到关注的理论领域，思维和行动是创新的，方法也是近乎完美的，但目前的水平距离理想状态还有一定的距离。

（4）智能行动。智能行动是人工智能应用最广泛的领域，也是最贴近生活的领域，包括机器人学、智能控制、智能检索、智能调度与指挥、分布式人工智能与 Agent、数据挖掘与知识发现、人工生命、机器视觉等。智能行动就是对机器人操作程序的研究。从研究机器人手臂相关问题开始，进而达到最佳的规划方法，以获得完美的机器人移动序列为目标，最终成功产生人工生命。而将来智能人工生命的成功研制也必将会作为人工智能技术突破的标志。

9.2.3 智能感知技术

一个智能系统，始于感知，精于计算，巧于决策，勤于执行，善于学习[11,12]。

没有"状态感知"，机器无法成为智能机器（即使实现了"状态感知"，还要同时具备其他条件才能实现）。要实现"状态感知"，就需要各种各样的传感器。智能制造离不开形形色色的传感器。随着科学技术的发展，智能制造需要通过更加智能的传感器来代替人的感知器官，来完成工业生产过程中高强度、高精度以及繁琐度较高的工作，提升生产过程的认知水平，智能感知技术应运而生。

智能感知技术当下的重点在于基于生物特征、以自然语言和动态图像的理解为基础的"以人为中心"的智能信息处理和控制技术。

（1）基于机器视觉的智能感知技术。机器视觉是人工智能正在快速发展的一个分支。简单说来，机器视觉就是用机器代替人眼来做测量和判断。机器视觉是一项综合技术，其中包括数字图像处理技术、机械工程技术、控制技术、光源照明技术、计算机软、硬件技术和人机接口技术等。它是实现精确定位、精密检测、自动化生产的有效途径，同时它具有实现非接触测量、具有较宽光谱相应范围、可长时间工作等优点。机器视觉在工业方面的应用包括缺陷检测、尺寸测量、视觉定位和模式识别。缺陷检测为检测产品表面信息的正确、有无、破损、刮伤等；尺寸测量为自动测量产品外观尺寸，实现非接触式测量；视觉定位为判断物体的位置坐标，引导控制机器的运动；模式识别为一维码、二维码识别，颜色识别、形状识别等。

（2）基于模型的智能感知技术。基于模型的智能感知技术，从工业过程上来讲，指的是基于模型或者软测量的智能感知技术。所谓模型，指通过主观意识借助实体或者虚拟表现构成客观阐述形态结构的一种表达目的的物件，通过对模型的相关处理可以得到与客观事物基本一致的结果；所谓软测量技术，主要由辅助变量的选择、数据采集与处理、软测量模型几部分组成。基本思想是把自动控制理论与生产过程知识有机地结合起来，应用计算机技术对难以测量或者暂时不能测量的重要变量，选择另外一些容易测量的变量，通过构成某种数学关系来推断或者估计，以软件来替代硬件。

应用软测量技术实现难测量的在线检测不但经济可靠，且动态响应迅速、可连续给出工业过程中难测量的数据，易于达到对产品质量的控制。将基于模型的感知技术应用到工业生产过程中，可以深入了解工业生产过程的变化机理，再结合现场数据的统计分析方法，建立一个基于机理分析与数据统计分析方法相结合的软测量模型，时刻反映不同参数的动态变化。

（3）大数据深度感知技术。大数据深度感知技术与深度学习在理论上具有相同的原理。所谓深度，一方面增加了大量的参数，增加的参数意味着网络的表达能力更强大，可以学习和感知的特征更多。另一方面，一旦学习到的特征变多，分类和识别的能力也就变好，所能感知的事物与准确度也就更高。

深度感知技术与深度学习一样，前期都需要进行一定的学习，首先设定好各类神经网络架构，然后制定出学习计划，最后才开始学习，在学习的过程中不断地记忆，包括需要感知的事物，环境等以及通过感知完成后做出的判决。深度感知技术与深度学习一样具有类似的多级结构，可以更高级地对"结构"进行自动感知与挖掘，比如它不需要我们给出所有的特征信息，而是自发去寻找最适合对数据集进行描述的特征信息。通过将大数据与深度感知技术以及深度学习相结合，一方面大数据中含有海量的有效的信息，使得大数据资源得以有效地运用；另一方面，通过深度感知技术与深度学习，能够挖掘出有效的信息，提取出信息的特征最终得到感知的结果，作出相应的判断。

9.2.4 优化控制技术

一直以来，建模、模拟和优化技术在流程工业中被高度重视且广泛应用。流程系统的模拟是根据对流程的充分认识和理解，以工艺过程的机理模型为基础，运用数学方法对过程进行建模描述，并通过计算机辅助计算的手段进行过程的热量衡算、物料衡算、设备规模估计和能量分析。流程模拟可为工程设计与改造、流程剖析、优化控制、环境与经济评价和教学培训等提供强有力的手段，不但能从系统整体角度分析和判断工艺流程的好坏，还可以对新开发的工艺流程提供可靠预测[13]。这些均有助于提高工作效率和决策的科学性。而流程系统的实时优化（real-time optimization，RTO）是指结合工艺知识和现场操作数据，通过快速、高效的优化计算技术对操作运行中的生产装置参数进行优化调整，增强其对环境变化、原材料波动、市场变化等的适应能力，保持生产装置始终处于高效、低耗并且安全的最优工作状态的技术。RTO可以通过增加产量、提高产品质量，使生产过程始终运行在最佳工况上；可以通过经济目标的寻优，减少原料和能源的消耗，减少废弃物的排放；可以通过监测、预警、自动调整，延长设备的运行周期，减少催化剂的消耗；可以使得来自计划调度的市场信息在操作层面得到及时的贯彻实施，迅速在生产过程中反映市场供求关系的变化；可以进一步深化工艺人员、操作人员对过程工艺与操作的了解，有助于工艺的改进和操作策略的调整。

数学模型在流程模拟和优化中处于核心地位。流程系统的数学模型由工业单元模型和各单元间拓扑结构模型两部分组成。流程模拟和优化的目的是根据流程拓扑中已知流股的数据及过程参数，确定包含流程系统输出在内的所有流股的数值，或是根据已知过程流股的状态值计算可满足设计规定的过程参数值。目前，主流的求解方法主要包括序贯模块法、联立方程法、联立模块法、数据驱动法和人工智能法。

当前，建模、模拟和优化技术的关键作用被进一步挖掘，已经成为流程工业的主导型技术和关键支撑技术。智能制造领袖联盟（smart manufacturing leadership coalition，SMLC）认为，智能制造过程包含两个关键的组成部分[14]：模型和优化技术。一方面，模型在智能制造过程中扮演了关键的角色，建立一个好的模型至关重要。SMLC的报告指出，智能制造的基础是模型的广泛运用。利用生产运行数据和专家知识，智能制造将生产过程的行为和特征上升为各类工艺、业务模型和规则，根据实际需求，调度适用的模型来适应各种生产管理活动的具体需要。

利用模型，智能制造过程能够预测未来的过程状态，从而提前感知过程参数的变化趋势。过程工业的生产过程大都具有长周期、大时延等特点，通过过程模型提前预测过程参数的变化趋势能够更好地控制各类过程；在生产计划和调度方面，通过计划和调度模型的广泛应用，能够有效地配置生产过程中消耗的各种资源，包括原料、能源、劳动力等，并产生最大的效用。解决生产计划和调度问题最为关键的是要建立反映过程特性的准确的计划和调度模型。通过对调度模型的求解，能够找到所有可能的计划和调度方案中的最优方案，提升企业的生产效率和整体效益。

此外通过一体化的模型和优化，智能制造过程还能够将现有流程工业生产过程的工艺过程、生产过程、管理业务流程高度集成，实现各个管理环节和各流程间的紧密衔接与整体优化，在满足设备、能源、物料约束的前提下，从全局角度实现优化。更理想地，这样的优化能够考虑生产和经营过程的动态特性，能够应对外部经济因素（产品预期、价格预测、市场容量、原材料供应波动等）的变化，能够将质量、效益、环境等综合因素透明、恰当地纳入优化体系之中。

过程模型描述了过程的基本特点，是智能制造过程的基础[15]。利用实验数据和物理、化学反应机理建立的模型需要进行周期性的更新，以确保模型的精确度。模型更新涉及最优实验设计、参数估计等，由此会产生非线性规划及混合整数非线性规划等大规模优化问题。

在给定的输入输出要求下，过程制造可以采用不同的方法和设备来实现。应在可行方案中，考虑能量的综合应用、公用工程选用等，选择一套最优的生产过程，以实现过程综合优化。在系统结构给定的条件下，通过相应的优化计算确定各单元设备的最优尺寸、最优结构参数，以达到设计优化。

因充分运用包含过程干扰与变化的现场数据，由实时优化得到的优化结果具有抑制扰动、降低性能损失的作用。因此，当其作为过程控制系统的设定值时，过程控制系统根据设定值要求实施相应的最优控制作用，使得生产过程的工艺参数尽量维持在最优操作工况，在底层装置层面保证产品的质量和过程的稳定。

生产计划是关于企业生产运作系统总体方面的计划，是企业在计划期应达到的产品品种、质量、产量和产值等生产任务的计划和对产品生产进度的安排。在产品质量、安全管控和能源产耗等约束条件下，引入原料及产品价格的实时波动信息，研发计划调整多周期优化分解方法，是智能过程制造能满足计划和调度间协调、满足市场需求和生产工况频繁变化的有力保障。生产计划和调度在过程层面上将各种资源统筹优化，达到合理安排产品的生产进度、控制产品成本、提高劳动生产率和效益的目的。

供应链是指产品生产和流通过程中所涉及的原材料供应、生产商、分销商、零售商以及最终消费者等成员通过与上游、下游成员的连接组成的网络结构。考虑市场需求、产量计划、生产要求及原料供应等因素，供应链优化能做出合理的生产规划、安排相应的供销方案，以快速高效地适应客户需求变化。

智能过程制造以实现节能降耗、减排，提高生产效率、产品质量和附加值，降低生产成本，提高经济效益为目标，采用有效的多目标优化方法，以应对各种内、外部条件变化，实现质量、效益、环境要素的整体优化。这种整体优化将现有流程工业生产过程的工艺过程、生产过程、管理业务流程高度集成，在满足设备、能源、物料约束的前提下，从全局角度实现优化。

优化控制是智能制造的中枢神经，它保证了智能制造过程总能在给定的约束条件下做出最优的决策，通过优化控制，分布在工厂各个角落的传感器收集的实时数据能够被运用到决策过程中。而模型是优化控制的基础，过程模型不仅描述了过程的基本特点，同时也可以整合操作员已有的过程经验，最终在决策中加以体现。

9.2.5　故障诊断技术

生产中的故障等异常状况是指系统中引起工况偏离正常工作状态的某种扰动或一系列扰动。异常状况有可能带来比较小的影响，如引起产品产量的降低，也有可能引发灾难性的损失，如大规模的人员伤亡。智能工厂故障诊断技术的目的就是找到产生异常的原因并且及时而有效地采取补偿或者修正的措施。在动态系统中，异常状况通常会随着时间的推移而使得异常的诊断和处理相当复杂，依靠人工手段排查异常情况往往费时费力，对经验依赖性强，而且时效性、可靠性难以得到保障。通过自动化、智能化的故障诊断技术，异常情况能够被迅速、及时地侦测和处理，保证生产过程的安全、稳定。

在异常检测及处理的研究中，处于领先地位的是 ASM（the abnormal situation management consortium）联合协会。ASM 联合协会是 Honeywell 公司牵头的产学研结合的国际性组织，它致力于开发用于异常检测及处理的产品。异常状况的处理需要综合考虑人类操作工的行为、过程技术、系统设计以及环境。ASM 与诺瓦化工（NOVA Chemicals）的合作研究表明，在自动化系统中考虑到人为因素可以从实质上提高操作效果。通过使用 ASM 联合协会的概念，如有效预警管理和显示设计等，诺瓦化工在预警前识别过程的偏移上实现了多于 35% 的增长，在提高操作工解决问题的能力上实现了 25% 的增长，在操作反应时间上缩短了 35%～48%，这些操作效率的提升转变成了每年近 100 亿的操作成本的节省。

在异常检测及处理中，应用较为广泛的是智能视频监控系统。智能视频监控近来发展迅速，得到了大量研究机构和公司的巨大人力物力投入，使得电子设备的计算能力得到了飞跃性的提升。在这些监控系统中，通过使用图像处理技术和机器视觉技术，从实时视频中进行信息提取、高效计算，最后使得计算机能够像人一样通过视觉来认识世界和理解世界。就如操作员或工程师一样，计算机通过摄像头获得场景中的监控目标，通过检测目标的特征确认目标是否异常并及时、准确地发出报警信息。通过这种方式，工厂能够更有效地获取准确的图像信息，处理突发事件，大大提高了监控系统的智能化和自动化水平，有效缓解了传统监控系统对于人的过多依赖，减轻了操作人员的工作量，提高了工作效率，同时使监控系统的视频数据存储量和监控报警时效性得到了有效的控制。

9.3 电弧炉炼钢智能制造技术

电弧炉炼钢生产过程中，主体设备和辅助设备需要实现全自动化生产，设计电弧炉炼钢自动化系统，实现电弧炉炼钢的全自动控制。以节省、高效为原则，需要设计电弧炉智能化系统，实现电弧炉炼钢过程的优化，达到电弧炉炼钢智能化。

按照电弧炉炼钢的生产工艺情况，实现电弧炉炼钢的智能化需要在电弧炉炼钢过程中，根据生产过程的变化，自主进行配料、供电、供氧、辅助能源输入、造渣、搅拌等调节，实现电弧炉炼钢的精准控制[16~18]。主要包括以下技术：

（1）电极智能精准控制技术：实现三相电极的精准控制。

（2）供电制度优化模型：实现电炉冶炼过程供电制度的最佳设定。

（3）最优成本配料模型：基于电弧炉炼钢的冶金过程中的物料平衡、热量平衡和冶金学原理等为基础建立的配料模型，详见第 4 章的配料模型。

（4）终点温度和成分预报模型：实现钢水温度和成分的控制。在满足冶金工艺要求的前提下，实现了电弧炉炼钢过程在满足工艺参数要求下的经济指标的控制。详见第4章的钢水温度和成分预报模型。

（5）供氧、配碳优化模型：以冶炼工序效益最大为目标，根据铁水、废钢加入量等信息，优化氧气吹入量和碳粉喷入量。详见第4章的配碳模型和供氧模型。

（6）电弧炉炉况判断模型：通过各种生产方式、参数对电弧炉炉况进行判断，以便对供电策略、吹氧等生产过程进行指导。

这里重点介绍电极智能精准控制技术、供电制度优化模型和电弧炉炉况判断模型。

9.3.1 电极智能精准控制技术

电极调节是电弧炉炼钢控制系统中最重要的环节[19]，快速且准确的电极调节是缩短冶炼周期、节约电能、降低电极消耗的关键。针对炼钢电弧炉电极调节系统的参数时变及三相间相互影响等特点，设计一种电极智能精准控制方案，主要包括模糊参数自整定控制器、阻抗设定、阻抗设定补偿、调档设定补偿、过电流控制补偿、短路保护控制补偿、液压阀输出系数、液压阀死区补偿、保护/手动给定切换、液压阀零点补偿等环节[20]。图9-1为电极智能精准控制结构框图。

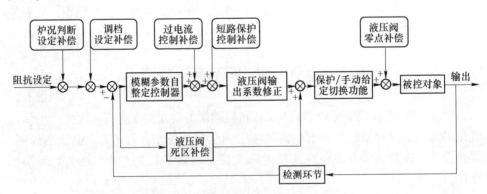

图9-1　电极智能精准控制结构框图

整个电极智能精准控制的核心是模糊参数自整定PID控制器的设计，具体介绍如下。

9.3.1.1　模糊参数自整定PID控制器的结构及工作原理

当采用恒阻抗控制策略时，其控制误差e定义为：

$$e = k_u \cdot U - k_i \cdot I = M\beta l \tag{9-1}$$

式中，U 为电弧电压；I 为电弧电流；k_u 为电弧电压测量系数，由电压等级决定；k_i 为电弧电流测量系数，由期望的电弧电流决定；M 为与阻抗测量网络有关的系数；β 为电弧放大系数，与温度有关；l 为电弧长度变化量。

由式（9-1）可见，在整个冶炼过程中，被控对象的开环放大系数是时变的，因此在整个炼钢过程中设计一个固定参数的控制器是难以满足要求的。为了使电极调节系统在熔化期稳定性好且在熔清后期精度高，应在熔化初期系统的开环放大倍数小一些，而在熔清后期系统的开环放大倍数大一些。因为在熔化初期，要求的控制精度相对较低，更关心的是系统能快速熔化废钢，减少因振荡次数引起电极的"上串下跳"；而在熔清后期，电炉的熔炼过程相对熔化期稳定，此时对系统的精度要求相对较高，以防止增碳，提高钢水质量。所以，要根据实际冶炼情况及时调整系统开环放大倍数。

大量的理论研究和工程实践充分证明了这一点。而采用模糊参数自整定的 PID 控制方式不失为一种比较好的解决办法。它能发挥模糊控制鲁棒性强、动态响应好、上升时间快、超调小的特点，又具有 PID 控制器的动态跟踪品质和稳态精度。因此在设计中，采用了模糊参数自整定的 PID 控制，实现了 PID 参数的在线自调整功能，进一步完善了 PID 控制的自适应性能。

在液压式电极传动系统的传递函数中，伺服阀执行环节的传递函数近似为一个比例环节，液压系统的传递函数为二阶系统，电极与支撑机构是一个由速度到位置的积分环节。可见，被控对象中含有积分环节，故设计的阻抗控制器仅采用比例控制，模糊参数自整定控制器的结构如图 9-2 所示。

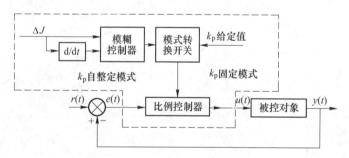

图 9-2 模糊参数自整定控制器框图

阻抗控制器的控制目标是使被控对象的输出 $y(t)$ 达到设定的阻抗值，该系统由一个比例控制器和一个模糊参数调节器组成。比例控制器根据闭环误差 $e(t) = r(t) - y(t)$ 产生控制信号 $u(t)$，模糊参数调节器根据电弧电流的变化调节比例控制器的 k_p 参数。当电弧电流变化量增加时适当减小 k_p，反之增大 k_p，使得电弧电流平稳调节，减少由于超调引起的断弧和短路现象发生。

模糊参数自整定控制器通过模式转换开关可以使比例控制器工作在 k_p 固定模式和 k_p 自整定模式。k_p 固定模式下，k_p 不能根据电弧电流变化自调整，但通过参数设置，可以使 k_p 参数分两阶段运行。根据连续加料电弧炉生产工艺的电弧特性，使得熔化阶段 k_p 大些，熔清阶段结束 k_p 适当减小。

9.3.1.2　模糊参数自整定 PID 控制器的设计

应用模糊集合理论建立参数 k_p 与电弧电流偏差 ΔI 和偏差变化量 $\Delta \dot{I}$ 间的二元连续函数关系为：

$$k_p = k_{p0} + U(\Delta I, \Delta \dot{I}) \tag{9-2}$$

式中，k_{p0} 为比例系数的初始值；$U(\Delta I, \Delta \dot{I})$ 为模糊控制器根据电弧电流偏差和偏差变化量对比例系数的调整量。

（1）模糊控制器语言变量的选取。为了达到电极调节快速、准确、稳定的目标，设计的模糊控制器不同于传统的模糊控制器，控制器采用双输入单输出的结构，但输入不采用系统误差和误差变化，而将电弧电流偏差 ΔI 和电弧电流偏差变化率 $\Delta \dot{I}$ 作为模糊控制器的输入，输出为比例控制器的比例系数 k_p 的变化量。

（2）量化因子与比例因子的确定。模糊控制器输入、输出语言变量的论域及模糊论域，根据生产工艺的需要确定，还可以不断修正，以便控制器发挥出更好的性能。各个语言变量的论域确定原则如下：

语言变量电弧电流偏差 ΔI 的基本论域选为 $[-1000\mathrm{A}, +1000\mathrm{A}]$；

电弧电流偏差变化率 $\Delta \dot{I}$ 的基本论域选为 $[-600, +600]$；

输出语言变量 U 的基本论域选为 $[0, 0.4]$；

选定 ΔI 的模糊集合的论域为 $\{-4, -3, -2, -1, 0, 1, 2, 3, 4\}$，$\Delta \dot{I}$ 的模糊集合的论域为 $\{-2, -1, 0, 1, 2\}$，U 的模糊集合的论域为 $\{0, 1, 2, 3, 4\}$；

电弧电流偏差 ΔI 的量化因子 $K_{\Delta I} = \dfrac{n}{x} = \dfrac{4}{1000} = \dfrac{1}{250}$；

电弧电流偏差变化率 $\Delta \dot{I}$ 的量化因子 $K_{\Delta \dot{I}} = \dfrac{n}{x} = \dfrac{2}{600} = \dfrac{1}{300}$；

控制量 U 的比例因子 $K_u = \dfrac{u}{n} = \dfrac{0.4}{4} = \dfrac{1}{10}$。

（3）带修正因子模糊规则的确定。电弧炉冶炼过程中，在熔化阶段，控制系统的主要目的是使电弧连续稳定的燃烧，希望偏差值在控制规则中的加权系数大一些。到达熔清阶段时，控制系统的主要任务是减小电流超调量，减小系统的稳态误差，提高系统的稳态性能，这就要求在控制规则中，把电流偏差变化值的加权系数增大。

一般情况下，模糊规则可以采用两个可调整因子 α_1 和 α_2，在熔化阶段，控制规则由 α_1 来调整；在熔清阶段，控制规则由 α_2 来调整。控制规则可表示为：

$$U = \begin{cases} 4 - < \alpha_1 |\Delta I| + (1 - \alpha_1) |\Delta I| > & \text{熔化阶段} \\ 4 - < \alpha_2 |\Delta I| + (1 - \alpha_2) |\Delta I| > & \text{熔清阶段} \end{cases} \tag{9-3}$$

式中，α_1，$\alpha_2 \in (0, 1)$；$\alpha_1 = 0.8$；$\alpha_2 = 0.6$。

（4）模糊参数自整定控制器流程如图9-3所示。

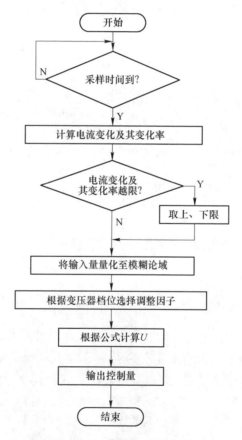

图9-3 模糊参数自整定控制器流程图

9.3.1.3 模糊参数自整定 PID 控制器的仿真分析

对电弧炉炼钢过程进行仿真，电弧炉对象仿真参数如表9-1所示。设定三相电流值为 2.5kA，采用模糊参数自整定 PID 控制器进行电极升降控制，其中在 0.25s 处加入白噪声，图 9-4 为 A、B、C 三相控制器的阶跃响应曲线。

表 9-1　电弧炉对象仿真参数

高压侧等效电抗 $r_s = 0.0833\Omega$	变压器内部电感 $L_t = 0.00022MH$
高压侧等效电抗 $X_s = 2.4816\Omega$	短网电阻 $r^d = 0.4 \times 10^{-3}\Omega$
变压器变化 $t_p = 83.33$	短网电感 $L^d = 9.55 \times 10^{-6}H$
变压器内阻 $r_t = 0.069M\Omega$	互感 $M = 1.6 \times 10^{-6}H$

从仿真结果可知，对于阶跃信号和噪声影响，模糊参数自整定 PID 控制器能快速响应并达到稳定状态，效果比较理想。

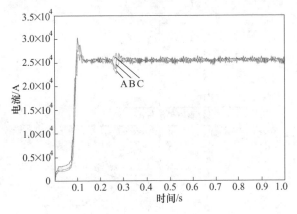

图 9-4　模糊参数自整定 PID 控制器的输出响应

（扫书前二维码看彩图）

9.3.2　供电制度优化模型

电弧炉炼钢过程中，电气运行制度是其最基本的工艺制度之一。合理的电气运行制度，不仅对操作顺利进行是必要的，而且有助于降低电耗、电极损耗和耐材侵蚀，缩短冶炼周期，带来良好的经济效益。熔化期占整个冶炼时间的 50%～70%，电耗的 60%～80%，是交流电弧炉炼钢生产的关键时期。熔化期的供电策略直接关系到电耗的降低和生产效率的提高。

在以往的研究中，供电策略被简单地转化为如何确定工作电流。然而供电策略的制定不仅仅是工作电流的选择问题，还要针对冶炼不同阶段特点把握有利的加热条件，选定合理的工作电流、电压以及电抗[21]。

本章在分析了附加高阻抗电弧炉电气特性的基础上，综合考虑到电弧冶炼的各项指标，设计一种新型的电弧炉熔化期供电模型，该模型同时考虑电耗和冶炼时间，在冶炼工艺允许的条件下，优化电抗投入量、工作电压以及工作电流，使得综合效益最佳。

9.3.2.1 电弧炉等效电路

交流电弧炉的三个电极由同一个三相电源的 A、B 和 C 相分别供电，电弧炉的电路为星形连结且中点不接零位、参数变化的非线性线路。电弧炉等效电路如图 9-5 所示，可得到主要电气量的表达式如下。

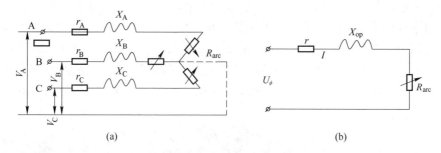

图 9-5　三相交流电弧炉等效电路

（a）三线等效电路图；（b）单线等效电路图

视在功率：

$$S = 3UI \tag{9-4}$$

有功功率：

$$P = 3I\sqrt{U^2 - (IX_{op})^2} \tag{9-5}$$

电损功率：

$$P_r = 3I^2 r \tag{9-6}$$

电弧功率：

$$P_a = 3I\left(\sqrt{U^2 - (IX_{op})^2} - Ir\right) \tag{9-7}$$

电弧电压：

$$U_a = \sqrt{U^2 - (IX_{op})^2} - Ir \tag{9-8}$$

功率因数：

$$\cos\phi = \frac{P}{S} = \frac{\sqrt{U^2 - (IX_{op})^2}}{U} \tag{9-9}$$

电效率：

$$\eta = \frac{P_a}{P} = \frac{\sqrt{U^2 - (IX_{op})^2} - Ir}{\sqrt{U^2 - (IX_{op})^2}} \tag{9-10}$$

短路电抗：

$$X_{sc} = X + X_R \tag{9-11}$$

式中，I 为工作电流，X 为短网电抗，r 为短路电阻。与普通电弧炉相比，高阻抗电弧炉根本差别是在炉用变压器一次侧和受电端之间，装备有以增加电弧稳定为目的的电抗器。为便于计算，将附加电抗器等效到变压器二次侧，二次侧等效电抗值为：

$$X_R = \frac{x}{K_V^2} \tag{9-12}$$

式中，x 为电抗器的工作电抗，Ω；K_V 为变压器变比。

对于现代交流电弧炉而言，不能忽略电弧电抗的影响而将电弧作为纯电阻处理，电弧电抗随着其他电气参数的变化而成为非线性。高阻抗电弧炉非线性电抗模型没有一种明确的形式，非线性电抗模型一般为基于实测数据的半经验模型，常用的模型有指数模型、双曲线模型等。一般认为操作电抗与功率因数存在负相关关系，操作电抗可以表示为：

$$X_{op} = X_{sc} \times f(P.E.) \tag{9-13}$$

由于二次侧导体电抗、短网等效电阻、变压器等效电抗为常数，供电策略的制定实际变成了选择变压器二次侧电压、工作电流以及附加电抗，以保证电弧炉工作于最佳状态，以提高生产的经济效益。因此供电策略的制定可以采用寻优过程来实现。

9.3.2.2 电弧炉炼钢常用的几种供电策略

在电弧炉的运行中，由于电弧电流是常测量值，是操作参数，所以在很大程度上用电规范的制定在一定工况下选择相应工作电流的问题。在电弧的实际运行中，电气工作者一般采用表 9-2 中的几种方法来确定供电电流。最大弧功率电流和经济电流是采用最多的两种电流，最大弧功率电流能够保证钢铁料最快速度熔化，然而当电弧炉在此电流下运行时，由于功率因数和热效率较低，功率损失较大。另一方面，由于熔化期电弧波动较大，在此电流下工作可能导致工作电流增大，反而降低了电弧功率，而此时的损失功率反而增大，因此最大弧功率电流并不是电弧炉工作时的最为合理的电流。在电气特性曲线上电弧功率曲线和损失功

表 9-2 常用电弧炉工作电流求解方法

方法名称	电流表达式	方法名称	电流表达式
经验法	$\dfrac{K \cdot U(R+r)}{2R\sqrt{(R+r)^2 + X^2}}$	经济电流	$\dfrac{U}{\sqrt{2}\sqrt{4r^2 + X^2} + 2r\sqrt{4r^2 + X^2}}$
最大弧功率电流	$\dfrac{U}{\sqrt{2}}\sqrt{\dfrac{1}{Z_s(Z_s + r)}}$	考虑热平衡的工作电流	$\sqrt{\dfrac{U^2 P_g}{3U^2 r + 2X^2 P_g}}$

率曲线的斜率相等处所对应的电流称为经济电流，经济电流可以节省能源，然而是以降低电弧功率为代价，因而增大了冶炼时间。以上两种电流仅考虑电弧功率和电损失两方面的经济电流概念，而不考虑炉子的热工特性，因此具有一定的局限性。兼顾电弧炉电、热两方面的因素，需要考虑热平衡的工作电流。

表 9-2 中，P_g 为固定热损失功率，$Z_s = \sqrt{r^2 + X^2}$，r 为短网等效电路电阻，U 为等效电路的相电压，X 为电路运行电抗。

电耗消耗和通电时间是电弧炉生产中的两项重要指标，降低电耗也就意味着降低生产成本，减少通电时间就等同于生产效率的提高。因此，在生产过程中希望两项指标都尽量小，以提高电弧炉生产的经济效益。

9.3.2.3 供电优化模型

A 供电优化模型目标

实际电弧炉运行中，冶炼周期、吨钢电耗都与电弧功率有着密切的关系。合理工作点的选择，就是要选择那些能够降低消耗、降低冶炼成本、提高生产率、使电弧炉顺利运行的工作点。制定交流电弧炉供电曲线总的目标是快节奏、低成本地冶炼出每炉钢水。因此要考虑冶炼特点和实际条件，即实际冶炼中能够保证按理论设定工作点运行的能力和输入功率的利用效率。此外，电极消耗、耐材消耗也是制定供电曲线所要考虑的主要因素。综合考虑冶炼效率，电能消耗和通电时间是电弧炉生产中的两项重要指标，降低吨钢电耗意味着降低生产成本，减少通电时间、提高冶炼节奏，等同于生产效率的提高。因此，在生产过程中希望两项指标都尽量小，以提高电弧炉生产的经济效益[22]。

以电弧炉炉子系统为热平衡研究对象，根据能量平衡列出等式如下：

$$E'_1 + E'_r = E'_s \tag{9-14}$$

式中，E'_1、E'_r 和 E'_s 分别为熔化期能量的损失，需求和供应量。熔化期的电能消耗为

$$E'_e = P \cdot T \tag{9-15}$$

式中，T 为熔化期的通电时间。

冷却水带走热，炉底散热以及炉口热损失在工艺一定、结构一定条件下，其热量损失与熔化时间 T_r 成正比，其热损失功率近似为一常数。因此熔化期的固有热损失为：

$$E''_1 = P_g \cdot T_r \tag{9-16}$$

式中，P_g 称为固定热损失功率。钢水物理热，炉渣物理热，物料分解反应热，炉气带走物理热以及装料时的热损失；入炉料物理热，元素氧化放热，炉渣生成热，这些热量在工艺一定的情况下均与钢水产量 W_{steel} 成正比，因此熔化期的能

量需求为：

$$E''_r = K \cdot W_{steel} \tag{9-17}$$

式中，K 为熔化期工艺热耗。

根据能量平衡，可得：

$$E'_e = E''_1 + E''_r \tag{9-18}$$

将式（9-15）~式（9-17）代入式（9-18）得：

$$P_a T - P_g T_r = P_a T - P_g (T + T_s) = K W_{steel} \tag{9-19}$$

$$T_r = T + T_s \tag{9-20}$$

式中，T_s 为热停工时间。

则通电时间 T 为：

$$T = \frac{K W_{steel} + P_g T_s}{P_a - P_g} \tag{9-21}$$

电弧炉电耗被定义为吨钢电耗：

$$b = \frac{E'_e}{W_{steel}} = \frac{PT}{W_{steel}} = \frac{K P_a + P_a P_g T_s / W_{steel}}{\eta (P_a - P_g)} \tag{9-22}$$

制定电弧炉供电优化的目标为：

$$\min\{b(U, I, x), T(U, I, x)\} \tag{9-23}$$

B　供电模型的约束条件

变压器约束，变压器作为电能源的提供者，对输出功率、输出电压和输出电流都有限制。

$$S = 3UI < S^i_e, \quad I \le I^i_e; \quad U \in \{U_1, U_2, \cdots, U_{St}\} \tag{9-24}$$

式中，S 为变压器各档位容量，$V \cdot A$；S^i_e 为变压器第 i 档位容量的 1.2 倍，$V \cdot A$；I 为变压器各档位电流，A；I^i_e 为变压器第 i 档二次额定电流的 1.2 倍，A；U_i 为变压器各档位电压，V；$i = 1, 2, \cdots, St$（St 为变压器档位数）。

电抗器约束，电抗的增加主要采用在变压器一次侧增加电抗器的方法实现，电抗器也是采用分档形式决定电抗的投入量。

$$x^j \in \{x^1, x^2, \cdots, x^{Sr}\} \tag{9-25}$$

式中，x^j 为电抗器的各档位阻抗，Ω；$j = 1, 2, \cdots, Sr$（Sr 为电抗器档位数）。

电弧稳定燃烧约束，稳定的交流电弧要求电路中必须具有一定量的电抗，表现在电弧的稳定性与功率因数相关，即电弧炉的功率因数应该小于等于 0.866，即：

$$\cos\varphi \le 0.866 \tag{9-26}$$

耐火材料烧损约束，电弧燃烧对炉盖、炉衬有一定烧损。为提高炉盖、炉衬耐火材料的使用寿命，要求电弧的燃烧指数 ABI 满足：

$$ABI = \frac{P_a U_a}{d^2} < R_s \tag{9-27}$$

式中，d 为电极侧面到炉壁的最短距离，cm；R_s 为工艺允许最大电弧燃烧指数，kW・V/cm²。根据电弧炉熔化期的工艺要求，分为点弧、穿井、主熔化和熔末升温四个阶段。阶段的划分主要考虑不同冶炼状况下对炉盖或炉壁的烧损，四个阶段的模型一致，只不过所允许的烧损指数有差异。四个阶段的划分比较困难，根据电弧炉的多个冶炼参数，可以根据经验给出了这四个阶段判定的方法。

C 供电优化模型

综上所述，电弧炉炼钢熔化期每个阶段都建立一个模型，模型是典型的多目标混合整数非线性规划模型。为了便于求解，采用乘积形式的效用函数将多目标模型转换为单目标模型，即：

$$\min J' = bT \tag{9-28}$$

由式（9-17）、式（9-18）可得：

$$J' = \frac{(KW_{steel} + P_g T_s)^2 / W_{steel}}{\eta \left(P_a - 2P_g + \dfrac{P_g^2}{P_a} \right)} \tag{9-29}$$

K、W_{steel}、P_g 和 T_s 由工艺条件决定，当工艺条件一定时，可以认为常数。式（9-29）的优化目标等价为：

$$\min J = -\eta P_a - \eta \frac{P_g^2}{P_a} \tag{9-30}$$

将式（9-25）~式（9-29）整理，并考虑运行阻抗，得到优化供电模型为：

$$\min J(U, I, x) = \frac{-9I^2 \left[\sqrt{U^2 - (IX_{op})^2} - Ir \right]^2 - P_g^2}{3I \sqrt{U^2 - (IX_{op})^2}}$$

$$S.t. \quad IX_{op} \geqslant 0.51U$$

$$I \left[\sqrt{U^2 - (IX_{op})^2} - Ir \right]^2 \leqslant R_s d^2 \tag{9-31}$$

$$X_{op} = \left(X + \frac{xU^2}{U_p^2} \right) \times f(P.E.)$$

$$0 \leqslant I \leqslant I_e^i, \ U \in \{U_1, U_2, \cdots, U_{St}\}$$

$$x \in \{x^1, x^2, \cdots, x^{Sr}\}, \ j = 1, 2, \cdots, S_r$$

式中，U_p 为变压器一次侧额定电压。

建立的优化模型属于混合整数非线性规划模型。混合整数非线性规划模型的求解方法较多，有分枝定界法、GBD 法、OA 法以及 OA/ER 法等。

9.3.2.4　供电制度优化和传统供电制度的对比分析

目前，国内许多钢厂的电弧炉炼钢大多根据经验和感性认识来决定供电制度。人们的感性认识是：起弧期，通过加大电抗值来增加电弧稳定性，通过减小供电电压来减小弧长，通过采用小电流供电来减小电弧烧损；主熔化期，通过减小电抗值来减小电路损耗，通过增加炼钢电流来增加电弧功率，从而加快冶炼速度；熔末升温期，通过减小电弧电压来减小电弧烧损，通过减小电抗值来减小电路损耗。普遍采用的供电制度是：起弧期，电抗器选在电抗值最高档位，变压器选择中档，采用小电流供电；主熔化期，电抗器选在中等档位，变压器选在电压最高档位，采用大电流供电；熔末升温期，电抗器选在较低档位，变压器选在电压中等档位，采用大电流供电。

某钢厂 70t 炉料连续加料超高功率高阻抗电弧炉其经验供电制度如表 9-3 所示。

表 9-3　经验供电制度

时　期	变压器档位	电抗器档位	供电电流/A
起弧期	5	3	30000
废钢主熔化期	4	3	35000
熔末升温期	6	4	40000

根据不同时期、不同策略下的变压器档位、电抗器档位、炼钢电流，计算经验供电制度的主要参数，同时按照优化供电制度模型优化求解电弧炉的相应参数，包括电弧功率、炼钢时间、吨钢电耗，变压器和电抗器档位，见表 9-4。

表 9-4　电弧炉供电参数及指标的对比

参　数	起弧期			废钢主熔化期			熔末升温期		
	经验供电	时间最短	电耗最低	经验供电	时间最短	电耗最低	经验供电	时间最短	电耗最低
变压器档位	5	5	4	4	4	3	6	4	3
电抗器档位	3	2	1	3	2	1	4	2	1
炼钢电流/A	30000	43301	37565	35000	41569	37382	40000	41569	37382
点弧功率/MW	28.05	35.07	32.81	33.10	35.88	34.01	33.88	35.88	34.01
炼钢时间/min	1	1	1	35.17	31.29	33.55	5	5	5
吨钢电耗/kW·h·t⁻¹	24.50	31.57	29.14	320.33	295.48	289.14	43.24	45.86	43.09

对比分析，可以看出：根据经验选取的供电制度，炼钢电流都未超过变压器

额定电流，这是人们对变压器正确认识的结果。在炼钢电压、炼钢电流、电抗器这三个参数分别对电弧炉性能的影响方面，人们的感性认识是基本正确的。但是，由于这三个参数对电弧炉性能的综合影响，导致电弧炉很难工作在较优的状态，甚至在有些情况下，电弧炉可能工作在十分糟糕的情况下。

变压器档位、电抗器档位、工作电流共同决定了电弧炉的工作状态，其中任何一个参数发生变化对电弧炉工作状态都有很大影响。只有选择适当变压器档位、电抗器档位、工作电流，才能使电弧炉工作在较优的状态。根据供电制度的优化计算，通过理论分析可以得出以下结论：

（1）电抗器档位一定时，随着变压器二次空载电压的增加，最佳炼钢电流减小，电耗减小，炼钢时间减小，电弧烧损指数增加，功率因数增加。

（2）变压器档位一定时，随着电抗器电抗值的减小，最佳炼钢电流增加，电耗减小，炼钢时间减小，电弧烧损指数增加，功率因数减小。

（3）变压器二次电压越高、电抗器电抗值越小，则短路电流越大，功率因数越高，工作电流可行工作区越窄，电耗越低，炼钢时间越短。

（4）变压器二次电压越低、电抗器电抗值越大，则短路电流越小，功率因数越低，工作电流可行工作区越宽，电耗越高，炼钢时间越长。

（5）电抗值不变、变压器二次电压增加或者变压器二次电压不变、电抗器电抗值减小情况下，电弧炉逐渐从可行工作区进入不可行工作区。

（6）小电耗，缩短炼钢时间，在确保电弧炉稳定工作的情况下，应尽量减小电抗器电抗值的投入量，提高变压器二次电压，采用高电压、低电流供电。

（7）二次电压增高情况下，必须增加电抗器电抗值，电弧炉才能稳定工作。

（8）电抗的情况下，炼钢时间最短和吨钢电耗最低的供电制度与现场经验供电制度相比，电弧稳定性增强，吨钢可分别节约电能近9%和12.1%，通电时间分别缩短约10min和7min。

9.3.3　基于专家系统的炉况判断模型

9.3.3.1　炉况判断专家系统的结构

电弧炉的炉况判断分为两个方面：正常炉况的判断和异常炉况的判断。正常炉况分别是：点弧、穿井、主熔化和升温。异常炉况主要有：电极高位断裂和炉盖、炉壁热状态的恶化。

本章给出一种基于专家系统的炉况判断方法，通过专家系统的手段将现有的判断炉况方法加以融合，将理论计算与人的经验相结合，力求使判断更准确。所建立的炉况判断专家系统分为两个部分：正常炉况判断和异常炉况判断。两个部分的区别在于使用不同的推理方法和推理控制策略。根据判断方法的特点，正常炉况判断使用不精确推理方法和正向推理控制策略；异常炉况判断使用精确推理方法和反向推理控制策略[23]。

正常炉况判断基本思想：首先建立炉况判断专家系统的知识库，知识库的建立依据是各炉况判断方法和现实专家的经验；然后以知识库为对象进行推理。将能量输入、电极行程和冶炼时间三个参数为推理机的输入，通过模糊逻辑推理即不精确推理得出炉况结论。这种依据输入不同数据推理出不同结论的推理方式，即事实驱动方式，适合采用正向推理。

异常炉况判断基本思想：根据异常炉况判断方法的特点，每种异常的炉况都有它确定的判断条件，因此推理采用精确推理方法。在这里，异常炉况的推理采用反向推理策略更合适。首先确定目标假设，也就是三种异常的炉况：电极高位断裂、炉盖、炉壁热状态恶化；然后由假设出发，寻找支持假设的证据即弧流、弧压、炉盖和炉壁冷却水的进出口温度，如果证据满足设定的条件那么假设成立。

图9-6给出了基于专家系统炉况判断方法的图形表示，在进行模糊逻辑推理之前，有一个模糊化的过程。模糊化即是对输入的三个参数进行模糊化，也就是建立模糊知识库。在模糊知识库的基础上进行模糊逻辑推理，模糊知识库的建立方法在下一节中给出；模糊逻辑推理后得出的结论同样是一个模糊的结果，表示的是在此组输入数据下各种炉况发生的可信度，因此需要对结果作反模糊化，得出最终的结论。

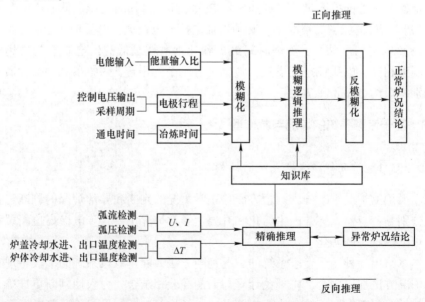

图9-6　基于专家系统的炉况判断模型

9.3.3.2 知识库的建立

因为专家系统的问题求解是运用专家提供的专门知识来模拟专家的思维方法进行的，所以知识库是决定一个专家系统性能是否优越的关键因素。一个专家系统的能力取决于知识库所含知识的数量和质量，所以，知识表达与获取是专家系统的中心工作。根据常规的电弧炉的炉况判断方法，并结合经验知识，整理出了构造电弧炉专家系统所必要的知识库，如表 9-5 所示。表 9-5 中各参数所对应炉况的取值范围均为经验值，对应于不同的电炉和不同性质的废钢，这些经验值都会有所不同。为提高判断的准确性，这些参数需要在实际的炼钢过程中不断修正。如能量输入比、冶炼时间等参数范围的确定需要根据实际情况作相应的调整。

表 9-5 电弧炉专家系统知识库构成

特征参数	炉况						
	点弧	穿井	主熔化	升温	炉盖过热	炉体过热	电极高位撕裂
能量输入比（电能输入比）/%	<2	<10	<80	>80	—	—	—
冶炼时间/min	<5	5~15	15~40	40~50	—	—	—
电极位置 s（d 为电极直径）	<1.5d	1.5d~最大值	s 从最大值开始变小				—
弧流、弧压（U、I）	—	—	—	—	—	—	$U \neq 0$ I 由稳定值突变为 0
炉盖进出口温差	—	—	—	>标定值	—	—	—
炉体进出口温差	—	—	—	—	>标定值	—	—

9.3.3.3 正常炉况的模糊推理

A 模糊化

所谓对电弧炉炉况知识的模糊化处理，即对电弧炉炉况判断专家系统所提供的不确定性知识进行量化。针对电弧炉工艺参数对炉况的影响方式，这里采用隶属函数的方法来进行不确定性知识的处理。可根据需要扩充实用隶属函数，在系统中各运行参数应不断修正，以保证炉况判断的准确性。

对于不同的工艺参数，其对同一炉况判断的影响方式不同；对于同一参数，其对不同炉况判断的影响方式也不同。因此隶属函数的设定，对于结论准确性的影响很大。以下给出的各隶属函数多采用梯形函数，是考虑到梯形隶属函数是比较常用的，也是被证明比较有效的，同时也适合本文中各参数的特点。下面详细给出各隶属函数。

a 输入比对各炉况的隶属函数

为了表述得更直观，下面直接用电能的输入量作为判断的参数，并假设每炉钢所需要的电能为 18000kW·h。图 9-7 为电能输入参数对各炉况的隶属函数，其中，a、b、c、d 分别代表输入参数对各炉况（点弧、穿井、主熔化、升温）的隶属函数曲线。

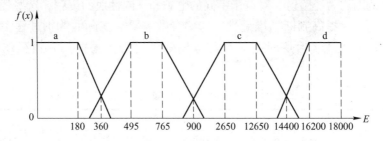

图 9-7   电能输入参数对各炉况的隶属函数

$$f_a(x) = \begin{cases} 1 & x \leqslant 180 \\ \dfrac{420 - x}{420 - 180} & 180 \leqslant x \leqslant 420 \end{cases} \tag{9-32}$$

$$f_b(x) = \begin{cases} \dfrac{x - 300}{495 - 300} & 300 < x \leqslant 495 \\ 1 & 495 < x \leqslant 765 \\ \dfrac{1000 - x}{1000 - 765} & 765 < x \leqslant 1000 \end{cases} \tag{9-33}$$

$$f_c(x) = \begin{cases} \dfrac{x - 800}{2650 - 800} & 800 < x \leqslant 2650 \\ 1 & 2650 < x \leqslant 12650 \\ \dfrac{14500 - x}{14500 - 12650} & 12650 < x \leqslant 14500 \end{cases} \tag{9-34}$$

$$f_d(x) = \begin{cases} \dfrac{x - 14300}{16200 - 14300} & 14300 < x \leqslant 16200 \\ 1 & x > 16200 \end{cases} \tag{9-35}$$

b 行程 S 对各炉况的隶属函数

电极行程参数 S 仅是一个代数和。若在主熔化阶段，由于电极抬升，参数的值肯定是小于电极最大行程的，所以根据此时的参数值无法判断是处于穿井期还是主熔化期，由此会造成判断的不准确。电极行程 S 对各炉况的隶属函数如图

9-8 所示，仅在点弧期和穿井期使用此参数来判断炉况，避免出现误判断情况。

$$p_a(x) = \begin{cases} 1 & x \leqslant d \\ \dfrac{2d - x}{2d - d} & d < x \leqslant 2d \end{cases} \tag{9-36}$$

$$p_b(x) = \begin{cases} \dfrac{x - d}{2d - d} & d < x \leqslant 2d \\ 1 & 2d < x \leqslant S_{max} \end{cases} \tag{9-37}$$

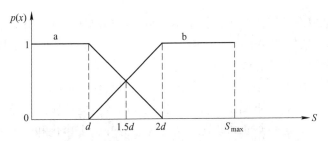

图 9-8　电极行程 S 对各炉况的隶属函数

c　时间 T 对各炉况的隶属函数

冶炼时间 T 对各炉况的隶属函数如图 9-9 所示，其中，a、b、c、d 分别代表输入参数对各炉况（点弧、穿井、主熔化、升温）的隶属函数曲线。

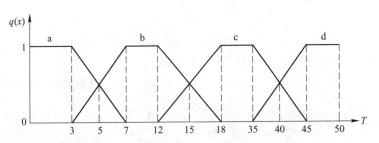

图 9-9　冶炼时间 T 对各炉况的隶属函数

$$q_a(x) = \begin{cases} 1 & x \leqslant 3 \\ \dfrac{7 - x}{7 - 3} & 3 < x \leqslant 7 \end{cases} \tag{9-38}$$

$$q_b(x) = \begin{cases} \dfrac{x - 3}{7 - 3} & 3 < x \leqslant 7 \\ 1 & 7 < x \leqslant 12 \\ \dfrac{18 - x}{18 - 12} & 12 < x \leqslant 18 \end{cases} \tag{9-39}$$

$$q_c(x) = \begin{cases} \dfrac{x-12}{18-12} & 12 < x \leqslant 18 \\ 1 & 18 < x \leqslant 55 \\ \dfrac{45-x}{45-35} & 35 < x \leqslant 45 \end{cases} \tag{9-40}$$

$$q_d(x) = \begin{cases} \dfrac{x-35}{45-35} & 35 < x \leqslant 45 \\ 1 & x > 45 \end{cases} \tag{9-41}$$

一个模糊概念可以用一个模糊子集表示，而模糊子集可以用相应的隶属函数来刻划。对于一般的模糊子集 A 可表示为：$A = (a_1, a_2, \cdots, a_n)$，其中 $a_i \in [0, 1]$，它表示论域中第 i 个元素对 A 的隶属度。

在电弧炉专家系统中，每一种炉况类型都可看作一个模糊子集 A，而 a_i 看作用于判断炉况的参数的隶属度。模糊子集之间的逻辑运算实际上就是逐点对隶属度作相应的运算。电弧炉正常炉况分为点弧、穿井、主熔化和升温四种状态，而用于判断这些炉况的参数有能量输入、电极行程和冶炼时间。由此便可构成一个模糊关系矩阵，构成这个模糊关系矩阵的过程就是对输入的参数进行模糊化。

设参数特征向量为：

$$X = [x_1, \; x_2, \; x_3]$$

炉况类型为：

$$Y = [y_1, \; y_2, \; y_3, \; y_4]$$

式中，x_1 为能量输入；x_2 为电极行程；x_3 为冶炼时间；y_1 为点弧阶段；y_2 为穿井阶段；y_3 为主熔化阶段；y_4 为熔末升温阶段。

按照各电弧炉工艺参数对各炉况阶段的影响，建立如下隶属度模糊矩阵：

$$\boldsymbol{R}_r = \begin{bmatrix} r_{11} & r_{12} & r_{13} & r_{14} \\ r_{21} & r_{22} & r_{23} & r_{24} \\ r_{31} & r_{32} & r_{33} & r_{34} \end{bmatrix} \tag{9-42}$$

式中，$\boldsymbol{R}_r$ 为隶属函数模糊关系矩阵；r_{ij} 为隶属度；i 为判断炉况的参数；j 为炉况类型。隶属度矩阵 $\boldsymbol{R}_r$ 的各元素是根据输入的参数 X 代入到前边给出的各隶属函数中得到的。将能量输入参数代入到式（9-32）~式（9-35）中，便可得到矩阵第一行的各元素值，将电极行程参数代入到式（9-36）、式（9-37）中得到第二行各元素值，将时间参数代入到式（9-38）~式（9-41）中便可得到第三行各元素的值。

此隶属度矩阵 $\boldsymbol{R}_r$，即表示了每个输入参数与各个炉况结论之间的关系，这个关系是通过前边给出的各隶属函数所计算出来的一个 [0, 1] 之间的数，用来刻画在此参数输入的情况下冶炼处于何种阶段的可信度值。在确定了这个关系之后，我们便可以根据现实中的经验，定义推理的规则，进行模糊推理得出所处炉况结论的可信度。

B 重要度矩阵的确定

在电弧炉炉况判断专家系统中，用来判断炉况的各参数对不同炉况判断的影响是不同的。在冶炼初期，也就是在点弧期和穿井期，此时能量输入的变化并不是很大，若采用能量输入的方法来区分点弧期和穿井期误差会较大。这种炉况的判断，采用电极行程来判断更准确。也符合实际情况，在炼钢过程中有经验的工人一般都是通过观察电极的位置来判断点弧期和穿井期的。相反，当进入主熔化期后，用电极行程来判断炉况并不准确，此时应采用能量输入的方法来判断主熔化期和熔末升温期。

由于隶属函数公式本身的限制，不能反映出各参数对炉况判断影响的重要程度，因此本章引用了权值矩阵的方法来表示参数对各种炉况影响的重要程度。

重要度矩阵为：

$$W = \begin{bmatrix} w_{11} & w_{12} & w_{13} & w_{14} \\ w_{21} & w_{22} & w_{23} & w_{24} \\ w_{31} & w_{32} & w_{33} & w_{34} \end{bmatrix} \quad (9\text{-}43)$$

式中，$\sum\limits_{i=1}^{3} W_{ij} = 1$。

由上式可以看出在推理过程中，我们可以用定义不同权值的方法，决定各参数对不同结论的影响程度。总体思想是，对于点弧期和穿井期的判断，电极行程参数权重大；而主熔化期和升温期的判断，能量输入参数权重大。这样通过重要度矩阵的方法，使两种炉况判断的方法相结合，各取长处。在实际的应用中，式 (9-43) 中的值应结合实际情况进行修正。

将矩阵 R_r 与 W 合成，我们便得到了最后模糊推理所需要的输入参数 X 与炉况结论 Y 之间的模糊关系矩阵 R，合成算法为：

$$R = \begin{bmatrix} r_{11} \times w_{11} & r_{12} \times w_{12} & r_{13} \times w_{13} & r_{14} \times w_{14} \\ r_{21} \times w_{21} & r_{22} \times w_{22} & r_{23} \times w_{23} & r_{24} \times w_{24} \\ r_{31} \times w_{31} & r_{32} \times w_{32} & r_{33} \times w_{33} & r_{34} \times w_{34} \end{bmatrix} \quad (9\text{-}44)$$

C 模糊合成运算

当确定了输入参数与炉况结论之间的模糊关系矩阵 R 后，还不能直接得出炉况的结论。我们还要根据现实的经验来定义一种模糊合成运算的方法，将三个输入参数对最后结论的影响作用结合起来，得出最后的结论。

通过前文对炉况判断的方法和现实中的经验，对于电弧炉炉况的判断可以采用能量输入的方法判断，也可以采用电极位置的方法判断，但是这两种方法都要满足冶炼时间的条件，因此我们将能量参数与电极位置参数定义为"或"的关系，同时它们两个与冶炼时间参数定义为"与"的关系，在一组输入参数 $X = [x_1, x_2, x_3]$ 下，先确定模糊关系矩阵 $\boldsymbol{R}$：

$$\boldsymbol{R} = \begin{bmatrix} r_{11}(x_1) & r_{12}(x_1) & r_{13}(x_1) & r_{14}(x_1) \\ r_{21}(x_2) & r_{22}(x_2) & r_{23}(x_2) & r_{24}(x_2) \\ r_{31}(x_3) & r_{32}(x_3) & r_{33}(x_3) & r_{34}(x_3) \end{bmatrix} \tag{9-45}$$

然后由如下合成运算得到炉况结论向量 $\boldsymbol{Y}$：

$$\boldsymbol{Y} = \begin{bmatrix} r_{11}(x_1) \vee r_{21}(x_2) \wedge r_{31}(x_3) \\ r_{12}(x_1) \vee r_{22}(x_2) \wedge r_{32}(x_3) \\ r_{13}(x_1) \vee r_{23}(x_2) \wedge r_{33}(x_3) \\ r_{14}(x_1) \vee r_{24}(x_2) \wedge r_{34}(x_3) \end{bmatrix} = [y_1\ y_2\ y_3\ y_4] \tag{9-46}$$

式中，当逻辑为"或"时取大：

$$R = \max(r_{1j}, r_{2j}) \tag{9-47}$$

当逻辑为"与"时取小：

$$R = \min(r_{2j}, r_{3j}) \tag{9-48}$$

式中，R 为参数组合后炉况的可信度；r_{1j} 为电能输入比对各炉况的隶属度；r_{2j} 为电极行程对各炉况的隶属度；r_{3j} 为冶炼时间对各炉况的隶属度。

以上给出的合成算法是根据现实经验给出的，而且在定义重要度矩阵时，将电极位置参数在对点弧、穿井炉况判断时权重大；而能量参数对主熔化、升温炉况判断时权重大。因此，通过合成运算后对电弧炉炉况判断的总的过程就是：在判断电弧炉炉况时，同时考虑电极位置和能量输入的情况，在点弧、穿井炉况的判断上重点考虑电极位置，在主熔化、升温炉况判断上重点考虑能量输入的情况，然后以冶炼时间作为限制的条件，通过计算得出在此组参数输入的情况下，电炉处于何种炉况的可信度。

D　反模糊化式

式（9-46）得出的结果中 Y 表示在输入向量为 X 情况下，当前的炉况为各种类型的可信度，结论为模糊值。因此，需要对得出的结论做反模糊化处理。这里采用下式来得出最终炉况判断的结论。

$$Y = \max(y_i) \tag{9-49}$$

通过以上给出的方法，首先将用来判断炉况的条件参数做模糊化处理，然后根据现实中的经验定义推理规则进行模糊推理，得出炉况结果的模糊值，再将这个模糊结果进行反模糊化处理，最后便可以得出当前炉况类型的结论。

9.4 LF 精炼炉与连铸直轧智能制造技术

在电弧炉炼钢短流程直接轧制过程中，除了电弧炉炼钢还包括 LF 精炼炉炼钢、连铸和直轧生产过程，对于智能制造技术，各环节的基本相同，只是工艺要求所需要的模型不同，考虑到本书篇幅的限制，本书对于 LF 精炼炉炼钢、连铸直轧生产过程仅仅列出智能制造技术所需要的内容，不展开论述。

9.4.1 LF 精炼炉智能制造技术

LF 精炼炉炼钢生产过程中，主体设备和辅助设备需要实现全自动化生产，设计精炼炉炼钢自动化系统，实现精炼炉炼钢的全自动控制。以节省、高效为原则，需要设计精炼炉智能化系统，实现精炼弧炉炼钢过程的优化，达到精炼炉炼钢智能化。

按照精炼炉炼钢的生产工艺情况，实现精炼炉炼钢的智能化需要在精炼炉炼钢过程中，根据生产过程的变化，自主进行配料、供电、吹氩、搅拌等调节[24]。主要包括以下技术：

（1）控制技术。合金化是 LF 炉的一项重要任务，合金化是在取样分析值的基础上，为调整钢水的合金成分而进行的合金配料操作。在冶炼各种特殊钢材时，合金成分对产品质量至关重要，它影响着产品的各种性能；另外，由于合金料的成本比较高，因此实现合金钢的窄成分控制是所有特钢企业追求的目标。

合金成分控制模型是以物料平衡原理为基础建立线性规划的优化模型。根据合金料的情况，技术规范和收得率等，决定最佳的合金补加量，做到成分满足要求，经济合理，成本最低。

（2）供电优化技术。LF 炉的电效率与电压电流的大小有关。在二次电压不变的情况下，随着电流的降低，电效率明显提高。而电弧的热效率与炉渣的发泡高度密切相关，当埋弧良好的条件下，降低电流，增加电弧长度可以明显提高电效率，而热效率不但没有降低反而略有提高。但当炉渣发泡不良、埋弧状态不好时，虽然采用低电流可以提高电效率，但由于弧长增加，电弧热效率降低，总的电热效率反而降低。因此，供电制度要根据具体炉子的实际埋弧状态来确定，才能达到最佳的效果。

（3）温度和成分预报技术。连铸直轧为保证好的铸坯质量及稳定的工艺过程，对钢水温度和成分控制提出了更为苛刻的要求。如何建立合理的温度制度、精确控制钢液温度显得尤为重要。而对 LF 炉钢水温度的准确预测，是合理组织生产、提高钢水质量、降低炼钢成本、实现钢水温度控制的重要前提。实现钢水温度和成分的控制。在满足冶金工艺要求的前提下，实现了精炼炉炼钢过程在满足工艺参数要求下的经济指标的控制。

（4）底吹氩搅拌优化控制技术。采用炉底吹氩搅拌操作，是为了使炉内钢水温度和成分均匀并加快化学反应速度，从这个目的出发，希望较高吹氩强度。而为了稳定埋弧加热，必须控制钢液面的波动，使电弧长度保持较小的变化，这与良好的搅拌相矛盾。为此应根据工艺要求制订合理的吹氩制度，并通过实际运行逐步达到最优。

上述相关模型的建立已经在本书第4章中有详细叙述。

9.4.2　连铸直轧智能制造技术

连铸直轧生产过程中，主体设备和辅助设备需要实现全自动化生产，设计连铸自动化系统，实现连铸生产的全自动控制。以节省、高效为原则，需要设计连铸直轧智能化系统，实现连铸直轧过程的优化，达到连铸直轧的智能化生产。

按照连铸直轧的生产工艺情况，实现连铸直轧的智能化需要在连铸直轧生产过程中，根据生产过程的变化，自主进行连铸坯的温度提升控制、高温连铸坯保温和运送节奏调节、粗轧工艺和温度调整控制。当生产线的工艺波动异常时，该需要实现直接轧制中的电磁感应补热优化控制。实现连铸直轧智能制造，主要包括以下技术：

（1）连铸坯的温度提升控制技术。合理提高连铸坯的温度，充分利用热量，是实施直接轧制工艺的关键技术。在保证安全生产和连铸坯质量的前提下，应尽可能提高连铸坯温度。

提高连铸坯温度的手段主要包括提高拉坯速度、优化二冷区配水、切割点前移。提高拉坯速度的效果显著，对于设计拉坯速度为 $2\sim3m/min$ 的小方坯连铸机，拉坯速度每提高 $0.1m/min$，铸坯表面温度可提升约 $1\sim8℃$。优化二冷区配水，主要为减少或取消末端二冷段的配水，从而提高铸坯温度，也可以考虑改变冷却水喷淋方式、喷淋位置等措施。通过优化二冷区配水，可以使铸坯温度提升 $70\sim100℃$ 以上。切割点前移，主要是指用液压剪代替火切机时，液压机设置位置更接近二冷区出口。切割点前移，减少连铸坯的慢速运行时间 $2\sim3min$，从而提高铸坯温度约 $50℃$ 以上。

限制铸坯提温的因素包括漏钢、脱方、表面缺陷等。漏钢为生产事故，脱方和表面缺陷为质量问题。在实施提高连铸坯温度的工艺时，铸坯坯壳较常规工艺薄，因此易受到工艺参数波动和局部环境扰动的影响，使坯壳厚度不均匀，在坯壳过薄处易出现漏钢，同时由于应力亦不均匀，产生脱方和表面缺陷。

为了保证实施直接轧制工艺时的连铸坯温度和质量，可通过建立数学模型的方法，对连铸坯运行过程中的坯壳厚度进行预测，确定最终的凝固终点。在现场实施时，可以将数学模型预测方法与现场数据智能分析方法相结合。

（2）高温连铸坯保温和运送节奏智能调节技术。连铸坯定尺切断后，运行到粗轧机组入口期间，持续辐射及空冷降温。为保证足够的开轧温度，需要进行保温送坯。保温送坯的主要措施有加盖保温罩、辊道提速。在加盖保温罩措施中，其作用机理为保温罩可减弱空气对流、反射铸坯辐射热。推荐使用 U 型结构保温罩倒扣在辊道上，保温罩内表面光洁具有反射效果。保温罩是投入少、见效快的保温措施，适合于放置在铸坯经过的所有辊道表面。在辊道提速措施中，其作用机理为减少铸坯散热时间。在铸坯切断后，铸坯所经过的辊道线速度都可以提速到 4~5m/s 以上。为减少铸坯的冲击，可设置分段调速辊道，实现分区分段提速或定点减速。

棒线材生产线通常为多流连铸机对应一条轧制生产线，在实施直接轧制工艺时，存在多流连铸坯运送节奏问题。实施运送节奏调整时，基本原则为保证连铸坯的最大直轧率。为此，应监测每根铸坯的头尾温度，并根据数学模型预测其到达粗轧机入口时的温度是否满足轧制要求，以最大直轧率为优化目标判断每根铸坯的运送顺序。对于预测结果不满足开轧温度的铸坯实施下线处理。为减少下线铸坯、提高直轧率，可以适当采用调整拉坯速度、倍尺切断、非定尺切断等措施。

（3）粗轧工艺和温度调整控制。实施直接轧制工艺时，连铸坯的温度分布呈现表面温度低/心部温度高、头部温度低/尾部温度高的特征。对于普通强度棒线材，开轧时铸坯头部温度一般需要大于 900℃，且最好能达到 950℃，以保证最终成品性能，同时保证轧机负荷合理且轧制过程顺畅。

采用原配备轧钢加热炉的轧制生产线实施直接轧制工艺时，根据实际铸坯的开轧温度，需要适当优化调节各粗轧机架的负荷量，以便充分利用轧机能力，减少改造工作。采用新建轧制生产线实施直接轧制工艺时，需要根据实际铸坯的开轧温度和温度分布特征，设计各粗轧机架的负荷量。通过粗轧机组的轧制，变形热使轧件产生温升，后续轧制过程按常规工艺或稍做调整即可顺利生产。

连铸坯头部温度低、尾部温度高的特征，在轧制过程中无法消除。对于普通强度棒线材，允许存在小于 50℃ 的头尾温差，最终产品性能波动幅度小于 10MPa。当存在大于 50℃ 的头尾温差时，可考虑使用温差调整工艺。在粗轧机组后、中轧机组前设置可控喷淋装置，轧件通过此装置时，沿轧件全长按从少到多的方式进行喷淋，以达到保证头部温度、降低尾部温度，实现头尾均温的效果。

（4）直接轧制中的电磁感应补热优化控制技术。由于生产线的工艺波动，会产生部分不满足开轧温度的铸坯，从而降低直轧率。对于运送到粗轧机入口处时，铸坯头部温度低于950℃但大于800℃的铸坯，可以实施电磁感应补热，提高铸坯表面温度，使其能够满足开轧温度要求。

电磁感应补热装置一般设置在粗轧机入口处，根据铸坯规格和长度选择电磁感应补热功率。通过电磁感应补热，可以使铸坯头部表面温度提高100℃左右。

考虑到成本和设备完好性，对单根铸坯的电磁感应补热不宜时间过长，且不宜将电磁感应补热装置用作低温铸坯的加热装置。

9.5　电弧炉短流程直接轧制智能制造技术应用示例

电弧炉炼钢短流程直接轧制过程中，从电弧炉炼钢、LF 精炼炉炼钢，到连铸和轧制生产过程，需要很多智能制造技术，前面各节进行了简单介绍。对于一个实际生产的电弧炉短流程直接轧制产线，不一定同时采用了所有的相关智能制造技术，这里针对某钢厂的实际产线，介绍部分相关的智能制造技术应用的情况。

某钢厂生产高速线材，采用电弧炉炼钢短流程直接轧制技术，产线包括连续加料电弧炉炼钢、LF 炉精炼、连铸、高线材轧制等生产单元，整个信息化系统基本组成如图 9-10 所示，信息化系统功能如图 9-11 所示。

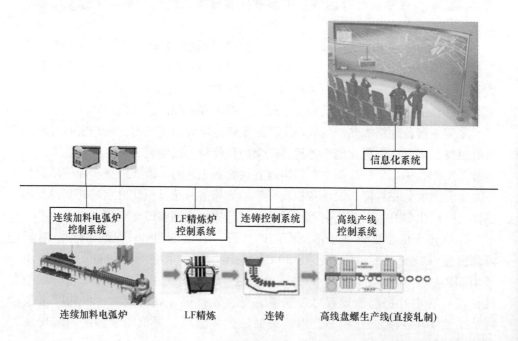

图 9-10　信息化系统基本组成图

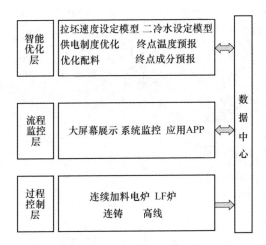

图 9-11 信息化系统主要功能

9.5.1 电弧炉短流程直轧智能制造主要功能实现

整个电弧炉炼钢短流程直接轧制信息化系统的智能优化层设计了直轧智能制造模块，如图 9-12 所示，具体包括电弧炉供电制度优化模块、优化配料模块、钢水温度预报模块、钢水成分预报模块、拉坯速度控制模块和二冷水控制模块。

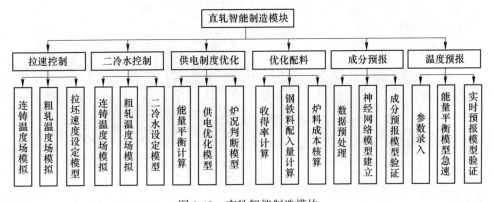

图 9-12 直轧智能制造模块

在电弧炉炼钢短流程直接轧制信息化系统中，电弧炉电极的模糊参数自整定 PID 控制器在底层控制单元完成，在数据中心的计算机上设有电极运行参数画面，如图 9-13 所示，实现控制器参数的设置。电弧炉供电制度优化模块、优化配料模块、钢水温度预报模块、钢水成分预报模块、拉坯速度控制和二冷水控制模块都设在数据中心的监控计算机上，分别如图 9-14～图 9-18 所示。

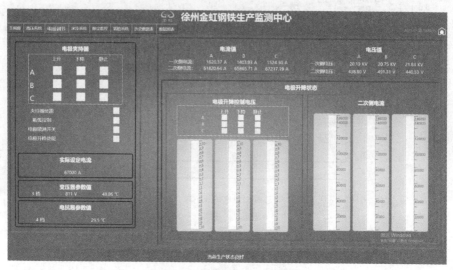

图 9-13   电极调节器参数画面
（扫书前二维码看彩图）

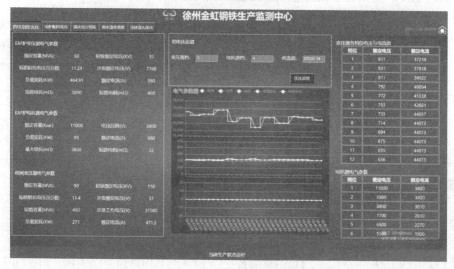

图 9-14   电弧炉供电制度优化画面
（扫书前二维码看彩图）

9.5.2   电弧炉短流程直轧主要生产指标与运行结果

通过开发废钢高效预热技术、电弧炉快速熔炼技术，建立了基于配料、供电、供氧、辅助能源输入、造渣、搅拌及成本等多策略、多约束的智能电弧炉冶炼模型，包括：电弧炉供电制度模型、优化配料模型、钢水温度预报模型、钢水成分预报模型、拉坯速度设定模型和二冷水流量设定模型，实现了电弧炉的高效

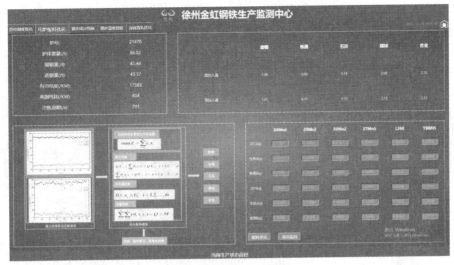

图 9-15　配料优化计算画面

（扫书前二维码看彩图）

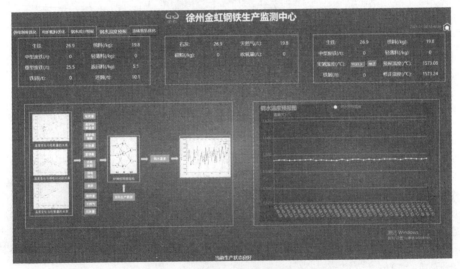

图 9-16　钢水温度预报画面

（扫书前二维码看彩图）

冶炼、智能优化和精准控制，有效提高了电弧炉各项生产指标，如表 9-6 所示。通过采用智能切坯与运坯技术、运坯中的智能保温和补热技术，以及运送节奏智能调节技术，实现了连铸过程的直接轧制，大大提高了生产节奏，直接轧制率高达 96%。采用电弧炉炼钢—精炼—连铸—直接轧制工艺进行生产，实现了全废钢智能电弧炉连续预热，连续加料，快速熔炼、精炼、连铸和直接轧制，达到了智能、高效、节能和低成本的目标，应用效果显著。

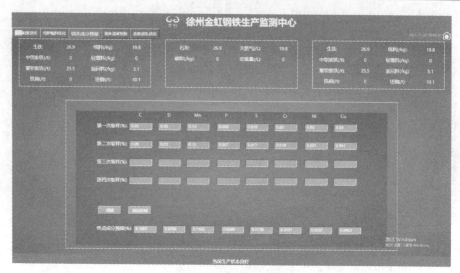

图 9-17　钢水成分预报画面

（扫书前二维码看彩图）

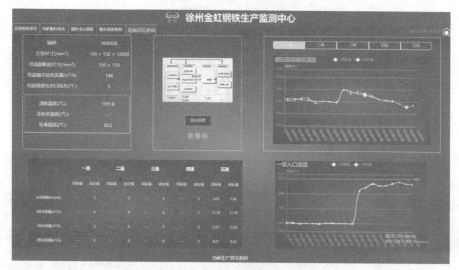

图 9-18　直轧优化设定画面

（扫书前二维码看彩图）

表 9-6　电弧炉短流程直轧主要生产指标

主要生产指标	数　值
吨钢电耗	364.9kW·h/t
冶炼周期	33.5min
直接轧制率	96%

主要生产指标	数　　值
氧气消耗	$28.22m^3/t$
电极消耗	$1.01kg/t$
石灰消耗	$52.02kg/t$
喷碳粉	$26.05kg/t$
白云石	$17.63kg/t$
镁球	$13.07kg/t$

参 考 文 献

[1] 王国栋. 钢铁行业技术创新和发展方向 [J]. 钢铁, 2015, 50 (9): 1~10.

[2] 邓朝晖. 智能制造技术基础 [M]. 武汉: 华中科技大学出版社, 2017.

[3] 国家制造强国建设战略咨询委员会. 中国制造 2025 蓝皮书 (2018) [M]. 北京: 电子工业出版社, 2018.

[4] 周济. 智能制造——"中国制造 2025" 的主攻方向 [J]. 中国机械工程, 2015, 26 (17): 2273~2284.

[5] 勾森. 现代电炉炼钢技术发展趋势 [J]. 中国金属通报, 2018 (4): 24~26.

[6] 刘敏, 严隽薇. 智能制造: 理念、系统与建模方法 [M]. 北京: 清华大学出版社, 2018.

[7] 李晓雪. 智能制造导论 [M]. 北京: 机械工业出版社, 2019.

[8] 王芳, 赵中宁. 智能制造基础与应用 [M]. 北京: 机械工业出版社, 2018.

[9] 杨青峰, 未来制造. 人工智能与工业互联网驱动的制造范式革命 [M]. 北京: 电子工业出版社, 2018.

[10] 张映锋, 张党, 任杉. 智能制造及其关键技术研究现状与趋势综述 [J]. 机械科学与技术, 2019, 38 (3): 329~338.

[11] 智能科技与产业研究课题组. 智能制造未来 [M]. 北京: 中国科学技术出版社, 2016.

[12] 臧冀原, 王柏村, 孟柳, 周源. 智能制造的三个基本范式: 从数字化制造、"互联网+" 制造到新一代智能制造 [J]. 中国工程科学, 2018, 20 (4): 13~18.

[13] 柴天佑, 丁进良. 流程工业智能优化制造 [J]. 中国工程科学, 2018, 20 (4): 59~66.

[14] Ulrich Sendler. The Internet of Things—Industrie 4.0 Unleashed [M]. Berlin: Springer-Verlag, 2018.

[15] Tariq Masood, Johannes Egger. Augmented reality in support of intelligent manufacturing—A systematic literature review [J]. Computers and Industrial Engineering, 2020, 140: 1~22.

[16] 艾磊, 何春来. 中国电弧炉发展现状及趋势 [J]. 工业加热, 2016, 45 (6): 75~80.

[17] 李京社. 超高功率电弧炉炼钢工艺模型 [J]. 钢铁, 1995, 30 (3): 16~22.

[18] 顾根华，林传兴，郭茂先. 电弧炉熔化期合理工作电流的确定 [J]. 钢铁，1994，29（4）：71~74.

[19] 陈法政. 电弧炉电极调节智能控制策略的研究 [D]. 天津：天津理工大学，2011.

[20] 宫富章. 电弧炉复合电极调节器的设计与实现 [D]. 沈阳：东北大学，2008.

[21] 高宪文. 电弧炉炼钢过程建模与智能优化控制 [M]. 沈阳：东北大学出版社，1999.

[22] 袁平. 电弧炉冶炼过程先进控制方法的研究与应用 [D]. 沈阳：东北大学，2006.

[23] 邓开楠. 基于专家系统的电弧炉炉况判断方法研究 [D]. 沈阳：东北大学，2005.

[24] 阎立懿. 现代电炉炼钢工艺及装备 [M]. 北京：冶金工业出版社，2011.